大学基础物理实验

主　编　程亚洲　宋洪晓　崔　彬
副主编　卢红旺　卢　鹏　咸夫正　李伟峰　谭　杨　贾曰辰
参　编　王　震　兰建胜　胡连军　刘凤森　姚　涛　周灿林
左致远　张　昊　刘向东　王　磊　陈延学　王　东
张　彬　刘　悦　黄淑芬　张新彬　李淑慧　程　倩

DAXUE JICHU WULI SHIYAN

中国教育出版传媒集团
高等教育出版社·北京

内容提要

本书是按照教育部高等学校物理学与天文学教学指导委员会编制的《理工科类大学物理实验课程教学基本要求》(2010年版),根据山东大学基础物理实验室现有的设备、仪器和实验教学手段,在使用多年的物理实验讲义基础上编写而成的。全书分为两部分。第一部分是实验基础知识,重点介绍误差理论和实验数据处理。第二部分按力学、热学、电磁学、光学的顺序编写了32个实验。

本书可作为理工科专业基础物理实验课程的教材或参考书,也可供相关实验技术人员参考。

图书在版编目(CIP)数据

大学基础物理实验 / 程亚洲,宋洪晓,崔彬主编
. -- 北京 : 高等教育出版社, 2023.8
ISBN 978-7-04-060012-4

Ⅰ. ①大… Ⅱ. ①程… ②宋… ③崔… Ⅲ. ①物理学-实验-高等学校-教材 Ⅳ. ①O4-33

中国国家版本馆 CIP 数据核字(2023)第036649号

DAXUE JICHU WULI SHIYAN

策划编辑 张琦玮　　责任编辑 张琦玮　　封面设计 李小璐　　版式设计 杨 树
责任绘图 黄云燕　　责任校对 刁丽丽　　责任印制 田 甜

出版发行 高等教育出版社
社　　址 北京市西城区德外大街4号
邮政编码 100120
印　　刷 涿州市京南印刷厂
开　　本 787 mm×1092 mm 1/16
印　　张 17.5
字　　数 410千字
购书热线 010-58581118
咨询电话 400-810-0598
网　　址 http://www.hep.edu.cn
　　　　 http://www.hep.com.cn
网上订购 http://www.hepmall.com.cn
　　　　 http://www.hepmall.com
　　　　 http://www.hepmall.cn
版　　次 2023年8月第1版
印　　次 2023年8月第1次印刷
定　　价 35.80元

大学基础物理实验

主编
程亚洲　宋洪晓
崔　彬

1　计算机访问http://abook.hep.com.cn/12506213，或手机扫描二维码、下载并安装Abook应用。

2　注册并登录，进入"我的课程"。

3　输入封底数字课程账号（20位密码，刮开涂层可见），或通过Abook应用扫描封底数字课程账号二维码，完成课程绑定。

4　单击"进入课程"按钮，开始本数字课程的学习。

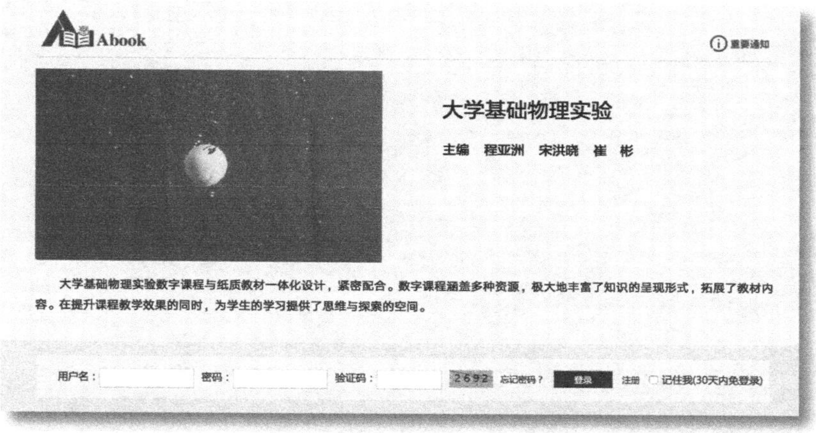

课程绑定后一年为数字课程使用有效期。受硬件限制，部分内容无法在手机端显示，请按提示通过计算机访问学习。

如有使用问题，请发邮件至abook@hep.com.cn。

http://abook.hep.com.cn/12506213

前　言

科学实验是科学理论的源泉，在推动人类文明的发展的过程中起到了不可或缺的作用。纵观自然科学的发展史，科学理论的建立和发展都离不开科学实验的佐证，它们或是科学家们对大量实验现象的观察与总结，或是科学家们大胆的设想。但无论这个理论看起来多么合理，在未经实验验证之前，它都不能直接作为科学定论，科学理论必须经过实验的检验。爱因斯坦说："一个矛盾的实验结果就足以推翻一种理论"，这句话高度概括了科学发展过程中科学实验举足轻重的地位。

物理学是一门实验的学科，实验是物理学的基础，它不仅支撑了物理学原理的建立与发展，同时体现了人类社会创新发展的进程。大学物理实验对大学生的综合素质培养起到了十分重要的作用，它不仅能验证学生学到的理论知识，同时能提高学生的科学素养，增强学生的动手能力与创新能力。

大学物理实验作为一门独立设置的必修基础课程，在教学目的、教学思想、教学内容和教学方法等方面都进行着不断的改革，教材的更新也势在必行。本书在已有教材的基础上，结合大量学生的实验情况，以及各种实验问题，为进一步提高学生的实验兴趣，开拓学生的创新能力、发现问题和解决问题的能力，对实验原理、实验步骤进行了新的设计。

本书凝聚了多年来从事实验教学人员的智慧和经验，还借鉴了兄弟院校实验教材的有益部分，编者在此一并表示感谢。由于水平和时间有限，不足之处在所难免，敬请指正。

编者

2021 年 9 月

目 录

绪论

第一节　物理实验课的地位和任务

一、物理实验课的地位

物理学是人类在探索大自然现象及其规律过程中形成的以实验为基础的一门学科. 物理学中每个概念的提出,每个定律的发现,每个理论的建立,都以坚实、严格的实验为基础,而且还要经受实验的进一步验证. 物理学的发展过程中,许多关键问题,最后都要诉诸实验. 例如,杨氏双缝实验证实了光的波动说;法拉第发现了电磁感应现象,进而得出电磁感应定律和其他几个实验定律;麦克斯韦系统总结了电磁学的成就,提出著名的电磁场理论,赫兹的电磁波实验证实了电磁场理论的正确性;赫兹发现了光电效应,爱因斯坦为解释光电效应现象提出了光量子假说.

从现代科学的观点来看,实验是研究自然规律与改造客观世界的基本手段. 物理实验既为开拓新理论、新领域奠定了基础,又丰富和发展了物理学应用的广阔天地,尤其是核物理、激光、电子技术和计算机等现代化科学技术的发展,进一步提高了物理实验技术发展的水平.

物理学是一门理论与实验高度结合的学科,绝大部分物理理论是在实验现象取得突破后发展起来的,很多物理学工作者主要从事物理实验方面的工作. 因此,物理实验教学,特别是基础的物理实验教学,在理工科人才的应用能力的培养、科学素质的提高、科学态度的养成等方面发挥了极其重要的作用.

作为培养德、智、体全面发展的理论研究型人才或高级工程技术人才的高等学校,不仅要使学生具备比较全面的理论知识,而且要使学生具有较强的从事科学实验的能力,以适应科学技术的不断进步和社会主义建设迅速发展的需要.

二、物理实验课的任务

基础物理实验是为高等学校理工科非物理学类专业学生进行科学实验基本训练独立开设的一门必修基础课程,是学生进入大学后接受系统实验方法和实验技能训练的开端.

本课程的具体任务如下.

1. 通过对物理现象的观察、分析和对物理量的测量,学习物理实验知识,加深对物理学原理的理解.

2. 培养和提高学生的科学实验能力,包括:

(1) 能够阅读实验教材和资料,做好实验前的准备;

(2) 能够借助教材或仪器说明书正确使用常用仪器,完成常用物理量的测量;

(3) 能够运用物理学理论对实验现象进行初步的分析判断;

(4) 能够正确记录和处理实验数据,绘制曲线,分析实验结果,撰写合格的实验报告;

(5) 能够进行基础性测量装置的搭建,完成简单的设计性实验.

3. 培养与提高学生的科学实验素养:要求学生具有理论联系实际和实事求是的科学作风,严肃认真的工作态度,主动研究的探索精神,相互协作的团队精神和遵守纪律,爱护公共财产的优良品德.

第二节　物理实验课的教学流程

1. 课前预习. 课前预习是做好物理实验的基础,为保证实验的顺利进行,达到预期的实验效果,课前预习应做到:

(1) 仔细阅读本次实验的教材和有关资料,正确理解实验原理及方法,了解实验的内容、步骤、要求及实验所用仪器、设备的工作原理、使用方法及注意事项等;

(2) 写出实验预习报告,内容包括:实验名称、实验目的、实验原理简述、实验电路图、理论公式、实验内容以及记录表格等.

2. 学生进入实验室后,应遵守实验室规则,不要大声喧哗,不要乱动设备. 实验前要认真听指导老师对有关实验原理、仪器使用、应掌握的重点和注意的问题等方面的讲授,尤其要注意听自己在预习中没有弄懂的问题、书上没有介绍的内容及相关仪器的调试技巧和人身安全方面的规定.

通过预习和听讲,做到在实验开始前就在脑子里形成本次实验的基本思路,做到心中有数,使实验能顺利进行并取得好的效果.

3. 进行实验,实验前,首先应检查核对实验仪器,熟悉仪器设备及实验所用元器件的性能,将各种仪器摆放在合理的便于操作的位置. 电磁学实验的仪器和元器件,应按线路的顺序和便于观察、测量、读数的原则摆放.

4. 实验过程中,要认真观测实验现象,精心操作,完整记录所有数据,注意有效数字和单位. 记录数据不允许用铅笔,所记录的原始数据不可随意修改. 若记录的数据确实有误,应将其划掉,在其旁边写上正确数据. 要做到如实、及时地记录实验数据及观测到的现象. 热学实验还要记录温度、湿度、气压等环境条件.

5. 实验结束后,不要急于收拾仪器,应该先把实验的原始数据交给指导老师审查,经老师签字认可后,方可收拾整理仪器,结束实验.

第三节　实验报告的规范式写法

实验分为三个环节,即课前预习、进行实验和书写实验报告,在做好前两项工作的基础上,写好实验报告就是一个至关重要的问题.

写实验报告是对实验原理加深理解的过程,是对实验内容、实验步骤的重新回顾,是对整个实验过程的全面总结,也是为将来进行科学研究、写好科学论文打下一个良好坚实的基础.

实验报告要求用规范的实验报告纸书写,文字叙述要简练,字迹要清晰整洁,作图要规范,数据表格要齐全.

实验报告包括以下内容:

1. 姓名、学号、学院、系、年级、专业、同组者、日期.

2. 科目、实验名称.

3. 实验目的.

4. 实验仪器.

5. 实验原理(简述实验的理论依据、公式及实验原理等).

6. 实验步骤:

(1) 实验过程的每一个步骤都要认真记下来;

(2) 原始数据要经过整理后在实验报告中以表格的形式列出来,不能以原始数据记录纸代替;

(3) 得出实验结果后要以正确的形式表达出来,要有必要的误差分析,注意有效数字和单位;

(4) 要用坐标纸、铅笔清晰地作图;

(5) 经老师签字的原始数据纸张要附在实验报告后面.

7. 讨论:要对实验教材后面的思考题进行讨论,对实验中遇到的现象进行分析,对发现的问题提出自己的见解及改进的思路,以便教师对实验教学进行不断的改进.

实验报告完成后,以上内容要完整有序地装订在一起,以便完整地保存.

第一章

测量误差与数据处理

第一节 测量与误差

一、测量及其分类

测量是将被测物理量与选作标准单位的同类物理量进行比较的过程,其比值为被测物理量的测量值,被测量的测量结果用标准量的倍数和标准量的单位来表示. 因此,一个被测物理量的测量值必须包括数值和单位. 如用直尺测量一物体的长度为 18.6 cm,则说明选用的标准单位是 cm,数值是 18.6.

作为比较标准的测量单位,其大小是科学地人为规定的. 以某几个选定的基本单位为基础,就能推导出一系列导出单位,这一系列基本单位和导出单位的整体称为单位制. 如国际单位制(简称 SI),它是世界唯一公认的科学单位制,它选定了七个基本物理量,即长度(m)、质量(kg)、时间(s)、电流(A)、热力学温度(K)、物质的量(mol)和发光强度(cd).它们的单位为基本单位,其他物理量的单位可由这些基本单位导出,故称导出单位.

根据获得数据方式的不同,测量又可分为直接测量和间接测量两类.

1. 直接测量

直接测量是指可以用测量仪器或仪表直接读出被测量量值的测量. 例如用米尺测量长度,用天平称质量,用电流表测电流等.

2. 间接测量

间接测量是指被测量的量值要用相关的直接测量量通过公式运算间接地获得,相应的物理量为间接测量量. 物理实验中,大多数物理量没有直接测量的量具,不能直接获取数据,只能通过间接测量得到所需要的物理量. 例如在测量电阻 R 时,可用电压表直接测电阻两端的电压 U 值,用电流表直接测电阻上通过的电流 I 值,再用公式 $R=U/I$ 计算出电阻 R 值,对于电阻的测量就属于间接测量.

二、测量误差及其分类

任何物理量,在一定条件下,都存在一个客观值,这个客观值称为该物理量的真实值,或称为真值,而用实验手段测出来的值则称为该物理量的测量值.

实际测量中,由于仪器精度、测量方法、环境等因素的影响,任何测量量都得不到真实值,即测量结果和被测量的真值之间,总是或多或少地存在一些差异,这种差异就称为误差. 误差存在于一切测量的过程中.

设被测量的客观真值为 x_0,测量值为 x,则测量的误差 δ 可表示为

$$\delta=x-x_0$$

其误差 δ 可为正,也可为负. 根据误差产生的原因和性质,可将误差分为三大类.

1. 系统误差

在同一条件下(指仪器、方法、环境及观测者一定)对同一被测量进行多次测量时,若测定误差的符号(正、负)与数值总保持不变,或者按照一定的规律(如递增、递减或周期性等)变化,称此种误差为系统误差,系统误差是带系统性和方向性的误差. 例如天平的零点不准、天

平臂不等长、电表刻度不均匀、测量螺线管磁场时周围磁场及地磁场的影响等都是系统误差. 系统误差按其产生的原因又可分为以下几种误差.

(1) 仪器误差:在进行测量时由所使用的测量工具(如仪器、仪表等设备)本身固有的各种缺陷的影响而产生的误差.

(2) 环境误差:测量系统以外的周围环境因素对测量的影响产生的误差,如温度、湿度、气压、震动、光照、电场、磁场、电磁波等.

(3) 方法误差:由采用的测量原理或测量方法本身的近似或不严格、不完善而产生的测量误差.

(4) 主观误差:由测量人员的素质条件而产生的误差,如实验者的分辨能力、反应速度以及固有习惯等.

系统误差的出现一般都有较明显的原因,因此只要采取适当措施对测量值进行修正,就可以使之减至最小,仅靠增加测量次数并不能减小系统误差.

系统误差经常是测量值误差的重要组成部分. 发现、消除或估算系统误差对实验工作是非常重要的.

2. 随机误差(偶然误差)

在同一条件下,对同一物理量进行多次测量,测量值似乎杂乱地分布在一定范围内. 如果不存在系统误差,那么测量值误差的符号及数值都是变化不定的,这样的误差称为随机误差.

随机误差对某单一测量量来说是没有规律的,其大小和方向都是不可预知的,但对同一物理量进行多次重复测量时,随机误差服从某种统计规律.

随机误差主要是由测量过程中存在的许多难以控制的不确定的随机因素引起的. 如空气的流动、温度的起伏、电压的波动、空间电磁场的干扰以及实验者的感官灵敏度和仪器的精密程度等. 这些因素很难预测,无法估量. 即使在消除了粗大误差和系统误差之后,随机误差依然存在,它是客观存在的,只能设法减小,而不能彻底消除. 但是随机误差有一定的规律性,在相同条件下,对同一物理量进行多次的重复测量,可以发现随机误差服从正态分布(高斯分布),其分布曲线如图 1-1-1 所示.图中横坐标表示随机误差 δ,纵坐标 $f(\delta)$ 表示误差出现的概率,从而可以看出随机误差有如下特点.

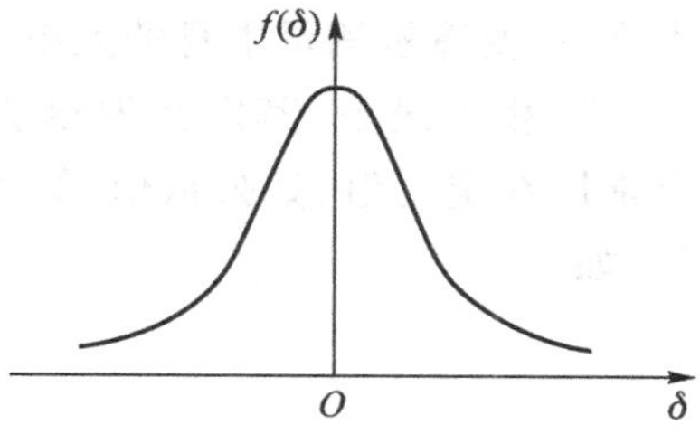

图 1-1-1 高斯分布曲线

(1) 单峰性:绝对值小的误差比绝对值大的误差出现的概率大,绝对值很大的误差出现的概率趋于零.

(2) 对称性:绝对值相等的正、负误差出现的概率相等.

(3) 有界性:在一定的测量条件下,误差的绝对值不超过一定限度.

(4) 抵偿性:随着测量次数的增加,随机误差的代数和趋于零,即随机误差的算术平均值将趋于零. 因此,可用多次测量的算术平均值作为直接测量量的近似真值. 在一定条件下,增加测量次数可以减小随机误差,但是并非测量次数越多越好,一般取 5 至 10 次即可.

3. 粗大误差

由于操作不当、观察有误、读错数、记错值等,测量结果明显地被歪曲,这种错误引起的误差称为粗大误差(或叫过失误差).一般初学者测量时容易产生这种误差,但若采取适当措施,这种误差是完全可以避免的.例如,细心检查、认真操作、重复测量、多人合作等都可以避免粗大误差的产生.含有粗大误差的测量值称为坏值或异常值,正确的测量结果中不应该含有粗大误差.这类误差歪曲了测量结果,应当将其剔除,但是什么样的数据可以认为是有粗大误差的坏数据,则应慎重考虑.一般在测量后整理数据发现有错误时,经过实验环境、过程及物理规律的分析认为不合理的异常数据才可以舍弃.

总之,测量结果的误差是由多方面因素引起的,在分析误差时,必须根据具体情况,对误差来源进行全面分析.因此,在消除粗大误差后,只有综合考虑随机误差和系统误差对实验结果的影响才是全面的.

三、测量误差的表示方法

1. 绝对误差.其定义为

$$\delta=x-x_0$$

其中 δ 为测量误差,x 为测量值,x_0 为真值.绝对误差为测量值与真值的差值.绝对误差可正可负,具有与被测量相同的量纲和单位,它表示测量值偏离真值的程度,真值一般是得不到的,因此绝对误差也无法计算.实际测量中用多次测量的算术平均值 $\bar{x}$ 来代替真值,测量值与算术平均值之差称为偏差,又称残差,用 Δx 表示,即

$$\Delta x=x-\bar{x}$$

假定一个物体的真实长度为 95.0 mm,而测量值为 95.5 mm,则测量误差为 0.5 mm.另一物体的真实长度为 9.0 mm,测量值为 9.5 mm,测量误差也为 0.5 mm.从绝对误差看,两者相等,但测量结果的准确度却大不一样.显然,评价一个测量结果的优劣,不仅要看绝对误差的大小,还要看被测量本身的大小.

2. 相对误差.其定义为测量值的绝对误差与被测量真值之比.由于真值不能确定,实际上常用约定真值,如公认值、算术平均值.相对误差 E_r 是一个量纲为 1 的量,常用百分数表示,如

$$E_r=\frac{\Delta x}{x_0}\times 100\%$$

在上面的假定中,第一个测量量的相对误差 $E_r=\frac{0.5}{95.0}=0.53\%$,而第二个测量量的相对误差为 $E_r=\frac{0.5}{9.0}=5.6\%$.第一个测量量比第二个测量量的测量精确度高.

四、测量的精密度、准确度和精确度

精密度、准确度和精确度都是用来评价测量结果好坏的,但它们是三个不同的概念,使用时应加以区别.

精密度:是指在相同条件下,对被测量进行多次反复测量,测量值之间的一致程度.精密度高则表示测量的数据比较集中,重复性好,随机误差较小,但是系统误差的大小却不明确.

准确度:是指测量结果与真值的接近程度.准确度高表明测量结果的系统误差较小,但是

数据分散的情况即随机误差的大小并不明确.

精确度:是指测量值的一致程度以及与其真值的接近程度,即精密度和准确度的综合概念. 精确度高表示测量数据都在真值附近,即测量结果的系统误差和随机误差都比较小. 精确度是对测量结果的系统误差和随机误差的综合评定.

图 1-1-2 是以打靶时弹着点的分布情况为例,说明这三个不同概念的意义. 图(a)表示射击的精密度高但准确度低,即随机误差小,系统误差大. 图(b)表示射击的准确度高但精密度低. 图(c)的弹着点比较集中,又都集中在靶心附近,表示射击既精密又准确,系统误差和随机误差都小.

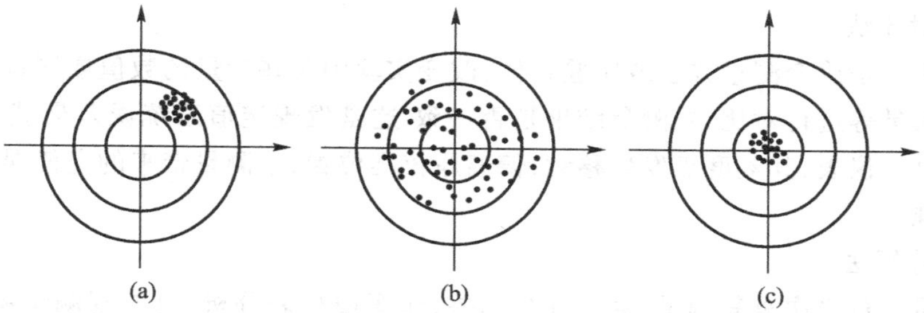

图 1-1-2　射击时弹着点的分布图

第二节　系统误差的分析和处理

一、系统误差的特征和分类

系统误差是由实验原理的近似、实验方法的不完善、所用仪器精度的限制、环境条件不符合要求以及观测人员的习惯等因素产生的误差. 实验方案一经确定,系统误差就有一个客观的确定值. 实验条件一旦变化,系统误差也按一定的规律变化. 从对测量结果的影响来看,系统误差往往比随机误差带来的影响更大,所以实验中必须对系统误差进行认真的分析和处理.

1. 定值系统误差

其特点是在整个测量过程中,该误差的大小和符号固定不变,如螺旋测微器未校准零点、等臂天平不等臂、电压表内阻不是无穷大、电流表内阻不为零等.

2. 变值系统误差

其特点是在测量过程中,当测量的条件变化时,误差的大小和符号按一定的规律变化. 变值系统误差又分为以下两种.

(1) 线性变化的系统误差:在测量过程中,随着某些因素的变化,误差值也成比例地增大或减小. 例如米尺的刻度及螺旋测微器测微螺杆的螺距的累积误差;电桥法测电阻时检流计示值的漂移.

(2) 周期性变化的系统误差:在测量过程中,随着测量值和时间的变化,误差的大小和符号呈现周期性的变化.如指针式仪表由于安装问题,指针的转动中心偏离仪表刻度盘的几何中心;分光计的偏心差等.

二、系统误差的分析

1. 理论分析法

理论分析法主要针对以下两个可能导致系统误差的方面进行.

(1) 分析实验所依据的原理是否严密,测量所用理论公式的适用条件是否满足. 如伏安法测电阻实验中,电流表、电压表内阻是否符合要求等.

(2) 分析实验方法是否完善,测量仪器所要求的使用条件在测量过程中是否满足. 如天平的水平、零点是否调节妥当;各类电表水平或垂直放置是否正确等.

2. 实验对比法

实验对比法是改变测量方法或实验条件,改变实验中某些参量的数值或测量值,调换测量仪器或操作人员等进行对比,看测量结果是否一致.这是发现定值系统误差最基本的方法. 如各种指针式显示仪表,其刻度盘发生移动,偏离原校准位置,给测量带来的定值误差,通过实验对比即可发现.

3. 数据分析法

对被测量进行多次重复测量,通过计算偏差、作图或列表分析,可发现测量中是否存在变值系统误差.数据分析法是残差统计法. 如将测量数据按测量的先后顺序排列,观察其偏离的符号,若正负大体相同,并无显著的变化规律,就可不用怀疑存在系统误差,即通过计算进行比较,看其是否满足存在随机误差的条件,否则,测量中存在变值系统误差.

三、系统误差的处理

系统误差服从因果规律,任何一种系统误差都有其确定的产生原因.在一定的测量条件下,只有找出产生该误差的原因,才能有针对性地采取相应的措施,消除产生系统误差的根源或限制实际问题的产生.

1. 从产生系统误差的根源上加以消除

从进行测量的操作人员、所用的测量仪器、采用的测量方法和测量时的环境条件等入手,对它们进行仔细的分析研究,找出系统误差的产生原因,并设法消除这些因素. 如用补偿法测电压,可以消除伏安法测电阻时方法上的系统误差. 图 1-2-1(a)为电流表外接时,伏安法测电阻的电路,由于电压表内阻不是无穷大的,所以电流表的读数大于通过电阻 R 的电流. 如果将电路变换为图 1-2-1(b),用补偿法测量电压,接通 S_1,当调节 R_2 使检流计 G 示值为零时,电压表的读数就是电阻 R 两端的电压,电流表的读数就是流过电阻 R 的电流,从而消除了系统误差.

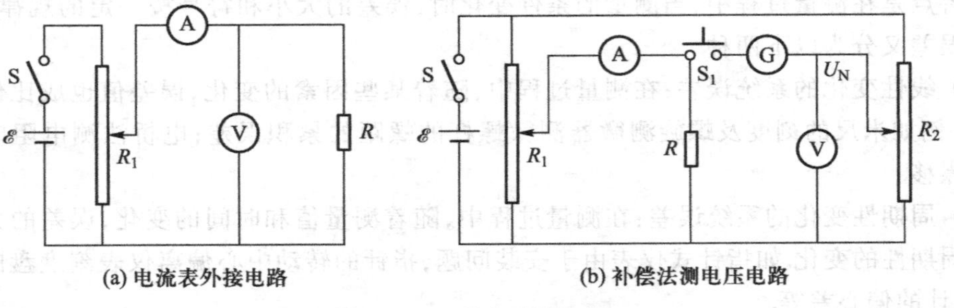

(a) 电流表外接电路 (b) 补偿法测电压电路

图 1-2-1 伏安法测电阻

2. 用修正的方法引入修正值或修正项

对所用仪器、仪表进行检定校验得到校正数据或校正图线，对测量值进行修正．根据理论分析，若系统误差来源于测量公式的近似，则可引入修正值或修正项．如用密立根油滴法测电子电荷实验，由于油滴很小，它的半径与空气分子的平均自由程很接近，必须引入修正项以减小系统误差．

3. 选择适当的测量方法，用测量技术抵消系统误差

(1) 消除定值系统误差常用的方法

① 交换测量法．将测量中的某些条件(如被测物的位置)相互交换，使产生系统误差的原因对测量结果起相反作用，即交换前后产生的系统误差的大小相等、符号相反，从而相互抵消．

② 标准量替代法．在相同的条件下，用标准量替代被测量，达到消除系统误差的目的．如消除天平称衡时的不等臂误差和交直流电桥作精密测量时常用此法．

③ 反向补偿法(异号法)．测量中改变某些条件，在改变前后各进行一次测量，使两次测量产生的系统误差等值而反向，取两次测量值的平均值作为测量结果，即可消除系统误差．如利用霍尔效应测量磁场时，为了消除副效应对测量的影响，可分别改变通过霍尔片电流的方向及磁场的方向进行测量，则可消除附加电势差．

(2) 消除变值系统误差常用的方法

① 对称观测法．它可以消除随时间(或测量次数)呈线性变化规律的系统误差．如长度测量中，螺旋测微器螺杆螺距的误差随测量尺寸的增大而增大；一些被测工件的尺寸随温度变化呈线性变化，这类系统误差，都可用等空间间隔或等时间间隔做两次观测，取两次读数的算术平均值作为测量结果，从而消除线性变化的系统误差．

② 半周期偶数次观测法．它可以消除按周期性规律变化的系统误差．如分光计等测角仪器利用间隔 180°的双游标进行读数，再取其平均值，以消除刻度与游标盘不同心的偏心差．

总之，消除系统误差的途径，首先是消除产生系统误差的根源，其次是设法修正它，修正测量公式或修正测量结果，或者设法在测量中消除它，减小它对测量结果的影响．

以上介绍了系统误差的分析及处理方法，实际测量中对于系统误差只能尽量设法减小它，所谓“消除”是指把它的影响减小到随机误差之下，如果系统误差不影响测量结果的有效数字的最后一位，就可认为它已经被消除．

第三节 随机误差的估算

对于实验中的误差，我们将其分为三类，即系统误差、随机误差(偶然误差)和粗大误差．现考虑到系统误差和粗大误差是能够设法消除的，因此，实验中我们主要讨论随机误差的问题．

一、直接测量结果的误差估算

1. 单次测量结果的误差估算

有些实验由于是在动态中测量，客观上不容许对被测量做重复测量；也有些实验的精度要求不高，在这些情况下，可以只对被测量进行单次测量，用单次测量值作为测量结果，近似表示

被测量的真值.

单次测量结果的误差可取仪器出厂鉴定书或仪器上注明的仪器误差. 如果没有注明,也可取仪器最小刻度的一半作为单次测量的误差. 一般应根据具体情况,对测量量的误差进行合理的估算,取仪器最小刻度的 1/10、1/5 或 1/2 均可.

如用米尺测量单摆的摆线长. 如果米尺使用正确,则读数误差将是测量误差的主要成分,将摆的上下两端读数误差各取 0.5 mm,这样,长度测量误差可取 1 mm.

有些测量量,由于使用的仪器精度足够高,或受环境影响,并不需要进行多次测量. 这种单次测量结果的标准误差应如何表示?

设仪器的最大读数误差为 Δ_m,则单次测量结果的标准误差表示为

$$\sigma=\frac{\Delta_m}{\kappa}$$

式中 κ 为分布系数,若认为单次测量时符合均匀分布,则 κ 一般取为$\sqrt{3}$.

2. 多次等精度测量结果的表示

(1) 算术平均值

假定实验中的系统误差已被消除,通过 n 次等精度独立测量得到一列测量值为

$$x_1, x_2, x_3, \cdots, x_n$$

根据最小二乘法原理:一个等精度测量列的最佳估计值是能使各次测量值与该值之差的平方和为最小的那个值. 设那个值为 x_0,则

$$f(x_0)=\sum_{i=1}^{n}(x_i-x_0)^2=\text{最小值}$$

取 $f(x_0)$ 的一阶导数,并令其等于零,即

$$\frac{\mathrm{d}f(x_0)}{\mathrm{d}x_0}=-2\sum_{i=1}^{n}(x_i-x_0)=0$$

$$\sum_{i=1}^{n}x_i=nx_0$$

从而得到

$$x_0=\frac{1}{n}\sum_{i=1}^{n}x_i=\bar{x} \tag{1-3-1}$$

也就是说,这一组测量数据 x_i 的算术平均值 $\bar{x}$ 就是这一测量列真值的最佳估计值,因此测量结果用算术平均值来表示. 对于有限次测量,算术平均值会随测量次数的不同而有所变化,当测量次数无限增加时,算术平均值将无限接近于真值,我们可以认为算术平均值是真值的最佳近似值.

(2) 算术平均偏差

对一物理量进行多次测量所得各偏差绝对值的算术平均值称为算术平均偏差,即

$$\overline{\Delta x}=\frac{\sum_{i=1}^{n}|x_i-\bar{x}|}{n}=\frac{\sum_{i=1}^{n}|\Delta x_i|}{n} \tag{1-3-2}$$

当测量次数较少,测量仪表准确度不高,或数据离散度不太大时,可用算术平均偏差估算

随机误差.

3. 随机误差的高斯分布与标准误差

由随机误差的分布特点可知,当测量次数足够多时,随机误差具有统计规律,符合高斯分布函数. 这个函数首先由德国数学家和理论物理学家高斯(Gauss)于1795年导出,因而称为高斯分布,又称正态分布. 高斯分布的特征可以用高斯分布曲线形象地表现出来,如图1-3-1(a)所示. 高斯分布函数的概率密度函数的表达式为

$$f(\delta)=\frac{1}{\sigma\sqrt{2\pi}}\exp\left(-\frac{\delta^2}{2\sigma^2}\right) \tag{1-3-3}$$

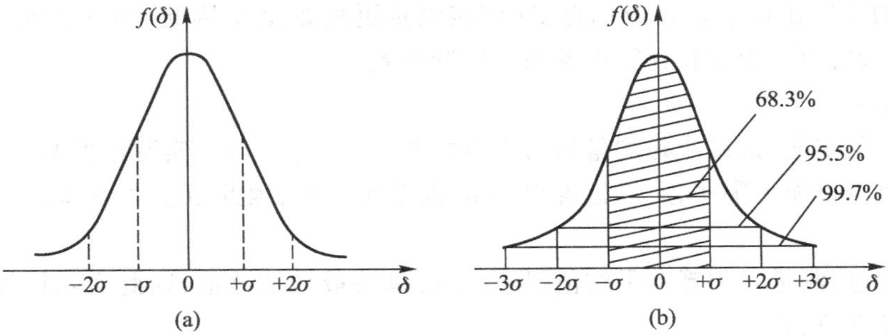

图 1-3-1 正态分布曲线

式(1-3-3)中的σ是唯一参量,它是高斯分布的特征量. 在一定测量条件下,σ是一个常量,则分布函数就唯一确定下来了. 测量条件不同造成随机误差大小不同,反映在分布函数上就是σ大小不同. σ大,随机误差的离散程度大,测量精密度低,大误差出现的次数多,即各次测量值的分散性大,重复性差,分布曲线低而平坦. 反之,σ小,随机误差的离散程度小,测量精密度高,大误差出现的次数少,即各次测量值的分散性小,重复性好,曲线陡而峰值高. 因此,在实际的重复测量中,当测量次数有限时,对于一组测量值,可用特征量σ描述测量的精密度,其数学表达式为

$$\sigma=\sqrt{\frac{1}{n}\sum_{i=1}^{n}(x_i-x_0)^2}\quad(n\to\infty) \tag{1-3-4}$$

σ称为标准误差,又称方均根误差. 所谓方均根误差就是将各测量值的误差平方和求平均再开方. 由于测量误差有正有负,有大有小,故常用方均根误差对它们进行统计. 现在我国采用的估算随机误差的方法是用方均根误差来作为精确度的评价标准,因此我们也称之为标准误差.

式(1-3-4)中的σ表示的物理意义如图1-3-1(b)所示:如果多次测量的随机误差遵从正态分布,那么n次测量中任何一个测量值x_i的误差落在$-\sigma$到σ范围内的概率为68.3%;落在-2σ到2σ范围内的概率为95.5%;落在-3σ到3σ范围内的概率为99.7%. 图1-3-1(b)归一化曲线下的总面积表示各种误差出现的总概率,总区间为100%. 在区间$[-3\sigma,+3\sigma]$内的概率为99.7%,也就是说在一千次测量中,只有三次测量值落在该曲线之外,而一般的测量次数为5~10次,几乎不可能出现在区间之外,所以将3σ称为极限误差,也称误差限. 这也是剔除具有粗大误差数据的拉依达准则的依据.

从这里可以看出,以前介绍的Δx是实际的误差值,是真误差,可正可负,而标准误差不是测量值的实际误差,也不是真实的误差范围,它只是对一组测量数据可靠性的估计. 标准误差小,测量的可靠性就大一些,反之测量就不大可靠. 由于标准误差受测量次数n的影响较小,

且具有一定的稳定性，而且多数计算器都有计算标准误差的功能，所以在科学论文及实验中都用标准误差评价数据.

算术平均误差和标准误差除了在数值上有差异之外，其基本的物理意义没有太大的差别，它们都是有单位的量，其单位与测量值的单位相同，而且当测量次数趋于无限多时，它们之间有固定的比例关系

$$\overline{\Delta x}=\sqrt{\frac{2}{\pi}}\sigma=0.797\ 9\sigma \tag{1-3-5}$$

对于初学者来说，首先需要建立误差概念以及学会对实验结果进行评价的简单方法，而算术平均误差的计算比标准误差简单得多(间接测量更是如此). 因此，物理实验中常采用算术平均值进行误差估算，而工程计算中常采用标准误差.

4. 标准偏差

根据误差的定义，误差应是测量值与真值之差. 但实际上由于实验中的真值无法得到，而且测量次数也不可能无限多，所以标准误差 σ 也无法计算，因此以上对误差的讨论只是理论上的意义.

前面讨论过，测量列的算术平均值$\bar{x}$是测量结果的最佳估计值，因此实际计算中总是用算术平均值代替真值，表示为

$$\nu_i=x_i-\bar{x} \tag{1-3-6}$$

为了与误差加以区别，得到的测量值与算术平均值之差称为偏差(或残差)，实际中也只能用偏差通过计算求得标准偏差来代替标准误差 σ 的最佳估计值. 为了能准确区分标准误差和标准偏差，下面将推导标准偏差的计算公式.

一组测量值 $x_1,x_2,x_3,\cdots,x_n$，各次测量值的误差为 $\delta_i=x_i-\bar{x}_0$，将这些误差求和取平均得

$$\frac{1}{n}\sum_{i=1}^{n}\delta_i=\frac{1}{n}\sum_{i=1}^{n}(x_i-\bar{x}_0)=\bar{x}-\bar{x}_0$$

或写成

$$\bar{x}=\bar{x}_0+\frac{1}{n}\sum_{i=1}^{n}\delta_i$$

将上式代入偏差公式(1-3-6)得

$$\nu_i=x_i-\bar{x}_0-\frac{1}{n}\sum_{i=1}^{n}\delta_i=\delta_i-\frac{1}{n}\sum_{i=1}^{n}\delta_i$$

对上式平方求和得

$$\begin{aligned}\sum_{i=1}^{n}\nu_i^2&=\sum_{i=1}^{n}\left[\delta_i^2-2\delta_i\cdot\frac{1}{n}\sum_{i=1}^{n}\delta_i+\left(\frac{1}{n}\sum_{i=1}^{n}\delta_i\right)^2\right]\\&=\sum_{i=1}^{n}\delta_i^2-2\frac{1}{n}\left(\sum_{i=1}^{n}\delta_i\right)^2+n\left[\frac{1}{n^2}\left(\sum_{i=1}^{n}\delta_i\right)^2\right]\\&=\sum_{i=1}^{n}\delta_i^2-\frac{1}{n}\left(\sum_{i=1}^{n}\delta_i\right)^2\end{aligned}$$

因为在测量中正负误差出现的概率接近相等，故$\left(\sum_{i=1}^{n}\delta_i\right)^2$展开后，交叉项 $\delta_1\cdot\delta_2,\delta_1\cdot\delta_3,\cdots$ 为

正为负的数目接近相等，彼此相消，故得

$$\left(\sum_{i=1}^{n}\delta_i\right)^2 \approx \sum_{i=1}^{n}\delta_i^2$$

因而

$$\sum_{i=1}^{n}\nu_i^2 \approx \frac{n-1}{n}\sum_{i=1}^{n}\delta_i^2$$

即

$$\sqrt{\frac{\sum_{i=1}^{n}\nu_i^2}{n-1}} \approx \sqrt{\frac{\sum_{i=1}^{n}\delta_i^2}{n}}$$

等式右边若取 $n\to\infty$ 时的极限，即是标准误差 σ 的定义式. 等式左边的表达式可以认为是有限次测量时，单次测量值的标准偏差，或者说是从一组数据中计算出来的标准误差的最佳估计值，称为实验标准误差，一般用 S_x 表示. 为了便于理解和应用，我们仍将标准偏差记为 σ_x，其表达式为

$$\sigma_x = \sqrt{\frac{\sum_{i=1}^{n}\nu_i^2}{n-1}} = \sqrt{\frac{\sum_{i=1}^{n}(x_i-\bar{x})^2}{n-1}} \tag{1-3-7}$$

一般来讲，利用标准偏差代替标准误差表示每一个测量值 x_i 的置信区间，只要测量次数不太少，置信概率也在 68.3%附近，因此标准偏差仍具有标准误差的含义.

5. 算术平均值的标准偏差

我们已经知道，标准偏差 σ_x 表示的是算术平均值为$\bar{x}$的一组数据的离散性，即使我们在完全相同的条件下重复测量一组数据，由于随机误差的影响，也不一定能得到完全相同的$\bar{x}$，这说明算术平均值本身也具有离散性，为了评定算术平均值的离散性，需引入算术平均值的标准偏差 $\sigma_{\bar{x}}$，可以证明

$$\sigma_{\bar{x}} = \frac{\sigma_x}{\sqrt{n}} = \sqrt{\frac{\sum_{i=1}^{n}(x_i-\bar{x})^2}{n(n-1)}} \tag{1-3-8}$$

算术平均值的标准偏差表示算术平均值的误差（即 $\bar{x}-x_0$）落在 $-\sigma_{\bar{x}}\sim+\sigma_{\bar{x}}$ 之间的概率为 68.3%，或者说真实值在 $\bar{x}-\sigma_{\bar{x}}\sim\bar{x}+\sigma_{\bar{x}}$ 的范围内的概率为 68.3%，$\pm\sigma_{\bar{x}}$ 并不表示$\bar{x}$的误差，$\bar{x}$ 的误差为多大并不知道，即使 $\sigma_{\bar{x}}$ 很大，误差也可能很小.

由于算术平均值比任何一次测量值都更接近于真实值，也就是说$\bar{x}$的可靠性比任何一次测量值 x_i 都高，所以算术平均值的标准偏差 $\sigma_{\bar{x}}$ 就理所当然地小于标准偏差 σ_x，因此，标准偏差的计算都用算术平均值的标准偏差公式（1-3-8）来计算，但实际叙述中仍用标准误差一词.

6. 测量次数不多时的置信区间的确定

当测量次数比较多时，用$\bar{x}$作为真实值 x_0 的最佳估计值，用标准偏差 $\sigma_{\bar{x}}$ 作为标准误差 σ 的最佳估计值. 当测量次数较少时，由于测量误差会严重偏离正态分布，因而$\bar{x}$和 $\sigma_{\bar{x}}$ 均会严重偏离 x_0 和 σ. 如果仍用 $\sigma_{\bar{x}}$ 作为置信区间，置信概率会远小于 68.3%. 要保持 68.3%的置信概率，必须重新调整置信区间.

1908 年，戈塞特根据误差理论提出，令 $t \equiv (\bar{x}-x_0)/\sigma_{\bar{x}}$，$t$ 作为一个统计量将遵从另一种分布，称作 t 分布，其函数式比较复杂，我们暂不去讨论它. 由 t 分布可提供一个系数因子，称作 t 因子，用这个 t 因子乘以 $\sigma_{\bar{x}}$ 作为置信区间，仍能保证在这个区间内有 68.3%的置信概率.

表 1-3-1 常用的不同测量次数的 t 因子表

n	1	2	3	4	5	6	7	8	9	20	40	∞
$t_{0.683}$	1.84	1.32	1.20	1.14	1.11	1.09	1.08	1.07	1.06	1.03	1.01	1
$t_{0.95}$	12.71	4.30	3.18	2.78	2.57	2.45	2.36	2.31	2.26	2.09	2.02	1.96

从表 1-3-1 可见，t 因子随测量次数的增加而趋向于 1，即当 $n \to \infty$ 时，t 分布趋向正态分布.

7. 测量结果的表示及误差的位数

测量结果的完整表示除了测量值以外，还应包括测量误差，即标准误差和相对误差，这样对于只存在随机误差的多次等精度测量结果的完整表示应该为

$$x=\bar{x}\pm\sigma_{\bar{x}}, \quad E=\frac{\sigma_{\bar{x}}}{\bar{x}}\times 100\%$$

对于计算结果有效数字位数的确定，考虑到物理实验中测量精确度不高等因素，绝对误差只保留一位，计算结果有效数字的最末位应与绝对误差所在位置对齐，相对误差保留 1~2 位.

8. 测量次数

等精度直接测量的最佳估计值是算术平均值，其精度可用标准误差去估计. 平均值的标准误差为测量值的标准误差的$\frac{1}{\sqrt{n}}$，由此可看出平均值精度的高低和测量次数密切相关. 以$\frac{\sigma_{\bar{x}}}{\sigma}$为纵坐标，$n$ 为横坐标作图，如图 1-3-2 所示. 图中可以看出$\frac{\sigma_{\bar{x}}}{\sigma}$的比值随着测量次数 n 的增大而逐渐减小，当 $n>10$ 时，比值变化缓慢，测量次数的影响越来越不明显. 因此，n 一般取 5~10 次即可.

当增加测量次数时，偶然误差可以因互相抵消而变小，但系统误差则不能. 系统误差的影响可能相对增加，因为增加测量次数必定延长测量时间，这将更加难以维持一定的测量条件，同时也会给观测者带来疲劳，将会引起较大的观测误差，偶然误差也会增加.

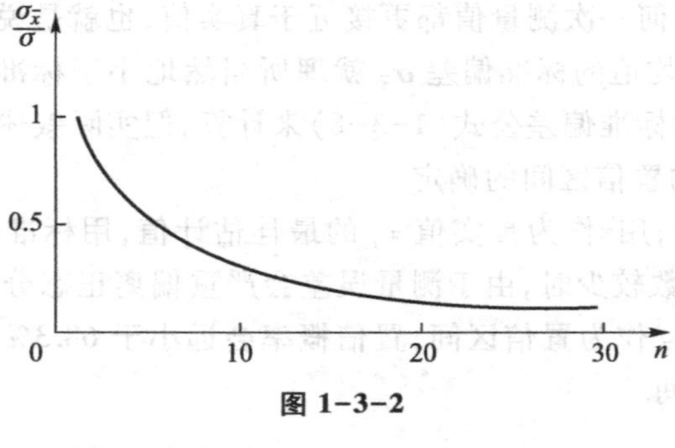

图 1-3-2

例 1　某一物体的长度用毫米刻度尺测量 6 次,数据如下:

8.52、8.53、8.54、8.56、8.54、8.52(单位:cm)

求其算术平均值、各测量值的残差和标准偏差.

解:算术平均值为

$$\overline{L}=\frac{1}{n}\sum_{i=1}^{n}L_i=\frac{1}{6}(8.52+8.53+8.54+8.56+8.54+8.52)\text{ cm}=8.535\text{ cm}$$

取为 8.54 cm.

各测量值的残差$(L_i-\overline{L})$:

$\Delta L_1=-0.02\text{ cm},\Delta L_2=-0.01\text{ cm},\Delta L_3=0.00\text{ cm},\Delta L_4=0.02\text{ cm},\Delta L_5=0.00\text{ cm},\Delta L_6=-0.02\text{ cm}$

标准偏差为

$$\sigma_L=\sqrt{\frac{1}{n-1}\sum_{i=1}^{n}(L_i-\overline{L})^2}$$

$$=\sqrt{\frac{1}{6-1}[(-0.02)^2+(-0.01)^2+0.02^2+(-0.02)^2]}\text{ cm}$$

$$=0.016\text{ cm}$$

σ_L 取为 0.02 cm,测量值可表示成 $L=(8.54\pm0.02)$ cm.

例 2　电子荷质比实验中对聚焦电流 I 测量 7 次的结果如下:

0.580、0.590、0.589、0.586、0.582、0.584、0.587(单位:A)

试求 I 的算术平均值、算术平均偏差、单次测量值的标准偏差和平均值的标准偏差,正确表示测量结果.

解:算术平均值为

$$\overline{I}=\frac{1}{7}\sum_{i=1}^{7}I_i=\frac{1}{7}(0.580+0.590+0.589+0.586+0.582+0.584+0.587)\text{ A}=0.585\text{ A}$$

算术平均偏差为

$$\overline{\Delta I}=\frac{1}{7}\sum_{i=1}^{7}|\Delta I_i|=\frac{1}{7}(0.005+0.005+0.004+0.001+0.003+0.001+0.002)\text{ A}=0.003\text{ A}$$

测量列的标准偏差为

$$\sigma_I=\sqrt{\frac{\sum_{i=1}^{7}(I_i-\overline{I})^2}{7-1}}=\sqrt{\frac{81\times10^{-6}}{6}}\text{ A}=0.004\text{ A}$$

平均值的标准偏差为

$$\sigma_{\overline{I}}=\frac{\sigma_I}{\sqrt{n}}=\sqrt{\frac{\sum_{i=1}^{n}(I_i-\overline{I})^2}{n\sqrt{n-1}}}=\sqrt{\frac{\sum_{i=1}^{7}\Delta I_i^2}{7\times(7-1)}}=0.001\text{ A}$$

测量结果为

$$I=\overline{I}\pm\overline{\Delta I}=(0.585\pm0.003)\text{ A},E_I=\frac{0.003}{0.585}\times100\%=0.51\%\text{(用算术平均偏差表示)}$$

或

$$I=\bar{I}\pm\sigma_{\bar{I}}=(0.585\pm0.001)\ \mathrm{A},E_I=\frac{0.001}{0.585}\times100\%=0.17\%$$（用平均值的标准偏差表示）

二、间接测量结果的误差估算

实际测量中，大多数待测量是间接测量，间接测量结果是由直接测量量通过一定的函数关系式计算出来的. 由于直接测量量存在误差，而由直接测量量运算得到的间接测量量也必然存在误差，这就是误差的传递. 直接测量误差与间接测量误差之间的关系表达式，即为误差传递公式.

下面分别介绍两种间接测量结果的误差估算方法.

1. 误差的一般传递公式

设间接测量量 N 的函数表达式为

$$N=f(x_1,x_2,\cdots,x_m) \tag{1-3-9}$$

式中 $x_1,x_2,\cdots,x_m$ 为彼此相互独立的直接测量量，每一直接测量量为只含随机误差的多次等精度测量量，若各直接测量量用算术平均偏差估算误差，测量结果分别为 $x_1=\bar{x}_1+\Delta x_1,x_2=\bar{x}_2+\Delta x_2,\cdots,x_m=\bar{x}_m+\Delta x_m$，则间接测量量 N 的最佳估计值为

$$\overline{N}=f(\bar{x}_1,\bar{x}_2,\cdots,\bar{x}_m)$$

将各直接测量量的算术平均值代入函数式中，便可求出间接测量量的最佳估计值.

由于误差为微小量，所以可用全微分方程求出误差传递公式，对式(1-3-9)求全微分有

$$\mathrm{d}N=\frac{\partial f}{\partial x_1}\mathrm{d}x_1+\frac{\partial f}{\partial x_2}\mathrm{d}x_2+\cdots+\frac{\partial f}{\partial x_m}\mathrm{d}x_m \tag{1-3-10}$$

由于 $\Delta x_1,\Delta x_2,\cdots,\Delta x_m$ 分别相对于 $x_1,x_2,\cdots,x_m$ 均是很小的量，将式(1-3-10)中的 $\mathrm{d}x_1,\mathrm{d}x_2,\cdots,\mathrm{d}x_m$ 用 $\Delta x_1,\Delta x_2,\cdots,\Delta x_m$ 代替，则有

$$\Delta N=\frac{\partial f}{\partial x_1}\Delta x_1+\frac{\partial f}{\partial x_2}\Delta x_2+\cdots+\frac{\partial f}{\partial x_m}\Delta x_m \tag{1-3-11}$$

由于式(1-3-11)等号右端各项的分误差正负不定，从最不利情况考虑，取各直接测量量误差项的绝对值，可得到最大绝对误差的传递公式，即算术合成法的传递公式

$$\Delta N=\left|\frac{\partial f}{\partial x_1}\Delta x_1\right|+\left|\frac{\partial f}{\partial x_2}\Delta x_2\right|+\cdots+\left|\frac{\partial f}{\partial x_m}\Delta x_m\right| \tag{1-3-12}$$

对式(1-3-12)两边取自然对数后再求全微分，即可得相对误差的一般传递公式

$$\frac{\Delta N}{N}=\left|\frac{\partial \ln f}{\partial x_1}\right|\Delta x_1+\left|\frac{\partial \ln f}{\partial x_2}\right|\Delta x_2+\cdots+\left|\frac{\partial \ln f}{\partial x_m}\right|\Delta x_m \tag{1-3-13}$$

式(1-3-12)和式(1-3-13)中等号右端的每项称为分误差，$\frac{\partial f}{\partial x_i}\Delta x_i$ 和 $\frac{\partial \ln f}{\partial x_i}(i=1,2,\cdots,m)$ 称为误差传递系数. 可以看出，间接测量量的误差不仅与各直接测量量的误差 Δx_i 有关，而且与误差的传递系数有关. 表 1-3-2 列出了常用函数的误差的一般传递公式.

表 1-3-2　常用函数的误差的一般传递公式

函数关系式	误差的一般传递公式
$N=x\pm y$	$\Delta N=\Delta x+\Delta y$
$N=xy,\quad N=\dfrac{x}{y}$	$\dfrac{\Delta N}{N}=\dfrac{\Delta x}{x}+\dfrac{\Delta y}{y}$
$N=kx$	$\Delta N=k\Delta x,\quad \dfrac{\Delta N}{N}=\dfrac{\Delta x}{x}$
$N=\sqrt[k]{x}$	$\dfrac{\Delta N}{N}=\dfrac{1}{k}\dfrac{\Delta x}{x}$
$N=\dfrac{x^k\cdot y^m}{z^n}$	$\dfrac{\Delta N}{N}=k\dfrac{\Delta x}{x}+m\dfrac{\Delta y}{y}+n\dfrac{\Delta z}{z}$
$N=\sin x$	$\Delta N=\lvert\cos x\rvert\Delta x,\quad \dfrac{\Delta N}{N}=\lvert\cot x\rvert\Delta x$
$N=\ln x$	$\Delta N=\dfrac{\Delta x}{x}$

2. 标准误差的传递方式

若各个独立的直接测量量的误差分别用标准误差估算，则间接测量量的标准偏差应按“方和根”合成，即绝对误差为

$$\sigma_N=\sqrt{\left(\frac{\partial f}{\partial x_1}\sigma_{x_1}\right)^2+\left(\frac{\partial f}{\partial x_2}\sigma_{x_2}\right)^2+\cdots+\left(\frac{\partial f}{\partial x_m}\sigma_{x_m}\right)^2}\qquad(1-3-14)$$

相对误差为

$$E_N=\frac{\sigma_N}{N}=\frac{1}{f(x_1,x_2,\cdots,x_m)}\sqrt{\left(\frac{\partial\ln f}{\partial x_1}\sigma_{x_1}\right)^2+\left(\frac{\partial\ln f}{\partial x_2}\sigma_{x_2}\right)^2+\cdots+\left(\frac{\partial\ln f}{\partial x_m}\sigma_{x_m}\right)^2}\qquad(1-3-15)$$

式(1-3-14)和式(1-3-15)称为标准误差的传递公式，表 1-3-3 列出了几种常用函数的标准误差传递公式.

表 1-3-3　几种常用函数的标准误差传递公式

函数关系式	标准误差传递公式
$N=x\pm y$	$\sigma_N=\sqrt{\sigma_x^2+\sigma_y^2}$
$N=xy,\quad N=\dfrac{x}{y}$	$\dfrac{\sigma_N}{N}=\sqrt{\left(\dfrac{\sigma_x}{x}\right)^2+\left(\dfrac{\sigma_y}{y}\right)^2}$
$N=kx$	$\sigma_N=k\sigma_x,\quad \dfrac{\sigma_N}{N}=\dfrac{\sigma_x}{x}$
$N=\sqrt[k]{x}$	$\dfrac{\sigma_N}{N}=\dfrac{1}{k}\dfrac{\sigma_x}{x}$

续表

函数关系式	标准误差传递公式
$N=x^k$	$\dfrac{\sigma_N}{N}=k\dfrac{\sigma_x}{x}$
$N=\dfrac{x^k\cdot y^m}{z^n}$	$\dfrac{\sigma_N}{N}=\sqrt{k^2\left(\dfrac{\sigma_x}{x}\right)^2+m^2\left(\dfrac{\sigma_y}{y}\right)^2+n^2\left(\dfrac{\sigma_z}{z}\right)^2}$
$N=\sin x$	$\sigma_N=\lvert\cos x\rvert\sigma_x$
$N=\tan x$	$\sigma_N=\sec^2x\cdot\sigma_x$
$N=\ln x$	$\sigma_N=\dfrac{\sigma_x}{x}$

例 3 推导圆环面积 $S=\dfrac{\pi}{4}(R^2-r^2)$ 的误差传递公式.

解: $\Delta S=\left|\dfrac{\partial S}{\partial R}\right|\Delta R+\left|\dfrac{\partial S}{\partial r}\right|\Delta r=\dfrac{\pi}{4}(2R\Delta R+2r\Delta r)=\dfrac{\pi}{2}(R\Delta R+r\Delta r)$

$$E_S=\frac{\Delta S}{S}=\frac{2R}{R^2-r^2}\Delta R+\frac{2r}{R^2-r^2}\Delta r$$

例 4 用单摆测定重力加速度的公式为 $g=\dfrac{4\pi^2L}{t^2}$,今测得 $t=(1.960\pm0.002)$ s,$L=(96.0\pm0.1)$ cm,求重力加速度 g 及标准误差与相对误差.

解: 已知

$$g=\frac{4\pi^2L}{t^2}$$

根据式(1-3-14),其误差传递公式为

$$\sigma_g^2=\left(\frac{\partial g}{\partial t}\right)^2\sigma_t^2+\left(\frac{\partial g}{\partial L}\right)^2\sigma_L^2$$

因

$$\frac{\partial g}{\partial t}=-\frac{8\pi^2L}{t^3},\quad \frac{\partial g}{\partial L}=\frac{4\pi^2}{t^2}$$

故

$$\sigma_g^2=\frac{64\pi^4L^2}{t^6}\sigma_t^2+\frac{16\pi^4}{t^4}\sigma_L^2=\frac{16\pi^4}{t^4}\left(\frac{4L^2}{t^2}\sigma_t^2+\sigma_L^2\right)$$

$$\sigma_g=\frac{4\pi^2}{t^2}\sqrt{\left(\frac{4L^2}{t^2}\sigma_t^2+\sigma_L^2\right)}=\frac{4\times3.142^2}{1.960^2}\sqrt{\frac{4\times96.0^2}{1.960^2}\times0.002^2+0.1^2}\ \text{cm}\cdot\text{s}^{-2}=2.3\ \text{cm}\cdot\text{s}^{-2}$$

$$g=\frac{4\pi^2L}{t^2}=\frac{4\times3.142^2\times96.0}{1.960^2}\ \text{cm}\cdot\text{s}^{-2}=986.8\ \text{cm}\cdot\text{s}^{-2}$$

g 的测量结果表示为

$$g=(986.8\pm2.3)\ \text{cm}\cdot\text{s}^{-2}$$

g 的相对误差为

$$E_g=\frac{\sigma_g}{g}\times100\%=\frac{2.3}{986.8}\times100\%=0.23\%$$

第四节　测量不确定度和测量结果的表示

一、测量的不确定度

前面介绍的误差理论的基本知识，重点在于概念的理解和掌握. 在实际测量中，不能准确地给出绝对误差的大小，因而很难用测量误差来表征测量的精确度. 对于偶然误差，即使用统计方法求出其大小时，也存在置信概率大小的问题；而对于系统误差，由于不可能全部掌握系统误差的信息，即使采用已修正的结果，其仍含有不确定性，我们所能求得的只是误差的估计值. 为此，必须寻求一种用来评定测量结果质量的量化方法. 国际计量局（BIPM）等 7 个国际组织提出并制定了《测量不确定度表示指南 ISO1993（E）》，规定采用“不确定度”来评定测量结果的质量.

测量的“不确定度”是与测量结果相关联的一个参量，用以表征合理地赋予被测量值的分散性. 测量的不确定度是指由于测量误差的存在而对被测量值不能确定的程度，它是被测量的真值在某个量值范围的一个评定. 或者说测量的不确定度表示测量误差可能出现的范围，它的大小反映了测量结果可信赖程度的高低. 测量的不确定度越小，测量质量越高，测量结果与真值越靠近；反之，其值越大，测量质量越低，测量结果与真值越远离.

不确定度包含了各种不同来源的误差对测量结果的影响，各分量的计算又反映了这部分误差所服从的分布规律. 它不再将测量误差分为系统误差和随机误差，而是把可修正的系统误差修正以后，将余下的全部误差分为可以用概率统计方法计算的 A 类评定和用其他非统计方法估算的 B 类评定，然后，将 A 类和 B 类评定按“方和根”的方法合成得到合成不确定度. 不确定度与给定的置信概率相联系，并且可以求出它的确定值. 因此不确定度更全面更科学地表示了测量结果的可靠性，现在的计量检测、实验结果表示已逐步采用不确定度取代标准误差来评定测量结果的质量.

应当注意的是，不确定度和误差是两个完全不同的概念，它们之间既有联系，又有本质区别. 在物理实验教学中，我们用不确定度来评定测量质量，进行定量计算. 但在实验的设计、分析处理中，常常还需要进行误差的分析.

二、直接测量不确定度的评定和测量结果的表示

1. 不确定度的 A 类评定

A 类不确定度用概率统计的方法来评定，其实验偏差的估计用贝塞尔（Bessel）公式来计算. 在相同条件下，对同一物理量进行多次重复测量，其测量值为

$$x_1, x_2, x_3, \cdots, x_n$$

其最佳估计值为算术平均值 $\bar{x}$，其值为

$$\bar{x} = \frac{1}{n} \sum_{i=1}^{n} x_i$$

x_i 的实验标准偏差 s_{x_i} 的估算采用贝塞尔（Bessel）公式

$$s_{x_i}=\sqrt{\frac{1}{n-1}\sum_{i=1}^{n}(x_i-\bar{x})^2}$$

平均值 $\bar{x}$ 的实验标准偏差 $s_{\bar{x}}$ 的最佳估算为

$$s_{\bar{x}}=\frac{s_{x_i}}{\sqrt{n}}$$

即平均值的标准不确定度用 $s_{\bar{x}}$ 表示.

2. 不确定度的 B 类评定

B 类不确定度用 u_{x_j} 来表示,其在测量范围内无法作统计评定,u_{x_j} 的估算信息可采用:

(1) 对仪器性能及特点的了解所估算的不确定度;

(2) 所用仪器的制造说明书、检定证书或手册中所提供数据的不确定度.

普通物理实验中的大多数仪器、器皿,对同一被测量在相同条件下做多次直接测量时,测量的随机误差分量一般比其基本误差差限或示值误差差限小很多,因此在普通物理实验中的大多数情况下,可以把仪器误差简单地当作不确定度,用非统计方法估算的 B 类分量 u_{x_j} 来表示.

3. 总不确定度 u 的合成

A 类不确定度和 B 类不确定度若彼此独立,则总不确定度 u 用"方和根"法表示为

$$u=\sqrt{\sum_{i=1}^{n}s_{x_i}^2+\sum_{j=1}^{n}u_{x_j}^2}$$

4. 测量结果的表示

算术平均值及总不确定度 $x=\bar{x}\pm u$

相对不确定度 $E_r=\frac{u}{\bar{x}}\times 100\%$

三、间接测量不确定度的评定和测量结果的表示

间接测量不确定度的评定与一般标准误差的传递方法相同. 设间接测量量 N 与直接测量量 x_i 的函数关系为

$$N=f(x_1,x_2,\cdots,x_m)$$

式中 $x_1,x_2,\cdots,x_m$ 为相互独立的直接测量量,则间接测量量的不确定度传递公式为

$$u_N=\sqrt{\left(\frac{\partial f}{\partial x_1}\right)^2u_{x_1}^2+\left(\frac{\partial f}{\partial x_2}\right)^2u_{x_2}^2+\cdots+\left(\frac{\partial f}{\partial x_m}\right)^2u_{x_m}^2}$$

$$\frac{u_N}{N}=\sqrt{\left(\frac{\partial \ln f}{\partial x_1}\right)^2u_{x_1}^2+\left(\frac{\partial \ln f}{\partial x_2}\right)^2u_{x_2}^2+\cdots+\left(\frac{\partial \ln f}{\partial x_m}\right)^2u_{x_m}^2}$$

间接测量结果的表示与直接测量结果的表示形式相同,即写为

$$N=\bar{N}\pm u_N$$

$$E_r=\frac{u_N}{\bar{N}}\times 100\%$$

例 5 一个铅质圆柱体,用分度值为 0.02 mm 的游标卡尺分别测其直径 d 和高度 h 各 6

次,数据如表 1-4-1 所示.

表 1-4-1

测量次数	1	2	3	4	5	6
d/mm	20.32	20.42	20.40	20.38	20.34	20.36
h/mm	41.20	41.28	41.22	41.12	41.26	41.24

用最大称量为 500 g 的物理天平称其质量为 $m=154.20$ g,求铅质圆柱体的密度及其不确定度.

解:(1)铅质圆柱体的密度 ρ

直径 d 的算术平均值: $\bar{d}=\frac{1}{6}\sum_{i=1}^{6}d_i=20.37\ \text{mm}$

高度 h 的算术平均值: $\bar{h}=\frac{1}{6}\sum_{i=1}^{6}h_i=41.22\ \text{mm}$

圆柱体的质量: $m=154.20\ \text{g}$

铅质圆柱体的密度: $\rho=\frac{4m}{\pi d^2 h}=\frac{4\times154.20}{3.141\ 6\times20.37^2\times41.22}\ \text{g/mm}^3$

$=1.147\times10^{-2}\ \text{g/mm}^3$

(2)直径 d 的不确定度

A 类评定

$$s_{\bar{d}}=\sqrt{\frac{\sum_{i=1}^{6}(d_i-\bar{d})^2}{n(n-1)}}=\sqrt{\frac{0.007}{30}}\ \text{mm}=0.015\ \text{mm}$$

B 类评定

游标卡尺的示值误差为 0.02 mm,按近似均匀分布

$$u_d=\frac{0.02}{\sqrt{3}}\ \text{mm}=0.012\ \text{mm}$$

d 的总不确定度

$$u_1=\sqrt{s_{\bar{d}}^2+u_d^2}=\sqrt{0.015^2+0.012^2}\ \text{mm}=0.019\ \text{mm}$$

(3)高度 h 的不确定度

A 类评定

$$s_{\bar{h}}=\sqrt{\frac{\sum_{i=1}^{6}(h_i-\bar{h})^2}{n(n-1)}}=\sqrt{\frac{0.016}{30}}\ \text{mm}=0.023\ \text{mm}$$

B 类评定

$$u_h=\frac{0.02}{\sqrt{3}}\ \text{mm}=0.012\ \text{mm}$$

h 的总不确定度

$$u_2=\sqrt{s_h^2+u_h^2}=\sqrt{0.023^2+0.012^2}\ \text{mm}=0.026\ \text{mm}$$

（4）质量 m 的不确定度

从所用天平检定证书上查得，称量为$\frac{1}{3}$量程时的扩展不确定度为 0.04 g，覆盖因子 $k=3$，按近似高斯分布，则

$$u_3=\frac{0.04}{3}\ \text{g}=0.013\ \text{g}$$

（5）铅质圆柱体的密度的相对不确定度

$$\begin{aligned}\frac{u}{\rho}&=\sqrt{\left(\frac{2u_1}{\bar{d}}\right)^2+\left(\frac{u_2}{\bar{h}}\right)^2+\left(\frac{u_3}{m}\right)^2}\\&=\sqrt{\left(\frac{2\times0.019}{20.37}\right)^2+\left(\frac{0.026}{41.22}\right)^2+\left(\frac{0.013}{154.20}\right)^2}\\&=\sqrt{3.5\times10^{-6}+0.4\times10^{-6}+7.1\times10^{-9}}\\&=\sqrt{7.6\times10^{-6}+0.4\times10^{-6}}\\&=0.28\%\end{aligned}$$

$$u=1.147\times10^{-2}\times\frac{0.28}{100}=0.003\times10^{-2}\ \text{g/mm}^3$$

（6）铅密度的测量结果表示为

$$\rho=(1.147\pm0.003)\times10^{-2}\ \text{g/mm}^3=(1.147\pm0.003)\times10^4\ \text{kg/m}^3$$

$$E_r=0.28\%$$

置信概率为 $P=68.3\%$

第五节 有效数字及其运算

一、有效数字

实验的基础是数据的测量，数据的测量根据使用的测量器具的不同可得出不同的测量位数. 如图 1-5-1 所示，用最小分度为 1 mA 的电流表测量通过一电阻上的电流为 2.6 mA，这里的“2”为准确值，“6”为估计值，或称为可疑值. 如图 1-5-2 所示，用最小分度为 0.1 mA 的电流表测量通过同一电阻上的电流为 2.62 mA，得出的结果是三位数，这里的“2.6”为准确值，末位的“2”为估计值. 从以上的测量得出，测量结果中的准确值加上可疑值的位数即为有效数字. 有效数字的多少取决于所用量具或仪器的准确度的高低. 有效数字的读法一般是读到所用测量器具最小分格的十分之一，最后一位估读数字为可疑数字.

二、有效数字中“0”的作用

数字“0”在测量数据的末位，如图 1-5-2 中的虚线所示，若测量指针正好指在 3.8 处，其

测量结果为 3.80 mA,不能写成 3.8 mA,这里的第三位数"0"是可疑数字,不能略去,如果写成 3.8 mA,则认为是用最小分度为 mA 的电流表测量的,所以实验测量中的 $3.8 \neq 3.80$,这和纯数字中的数据写法是截然不同的.

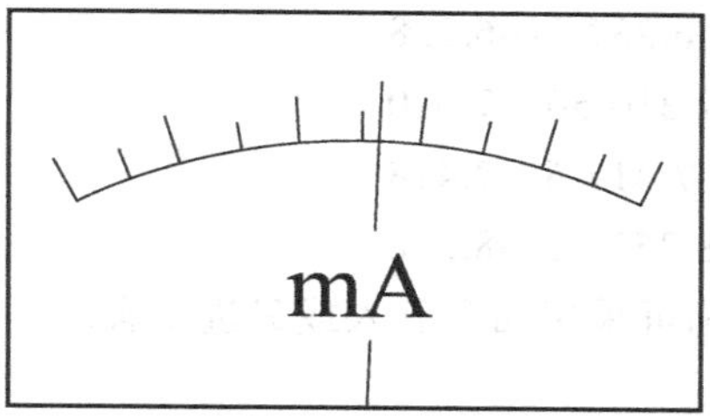

图 1-5-1

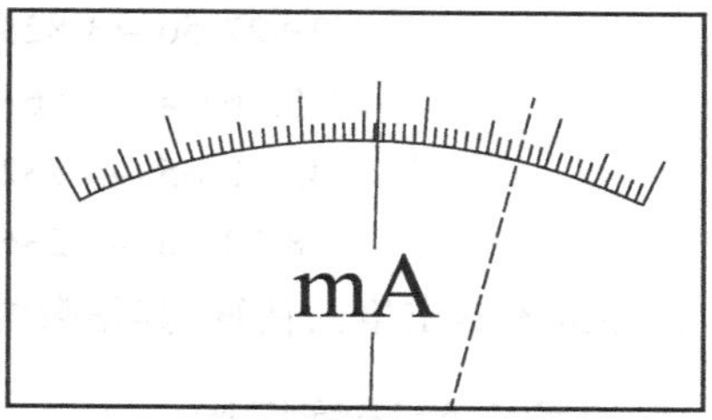

图 1-5-2

数字"0"在数据中间和在尾部的情况一样,都是有效数字中的一位. 如 3.400 8 cm 是五位有效数字,3.480 0 cm 也是五位有效数字.

数字"0"还有一种情况. 如 5.62 cm 是三位有效数字,如果把 5.62 cm 写成 0.056 2 m 是否就成了五位有效数字了呢,其实它仍然是三位有效数字,有效数字的位数与十进制单位的变换无关,也就是说与小数点的位置变换无关,数字前面用来表示小数点位置的"0"不是有效数字,不能算作有效数字的位数,即非零数字前的"0"不是有效数字,只起定位作用.

三、科学记数法

在实验的测量中,如果一个测量值很小或很大,为了运算方便,常用标准形式来书写,即用 10 的方幂来表示其数量级,前面的数字是测得的有效数字,通常小数点前只写一位有效数字,后面的 10 的方幂反映了单位的变换,这种数值的科学表达方式为科学记数法. 例如:

$$0.005\ 82 = 5.82\times10^{-3}$$

$$798\ 008 = 7.980\ 08\times10^{5}$$

$$7.83\times10^{3}\ \text{mm} = 7.83\ \text{m} = 7.83\times10^{-3}\ \text{km}$$

采用科学记数法,有效数字位数不变,不影响单位换算,也便于计算.

非十进制的单位进行换算时,有效数字会有一位变化,应用误差所在位确定. 如 $(1.8+0.1)^\circ = (108+6)'$,$(1.50+0.05)' = (90+3)''$等.

纯数字或常数,如$\sqrt{2}$、π、e 等,不是由测量得到的,它们的有效数字可以认为是无限的,需要几位就取几位,一般取与各测量值相同的位数或再多取一位,给定值不影响有效数字的位数. 运算过程的中间结果可适当多保留几位,以免因舍入引进过大的附加误差.

四、有效数字的截尾原则

在纯数学计算中,一般数字的取舍都采用四舍五入法,这就使入的数字比舍的数字多一个,入的概率也大于舍的概率,经过多次舍入,结果将偏大. 为了使舍入的概率基本相同,现在采用的截尾规则是:对保留的末位数字以后的部分,小于 5 则舍,大于 5 则入,等于 5 则把末位凑为偶数,即末位数是奇数则加 1(5 入),末位数是偶数则不变(5 舍). 简单地说就是:四舍六入五凑偶,即若要舍弃的数是 4,直接舍去;若要舍弃的数是 6,进 1;若要舍弃的数是 5,则前面的数是奇数时就进 1,是偶数时就直接舍去. 这样在存疑数后的数字的取舍上比单纯的四舍五入更符合概率思想,在可能出现的数字中,舍入的概率几乎相等. 例如将下列数据按截尾规则取为四位有效数字.

3.827 56→3.828	6.237 5→6.238
5.563 4→5.563	7.310 50→7.310
4.732 55→4.732	7.417 6→7.418
8.235 6→8.236	8.357 56→8.358

对于误差或不确定度的估算,其尾数的舍入规则可采用四舍五入或只进不舍.

五、有效数字的运算规则

实验结果要通过有效数字的运算才能得到,所以有效数字的四则运算要根据一定的规则来确定运算结果的有效数字的位数. 其具体运算遵循以下几条规则. ① 可靠数字间的运算结果为可靠数字;② 可靠数字与存疑或存疑数字间的运算结果为存疑数字,但进位为可靠数字;③ 运算结果只保留一位存疑数字. 其后的数字按四舍六入五凑偶的规则处理.

1. 加减法

首先将参加运算的有效数字的存疑位下面画一条横线作为记号,以区别于可靠数字,然后列出纵式进行计算. 例如:

$$\begin{array}{r} 28.\underline{6} \\ 7.24\underline{8} \\ +\ 9.4\underline{7} \\ \hline 45.\underline{3}\underline{1}\underline{8} \end{array} \qquad\qquad \begin{array}{r} 36.75\underline{6} \\ -\ 12.2\underline{4} \\ \hline 24.5\underline{1}\underline{6} \end{array}$$

$$28.\underline{6}+7.24\underline{8}+9.4\underline{7}=45.\underline{3} \qquad\qquad 36.75\underline{6}-12.2\underline{4}=24.5\underline{2}$$

结论为加减运算,所得结果的有效数字的小数位的位数与所有参加运算的分量中的最少小数位数相同.

从以上的计算可以看出,结果为 45.3 的小数位与分量 28.6 的小数位位数相同;24.52 的小数位与分量 12.24 的小数位位数相同,各分量中多余的位数参与运算没有意义. 因此,我们可以在进行加减法运算前就将各分量按分量中小数位数最少的位数做截尾处理,然后再计算,其运算结果是一样的,这样也使整个运算过程变得更为简单.

2. 乘除法

$$\begin{array}{r} 7.39\underline{6} \\ \times\ \ 2.\underline{3} \\ \hline 2\underline{2}\underline{1}\underline{8}\underline{8} \\ 1479\underline{2}\ \ \\ \hline 17.\underline{0}\underline{1}\underline{0}\underline{8} \end{array} \qquad\qquad \begin{array}{r} 3.\underline{2}\underline{1} \\ 2.\underline{3}\overline{)7.38\underline{3}} \\ 6\underline{9}\ \ \\ \hline \underline{4}8\ \\ 4\underline{6}\ \\ \hline \underline{2}\underline{3} \\ \underline{2}\underline{3} \\ \hline 0 \end{array}$$

$$7.39\underline{6}\times 2.\underline{3}=17.\underline{0} \qquad\qquad 7.38\underline{3}\div 2.\underline{3}=3.\underline{2}$$

结论为除法运算，所得结果的有效数字位数一般与各分量中有效数字位数最少的相同；乘法运算，若两数相乘有进位时则结果的有效数字应多取一位. 另外，为了运算方便，也可以在运算前对各数进行截尾处理.

3. 乘方与开方运算

乘方与开方运算结果的有效数字位数与其底数的有效数字位数相同.

$$24.36^2=593.\underline{4} \quad \sqrt{17.35}=4.16\underline{5}$$

4. 函数运算

函数运算不能套用四则运算规则. 一般来说，函数运算结果的位数应根据误差分析来确定. 在物理实验中，为了简便和统一，对常用的对数函数、指数函数和三角函数做如下规定：

① 对数函数：首位数字不计，对数函数运算后的尾数的取位与真数的位数相同.

$$\lg 1.796=0.254\ 306\ 332，\text{取为 } 0.254\ 3$$

$$\lg 1\ 796=3.254\ 306\ 332，\text{取为 } 3.254\ 3$$

② 指数运算：把 e^x、10^x 的运算结果用科学记数法表示，小数点前保留一位，小数点后面保留的位数与 x 在小数点后的位数相同，包括紧接小数点后的零.

$$e^{9.23}=10\ 198.541\ 51，\text{取为 } 1.02\times10^4$$

$$e^{50}=5.184\ 705\ 5\times10^{21}，\text{取为 } 5\times10^{21}$$

③ 三角函数：由角度的有效数字位数，即以仪器的准确度来确定，如能读到 1′，一般取四位有效数字.

$$\sin 30°00'=0.5，\text{取为 } 0.500\ 0$$

$$\cos 26°16'=0.938\ 070\ 461，\text{取为 } 0.938\ 1$$

应当指出，有效数字位数的多少取决于测量仪器，而不取决于运算过程，因此在选择计算工具时，应使其给出的位数不少于应有的有效位数，否则将使其测量结果的准确性降低，这是不允许的. 同时，上述有效数字的运算法则在一般情况下是成立的，但也不是十分严格，常会出现与上述法则不符的情况，所以在确定运算结果的有效数字时，通常是多保留一位，然后根据测量结果对误差的要求来确定哪一位是可疑数字，然后再定出有效数字的位数.

第六节 实验数据常用的处理方法

物理实验的目的是找出物理量之间的内在规律，或验证某种理论的正确与否，因此，对实验得到的大量数据必须进行正确的处理和分析，才能得到正确的实验结果和结论. 数据处理方法是整个实验过程中的一个重要组成部分，它贯穿于物理实验的全过程，应该逐步熟悉和掌握它. 在实际的实验中，对于物理量的测量，大多来自间接测量，即利用直接测量量按一定的关系式计算后获得. 但是，并不是所有的间接测量量都可以这样求得，对于随自变量的变化而变化的某些因变量，它们和自变量之间的变化规律及关系系数的求解十分复杂. 因此对应于数据处理的方法也有好多种，这里介绍常用的数据处理方法有：列表法、作图法、逐差法、最小二乘法与线性回归等.

一、列表法

列表法是记录和处理数据时首先选用的办法. 数据列表可以简单而明确地表示出有关物理量之间的对应关系,便于随时检查测量结果是否合理,及时发现问题和分析问题,有助于找出有关物理量之间的规律性联系.

在选用列表法时要注意以下几点:

1. 表格的设计要合理,栏目排列的顺序要与测量的先后和计算的顺序相对应.
2. 各栏目要表明物理量的名称和单位,量值的数量级也应写在标题栏中.
3. 栏目的顺序应充分注意数据间的联系和计算顺序,力求简明、齐全、有条理.
4. 反映测量值函数关系的数据表格,应按自变量由小到大(或由大到小)的顺序排列.

二、作图法

图线能够明确地表示出实验数据间的关系,通过它可以找出两个量之间的数学关系. 作图法是研究物理量之间的变化规律,找出对应的函数关系,求出经验公式的最常用的方法之一,作图法也是一种很方便和有效的实验数据处理的重要方法. 为了使图线能清晰、定量地反映出物理量的变化规律,并能从图线上准确地确定物理量值或求出有关常量,必须按照一定的规律作图.

1. 作图规则

(1) 作图一定要用坐标纸,当确定了图线所要表示的内容及函数的形式以后,根据需要选用直角坐标纸、对数坐标纸、极坐标纸或其他坐标纸. 坐标纸的大小以不损失实验数据的有效数字和能包括全部数据为原则,也可适当选大一些. 图纸上的最小分格一般对应测量数据中可靠数字的最末位,作图时不要增减有效数字位数.

(2) 坐标轴的比例与标度. 通常以横轴代表自变量,纵轴代表因变量. 在坐标轴的末端要表明所代表的物理量及其单位. 选取适当的比例和坐标轴的起点,使图线比较对称地充满整个图纸. 坐标轴的比例,即坐标分度值要便于数据点的标注和不用计算就能直接读出图线上各点的坐标,最小分格代表的数字应取 1、2、5. 轴上要每隔相等的间距标上整齐的数字. 横轴和纵轴的比例和标度可以不同,坐标轴的起点不一定从零开始,可选小于数据中最小值的某一整数作为起点. 坐标纸的大小及坐标轴的比例,应根据测量数字的有效数字位数及结果的需要来定. 原则上,数据中可靠的数字在图中亦是可靠的,数据中有误差的一位,在图中应是估计的,即坐标纸中的最小格对应数值中可靠数字的最后一位.

(3) 标点与连线. 依据测量数据,用铅笔在坐标纸上以小“+”标出实验数据点的坐标位置. 若在一张坐标纸上要画几条曲线时,每条曲线可采用不同的标记“×”“⊗”“·”等以示区别. 连线时要用直尺或曲线尺等作图工具. 除校正曲线要连成折线外,一般应根据数据点的分布和趋势连成细而光滑的直线或曲线. 由于测量误差的存在,所以图线并不一定要通过所有的数据点,应使处于图线两侧的实验数据点数相近. 有些数据点不在曲线上,是测量误差的表现,属正常现象. 在作图时,个别偏离过大的数据点应当舍去并进行分析或重新测量核对.

(4) 图名和图注. 图名要正规,图注要解释清楚.

2. 图示法

用图纸表示实验结果的方法为图示法. 有些实验用理论方法计算有一定困难,但用图示的方法却变得相对简单. 如静电场的描绘实验,用等位线、电场线图表示实验结果非常直观、明了,若用理论方法计算则不是一件容易的事情.

3. 图解法

根据画出的实验曲线,用解析方法求出有关参量或物理量之间的经验公式为图解法. 当图线为直线时尤为方便,如通过求直线的截距或斜率可得到一些物理量. 在测定金属导体电阻温度系数实验中,通过导体电阻与温度的实验直线的斜率和截距,可求得电阻温度系数 α; 在伏安法测电阻实验中,通过被测线性电阻伏安特性直线斜率的倒数就可求出电阻的数值. 以下用伏安法测电阻的实验数据为例来说明图解法的具体应用,如表 1-6-1 所示.

表 1-6-1

次数	1	2	3	4	5	6	7	8
U/V	0.00	1.00	2.00	3.00	4.00	5.00	6.00	7.00
I/mA	0	18	36	53	70	87	105	122

用毫米方格纸作图线如图 1-6-1 所示. 图 1-6-1 所示的伏安特性图线是一条直线,说明被测电阻是线性电阻. 直线斜率的倒数就是电阻的数值.

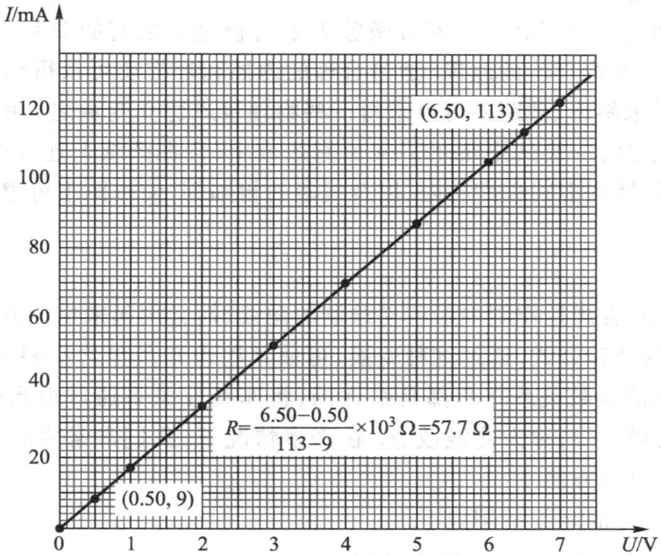

图 1-6-1　电阻的伏安特性曲线

(1) 求直线的斜率

由表 1-6-1 所示数据作出的图线是一条直线,其方程为

$$y=a+kx$$

斜率为 k、截距为 a. 求斜率 k 一般用两点法,就是在直线的两端,数据范围以内另外取两点,一般不取原始测量数据点. 用与原始数据点不同的符号标出这两个特征点的位置,并注明

坐标值(x_1,y_1)、(x_2,y_2)，如图 1-6-1 所示，则直线的斜率 k 为

$$k=\frac{y_2-y_1}{x_2-x_1}$$

计算过程中应注意 x 和 y 的单位.

(2) 求截距

截距 a 的值即为 $x=0$ 时的 y 值，可将直线延长与纵轴相交，由图中直接读出此相交点的 y 值，此为外推法求截距 a.

如果横坐标轴的起点为零，则可从图中直接读取截距 a 的值. 如果横坐标轴的起点不为零，则直线与纵轴的交点不是截距，这时常用点斜式求出，即在图线上再取一点(x_3,y_3)，代入直线方程，可得

$$a=y_3-\left(\frac{y_2-y_1}{x_2-x_1}\right)x_3$$

求出截距 a 和斜率 k 就可得出具体的直线方程.

(3) 内插法求未知物理量. 对于那些没有直接测量到的 x 值和 y 值，如 $x=5.50$ 时的 y 值是多少？画出图线后，便可直接从图上读出 $x=5.50$ 时的 y 值，这即为内插法.

4. 作图法的适应范围

作图法的优点是数据之间的对应关系和变化趋势形象、直观、一目了然，便于比较研究和发现问题，能看到测量的全貌. 实验数据中存在的极值、拐点、周期性变化等，都能在图形中清楚地表现出来. 特别是很难用简单的解析函数表示的物理量之间的关系，作图表示就比较方便. 另外，所作的图线有取平均的效果. 通过合理的内插和外推还可以得到没有进行或无法进行观测的数据. 通过求斜率、截距还可以求得一些物理量或建立变量之间的函数关系. 其局限性是受图纸大小的限制，一般只能处理 3~4 位有效数字，且在图纸上连线时有很大的主观性. 由于图纸本身的均匀性和准确程度有限，以及线段的粗细等，使作图不可避免地引入一些附加误差.

5. 曲线改直

从以上讨论可知，直线是作图中最容易绘制的图线，而且用起来也最方便、直观，便于确定某种函数曲线对应的经验公式，通过这种变换，可使某些未知量包含在斜率或截距中，容易求出. 但是物理量之间的函数关系并非都是线性的，将非线性关系通过适当变量代换化为线性关系，即将曲线变换成直线，称为曲线改直. 在许多情况下，我们常常力求把曲线图变为直线图，使问题解决起来更加方便.

常用的可以线性化的函数举例如下.

(1) $y=ax^b$，a、b 为常量，两边取常用对数，即

$$\lg y=b\lg x+\lg a$$

$\lg y$ 为 $\lg x$ 的线性函数，直线的斜率为 b，截距为 $\lg a$.

(2) $y=a\mathrm{e}^{-bx}$，a、b 为常量，两边取自然对数，即

$$\ln y=-bx+\ln a$$

$\ln y-x$ 图的斜率为 $-b$，截距为 $\ln a$.

(3) $y=ab^x$，a、b 为常量，取对数变换后，即

$$\lg y = x\lg b + \lg a$$

$\lg y-x$ 图的斜率为 $\lg b$，截距为 $\lg a$.

（4）$xy=c$，c 为常量，则有

$$y=\frac{c}{x}$$

$y-\frac{1}{x}$图的斜率为 c，截距为零.

（5）$y^2=2Px$，P 为常量，则 y^2-x 图的斜率为 $2P$ 或 $y-\sqrt{x}$ 图的斜率为 $\pm\sqrt{2P}$.

（6）$x^2+y^2=a^2$，a 为常量，则

$$y^2=a^2-x^2$$

y^2-x^2 图的斜率为 -1，截距为 a^2.

（7）$y=\frac{x}{a+bx}$，a、b 为常量，改写成 $y=\frac{1}{a/x+b}$，则

$$\frac{1}{y}=\frac{a}{x}+b$$

$\frac{1}{y}-\frac{1}{x}$图的斜率为 a，截距为 b.

（8）$y=a_0+a_1x+a_2x^2$，a_0、a_1、a_2 为常量，改写成

$$\frac{y-a_0}{x}=a_2x+a_1$$

则$\frac{y-a_0}{x}-x$ 是线性函数.

三、逐差法

逐差法也是物理实验中处理数据时常用的一种简单易行的方法，其适用于自变量为等间距变化的数据组. 在所研究的物理过程中，当变量之间的函数关系为多项式时，即

$$y=a_0+a_1x+a_2x^2+a_3x^3+\cdots$$

且自变量 x 是等距离变化的，则可采用逐差法处理数据.

用伏安法测电阻的实验数据说明这种方法，如表 1-6-2 所示.

逐差法处理数据有以下两种方法.

1. 用逐差法把实验测得的数据进行逐项相减，以验证函数是否是多项式关系. 在表 1-6-2 中，电流 I 一栏相邻两项逐项相减的结果是一次逐差，其数值基本相等，说明电流 I 和电压 U 存在线性关系. 如果函数逐项相减，一次逐差结果是常量，则函数是线性函数，即

$$y=a_0+a_1x$$

成立.

如果函数值逐项相减后，再逐项相减，即二次逐差的结果是常量时，则

$$y=a_0+a_1x+a_2x^2$$

成立. 如自由落体运动的路程 s 与时间 t 的关系为 $s=s_0+v_0t+\frac{1}{2}gt^2$.

2. 将测量数据按顺序分成前后两半,后半与前半对应项相减后求其平均值,以得到多项式的系数. 由于测量准确度的限制,逐差法仅用于一次和二次多项式. 在表 1-6-2 中,电流 I 等距离相减,也是一次逐差,其平均值为

$$\overline{\Delta I_2}=\frac{1}{4}(70+69+69+69)\text{ mA}=69.2\text{ mA}$$

其电阻值为

$$R=\frac{\overline{\Delta U}}{\overline{\Delta I_2}}=\frac{4\times1.00}{69.2\times10^{-3}}\ \Omega=57.8\ \Omega$$

与图解法中图 1-6-1 处理数据所得结果基本相同.

函数式为 $I=\frac{1}{57.8\ \Omega}U$ 或 $U=57.8\ \Omega\times I$.

表 1-6-2 用逐差法处理数据

次数	U/V	I/mA	ΔI_1/mA(逐次相减)	ΔI_2/mA(等间距相减)
1	0.00	0	$I_2-I_1=18$	$I_{1+4}-I_1=70$
2	1.00	18	$I_3-I_2=18$	$I_{2+4}-I_2=69$
3	2.00	36	$I_4-I_3=17$	$I_{3+4}-I_3=69$
4	3.00	53	$I_5-I_4=17$	$I_{4+4}-I_4=69$
5	4.00	70	$I_6-I_5=17$	
6	5.00	87	$I_7-I_6=18$	
7	6.00	105	$I_8-I_7=17$	
8	7.00	122		

逐差法处理数据时需注意以下问题.

1. 用逐差法可以求出多项式中 x 的各次项的系数. 如在伏安法测电阻中,通过求自变量 U 的系数就可以得到电阻 R 的值. 函数关系式为

$$I=\frac{1}{R}U,\quad R=\frac{1}{a_1}$$

但有一个值得注意的问题,在用逐差法求系数时,人们习惯于用逐次相减求平均变化量的方法,即

$$\bar{I}=\frac{1}{7}[(I_2-I_1)+(I_3-I_2)+\cdots+(I_8-I_7)]=\frac{1}{7}(I_8-I_1)$$

从上式中可以看出,在这种数据处理的过程中,实际上只用了首尾两个数据,中间的数据均被正负抵消,没有起到作用,这显然是不合理的,故此法不可取. 因此,要计算逐差值的平均值,不能逐项求差,而必须把数据分成前后两半,后半与前半对应项逐差,故有对数据取平均的效果.

2. 逐差法的适用范围

逐差法的优点是方法简单,计算方便,可以充分利用测量数据,具有对数据取平均和减小

相对误差的效果，可以最大限度地保证不损失有效数字；可以绕过一些具有定值的未知量求出实验结果；可以发现系统误差或实验数据的某些变化规律．其局限性是有较严格的适用条件：函数必须是一元函数，而且可写成自变量的多项式形式，如二次逐差为 $y=a_0+a_1x+a_2x^2$．自变量 x 必须等距离变化，这个条件在实验中是容易满足的，只要使容易测量和控制的物理量成等距离变化即可．一般测量次数取偶数，求多项式的系数时，先得出高次项系数再逐步推出低次项系数，由于误差的传递，低次项系数的准确度较差．

四、最小二乘法与线性回归

1．最小二乘法

前面介绍的几种测量数据的处理方法，都具有简单易行的优点，但也存在一定的缺点．如作图法在直观性方面优于逐差法，而逐差法在处理数据的精度方面又优于作图法．逐差法缺乏严格的理论分析，计算公式不是从误差理论得来的，而是通过公式得到计算结果的，任何人用同一组数据计算的结果都会一样．而作图法则会因人而异，用同一组测量数据画出的一条直线，得出的直线的斜率则会不同．

最小二乘法是一种从一组测量值中寻求可靠、可信赖结果的方法．其原理是所求最佳值能使各个测量值的残差平方和为最小．最小二乘法拟合曲线是以误差理论为依据，正确地处理数据的方法，其原理是如果能找到一条最佳拟合曲线，那么这条曲线与各测量值的残差的平方和在所有拟合曲线中为最小，而且在这组实验数据中这条最佳曲线是唯一的．按最小二乘法处理测量数据能充分地利用误差的抵消作用，从而可以有效地减小随机误差的影响．

2．线性回归分析

假设实验点没有误差，则真值的实验曲线只有一条，而且每个实验点都在这条曲线上．但在存在误差的情况下，对同一组测量数据来讲，最佳的直线只有一条．因此，处理测量数据的关键是如何根据实验数据找出这条最佳直线．因为测量中的误差不可避免，所以实验点对于真值存在一定的离散性．因为实验点有误差，所以实验点必然对于所求的真正曲线有一定偏离．现在的问题是，我们如何选用一种方法，这种方法找出的实验点所画出的曲线偏离真正的实验曲线的距离最近，也就是说我们希望从实验数据求出经验方程，这种方法叫作线性回归．线性回归最常用的方法是最小二乘法．

3．用最小二乘法进行线性回归

（1）一元线性回归

设已知函数形式是

$$y=a_0+a_1x \tag{1-6-1}$$

自变量只有 x 一个，故称为一元线性回归．实际上，用作图法就是求直线的斜率和截距；用平均法就是解方程得出系数．

实验得到一组数据 x_i、$y_i(i=1,2,\cdots,n)$，由于测量总是伴随着误差，与某一 x_i 对应的 y_i，与用回归法求得的直线式（1-6-1）总是存在 y 方向的偏差 ε_i，

$$\varepsilon_i=y_i-(a_0+a_1x_i)\quad(i=1,2,\cdots,n) \tag{1-6-2}$$

我们的目的在于用式（1-6-2）来确定 a_0 和 a_1．那么 a_0 和 a_1 应该满足什么要求呢？显然，比较合理的 a_0 和 a_1 使 $\varepsilon_i(i=1,2,\cdots,n)$ 的数值都比较小，如图 1-6-2 所示．从图线来看，即要求

所画直线与每一个实验点都很接近. 但是,每次测量的误差不会一样,则 ε_i 的大小、正负不同,所以,只能要求总的偏差的平方和最小,即 $\sum_{i=1}^{n}\varepsilon_i^2$ 最小. 由于数据处理的方法要求满足偏差的平方和最小,故称为最小二乘法.

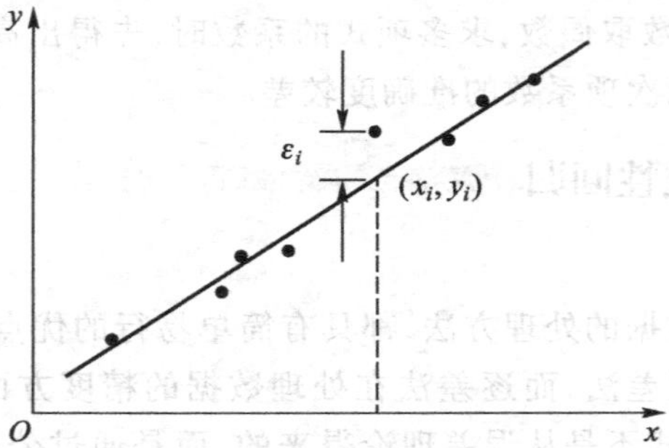

图 1-6-2　线性拟合

把式(1-6-2)两边平方后相加得

$$\sum_{i=1}^{n}\varepsilon_i^2=\sum_{i=1}^{n}(y_i-a_0-a_1x_i)^2 \tag{1-6-3}$$

为求 $\sum_{i=1}^{n}\varepsilon_i^2$ 的最小值,把式(1-6-3)对 a_0、a_1 求偏微商(这时 x_i、y_i 是已知量,变量是 a_0、a_1)并令一级偏微商为零,即

$$\left.\begin{aligned}\frac{\partial}{\partial a_0}\left(\sum_{i=1}^{n}\varepsilon_i^2\right)&=-2\sum_{i=1}^{n}(y_i-a_0-a_1x_i)=0\\\frac{\partial}{\partial a_1}\left(\sum_{i=1}^{n}\varepsilon_i^2\right)&=-2\sum_{i=1}^{n}(y_i-a_0-a_1x_i)x_i=0\end{aligned}\right\} \tag{1-6-4}$$

以 $\overline{x}$、$\overline{y}$、$\overline{xy}$、$\overline{x^2}$ 分别表示各量的算术平均值(如 $\overline{x}=\frac{1}{n}\sum_{i=1}^{n}x_i$),整理后可得

$$\left.\begin{aligned}\overline{x}a_1+a_0&=\overline{y}\\\overline{x^2}a_1+\overline{x}a_0&=\overline{xy}\end{aligned}\right\} \tag{1-6-5}$$

上式的解为

$$a_1=\frac{\overline{x}\cdot\overline{y}-\overline{xy}}{\overline{x}^2-\overline{x^2}} \tag{1-6-6}$$

$$a_0=\overline{y}-a_1\overline{x} \tag{1-6-7}$$

可证 $\sum_{i=1}^{n}\varepsilon_i^2$ 的二级偏微商大于零. 于是,我们得到直线的回归方程式(1-6-1). 定义

$$\left.\begin{aligned}L_{xy}&=\sum_{i=1}^{n}(x_i-\overline{x})(y_i-\overline{y})=n(\overline{xy}-\overline{x}\cdot\overline{y})\\L_{xx}&=\sum_{i=1}^{n}(x_i-\overline{x})^2=n(\overline{x^2}-\overline{x}^2)\\L_{yy}&=\sum_{i=1}^{n}(y_i-\overline{y})^2=n(\overline{y^2}-\overline{y}^2)\end{aligned}\right\} \tag{1-6-8}$$

则式(1-6-6)变为

$$a_1=\frac{L_{xy}}{L_{xx}} \tag{1-6-9}$$

这是实际计算中常用的式子.

如果变量之间存在着一一对应的完全确定的关系,则称为函数关系. 如果由于一些因素的影响(如偶然误差),变量之间的联系存在着不同程度的不确定性,使它们之间没有一一对应的确定的关系,但是从统计上看,它们之间存在着规律性的关系,这种关系就称为相关关系.

为了定量描述 x、y 变量之间线性相关程度的好坏,引入相关系数 r,其定义为

$$r=\frac{L_{xy}}{\sqrt{L_{xx}L_{yy}}}=\frac{\overline{xy}-\bar{x}\cdot\bar{y}}{\sqrt{(\overline{x^2}-\bar{x}^2)(\overline{y^2}-\bar{y}^2)}} \tag{1-6-10}$$

与式(1-6-9)比较,因 $\sqrt{L_{xx}L_{yy}}>0$,故 r 与 a_1 的符号相同,即 $r>0$,则 $a_1>0$,拟合直线的斜率为正;$r<0$,则 $a_1<0$,其斜率为负. 可以证明,$|r|$ 的值在 0 到 1 之间. $r=0$,则表示 x、y 之间完全没有线性相关的关系,即用线性回归不妥,应该换用其他函数重新试探. $|r|=1$,则表示 x 与 y 全部都在拟合直线上,即完全相关.

图 1-6-3 表示 r 取不同数值时数据点的分布情况. 需要说明的是图 1-6-3(e)所示的情况,实验点呈开口向上的抛物线状,说明 y 是 x 的二次函数,但相关系数却为零. 因此线性相关系数 r 只表示变量间线性相关的程度,并不表示 x、y 之间是否存在其他相关关系.

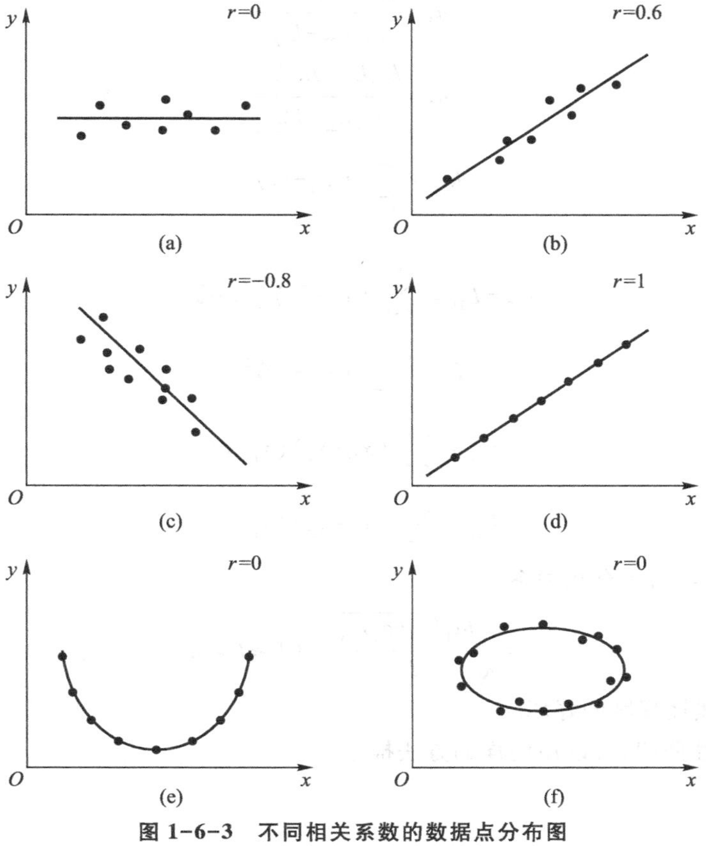

图 1-6-3 不同相关系数的数据点分布图

(2) 二元线性回归

设已知函数形式为

$$y=a_0+a_1x_1+a_2x_2 \tag{1-6-11}$$

这里 x_1、x_2 均为独立变量,故称为二元线性回归.

实验的数据为 x_{1i}、y_{2i}、$y_i(i=1,2,\cdots,n)$,仿照一元线性回归有

$$\sum_{i=1}^{n}\varepsilon_i^2=\sum_{i=1}^{n}(y_i-a_0-a_1x_{1i}-a_2x_{2i})^2 \tag{1-6-12}$$

令其对 a_0、a_1、a_2 的一级偏微商等于零,则有

$$\left.\begin{aligned}a_0+\bar{x}_1a_1+\bar{x}_2a_2&=\bar{y}\\ \bar{x}_1a_0+\overline{x_1^2}a_1+\bar{x}_1\ \bar{x}_2a_2&=\overline{x_1y}\\ \bar{x}_2a_0+\overline{x_1x_2}a_1+\overline{x_2^2}a_2&=\overline{x_2y}\end{aligned}\right\} \tag{1-6-13}$$

由式(1-6-13)的第一式得

$$a_0=\bar{y}-\bar{x}_1a_1-\bar{x}_2a_2$$

代入式(1-6-13)的其余两式得正则方程组

$$\left.\begin{aligned}L_{11}a_1+L_{12}a_2&=L_{1y}\\ L_{21}a_1+L_{22}a_2&=L_{2y}\end{aligned}\right\} \tag{1-6-14}$$

其解为

$$a_1=\frac{L_{1y}L_{22}-L_{2y}L_{12}}{L_{11}L_{22}-L_{12}^2} \tag{1-6-15}$$

$$a_2=\frac{L_{2y}L_{11}-L_{1y}L_{21}}{L_{11}L_{22}-L_{12}^2} \tag{1-6-16}$$

$$L_{11}=\sum_{i=1}^{n}(x_{1i}-\bar{x}_1)^2$$

其中

$$L_{12}=L_{21}=\sum_{i=1}^{n}(x_{1i}-\bar{x}_1)(x_{2i}-\bar{x}_2)$$

$$L_{22}=\sum_{i=1}^{n}(x_{2i}-\bar{x}_2)^2$$

$$L_{1y}=\sum_{i=1}^{n}(x_{1i}-\bar{x}_1)(y_i-\bar{y})$$

$$L_{2y}=\sum_{i=1}^{n}(x_{2i}-\bar{x}_2)(y_i-\bar{y})$$

与一元线性回归类似,有全相关系数

$$R=\sqrt{\frac{a_1L_{1y}+a_2L_{2y}}{L_{yy}}}\quad(1\geqslant R\geqslant 0) \tag{1-6-17}$$

R 表示回归方程线性程度的好坏.

对于多元线性回归,可以用同样的方法推导.

(3) 多项式回归

在函数的形式不易确定时,常用多项式回归来处理. 即设

$$y=a_0+a_1x+a_2x^2+\cdots+a_nx^n \tag{1-6-18}$$

通常 $n\leqslant 5$ 就可以了. 实际中 n 应取到哪一级,可以根据其系数的误差来判断. 令

$$x_i=x^i \quad (i=1,2,\cdots,n) \tag{1-6-19}$$

则多项式回归即化为多元线性回归问题.

4. 最小二乘法应用举例

(1) 一元线性回归

在测定金属导体电阻温度系数的实验中,其测量数据如表 1-6-3 所示.

表 1-6-3

测量次数	1	2	3	4	5	6	7
温度 t/℃	24.6	37.1	40.8	45.0	49.1	56.0	61.2
电阻 R/Ω	38.82	40.84	41.42	42.25	42.64	43.73	44.45

金属导体的电阻和温度的关系为

$$R_t=R_0(1+\alpha t)=R_0+R_0\alpha t$$

式中 R_0 为 0 ℃时的电阻,α 为电阻的温度系数. 若以 y 代替 R_t,x 代替 t,令 $b=R_0$,$a=R_0\alpha$,则原方程变为

$$y=b+ax$$

为了计算方便,现将有关计算数据列于表 1-6-4.

表 1-6-4

i	x_i	x_i^2	y_i	y_i^2	x_iy_i
1	24.6	605	38.82	1 507	955
2	37.1	1 376	40.84	1 668	1 515
3	40.8	1 665	41.42	1 716	1 690
4	45.0	2 025	42.25	1 785	1 901
5	49.1	2 411	42.64	1 818	2 094
6	56.0	3 136	43.73	1 912	2 449
7	61.2	3 745	44.45	1 976	2 720
求和值	313.8	14 963	294.15	12 382	13 324
平均值	44.8	2 138	42.02	1 768.9	1 903.4

由此可得

$$\begin{aligned}R_0\alpha &=a=(\bar{x}\cdot\bar{y}-\overline{xy})/(\bar{x}^2-\overline{x^2})\\&=(44.8\times 42.02-1\,903.4)/(44.8^2-2\,138)\ \Omega/℃\end{aligned}$$

$$=0.160\ \Omega/℃$$

$$R_0=b=\overline{y}-a\overline{x}=(42.02-0.160\times 44.8)\ \Omega$$

$$=34.85\ \Omega$$

$$\alpha=\alpha R_0/R_0=4.59\times 10^{-3}\ ℃^{-1}$$

直线方程为

$$R_t=34.85(1+4.59\times 10^{-3}t)$$

相关系数

$$r=(\overline{xy}-\overline{x}\cdot\overline{y})/\sqrt{(\overline{x^2}-\overline{x}^2)(\overline{y^2}-\overline{y}^2)}$$

$$=\frac{1\ 903.4-44.8\times 42.02}{\sqrt{(2\ 138-44.8^2)(1\ 768.9-42.02^2)}}\approx 1$$

由此证明线性相关程度很好.

（2）二元线性回归

设已知函数形式为

$$y=a+bx+cz$$

式中 a、b、c 是待定常数，x、z 为独立变量，故此式是二元线性回归，如果实验测得数据为

$$x=x_1,x_2,\cdots,x_n$$

$$z=z_1,z_2,\cdots,z_n$$

$$y=y_1,y_2,\cdots,y_n$$

仿照上述一元线性回归，写出误差平方及对待测常数 a,b,c 分别求偏微商，并令其为零，则有

$$\frac{\partial\sum\Delta y_i^2}{\partial a}=-2\sum(y_i-a-bx_i-cz_i)=0$$

$$\frac{\partial\sum\Delta y_i^2}{\partial b}=-2\sum(y_i-a-bx_i-cz_i)x_i=0$$

$$\frac{\partial\sum\Delta y_i^2}{\partial c}=-2\sum(y_i-a-bx_i-cz_i)z_i=0$$

引入相应量的平均值，其正规方程可写为

$$\overline{y}-a-b\ \overline{x}-c\ \overline{z}=0$$

$$\overline{xy}-a\ \overline{x}-b\ \overline{x^2}-c\ \overline{xz}=0$$

$$\overline{zy}-a\ \overline{z}-b\ \overline{xz}-c\ \overline{z^2}=0$$

解上面的联立方程，便可求得待定常数 a、b、c.

（3）能化为线性回归的非线性回归

非线性回归是一个很复杂的问题，并无一定的解法. 但是，物理实验中常见的一些非线性函数可以通过适当的变量代换使其成为线性函数. 以下举两例说明.

① 函数形式为 $x^2+y^2=c$ 的非线性回归，式中 c 为常数. 令 $x'=x^2$，$y'=y^2$，则有

$$y'=c-x'$$

② 函数形式为 $y=\dfrac{x}{a+bx}$的非线性回归，式中 a、b 为常数. 首先将原来的函数式改写成

$$\frac{1}{y}=\frac{a+bx}{x}=b+\frac{a}{x}$$

令 $y'=\frac{1}{y}$，$x'=\frac{1}{x}$，则有

$$y'=b+ax'$$

这样，非线性回归就转化成线性回归，再确定未知常数，从而得到经验公式.

运用最小二乘法处理数据的优点在于理论上比较严谨，当函数形式确定后，结果是唯一的，不会因人而异，其缺点是计算量较大. 目前随着计算工具的改进，不少小型函数计算器上均有这方面的计算功能，计算起来也极为方便，这为实验教学中普及此方法带来了极大的便利.

习题

1. 指出下列情况是系统误差还是随机误差.

（1）螺旋测微器零点不准

（2）电表的接入误差

（3）电源电压不稳定引起的测量值起伏

（4）地磁场对测量结果的影响

（5）测量中的读数误差

2. 判断下列测量是直接测量还是间接测量，试再举出一些例子.

（1）弹簧秤测量力的大小

（2）天平秤物体的重量

（3）电流表测量电路中的电流

（4）电桥测量电阻

（5）伏安法测电阻

3. 用直尺测量物体的长度时为什么不用直尺的起始部分测量？为什么测量仪器在使用前要检查水平、竖直程度及校正仪器的零点？

4. 试求下列间接测量量的结果.

（1）$N=x-2y$，其中 $x=(23.50\pm0.02)$ cm，$y=(5.006\pm0.004)$ cm

（2）$R=\frac{U}{I}$，其中 $U=(12.5\pm0.2)$ V，$I=(98.0\pm0.2)$ mA

（3）$S=xy$，其中 $x=(11.25\pm0.05)$ cm，$y=(0.105\pm0.005)$ cm

5. 写出下列函数的误差传递公式（等式右边为直接测量量）.

（1）$N=x-\frac{1}{2}y^3$

（2）$N=\frac{\pi}{6}\left(x-\frac{1}{3}y^2\right)$

（3）$N=\dfrac{2xy^3}{cd^2}$

6. 物理实验中有效数字的截尾原则是什么，将下列数字截取为四位有效数字.

（1）4.301 58；　4.004 58

（2）5.000 2；　0.026 786

（3）1.483 672

（4）$6.243\ 56\times10^4$

7. 纠正下列各值的写法.

（1）96.38 m＝9 638 mm

（2）0.007 89 是 6 位有效数字

（3）0.046 350 与 4 635 000 都是 7 位有效数字

（4）7.32×2.54 ＝ 18.592 8

8. 单位变换.

（1）$m=(1.830\pm0.001)$ kg，写成以 g、mg、t（吨）为单位

（2）$h=(7.38\pm0.02)$ cm，写成以 μm、mm、km 为单位

（3）$t=(1.8\pm0.1)$ min，写成以 s 为单位

9. 按有效数字运算法则计算下列各式.

（1）435.27+68.5+0.643 6

（2）78.25−7.160−62.45

（3）$7.83\times10^5-4.0+2.0\times10^2$

（4）(5.23 + 0.54−0.048)÷3.002

（5）$2\pi\times3.026^2\times4.01$

（6）(85.23−76.45)÷2.52

10. 对通过一电阻的电流 I_i 等精度重复测量 6 次，结果如下：

I_i/mA：12.40、12.42、12.45、12.47、12.48、12.42、12.45

求其算术平均值、各次测量值的残差和标准误差.

11. 对一物体的长度 L 等精度重复测量 8 次，结果如下：

L_i/cm：16.52、16.55、16.50、16.54、16.53、16.54、16.51、16.57

求 L 的算术平均值、算术平均偏差、单次测量值的标准偏差和平均值的标准偏差，正确表达测量结果.

12. 试解释下列概念.

（1）真值和算术平均值

（2）任一次测量值的标准偏差和平均值的标准偏差

（3）测量、误差及不确定度.

13. 已知某空心圆柱体的外径 $D=(4.700\pm0.004)$ cm，内径 $d=(2.783\pm0.002)$ cm，高 $h=(7.261\pm0.004)$ cm，求体积 V 及其不确定度，正确表示测量结果.

14. 用螺旋测微器测量一铜球的直径 7 次，数据如下：

d/mm：8.732、8.734、8.730、8.736、8.732、8.735、8.736

求铜球的体积及其不确定度,正确表示测量结果.

15. 用伏安法测电阻数据如下:

U/V	0.00	1.00	2.02	3.04	4.00	5.00	5.98	6.99	8.00	9.00
I/mA	0.00	2.00	4.00	6.00	8.00	10.00	12.00	14.00	16.00	18.00

试用列表法、作图法、逐差法、线性回归法求出函数关系式及电阻值.

16. 将以下实验结果用最小二乘法进行直线拟合,设 $y=a+bx$,求出 a 和 b,并写出函数关系式.

x	0	1	2	3	4	5	6	7
y	0	0.785	1.574	2.330	3.086	3.896	4.681	5.456

第二章

力学、热学实验

实验一　液体比热容的测定

一、实验背景

液体比热容是一个重要的热学物理量. 用冷却法测液体比热容实验在国内许多综合性大学、工科大学作为基础热学实验开设.

FD-LCD-A 型液体比热容实验仪是通过冷却法测定液体比热容的实验装置. 它具有以下优点:

1. 设计了由单片机控制的数字式精密温度测量仪,该温度测量仪可同时测量实验装置内筒和外筒温度,并有定时报时、自动保存数据功能,有利于实验测量时准确读数和查阅实验数据.

2. 对待测液体量杯及外围恒温装置进行优化设计,能更好地使待测液体自然冷却,减小实验误差.

二、实验目的

1. 用冷却法测定液体的比热容,并了解它的优点和使用条件.

2. 用最小二乘法求经验公式中直线的斜率.

3. 用实验的方法考察热学系统的冷却速率同系统与环境间温度差的关系.

三、实验原理

实验装置主要由实验容器和实验主机组成,其示意图如图 2-1-1 所示. 实验容器是具有内、外筒的专用量热器. 外筒是一个很大的有机玻璃筒,外筒及其中水的热容比量热器热容大得多,可以近似认为外筒恒温,并以此作为实验的环境. 内筒是用金属铜制作的,内盛待测液体(或已知液体),内筒和液体(或已知液体)组成我们所要考察的系统. 该装置基本上满足了

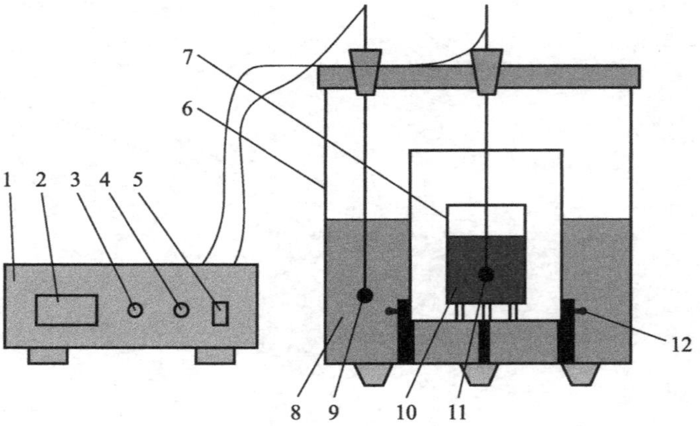

1—实验主机;2—温度显示表;3—查阅按钮;4—复位按钮;5—电源开关;6—实验外筒;7—实验内筒;8—环境水;9—传感器 A;10—待测液体;11—传感器 B;12—坚固螺丝.

图 2-1-1　实验装置示意图

实验系统需在温度恒定环境中冷却的条件.

由牛顿冷却定律可知,一个表面温度为 θ 的物体,在温度为 θ_0 的环境中自然冷却($\theta>\theta_0$),在单位时间里物体散失的热量 $\delta q/\delta t$ 与温度差 $\theta-\theta_0$ 有下列关系

$$\frac{\delta q}{\delta t}=k(\theta-\theta_0) \tag{2-1-1}$$

当物体温度的变化是准静态过程时,式(2-1-1)可改写为

$$\frac{\delta \theta}{\delta t}=\frac{k}{C_S}(\theta-\theta_0) \tag{2-1-2}$$

式中的 $\delta\theta/\delta t$ 为物体的冷却速率,C_S 为物质的热容,k 为物体的散热常量,它与物体的表面性质、表面积、物体周围介质的性质和状态以及物体表面温度等许多因素有关,k 为负数,$\theta-\theta_0$ 的数值一般很小,在 10~15℃.

如果在实验中使环境温度 θ_0 保持恒定(即 θ_0 的变化比物体温度 θ 的变化小很多),则可以认为 θ_0 是常量,对式(2-1-2)进行数学处理,可以得到下述公式

$$\ln(\theta-\theta_0)=\frac{k}{C_S}t+b \tag{2-1-3}$$

式中 b 为(积分)常数.可以将式(2-1-3)视为两个变量的线性方程的形式:自变量为 t,因变量为 $\ln(\theta-\theta_0)$,直线斜率为 k/C_S,本实验利用式(2-1-3)进行测量,实验方法是:通过比较两次冷却过程,其中一次含有待测液体,另一次含有已知热容的标准液体样品,并使这两次冷却过程的实验条件完全相同,从而测量出未知液体的比热容.

在上述实验过程中,使实验系统进行自然冷却,测出系统冷却过程中温度随时间的变化关系,并从中测定未知热学参量的方法,称为冷却法;对两个实验系统在相同的实验条件下进行对比,从而确定未知物理量,称为比较法. 比较法作为一种实验方法,有广泛的应用. 利用冷却法和比较法来测定待测液体(如饱和食盐水)的热容的具体方法如下.

利用式(2-1-3)分别写出对已知标准液体(即水)和待测液体(即饱和食盐水)进行冷却的公式,即

$$\ln(\theta-\theta_0)=\frac{k'}{C'_S}t+b' \tag{2-1-4}$$

$$\ln(\theta-\theta_0)=\frac{k''}{C''_S}t+b'' \tag{2-1-5}$$

以上两式中的 C'_S 和 C''_S 分别是系统盛水和盐水时的热容. 如果能保证在实验中用同一个容器分别盛水和盐水,并保证在这两种情况下系统的初始温度、表面积和环境温度等基本相同,则系统盛水和盐水时的系数 k' 与 k'' 相等,即

$$k'=k''=k$$

令 S' 和 S'' 分别代表由式(2-1-4)和式(2-1-5)所作的两条直线的斜率,即

$$S'=\frac{k}{C'_S},\quad S''=\frac{k}{C''_S}$$

可得

$$S'C'_S=S''C''_S \tag{2-1-6}$$

式中 S' 和 S'' 的值可由最小二乘法得出，热容 C'_S 和 C''_S 分别为

$$C'_S = m'c' + m_1c_1 + m_2c_2 + \delta C'$$

$$C''_S = m''c_X + m_1c_1 + m_2c_2 + \delta C''$$

其中 m'、m''、c'、c_X 分别为水和盐水的质量及比热容；m_1、m_2、c_1、c_2 分别为量热器内筒和搅拌器的质量及比热容；$\delta C'$ 和 $\delta C''$ 分别为温度计浸入水和盐水的等效热容. 由于数字温度计测温时，浸入液体部分的等效热容相对系统的很小，故可以忽略不计，利用式(2-1-6)，有

$$c_X = \frac{1}{m''}\left[\frac{S'c'}{S''} - (m_1c_1 + m_2c_2)\right] \tag{2-1-7}$$

其中水的比热容为

$$c' = 4.2\times10^3\ \mathrm{J/(kg\cdot ℃)}$$

量热器内筒和搅拌器通常用金属铜制作，其比热容为

$$c_1 = c_2 = 0.39\times10^3\ \mathrm{J/(kg\cdot ℃)}$$

四、实验仪器

仪器主要由实验容器和实验主机组成，如图 2-1-2 所示.

图 2-1-2　FD-LCD-A 型液体比热容实验仪

五、实验内容

1. 用冷却法测定饱和食盐水的热容

(1) 将外筒冷却水加至适当高度(要求 θ_0 的波动幅度不超过±0.5 ℃).

(2) 用内部干燥的量热器内筒取纯净水.

要求：纯净水体积约占内筒的 2/3，温度 θ 比 θ_0 高 10~15 ℃. 称其质量后，倒入内筒，开始实验. 每隔 1 min 分别记录一次纯净水温度 θ 和外筒冷却水的温度 θ_0，共测 20 min. 记录数据于表 2-1-1 中.

表 2-1-1

次数	1	2	3	4	5	6	7	8	9	10	11	12	13	14	15	16	17	18	19	20
θ/℃																				
θ_0/℃																				

(3) 用清洗过的内筒盛取饱和食盐水.

要求:食盐水的体积约占内筒的 2/3,饱和食盐水的初温与纯净水初温之差不超过 1 ℃. 称其质量后,倒入内筒,开始实验. 每隔 1 min 分别记录一次食盐水温度 θ' 和外筒冷却水的温度 θ_0',共测 20 min. 记录数据于表 2-1-2 中.

表 2-1-2

次数	1	2	3	4	5	6	7	8	9	10	11	12	13	14	15	16	17	18	19	20
θ'/℃																				
θ_0'/℃																				

2. 对数据处理的要求

(1) 在同一张直角坐标纸中,对纯净水及盐水分别作 $\ln(\theta-\theta_0)-t$ 图,检验得到的是否为一条直线. 如果是,则可以认为验证了式(2-1-3),并间接验证了式(2-1-2),也就是说,被研究的系统的冷却速率同系统与环境之间的温度差成正比.

(2) 对水和盐水分别取 $\ln(\theta-\theta_0)$ 及相应的 t 的数据,用最小二乘法分别求出两条直线的斜率 S' 和 S'',并由此得出未知饱和食盐水的比热容 c_X.

3. 提示

仪器的联机软件可以让实验过程简化. 通过仪器内置的串行接口和计算机联机,运行联机软件. 联机软件每隔固定时间,自动从实验仪器获取数据. 实验结束后,可以通过该软件对数据进行处理. 具体的使用方法,请看联机软件的使用手册.

六、注意事项

1. 测量开始前,要把外筒在三角支架上卡紧,避免取放内筒时打翻外筒.

2. 待测液体与水的初温相差不超过 1 ℃,它们所在处的环境温度应该相同,体积应大致相等.

3. 实验过程中,为避免降温过快,要保证内、外筒底部由塑料环隔开,内、外筒壁要避免接触.

4. 为保证自动记录 20 次温度,一定要把探头放在内筒中.

5. 实验结束后,要把两个探头从水取出,使它们外露在空气中,避免腐蚀. 必须把内筒中的食盐水倒入下水道中,再用自来水清洗干净,放置在水槽盖上.

附录　仪器的技术指标和功能简介

1. 电源要求

仪器对工作电源的要求是:单相三线 220 V±5%、50 Hz.

2. 定时报时功能

开机运行后,主机会在每分钟的最后两秒启动内置的蜂鸣器发声,表示一分钟时间到了.

3. 数字温度传感器

仪器配备有两个 DS18B20 温度传感器,温度量程为 0~100 ℃,显示分辨率为 0.1 ℃. 这两个温度传感器分别测量内筒液体温度 θ、外筒液体温度 θ_0.

实验时,按照仪器后面板的标签,把"外筒温度传感器"放入外筒环境水中,把"内筒温度传感器"放入内筒待测液体中. 开机运行后,温度显示表会自动切换显示 θ、θ_0 的值.

切换的规律:每分钟的前 58 秒显示 θ,最后 2 秒显示 θ_0. 显示 θ 时,第一位数码管显示成"A". 显示 θ_0 时,第一位数码管显示成"B".

注意:显示 θ_0 时,蜂鸣器会发声报警,不要惊慌.

4. 自动保存数据功能

实验过程中,仪器有自动记录温度的功能:开机或复位的前 20 分钟,仪器每分钟的最后 1 秒会自动保存 θ 的值. 实验结束后,在仪器前面板上按"查询"键,就可以查阅这些数据.

5. 数据查阅功能

数据查询时,第一位数码管表示温度值的编号. 举例:

"0"表示第 1 分钟末记录的 θ 值

"1"表示第 2 分钟末记录的 θ 值

…………

"9"表示第 10 分钟末记录的 θ 值

"0."表示第 11 分钟末记录的 θ 值

"1."表示第 12 分钟末记录的 θ 值

…………

"9."表示第 20 分钟末记录的 θ 值

按一下"查询"键,则读取下一个 θ 值. 读取 20 个数据后,从第一个重新读取. 查询完毕后,按"复位"键可重新实验. 同时,所有 θ 值自动清除.

注意:实验过程中按下"查询"或"复位"键,会使当前的实验中断.

实验二 空气比热容比的测定

一、实验目的

1. 用绝热膨胀法测定空气的比热容比.
2. 观测热力学过程中的状态变化,学习基本物理规律.
3. 学习气体压力传感器和电流型集成温度传感器的原理及使用方法.

二、实验原理

理想气体的摩尔定压热容 $C_{p,m}$ 和摩尔定容热容 $C_{V,m}$ 之关系为

$$C_{p,m}-C_{V,m}=R \qquad (2-2-1)$$

式中,R 为摩尔气体常量. 气体的比热容比 γ 值为

$$\gamma=\frac{C_{p,m}}{C_{V,m}} \qquad (2-2-2)$$

气体的比热容比 γ 称为气体的绝热系数,它是一个重要的物理量,经常出现在热力学方程中. 测量 γ 值的仪器如图 2-2-4 所示,以到达状态Ⅱ后贮气瓶内剩余的空气作为研究对象,进行如下实验过程(其中 p_0为环境大气压强,T_0为室温,V_2表示贮气瓶体积):

(1) 先打开放气阀 C_2,使贮气瓶与大气相通,再关闭放气阀 C_2,瓶内充满与周围空气等温等压的气体.

(2) 打开充气阀 C_1,用充气球向瓶内打气,充入一定量的气体,然后关闭充气阀 C_1. 此时瓶内空气被压缩,压强增大,温度升高. 当瓶内气体温度稳定,且达到与环境温度相等,此时的气体处于状态Ⅰ(p_1,V_1,T_0). (注:V_1小于 V_2,此时瓶中还有研究对象以外的气体.)

(3) 迅速打开放气阀 C_2,使瓶内气体与大气相通,当瓶内压强降至 p_0时,立刻关闭放气阀 C_2,由于放气过程较快,气体来不及与外界进行热交换,可以近似认为是一个绝热膨胀过程. 此时,气体由状态Ⅰ(p_1,V_1,T_0)转变为状态Ⅱ(p_0,V_2,T_1).

(4) 由于瓶内气体温度 T_1低于室温 T_0,所以瓶内气体慢慢从外界吸热,直至达到室温 T_0为止,此时瓶内气体压强也随之增大为 p_2,气体状态变为Ⅲ(p_2,V_2,T_0). 从状态Ⅱ至状态Ⅲ的过程可以看作一个等容吸热的过程.

状态Ⅰ→状态Ⅱ→状态Ⅲ的过程如图 2-2-1(a)、(b)所示.

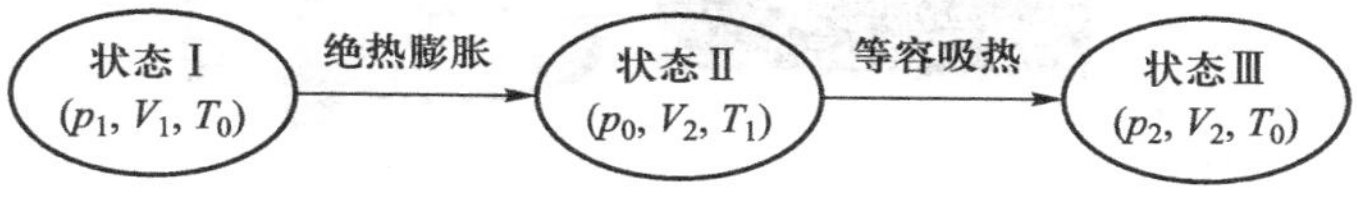

(a)

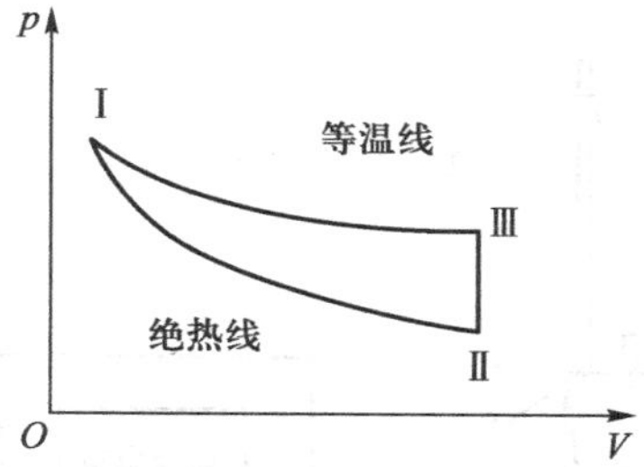

(b)

图 2-2-1 实验过程状态分析

状态Ⅰ→状态Ⅱ是绝热过程,由绝热过程方程得

$$p_1V_1^{\gamma}=p_0V_2^{\gamma} \tag{2-2-3}$$

状态Ⅰ和状态Ⅲ的温度均为 T_0,由气体物态方程得

$$p_1V_1=p_2V_2 \tag{2-2-4}$$

合并式(2-2-3)、式(2-2-4),消去 V_1、V_2 得

$$\gamma=\frac{\ln p_1-\ln p_0}{\ln p_1-\ln p_2}=\frac{\ln p_1/p_0}{\ln p_1/p_2} \tag{2-2-5}$$

由式(2-2-5)可以看出,只要测得 p_0、p_1、p_2 就可求得空气的 γ.

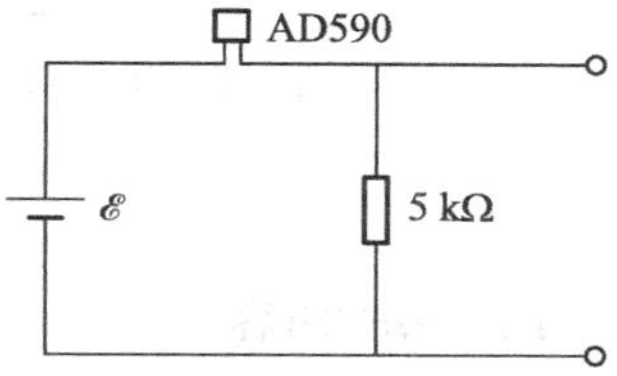

图 2-2-2 AD590 温度传感器测温原理图

温度传感器 AD590 测温原理:温度传感器 AD590 接 6 V 直流电源后组成一个稳流源,见图 2-2-2,它的测温灵敏度为

1 μA/℃，若串接 5 kΩ 电阻后，可产生 5 mV/℃ 的信号电压，接 0~2 V 量程的四位半数字电压表，灵敏度即可达到 0.02 μA/℃.

三、实验仪器

本实验仪器主要由三部分组成：机箱（含数字电压表二只）、贮气瓶、传感器（电流型集成温度传感器 AD590 和扩散硅压力传感器各一只）. 实验仪器如图 2-2-3 所示，装置图如图 2-2-4 所示.

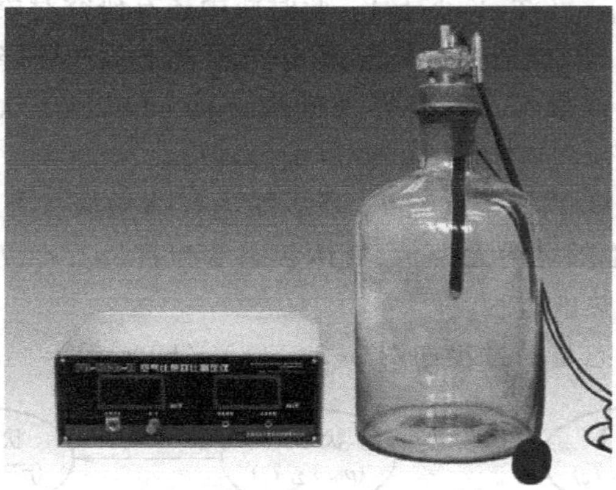

图 2-2-3　空气比热容比测定仪的实验仪器

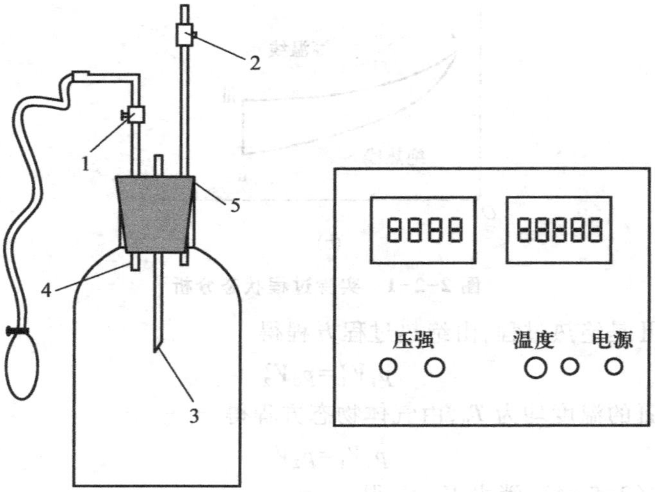

1—充气阀 C_1；2—放气阀 C_2；3—AD590 传感器；4—气体压力传感器；5—704 胶黏剂.

图 2-2-4　空气比热容比测定的实验装置图

四、实验内容

1. 按图 2-2-2 接好仪器的电路，AD590 的正负极不能接错. 用 Forton 式气压计测定大气压强 p_0，用水银温度计测环境室温 T_0. 开启电源，预热 20 分钟后，用调零电位器调节零点，把三位半数字电压表示值调到 0，记录反映温度的电压值 U_0.

2. 把放气阀 C_2 关闭，打开充气阀 C_1，用充气球把空气稳定地徐徐压入贮气瓶内，用压力传感器和 AD590 温度传感器测量空气的压强和温度，当瓶内压强稳定时，记录压强 p_1 和反应温度 T_1 的电压值 U_1 值于表 2-2-1 中（T_1 近似为 T_0，但往往略高于 T_0，请读者自己思考为什么）.

3. 打开放气阀 C_2，当贮气瓶的空气压强降低至环境大气压强 p_0 时（这时放气声消失），迅速关闭放气阀 C_2.

4. 当贮气瓶内空气的温度上升至室温 T_0 时，记下贮气瓶内气体的压强 p_2 和电压值 U_2.（因实验过程中室温可能有变化，故只需等瓶内压强 p_2 稳定即可记录，此时瓶中温度 T_2 近似为 T_0.）

5. 用公式(2-2-5)进行计算，求得空气比热容比值.

表 2-2-1

$p_0/(10^5\,\mathrm{Pa})$	U_1/mV	$T_1/℃$	U_2/mV	$T_2/℃$	$p_1/(10^5\,\mathrm{Pa})$	$p_2/(10^5\,\mathrm{Pa})$	γ

五、注意事项

1. 实验中，硅压力传感器请勿用手压，以免影响测量的准确性.

2. 玻璃活塞如有漏气，可用乙醚将油脂擦干净，重新涂真空油脂.

3. 橡皮塞与玻璃瓶或玻璃管接触部位等处有漏气只需涂 704 胶黏剂，即可防止漏气.

4. 由于每只硅压力传感器的参量稍有差异，每台仪器有唯一传感器配套（上有编号对应），禁止将仪器与压力传感器交错使用.

5. 实验内容中的步骤 3 打开放气阀 C_2 放气时，当听到放气声结束应迅速关闭放气阀，提早或延迟关闭放气阀 C_2，都将影响实验要求，引入误差. 由于数字电压表上有滞后显示，用计算机实时测量可以发现此放气时间仅零点几秒，并与放气声音的产生与消失很一致，所以关闭放气阀 C_2 用听声的方法更可靠些.

6. 实验要求环境温度基本不变，如发生环境温度不断下降的情况，可在远离实验仪器处适当加温，以保证实验正常进行.

7. 请不要靠近窗口，不要在太阳光照射较强处做实验，以免影响实验进行.

8. 密封装置后必须等胶水变干且不漏气，方可做实验.

9. 充气球橡胶管插入前可先蘸水（或肥皂水），然后轻轻推入二通，以防止断裂.

10. 若采用外接法，外接电池可采用四节甲电池串联作为 6 V 直流电源.

11. 在充、放气后要让气体回到室温需要较长时间，且需要保证此过程中室温不发生变化. 大量的实验数据显示，当气体温度变化趋于停止时，其温度已经非常接近室温，此时可认为气体已处于平衡状态，由此引起的误差对实验结果的影响不大.

附录　关于空气比热容（Ⅱ型）内接电源的使用说明

利用温度传感器 AD590 测温时可以利用机箱内部的现成电路，我们把它称为内接法；也可以由学生自己动手接温度传感器 AD590 测温电路，我们把它称为外接法. 两种方法的测量原理图如图 2-2-5、图 2-2-6 所示.

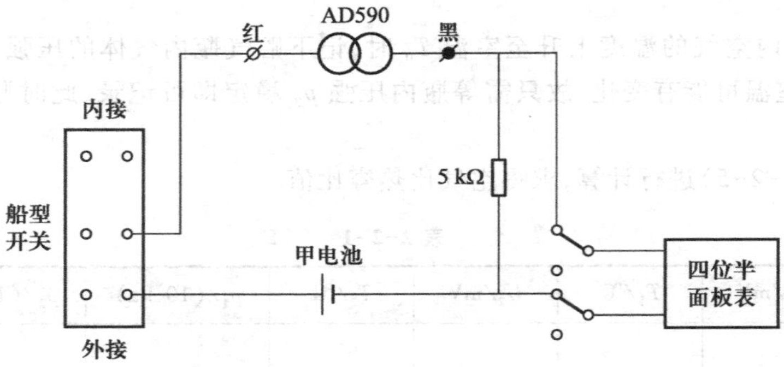

图 2-2-5　外接法

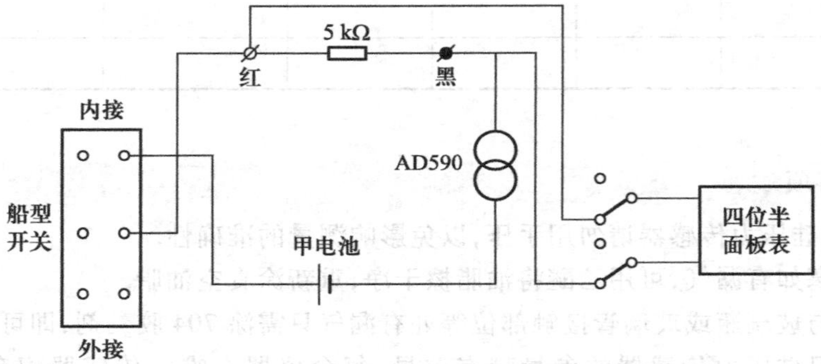

图 2-2-6　内接法

外接法：如果实验需要改变测量电阻，则把机箱后面的船型开关接向“外接”侧，在外面把甲电池、测量电阻、AD590 串联起来，把测量电阻两端分别接在面板的红、黑输入端即可进行测量.

内接法：使用时如果采用内接电阻和电源，则把机箱后面的船型开关接向“内接”侧，这时把 AD590 输出端的红、黑分别接在面板的红、黑输入端，即可进行测量.

实验三　杨氏模量的测定

一、实验目的

1. 掌握钢丝的杨氏模量的测量方法.

2. 学习光杠杆放大测量方法.

二、实验仪器

KF-YMC 杨氏模量测定仪(图 2-3-1).

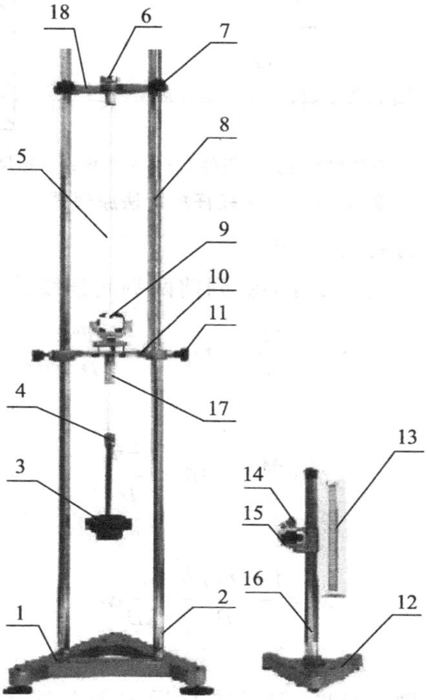

1—大 A 底座;2—锁紧螺钉(一);3—挂钩;4—夹头(一);5—钢丝;6—夹头(二);7—锁紧螺钉(二);
8—长支架;9—光杠杆;10—中托架;11—锁紧螺钉(三);12—小 A 底座;13—照明标尺;
14—激光瞄准装置;15—尺读望远镜;16—短支架;17—夹头(三);18—上托架.

图 2-3-1　KF-YMC 杨氏模量测定仪示意图

三、实验原理

杨氏模量测定仪是利用光杠杆对钢丝长度的微小形变进行测量的原理,对材料的杨氏模量进行测量的物理实验设备.

柱状体受外力作用时的形变量为 ΔL,柱状体的长度为 L,截面积为 S,作用力为 F,满足胡克定律:

$$\frac{F}{S}=E\frac{\Delta L}{L} \tag{2-3-1}$$

式中 E 称为杨氏模量,其单位为 N/m^2,是表征材料抗应变能力的一个固定参量,由材料的材质决定,与其几何形状无关.

由于 ΔL 一般很小,常采用光杠杆放大法进行测量,图 2-3-2 为其原理图.

初始时,镜面 M 的法线是水平的,假设此时是理想状态,n_0是反射镜 M 的法线. 当钢丝伸长 ΔL 时,光杠杆镜架后尖脚随钢丝下落 ΔL,带动 M 转动 θ 角,镜面至 M′,法线也转过一角度.

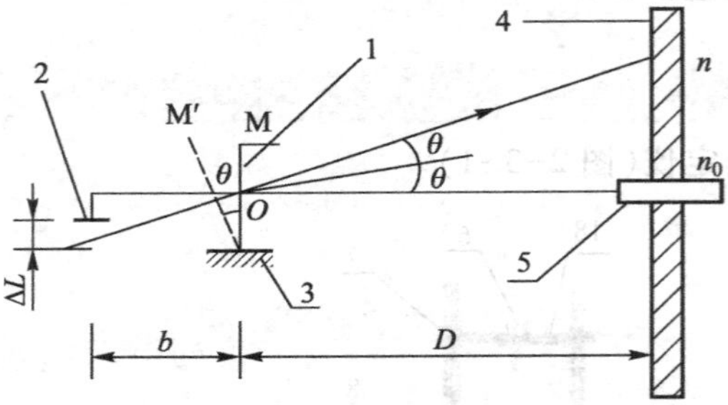

1—反射镜；2—与钢丝相连的夹套组件 I；3—中托板；4—标尺；5—望远镜.

图 2-3-2 光杠杆放大法原理图

根据光的反射定律，On_0和 On 的夹角为 2θ.

如果反射镜面到标尺的距离为 D，后尖脚到前两脚间连线的垂直距离为 b，则有

$$\tan\theta=\frac{\Delta L}{b},\quad \tan 2\theta=\frac{n-n_0}{D}$$

由于 θ 很小，所以有

$$\theta\approx\frac{\Delta L}{b},\quad 2\theta\approx\frac{n-n_0}{D}$$

消去 θ，得

$$\Delta L=\frac{(n-n_0)\ b}{2D}=\frac{b}{2D}\Delta n \tag{2-3-2}$$

式中，$n-n_0=\Delta n$.

伸长量 ΔL 是难以测量的微小长度，但当取 D 远大于 b 时，经光杠杆转换后的 Δn 却是可以测量的较大的量，$2D/b$ 决定了光杠杆的放大倍数. 这就是光杠杆的放大原理，它已被应用在很多精密测量仪器中.

将式(2-3-2)代入式(2-3-1)得

$$E=\frac{FL}{S\Delta L}=\frac{8FLD}{\pi d^2 b}\ \frac{1}{\Delta n} \tag{2-3-3}$$

本实验中使钢丝伸长的力 F 是砝码作用在钢丝上的重力 mg，因此，杨氏模量的测量公式为

$$E=\frac{8mgLD}{\pi d^2 b}\ \frac{1}{\Delta n} \tag{2-3-4}$$

式中，Δn 与 m 有对应关系，如果 m 是 1 个砝码的质量，Δn 应是荷重增加(或减少)1 个砝码所引起的光标偏移量；如果 Δn 是荷重增加(或减少)4 个砝码所引起的光标偏移量，m 就应是 4 个砝码的质量.

四、实验内容

1. 实验步骤

(1) 该实验一般由二人合作完成，其中一人(下文中称甲)负责调节反射镜和增减砝码，

另一人（下文中称乙）负责调节望远镜并读数，然后互换.

（2）调节升降螺钉，使激光通过光杠杆反射回来的光斑照到照明标尺的刻度线上.

（3）乙目测望远镜与反射镜是否水平，并根据需要要求甲调节反射镜的俯仰；乙通过望远镜调焦旋钮，找到标尺像，此过程中可适当移动尺读望远镜部件的位置，以便找像迅速、准确. 实验要求看到的标尺像大致在红黑相间部位，如不在可适当调节标尺的位置，或望远镜在短支架上的位置.

（4）由甲逐次增加砝码，乙记录相应的读数 n_i，一共 8 次；然后再逐个取下，并记录相应的读数 n_i'.

（5）增减砝码时，动作要轻柔，以免造成钢丝剧烈晃动，影响读数.

（6）计算出同一负荷下标尺的读数平均值$\overline{n_i}$，用逐差法求出增减四个砝码时钢丝的平均偏移量 Δn.

（7）用卷尺（自备）测量夹紧部件Ⅰ、Ⅱ之间（必须是夹紧点起计）的钢丝长度 L 和反射镜至标尺的距离 D.

（8）用短尺（自备）测量光杠杆短臂尖脚至组件 9 的两个尖脚连线的垂直距离 b.

（9）用千分尺（自备）测量钢丝直径 d，由于钢丝直径可能不均匀，应在上、中、下各部位进行测量，每个位置在相互垂直的方向各测一次（要求不高时可免）.

2. 数据处理

（1）测量钢丝的微小伸长量，记录表如表 2-3-1 所示.

表 2-3-1

序号 i	砝码质量 m/kg	光标示值			光标偏移量 $\Delta n(=n_{i+4}-n_i)$/cm	偏差 $\lvert\delta(\Delta n)\rvert$
		增荷时	减荷时	平均值 n_i/cm		
0						
1						
2						
3						
4						
5					$\overline{\Delta n}$=________ cm	$\overline{\delta(\Delta n)}$ =_____ cm
6						
7						

钢丝微小伸长量的放大量的测量结果为

$$\Delta n=(\_\_\_\_\_\_\pm\_\_\_\_\_\_)\ \text{cm}$$

（2）测量钢丝直径，记录表如表 2-3-2 所示.

表 2-3-2

测量部位	上部		中部		下部		平均值
测量方向	纵向	横向	纵向	横向	纵向	横向	
D/mm							

(3) 依次记录 L、D、b 值.

$$L=(\_\_\_\_\_\_\pm\_\_\_\_\_\_)\ \mathrm{cm}$$

$$D=(\_\_\_\_\_\_\pm\_\_\_\_\_\_)\ \mathrm{cm}$$

$$b=(\_\_\_\_\_\_\pm\_\_\_\_\_\_)\ \mathrm{cm}$$

(4) 代入公式(2-3-4),计算出钢丝的杨氏模量,如有计算不确定度要求,请按相关要求计算.

五、注意事项

1. 调节望远镜的调焦旋钮时应轻柔,尤其是在两端感觉已被限位时,不能用力,否则易损坏;不用时应用镜罩遮挡物镜、目镜,或用袋形物套住望远镜.

2. 仪器要放在干燥通风、无腐蚀性气体的室内,并防止突然撞击与强烈震动.

3. 反射镜上有灰尘、污迹时,用擦镜纸擦去,切勿用手指、粗布擦,以免镜面起毛,影响观察和读数.

4. 调试仪器时,切记要用手托住移动部分,然后旋松锁紧手轮,以免相互撞击.

5. 各手轮及可动部分如发生阻滞不灵现象时,应立即检查原因,切勿强扭,以防损坏仪器结构或机件.

实验四　声速的测定

一、实验背景

声波是一种在弹性介质中传播的机械波. 声波在介质中传播时,声速、声衰减等诸多参量都和介质的特性与状态有关,通过测量这些声学量可以探知介质的特性及状态变化. 例如,通过测量声速可求出固体的杨氏模量以及气体、液体的比重、成分等参量.

在自由空间的同一介质中,声速一般与声波频率无关. 例如在空气中,声波频率从 20 Hz 变化到 80 000 Hz,声速变化不到万分之二. 由于超声波的波长短,易于定向发射,不会造成听觉污染等优点,我们通过测量超声波的速度来确定声速. 超声波在医学诊断、无损检测、测距等方面都有广泛应用.

二、实验目的

1. 了解超声换能器的工作原理和功能.

2. 学习共振干涉法、相位比较法以及时差法测定声速的原理和方法.
3. 熟悉声速测定实验仪和示波器的调节使用.
4. 测定声波在空气中的传播速度.
5. 测定声波在液体中的传播速度.
6. 测定声波在固体中的传播速度.

三、实验原理

1. 压电陶瓷换能器

压电材料受到与极化方向一致的应力 F 时,在极化方向上会产生一定的电场 E,它们满足线性关系

$$E=gF$$

反之,当在压电材料的极化方向上加电压 U 时,材料的伸缩形变 S 与电压 U 也成线性关系:

$$S=aU$$

系数 g、a 称为压电常量,它们与材料的性质有关. 本实验采用压电陶瓷超声换能器,将实验仪输出的正弦振荡电信号转换成超声振动. 压电陶瓷片是换能器的工作物质,它是用多晶体结构的压电材料(如钛酸钡、锆钛酸铅等)在一定的温度下经极化处理制成的. 在压电陶瓷片的前后表面粘贴两块金属,组成的夹心型振子,就构成了换能器. 由于振子的运动是纵向的伸缩,直接带动头部金属做同样纵向的伸缩,这样所发射的声波,方向性强,平面性好. 每一个换能器都有其固有的谐振频率,换能器只有在其谐振频率上,才能有效地发射(或接收)信号. 本实验中一个换能器作为发射器,另一个作为接收器,两个换能器的表面互相平行,且谐振频率匹配.

2. 声速的测量方法

声速的测量方法可以分为两类. 第一类方法是直接根据速度关系式:

$$v=s/t$$

测出传播距离 s 和所用时间 t 后即可算出声速,该法称为时差法,这是工程应用中常用的方法. 第二类方法是利用波长、频率关系式:

$$v=f\lambda$$

测量出频率 f 和波长 λ 后计算声速,测量波长又可用共振干涉法或相位比较法,本实验用上述三种方法测量气体、液体以及固体中的声速.

(1) 共振干涉(驻波)法测声速

到达接收器的声波,一部分被接收并在接收器电极上输出电压,一部分经原路反射回发射端. 由波的干涉理论可知,两列反向传播的同频率波干涉时将形成驻波,驻波中振幅最大的点称为波腹,振幅最小的点称为波节,任何两个相邻波腹(或两个相邻波节)之间的距离等于半个波长. 因此改变两个换能器间的距离,同时用示波器监测接收器上的输出电压幅度变化,可观察到电压幅度随距离周期性的变化,记录下相邻两次出现最大电压数值时换能器间的距离读数. 两读数之差的绝对值应等于声波波长的二分之一,见图 2-4-1. 已知声波频率并测出波长,即可计算声速. 实际测量中为提高测量精度,可连续多次测量并用逐差法处理数据.

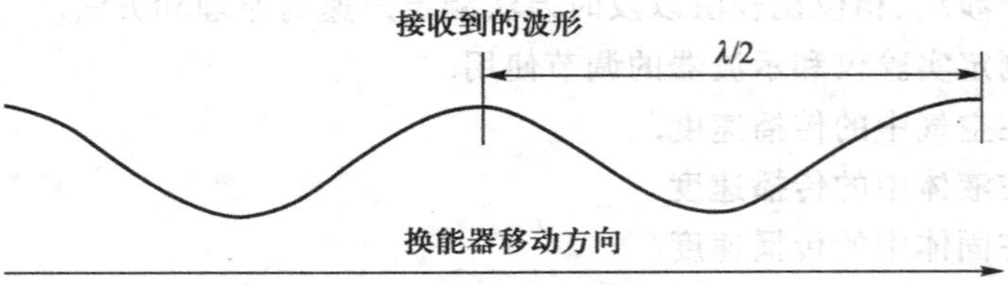

图 2-4-1 共振干涉(驻波)法测声速

(2) 相位比较(行波)法测声速

当发射器与接收器之间距离为 L 时,在发射器驱动的正弦信号与接收器接收到的正弦信号之间将有相位差为

$$\varphi = 2\pi L/\lambda = 2\pi n + \Delta\varphi$$

若将发射器驱动的正弦信号与接收器接收到的正弦信号分别接到示波器的 X 及 Y 输入端,则相互垂直的同频率正弦信号叠加,其合成轨迹称为李萨如图形,如图 2-4-2 所示.

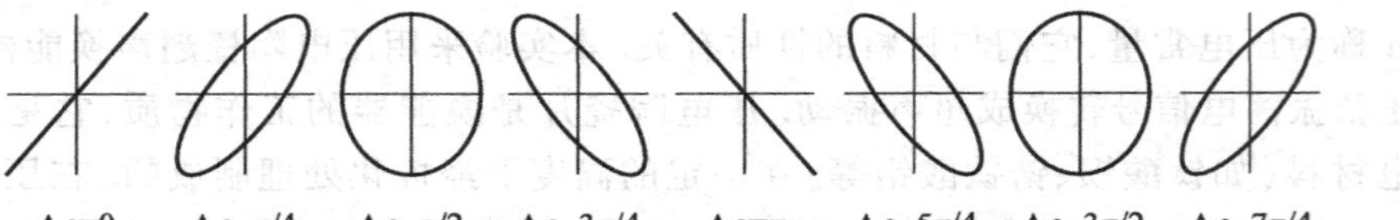

图 2-4-2 同频率波的李萨如图形

当接收器和发射器的距离变化等于一个波长时,发射信号与接收信号之间的相位差也正好变化一个周期(即 $\Delta\varphi = 2\pi$),相同的图形就会出现. 反之,测出相位差变化一个周期时接收器移动的距离,即可得出声波的波长 λ,再根据声波的频率,即可求出声波的传播速度.

(3) 时差法测声速

若以脉冲调制正弦信号输入到发射器,使其发出脉冲声波,经时间 t 后到达距离 L 处的接收器. 接收器接收到脉冲信号后,能量逐渐积累,振幅逐渐增大,脉冲信号过后,接收器做衰减振荡,如图 2-4-3 所示. 时间 t 可由实验仪自动测量,也可从示波器上读出. 实验者测出 L 后,即可由 $v = L/t$ 计算出声速.

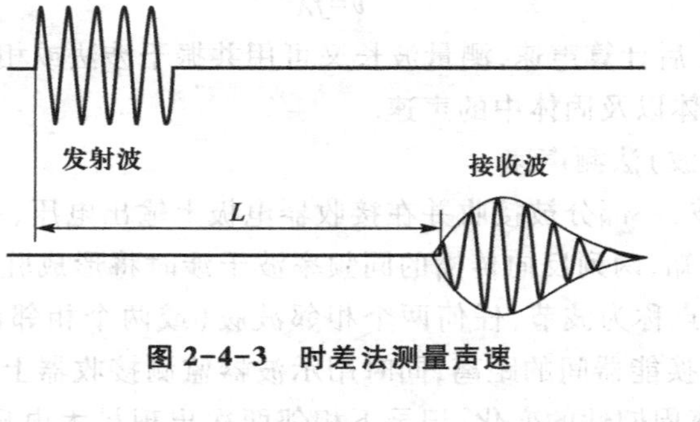

图 2-4-3 时差法测量声速

四、实验仪器

ZKY-SS 声速测定实验仪是为测量在空气、液体以及固体中声波的传播速度而设计的专用仪器. 该仪器可用于大学基础物理实验,用于振动与波、压电陶瓷应用、示波器应用和声呐

技术应用等相关实验. 实验仪由超声实验装置(换能器及移动支架组合)和声速测定信号源主机组成;另有水槽(选购件)和固体试验样品(选购件).

1. 声速测定信号源

声速测定信号源面板见图 2-4-4,上面有一块 LCD 显示屏用于显示信号源的工作信息,还有上下、左右按键,以及确认按键、复位按键、频率调节旋钮和电源开关. 上下按键用作光标的上下移动选择,左右按键用作数字的改变选择,确认按键用作功能选择的确认以及工作模式选择界面与具体工作模式界面的交替切换. 它同时还有超声发射驱动信号输出端口(简称 TR,连接到超声波发射器)、超声发射监测信号输出端口(简称 MT,连接到示波器显示通道 CH1)、超声接收信号输入端口(简称 RE,连接到超声波接收器)、超声接收信号监测输出端口(简称 MR,连接到示波器显示通道 CH2).

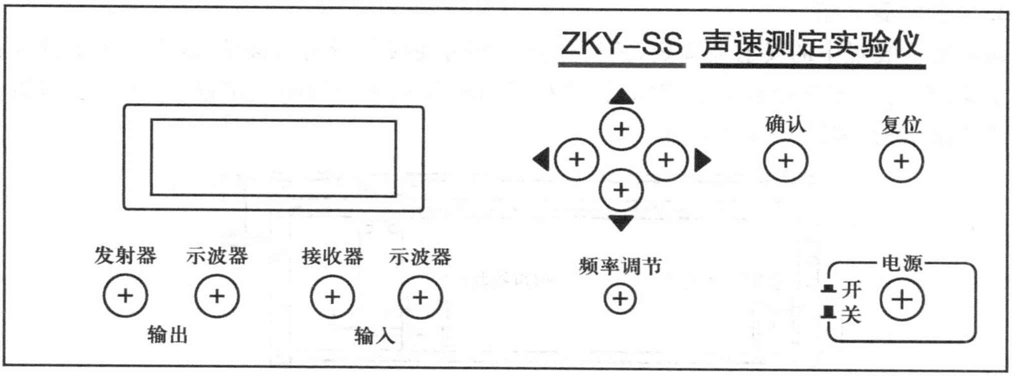

图 2-4-4　声速测定信号源面板

声速测定信号源具有选择、调节、输出超声波发射器驱动信号,接收、处理超声波接收器信号,显示相关参量,提供发射监测和接收监测端口连接到示波器等其他仪器等功能.

(1) 开机显示欢迎界面后,自动进入按键说明界面. 按确认键后进入工作模式选择界面,可选择驱动信号为连续波工作模式(共振干涉法与相位比较法)或脉冲波工作模式(时差法).

(2) 选择连续波工作模式,按确认键后进入频率与增益调节界面. 在该界面下将显示输出频率值、发射增益挡位、接收增益挡位等信息,并可作相应的改动.

(3) 选择脉冲波工作模式,按确认键后进入时差显示与增益调节界面. 在该界面下将显示超声波通过目前超声波换能器之间的距离所需的时间值、发射增益挡位、接收增益挡位等信息,并可作相应的改动.

(4) 用频率调节旋钮调节频率,在连续波工作模式下显示屏将显示当前输出驱动信号的频率值.

(5) 增益可在 0 挡到 3 挡之间调节,初始值为 2 挡. 发射增益调节驱动信号的振幅;接收增益调节接收信号放大器的增益,放大后的接收信号由接收监测端口输出. 以上调节完成后就可进行测量了.

(6) 改变测量条件可按确认键,将交替显示模式选择界面或频率(时差显示)与增益调节界面. 按复位键将返回欢迎界面.

该信号源主要技术参量如下：

a. 连续波频率范围：30～45 kHz；分辨率：1 Hz；5 位数字显示.

b. 脉冲调制信号源：载波信号频率范围：同连续波频率范围；脉冲调制波宽度：16 个载波周期；脉冲调制波周期：16 ms.

c. 计时范围：0.1 μs～10 ms；分辨率：0.1 μs；5 位数字显示.

d. 激励输出电压：最大输出电压 $15V_{pp}$；最大输出功率 2 W，四挡可调.

e. 接收信号放大器：四挡可调，放大倍率为 1、2、5、10.

f. 抗电强度：50 Hz 正弦波、500 V 电压、1 min 耐压实验.

g. 工作电压：交流 220(1±10%) V，最大工作电流 0.1 A.

h. 仪器外形尺寸：280 mm×320 mm×140 mm.

2. 实验装置介绍

超声实验装置中的发射器固定，摇动丝杆摇柄可使接收器前后移动，以改变发射器与接收器的距离. 丝杆上方安装有数字游标尺（或机械游标尺），可准确测量位置. 整个装置可方便地装入或拿出水槽，如图 2-4-5 所示.

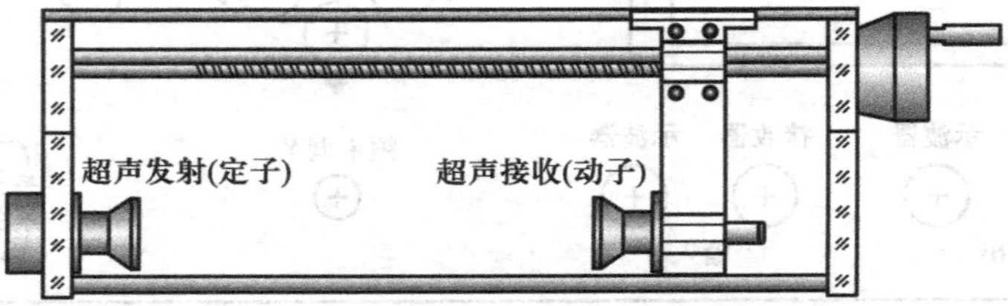

图 2-4-5　超声实验装置（换能器及移动支架组合）

该装置主要技术参量如下：

a. 配对压电陶瓷换能器：谐振频率(37±2) kHz；可承受的连续电功率不小于 10 W.

b. 两个换能器之间的测试距离：50～250 mm.

c. 外形：测试架外形尺寸 500 mm×100mm×170mm.

3. 选购件：有水槽和固体试验样品

(1) 水槽. 外形尺寸：445 mm×135 mm×95 mm，容积：429 mm×119 mm×79 mm.

(2) 固体试验样品. 一套三件：10 cm、15 cm、20 cm 各一件.

五、实验内容

1. 声速测定仪系统的连接与工作频率的调节

(1) 连接装置. 超声实验装置和声速测定信号源及双踪示波器之间的连接如图 2-4-6 所示. 其中输出端发射器 TR 接实验装置超声波发射器（定子），相应示波器接口 MT 接示波器 CH1 通道，用于观察发射波形；输入端接收器 RE 接实验装置超声波接收器（动子），相应示波器接口 MR 接示波器 CH2 通道，用于观察接收波形.

(2) 在接通市电开机，显示欢迎界面后，自动进入按键说明界面. 按确认键后进入工作模式选择界面，可选择驱动信号为连续波工作模式（共振干涉法与相位比较法）或脉冲波工作模式（时差法）. 在工作模式选择界面中选择驱动信号为连续波工作模式，在连续波工作模式中

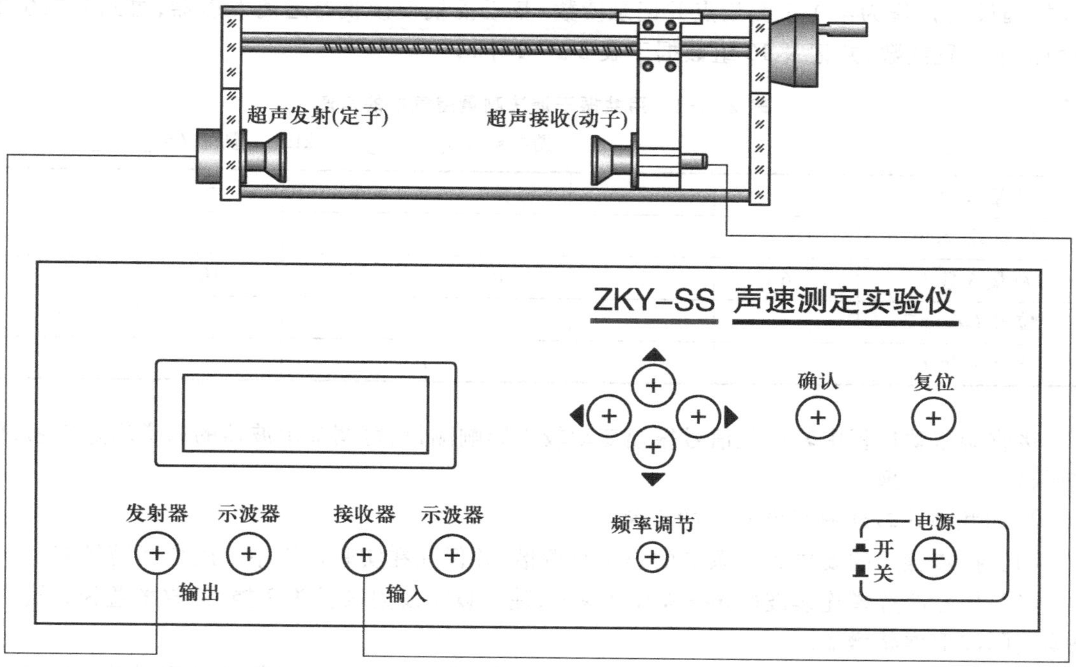

图 2-4-6　仪器的连线

使信号源工作预热 15 分钟.

(3) 调节驱动信号频率,使压电陶瓷换能器系统的工作效果最佳.

只有当发射器的发射面与接收器的接收面保持平行时才有较好的系统工作效果. 为了得到较清晰的接收波形,**还须将外加的驱动信号频率调节到发射器的谐振频率处,才能较好地进行声能与电能的相互转化,以得到较好的实验效果.**

根据调节到压电陶瓷换能器谐振点处的信号频率估计一下示波器的扫描时基并进行调节,使示波器获得稳定波形. 就目前使用的换能器的标称工作频率而言,时基选择在 5~20 μs/div会有较好的显示效果.

超声换能器工作状态的调节方法如下:在仪器预热 15 分钟并正常工作以后,首先将接收端大致调整到标尺的中间位置,然后调节声速测定信号源输出电压(10~15 V_{pp}之间),调整信号频率(在 30~45 kHz),使接收端接收到的信号幅值最大;保持频率不变,在该位置左右微调接收端位置,使接收到的信号幅值最大;最后保证接收端位置不变,微调频率,使接收到的信号幅值最大. 此时该频率即可作为压电陶瓷换能器系统的最佳工作频率点.

2. 用共振干涉法测量空气中的声速

(1) 按步骤 1 的要求完成系统的连接与调谐,并保证在实验过程中不改变调谐频率.

(2) 将示波器设定在扫描工作状态,扫描速度约为 10 μs/div,信号输入通道输入调节旋钮约为 1 V/div(根据实际情况有所不同),并将发射监测输出信号输入端设为触发信号端. 信号源选择连续波(Sine-Wave)模式,建议设定发射增益为 2 挡、接收增益为 2 挡,或根据实际波形增减增益.

(3) 摇动超声实验装置的丝杆摇柄,在发射器与接收器距离为 5 cm 附近处,找到共振位置(振幅最大),作为第 1 个测量点并记录读数. 摇动摇柄使接收器远离发射器,每到共振位置处均记录位置读数,共记录 10 组数据于表 2-4-1 中.

表 2-4-1 用共振干涉法测量空气中的声速

谐振频率 f_0=________ kHz 温度 T=________ ℃

测量次数 i	1	2	3	4	5	$\lambda_{平均}$/mm
位置 L_i/mm						
测量次数 i	6	7	8	9	10	
位置 L_i/mm						
波长 λ_i/mm						

接收器移动过程中若接收信号振幅变动较大影响测量,可调节示波器的通道增益旋钮,使波形显示大小合理.

3. 用相位比较法测量空气中的声速

(1) 按步骤 1 的要求完成系统的连接与调谐,并保证在实验过程中不改变调谐频率.

(2) 信号源选择连续波(Sine-Wave)模式,建议设定发射增益为 2 挡、接收增益为 2 挡,或根据实际波形增减增益.

(3) 将示波器设定在 X-Y 工作状态. 将信号源的发射监测输出信号接到示波器的 X 输入端,并设为触发信号,将接收监测输出信号接到示波器的 Y 输入端,信号输入通道输入调节旋钮约为 1 V/div(根据实际情况有所不同).

(4) 在发射器与接收器距离为 5 cm 附近处,找到 $\Delta\varphi=0$ 的点,作为第 1 个测量点,并记录读数. 摇动摇柄使接收器远离发射器,每到 $\Delta\varphi=0$ 时均记录读数,共记录 10 组数据于表 2-4-2 中.

表 2-4-2 用相位比较法测量空气中的声速

谐振频率 f_0=________ kHz 温度 T=________ ℃

测量次数 i	1	2	3	4	5	$\lambda_{平均}$/mm
位置 L_i/mm						
测量次数 i	6	7	8	9	10	
位置 L_i/mm						
波长 λ_i/mm						

接收器移动过程中若接收信号振幅变动较大影响测量,可调节示波器 Y 通道增益旋钮,使波形显示大小合理.

4. 用相位比较法测量水中的声速

(1) 测量水中的声速时,将实验装置整体放入水槽中,槽中的水高于换能器顶部 1~2 cm. 按步骤 1 的要求完成系统的连接与调谐,并保证在实验过程中不改变调谐频率.

(2) 信号源选择连续波(Sine-Wave)模式,设定发射增益为 0 挡、接收增益为 0 挡. 将示波器设定在 X-Y 工作状态. 将信号源的发射监测输出信号接到示波器的 X 输入端,并设为触发信号,将接收监测输出信号接到示波器的 Y 输入端,信号输入通道输入调节旋钮约为 1 V/div(根据实际情况有所不同).

(3) 在发射器与接收器距离为 3 cm 附近处,找到 $\Delta\varphi=0$(或 π)的点,作为第 1 个测量点,并记录读数. 摇动摇柄使接收器远离发射器,每到 $\Delta\varphi=0$ 时均记录读数,共记录 10 组数据于表 2-4-3 中.

表 2-4-3 用相位比较法测量水中的声速

谐振频率 f_0=______kHz 温度 T=______℃

测量次数 i	1	2	3	4	5	$\lambda_{平均}$/mm
位置 L_i/mm						
测量次数 i	6	7	8	9	10	
位置 L_i/mm						
波长 λ_i/mm						

接收器移动过程中若接收信号振幅变动较大,会影响测量,可调节示波器 Y 衰减旋钮. 由于水中声波的波长约为空气中的 5 倍,为缩短行程,可在 $\Delta\varphi=0$、π 处均进行测量.

5. 用时差法测量水中的声速

(1) 按步骤 1 的要求完成系统的连接与调谐,并保证在实验过程中不改变调谐频率.

(2) 信号源选择脉冲波工作模式,设定发射增益为 2 挡、接收增益为 2 挡. 将发射器与接收器距离为 3 cm 附近处,作为第 1 个测量点,记录读数与时刻. 摇动摇柄使接收器远离发射器,每隔 20 mm 记录位置与时刻读数,共记录 10 组数据于表 2-4-4 中.

表 2-4-4 用时差法测量水中的声速

温度 T=______℃

测量次数 i	1	2	3	4	5	$v_{平均}$/(m·s^{-1})
位置 L_i/mm						
时刻 t_i/μs						
测量次数 i	6	7	8	9	10	
位置 L_i/mm						
时刻 t_i/μs						
速度 v_i/(m·s^{-1})						

该实验还可以用示波器观察输出与输入波形的相对关系. 将示波器设定在扫描工作状态,扫描速度约为 0.2 ms/div, 发射信号输入通道调节为 1 V/div,并设为触发信号,接收信号输入通道调节为 0.1 V/div(根据实际情况有所不同).

6. 用时差法测量固体中的声速

由于被测固体样品的长度不能连续变化,因此只能采用时差法进行测量. 为了增强测量的可靠性,**在换能器端面及被测固体的端面上涂上声波耦合剂,建议采用医用超声耦合剂**. 测量方法可参考步骤 5 中用时差法测量水中的声速.

六、注意事项

1. 维护保养.

(1) 仪器不使用时,应存放在空气温度为 0~35 ℃的室内架子上,架子离地高度大于 100 mm.

(2) 每次使用完毕后,用干燥清洁的抹布将测试架及螺杆清洁干净.

(3) 仪器应在清洁干净的场所使用,避免阳光直接暴晒和剧烈颠簸.

(4) ZKY-SS 型超声实验装置测试机架为有机玻璃制作,使用时应谨慎,以防止发生意外.

(5) 使用实验仪器时,应避免声速测定信号源的信号输出端短路.

(6) ZKY-SS 型声速测定实验仪的保修期为一年.

2. 在水中用共振干涉法测量声速的效果较差,接收波形的幅度变化不明显. 根据对实验数据的分析,我们认为是由于水介质与接收头对声波的特性阻抗相接近,反射信号弱,从而导致了驻波现象的不明显. 故无法做水介质中用共振干涉法测量声速的实验.

3. 在空气中建议使用共振干涉法和相位比较法测量声速,在水中建议使用相位比较法和时差法测量声速,在固体中只能使用时差法测量声速.

4. 发射、接收增益的大小应在监测信号不失真的原则下设定.

附录 1　用时差法测量时的仪器误差及数据处理(建议用最大增益测试)

在使用时差法进行声速测量时,需要考虑信号间的时间差. 在实际仪器测试时,会存在 4 个信号,具体见图 2-4-7.

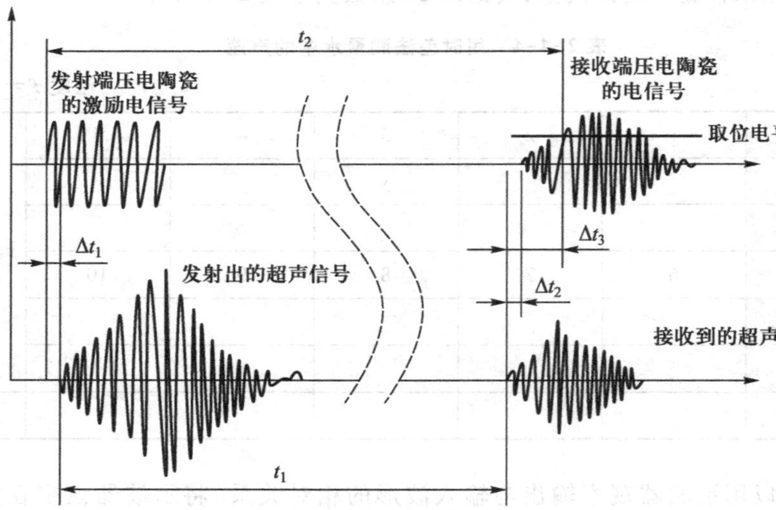

图 2-4-7　时差法测试中的信号波形

理论上,我们需要测定的时间差是 t_1,但是实际的单次测量中测量量为 t_2,这将存在两个误差来源:

1. 电信号和声信号的转换,是通过压电陶瓷的振动实现的,由于机械振动的时间滞后,会带来图中所示的 Δt_1 和 Δt_2 的时间误差. 当介质不变,且信号幅度变化不大时,可以将 Δt_1 和 Δt_2 视为常量,在使用逐差法时,可以通过做减法,将该部分误差消除.

2. Δt_3 主要是取位电平无法做到极小导致的. 取位电平的作用是:因接收到的超声信号存在杂波等干扰波,在对信号进行相关处理后,以该电平幅度为接收信号的接收触发点. 假设图 2-4-8 中的两个接收信号,除去幅度外其他完全一致,可见幅度大的信号测试的 t_2' 更靠近理想值 t_2,因此可以说接收信号的幅度将影响时间测试的准确性. 在仪器测试中影响接收信号幅度的变量总结如下:

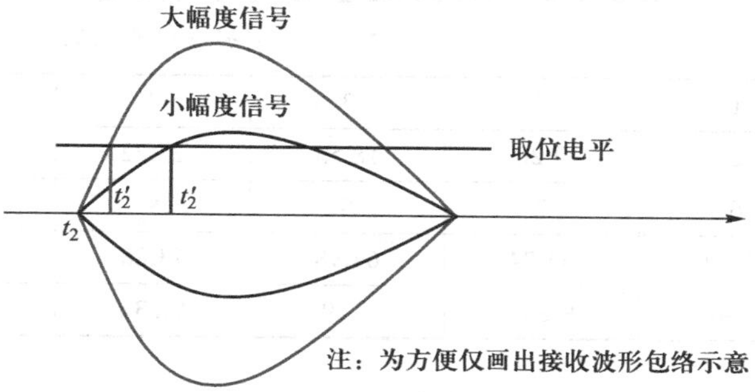

图 2-4-8 取位电平对误差的影响

(1) 发射/接收增益的大小(因此建议用时差法测量时使用最大增益进行时差测试);

(2) 测试距离的变化:一般而言随着距离的增大,接收信号幅度会出现衰减;

(3) 介质的类型:不同的介质有不同的衰减系数,同时不同介质与传感器金属界面上的反射/透射系数也不同;

(4) 传感器与测试样品的耦合程度,在本实验仪器中主要体现在固体中时差法的测量,需要使用超声耦合剂,目的是减少空隙间的少量空气,以免影响超声穿透,以及减小探头与样品间的阻抗差,从而减小超声能量在此界面的反射损失.

同样的原因,Δt_3 的误差可以通过逐差法减小,但是由于影响因素较多,它的误差是无法完全消除的.

值得说明的是,在实际的应用中,时差法的使用条件一般满足测试间距 $L \gg \lambda$(超声波长),这样 t_2 是远大于 $\Delta t_1+\Delta t_2+\Delta t_3$ 的,因此误差基本可以忽略不计,间距和时间的关系可以直接使用 $s=vt$(不使用逐差法). 因此,在实验仪器的使用过程中,要根据情况进行误差分析,同时采用合适的数据处理方法.

附录 2 数据记录与逐差法的处理实例

实验数据记录与逐差法的处理可参看表 2-4-5、表 2-4-6、表 2-4-7、表 2-4-8、表 2-4-9.

表 2-4-5 用共振干涉法测量空气中的声速

谐振频率 $f_0=37.071$ kHz 温度 $T=10$ ℃

测量次数 i	1	2	3	4	5	$\lambda_{平均}$/mm
位置 L_i/mm	0	4.65	9.21	13.76	18.40	
测量次数 i	6	7	8	9	10	
位置 L_i/mm	22.98	27.60	32.17	36.80	41.38	
波长 λ_i/mm	9.192	9.18	9.184	9.216	9.192	9.192 8

数据处理计算公式：$v_{理论}=331.45+0.59T$，$v_{实验}=f_0 \cdot \lambda_{平均}$

$\lambda_i=2(L_{i+5}-L_i)/5$，$\lambda_{平均}=(\lambda_1+\lambda_2+\lambda_3+\lambda_4+\lambda_5)/5$

误差：$E=(v_{实验}-v_{理论})/v_{理论}$

实验结论：$v_{实验}=340.786\ \mathrm{m\cdot s^{-1}}$，$v_{理论}=337.35\ \mathrm{m\cdot s^{-1}}$，误差 $E=1.02\ \%$

表 2-4-6 用相位比较法测量空气中的声速

谐振频率 $f_0=37.109$ kHz 温度 $T=10$ ℃

测量次数 i	1	2	3	4	5	$\lambda_{平均}$/mm
位置 L_i/mm	0	9.20	18.53	27.72	36.88	
测量次数 i	6	7	8	9	10	
位置 L_i/mm	46.22	55.74	64.98	73.88	83.24	
波长 λ_i/mm	9.244	9.308	9.29	9.232	9.272	9.269 2

数据处理计算公式：$v_{理论}=331.45+0.59T$，$v_{实验}=f_0 \cdot \lambda_{平均}$

$\lambda_i=(L_{i+5}-L_i)/5$，$\lambda_{平均}=(\lambda_1+\lambda_2+\lambda_3+\lambda_4+\lambda_5)/5$

误差：$E=(v_{实验}-v_{理论})/v_{理论}$

实验结论：$v_{实验}=343.97\ \mathrm{m\cdot s^{-1}}$，$v_{理论}=337.35\ \mathrm{m\cdot s^{-1}}$，误差 $E=1.96\ \%$

表 2-4-7 用相位比较法测量水中的声速

谐振频率 $f_0=35.866$ kHz 温度 $T=10$ ℃

测量次数 i	1	2	3	4	5	$\lambda_{平均}$/mm
位置 L_i/mm	0	20.06	40.34	63.97	86.49	
测量次数 i	6	7	8	9	10	
位置 L_i/mm	106.93	125.98	143.03	161.35	184.56	
波长 λ_i/mm	42.772	42.368	41.076	38.952	39.228	40.879 2

数据处理计算公式：$\lambda_i=2(L_{i+5}-L_i)/5$，$\lambda_{平均}=(\lambda_1+\lambda_2+\lambda_3+\lambda_4+\lambda_5)/5$

$v_{实验}=f_0 \cdot \lambda_{平均}$

实验结论：$v_{实验}=1\ 466.2\ \mathrm{m\cdot s^{-1}}$

表 2-4-8 用时差法测量水中的声速

温度 $T=10$ ℃

测量次数 i	1	2	3	4	5	$v_{平均}/(\mathrm{m\cdot s^{-1}})$
位置 L_i/mm	0	20	40	60	80	
时刻 t_i/μs	132	146	160	175	189	
测量次数 i	6	7	8	9	10	
位置 L_i/mm	100	120	140	160	180	
时刻 t_i/μs	202	216	230	247	261	
速度 $v_i/(\mathrm{m\cdot s^{-1}})$	1 428.57	1 428.57	1 428.57	1 388.89	1 388.89	1 412.7

数据处理计算公式：$v_i=(L_{i+5}-L_i)/(t_{i+5}-t_i)$，　$v_{平均}=(v_1+v_2+v_3+v_4+v_5)/5$

实验结论：$v_{实验}=1\ 412.7\ \text{m}\cdot\text{s}^{-1}$

表 2-4-9　用时差法测量固体中的声速(医用超声耦合剂，增益 3/3)

温度 $T=10$ ℃

测量次数 i	1	2	3
固体样件长度 L_i/mm	100	150	200
时刻 T_i/μs	86.4	108.4	131.5

数据处理计算公式：$v_{实验}=v_i=(L_{i+1}-L_i)/(t_{i+1}-t_i)$，$v_{平均}=(v_1+v_2)/2$

实验结论：$v_{实验}=2\ 123\ \text{m}\cdot\text{s}^{-1}$

实验五　多普勒效应综合实验

一、实验背景

当波源和接收器之间有相对运动时，接收器接收到的波的频率与波源发出的频率不同的现象称为多普勒效应. 多普勒效应在科学研究、工程技术、交通管理、医疗诊断等方面都有十分广泛的应用. 例如，原子、分子和离子由于热运动，其发射和吸收的光谱线变宽的现象，称为多普勒增宽，在天体物理学和受控热核聚变实验装置中，光谱线的多普勒增宽已成为一种分析恒星大气及等离子体物理状态的重要测量和诊断手段. 基于多普勒效应原理的雷达系统已广泛应用于导弹、卫星、车辆等运动目标速度的监测，在医学上可利用超声波的多普勒效应检查人体内脏的活动情况、血液的流速等. 电磁波(光波)与声波(超声波)的多普勒效应原理是一致的. 本实验既可研究超声波的多普勒效应，又可利用多普勒效应将超声探头作为运动传感器，研究物体的运动状态.

二、实验目的

1. 测量超声波接收器的运动速度与接收频率之间的关系，验证多普勒效应，并由 $f-v$ 关系直线的斜率求声速.

2. 利用多普勒效应测量物体运动过程中多个时间点的速度，观察 $v-t$ 关系曲线，或调阅有关测量数据，即可得出物体在运动过程中的速度变化情况，可研究：

(1) 自由落体运动，并由 $v-t$ 关系直线的斜率求重力加速度.

(2) 简谐振动，可测量简谐振动的周期等参量，并与理论值比较.

(3) 匀加速直线运动，测量力、质量与加速度之间的关系，验证牛顿第二定律.

(4) 其他变速直线运动.

三、实验原理

1. 超声波的多普勒效应

根据声波的多普勒效应公式，当声源与接收器之间有相对运动时，接收器接收到的声波频率 f 为

$$f=f_0\frac{u+v_1\cos\ \alpha_1}{u-v_2\cos\ \alpha_2} \tag{2-5-1}$$

式中 f_0 为声源发射频率，u 为声速，v_1 为接收器运动速率，α_1 为声源和接收器的连线与接收器运动方向之间的夹角，v_2 为声源运动速率，α_2 为声源和接收器的连线与声源运动方向之间的夹角（如图 2-5-1 所示）.

图 2-5-1 超声波的多普勒效应示意图

若声源保持不动，运动物体上的接收器沿声源和接收器的连线方向以速度 v 运动，则从式(2-5-1)可得接收器接收到的声波频率应为

$$f=f_0\left(1+\frac{v}{u}\right) \tag{2-5-2}$$

当接收器向着声源运动时，v 取正，反之取负.

若声源发射频率 f_0 保持不变，用光电门测量物体的运动速度，并用仪器对接收器接收到的声波频率自动计数. 根据式(2-5-2)，作 $f-v$ 关系图可直观验证多普勒效应，且由实验点作直线，其斜率应为 $k=f_0/u$，由此可计算出声速 $u=f_0/k$. 由式(2-5-2)可解出

$$v=u\left(\frac{f}{f_0}-1\right) \tag{2-5-3}$$

若已知声速 u 及声源频率 f_0，通过设置可以使仪器以某种时间间隔对接收器接收到的声波频率 f 采样计数，由微处理器按式(2-5-3)计算接收器的运动速度，由显示屏显示 $v-t$ 关系图，或调阅有关测量数据，即可得出物体在运动过程中的速度变化情况，进而对物体运动状态及规律进行研究.

2. 超声波的红外调制与接收

在早期实验中，接收器接收的超声波信号由导线接入实验仪器后再进行处理. 由于超声波接收器安装在运动物体上，导线的存在对物体的运动状态有一定的影响，导线的折断也给实验带来麻烦. 为避免此类问题，新实验仪器对接收到的超声波信号采用了无线的红外波调制-发射-接收方式，即用超声波接收器信号对红外波进行调制后再发射，固定在运动导轨一端的红外波接收端接收到红外信号后，再将超声波信号解调出来. 由于红外波发射/接收的过程中信号的传输速度是光速，远远大于声速，它引起的多普勒效应可忽略不计. 采用此技术将实验中运动部分的导线去掉，使得测量更准确，操作更方便. 信号的调制-发射-接收-解调，在信号的无线传输过程中是一种常用的技术.

四、实验仪器

多普勒效应综合实验仪由实验仪、超声波发射/接收器、红外波发射/接收器、导轨、运动小车、支架、光电门、电磁铁、弹簧、滑轮、砝码及电机控制器等组成. 实验仪内置微处理器，带有液晶显示屏，图 2-5-2 为实验仪的面板图. 实验仪采用菜单式操作，显示屏显示菜单及操作提示，由▲▼◀▶键选择菜单或修改参数，按确认键后仪器执行操作. 可在查询页面，查询到实验时已保存的实验数据. 操作者只需按实验的提示即可完成操作.

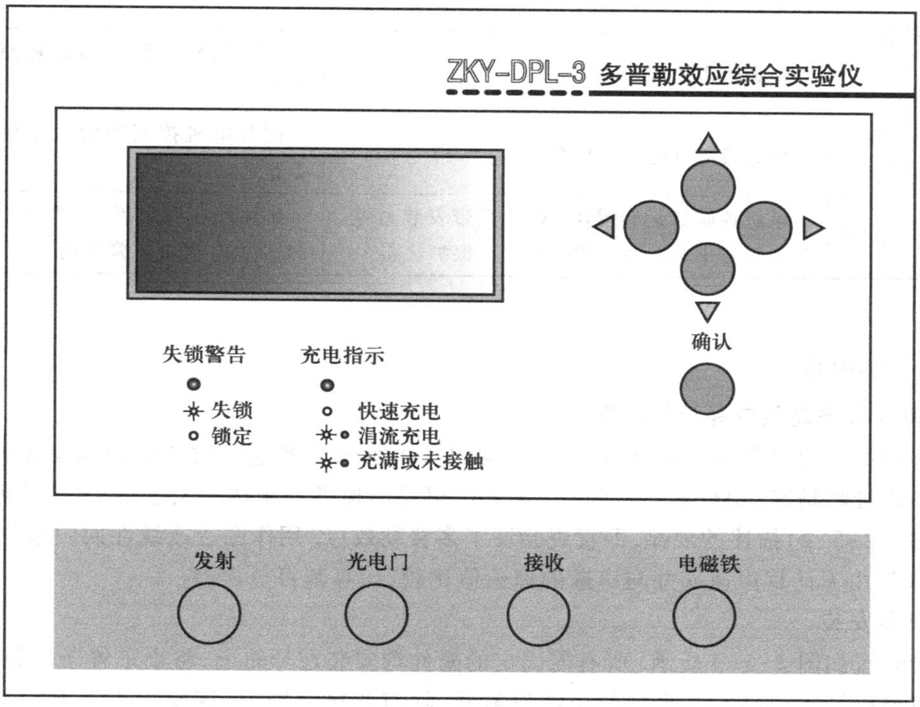

图 2-5-2　多普勒效应综合实验仪面板图

1. 仪器面板上两个指示灯状态的介绍

(1) 失锁警告指示灯

a. 亮，表示频率失锁，即接收的信号较弱(原因：超声波接收器电量不足)，此时不能进行实验，须对超声波接收器充电，让该指示灯灭；

b. 灭，表示频率锁定，即接收的信号能够满足实验要求，可以进行实验.

(2) 充电指示灯

a. 灭，表示正在快速充电；

b. 亮(绿色)，表示正在涓流充电；

c. 亮(黄色)，表示已经充满；

d. 亮(红色)，表示已经充满或充电针未接触.

2. 电机控制器功能的介绍

(1) 电机控制器可手动控制小车变换 5 种速度；

(2) 手动控制小车启动,并自动控制小车倒回;

(3) 5 只 LED 灯既可指示当前的设定速度,又可反映当前电机控制器与小车之间出现的故障,见表 2-5-1.

表 2-5-1 故障现象、原因及处理方法

故障现象	故障原因	处理方法
小车未能启动	小车尾部磁钢未处于电机控制器前端磁感应范围内	将小车移至电机控制器前端
	传送带未绷紧	调节电机控制器的位置使传送带绷紧
小车倒回后撞击电机控制器	传送带与滑轮之间有滑动	调节电机控制器的位置使传送带绷紧
5 只 LED 灯闪烁	电机控制器运转受阻(如传送带安装过紧、外力阻碍小车运动),控制器进入保护状态	排除外在受阻因素,滑动小车到控制器位置,恢复正常使用

五、实验内容

A. 验证多普勒效应并计算声速

小车以不同的速度通过光电门,仪器自动记录小车通过光电门时的平均运动速度及与之对应的平均接收频率. 由仪器显示的 $f-v$ 关系图可看出速度与频率的关系,若测量数据点成直线,符合式(2-5-2)描述的规律,即直观验证了多普勒效应. 用作图法或线性回归法计算 $f-v$ 直线的斜率 k,由 k 计算声速 u 并与声速的理论值比较,计算其百分误差.

1. 仪器安装

实验装置如图 2-5-3 所示. 所有需固定的附件均安装在导轨上,将小车置于导轨上,使其能沿导轨自由滑动. 此时,水平的超声波发射器、超声波接收器(已固定在小车上)、红外波接收器在同一轴线上. 将组件电缆接入实验仪器的对应接口. 安装完毕后,电磁铁组件放在轨道旁边,通过导线给小车上的传感器充电,第一次充电时间为 6~8 s,充满后(仪器面板充电指示

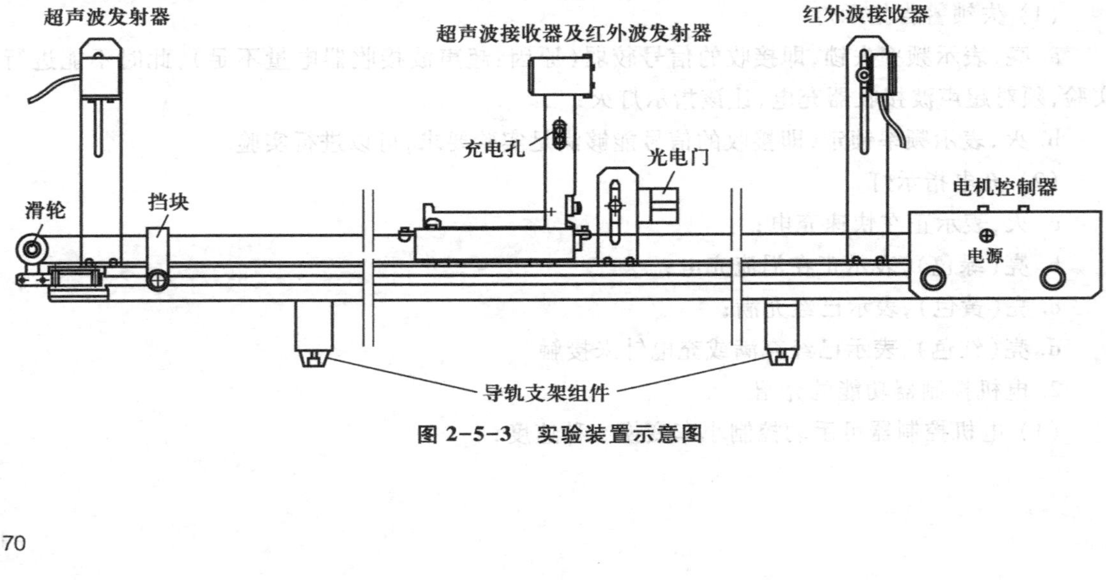

图 2-5-3 实验装置示意图

灯变黄色或红色）可以持续使用 4~5 min. 充电完成后将导线从小车上取下，以免影响小车的运动.

注意事项：

（1）安装时要尽量保证红外波接收器、小车上的红外波发射器和超声波接收器、超声波发射器在同一轴线上，以保证信号传输良好.

（2）安装时不可挤压连接电缆，以免折断导线.

（3）安装时请确认橡胶圈是否套在主动轮上.

（4）小车不使用时应倒立放置，避免小车滚轮沾上污物，影响实验.

2. 测量准备

（1）实验前须在多个速度下测试传送带的松紧度是否合适，具体依据可参见下文或表 2-5-1. 若存在过松或过紧的情况，那么需要根据测试结果调节传送带的松紧度.

当传送带过松时，小车前进距离很不正常，因为带动传送带的主动轮与传送带之间打滑，小车自动返回后与控制器存在碰撞，有时甚至会出现较为剧烈的碰撞；当传送带过紧时，小车前进速度较慢，小车前进最大距离较近，小车后退时，运动吃力，容易使控制器进入保护状态（5 个发光二极管闪烁，电机停止转动），此时滑动小车到控制器位置，恢复正常使用. 对于松紧度合适的系统，小车退回后，车体后端磁钢距离控制器表面应为 1~15 mm.

（2）实验仪开机后，首先要输入室温. 因为计算物体运动速度时要代入声速，而声速是温度的函数. 利用◀ ▶键将室温 T_c 值调到实际值，按确认键. 然后实验仪器将自动检测调谐频率 f_0，几秒钟后将自动得到调谐频率，将此频率 f_0 记录下来，按确认键进行后面的实验.

3. 测量步骤

（1）在液晶显示屏上，选中多普勒效应验证实验，并按确认键.

（2）利用◀ ▶键修改测试总次数（选择范围 5~10，因为有 5 种可变速度，一般选 5 次），按▼键，选中开始测试，但不要按确认键.

（3）用电机控制器上的变速按钮选定一个速度. 准备好后，按确认键，再按电机控制器上的启动键，测试开始进行，仪器自动记录小车通过光电门时的平均运动速度及与之对应的平均接收频率.

（4）每一次测试完毕，都有存入或重测的提示，可根据实际情况选择，确认后回到测试状态，并显示测试总次数及已完成的测试次数.

（5）按电机控制器上的变速按钮，重新选择速度，重复步骤（3）、（4）.

（6）完成设定的测量次数后，仪器自动存储数据，并显示 $f-v$ 关系图及测量数据.

注意事项：

小车速度不可太快，以防小车脱轨跌落损坏. 若出现故障，请参见表 2-5-1“故障现象、原因及处理方法”.

4. 数据记录与处理

由 $f-v$ 关系图可看出，若测量数据点成直线，符合式（2-5-2）描述的规律，即直观验证了多普勒效应. 用作图法或线性回归法计算 $f-v$ 关系直线的斜率 k. 线性回归法计算 k 值的公式如下（其中测试次数 $i=5$）

$$k=\frac{\overline{v_i}\times\overline{f_i}-\overline{v_i\times f_i}}{\overline{v_i}^2-\overline{v_i^2}} \tag{2-5-4}$$

由 k 计算声速 $u=f_0/k$，并与声速的理论值比较，声速理论值由 $u_0=331(1+T_c/273)^{1/2}\mathrm{m\cdot s^{-1}}$ 计算，T_c 表示室温（单位为℃）. 测量数据的记录是仪器自动进行的. 在测量完成后，只需在出现的显示界面上，用▼键翻阅数据并记入表 2-5-2 中，然后按照式(2-5-4)计算出相关结果并填入表格.

表 2-5-2 多普勒效应的验证与声速的测量

$T_c=$ ______ ℃， $f_0=$ ______ Hz

测量数据						直线斜率 k	声速测量值 $u(=f_0/k)/(\mathrm{m\cdot s^{-1}})$	声速理论值 $u_0/(\mathrm{m\cdot s^{-1}})$	百分误差 $(u-u_0)/u_0$
次数 i	1	2	3	4	5				
$v_i/(\mathrm{m\cdot s^{-1}})$									
f_i/Hz									

B. **研究自由落体运动，求自由落体加速度**

带有超声波接收器的接收器组件自由下落，利用多普勒效应测量物体运动过程中多个时间点的速度，查看 $v-t$ 关系曲线，并调阅有关测量数据，即可得出物体在运动过程中的速度变化情况，进而计算自由落体加速度.

1. 仪器安装与测量准备

仪器安装如图 2-5-4 所示. 为保证超声波发射器与接收器在一条垂线上，可用细绳拴住接收器组件，检查电磁铁下垂时是否正对发射器. 若未对齐，可用底座螺钉加以调节. 仪器充电时，让电磁阀吸住自由落体接收器组件，并让该接收器组件上的充电部分和电磁阀上的九爪测试针（即充电针）接触良好. 仪器充满电后，使接收器组件脱离充电针，下移吸附在电磁铁上.

2. 测量步骤

(1) 在液晶显示屏上，用▼键选中变速运动测量实验，并按确认键.

(2) 利用▶键修改测量点总数，选择范围 8~150，用▼键选择采样步距，用◀ ▶键修改采样步距，选择范围 10~100 ms，选中开始测试.

(3) 检查是否失锁，锁定后按确认按钮，电磁铁断电，接收器组件自由下落. 测量完成后，显示屏上显示 $v-t$ 图，用▶键选择数据，阅读并记录测量结果.

(4) 在结果显示界面中用▶键选择返回，确认后重新回到测量设置界面. 可按以上程序进行新的测量.

3. 数据记录与处理

将数据记入表 2-5-3 中，由测量数据求得 $v-t$ 直线的斜率，即重

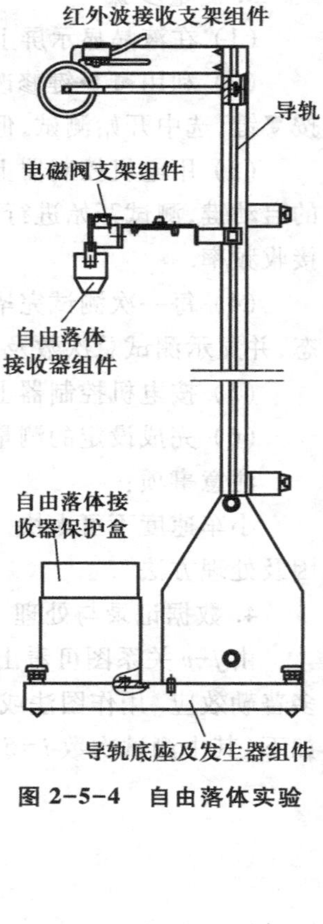

图 2-5-4 自由落体实验

力加速度 g. 为减小偶然误差,可做多次测量,将测量的平均值作为测量值,并将测量值与理论值比较,求百分误差. 考虑到断电瞬间,电磁铁可能存在剩磁,第 1 次采样数据的可靠性较低,故从第 2 个采样点开始记录数据.

表 2-5-3 自由落体运动的测量

采样序号 i	2	3	4	5	6	7	8	9	g/ $(m\cdot s^{-2})$	平均值 $\bar{g}$/ $(m\cdot s^{-2})$	理论值 g_0/ $(m\cdot s^{-2})$	百分误差 $(\bar{g}-g_0)/g_0$
t_i/s	0.05	0.10	0.15	0.20	0.25	0.30	0.35	0.40				
$v_i/(m\cdot s^{-1})$												
$v_i/(m\cdot s^{-1})$												
$v_i/(m\cdot s^{-1})$											9.8	
$v_i/(m\cdot s^{-1})$												

注:表中 $t_i=0.05(i-1)$,t_i为第 i 次采样与第 1 次采样的时间间隔,0.05 表示采样步距为 50 ms. 如果选择的采样步距为 20 ms,则 t_i应表示为 $t_i=0.02(i-1)$. 依次类推,根据实际设置的采样步距而定采样时间.

注意事项:

(1) 须将自由落体接收器保护盒套于发射器上,避免发射器在非正常操作时受到冲击而损坏.

(2) 安装时切不可挤压电磁阀上的电缆.

(3) 接收器组件下落时,若其运动方向不是严格地沿声源与接收器的连线方向,则 α(为声源与接收器的连线与接收器运动方向之间的夹角,图 2-5-5 是其示意图)在运动过程中逐渐增加,此时公式(2-5-2)不再严格成立,由式(2-5-3)计算的速度误差也随之增加. 故在数据处理时,可根据实际情况对最后 2 个采样点进行取舍.

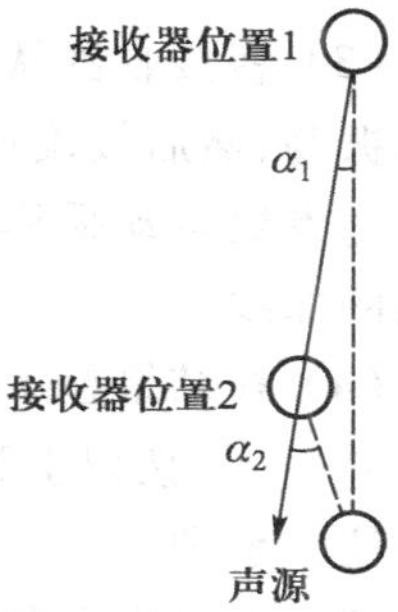

图 2-5-5 运动过程中 α 角度变化示意图

C. **研究简谐振动**

当质量为 m 的物体受到大小与位移成正比,而方向指向平衡位置的力的作用时,若以物体的运动方向为 x 轴,其运动方程为

$$m\frac{d^2x}{dt^2}=-kx \tag{2-5-5}$$

上式描述的运动称为简谐振动,当初始条件为 $t=0$ 时,$x=-A_0$,$v=\frac{dx}{dt}=0$,则方程(2-5-5)的解为

$$x=-A_0\cos\ \omega_0 t \tag{2-5-6}$$

将式(2-5-6)对时间求导,可得速度方程

$$v=\omega_0 A_0\sin\ \omega_0 t \tag{2-5-7}$$

由式(2-5-6)、式(2-5-7)可知物体做简谐振动时,位移和速度都随时间做周期变化,式中 $\omega_0=(k/m)^{1/2}$,为振动系统的固有角频率.

若忽略空气阻力,根据胡克定律,作用力与位移成正比,悬挂在弹簧上的物体应做简谐振动,而式(2-5-5)中的 k 为弹簧的弹性系数.

1. 仪器安装与测量准备

仪器的安装如图 2-5-6 所示. 将弹簧悬挂于电磁铁上方的挂钩孔中,接收器组件的尾翼悬挂在弹簧上. 接收器组件悬挂在弹簧上之后,测量弹簧长度. 加挂质量为 m 的砝码,测量加挂砝码后弹簧的伸长量 Δx,记入表 2-5-4 中,然后取下砝码. 由 m 及 Δx 可计算 k. 用天平称量垂直运动超声波接收器组件的质量 m_0,由 k 和 m_0 可计算 ω_0,并与角频率的测量值 ω 比较.

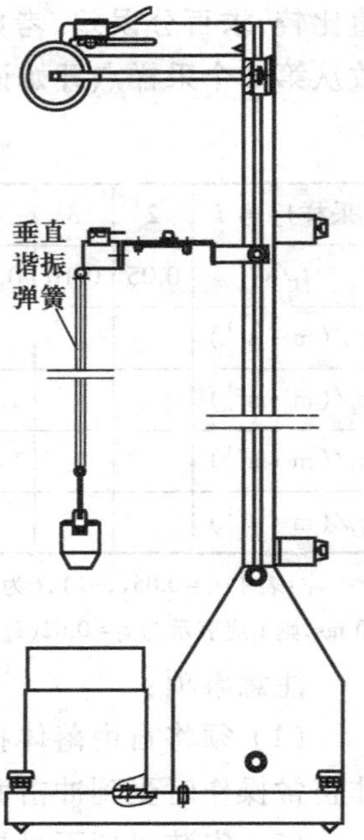

图 2-5-6 简谐振动实验

2. 测量步骤

(1) 在液晶显示屏上,用▼键选中变速运动测量实验,并按确认键.

(2) 利用▶键修改测量点总数为 150(选择范围 8~150),用▼键选择采样步距,并修改为 100 ms(选择范围 50~100 ms),选中开始测试.

(3) 将接收器从平衡位置垂直向下拉约 20 cm,松手让接收器自由振荡,然后按确认键,接收器组件开始做简谐振动. 实验仪器按设置的参数自动采样,测量完成后,显示屏上出现速度随时间变化关系的曲线.

(4) 在结果显示界面中用▶键选择返回,确认后重新回到测量设置界面. 可按以上程序进行新的测量.

注意事项:

接收器自由振荡开始后,再按确认键.

3. 数据记录与处理

查阅数据,记录第 1 次速度达到最大时的采样次数 $N_{1\max}$ 和第 11 次速度达到最大(注:速度方向一致)时的采样次数 $N_{11\max}$,可计算实际测量的运动周期 T 及角频率 ω,并可计算 ω_0 与 ω 的百分误差.

表 2-5-4 简谐振动的测量

m_0 = ____ kg, m = ____ kg

Δx/m	$k(=mg/\Delta x)$/(kg·s^{-2})	$\omega_0[=(k/m_0)^{1/2}]$/s^{-1}	$N_{1\max}$	$N_{11\max}$	$T[=0.01(N_{11\max}-N_{1\max})]$/s	$\omega(=2\pi/T)$/s^{-1}	百分误差 $(\omega-\omega_0)/\omega_0$

D. 研究匀变速直线运动,验证牛顿第二定律

质量为 m_0 的接收器组件与质量为 m 的砝码组件(包括砝码托及砝码)悬挂于滑轮的两端($m_0>m$). 系统的受力情况为:接收器组件的重力 gm_0,方向向下;砝码组件通过细绳和滑轮施加给接收器组件的力 gm,方向向上;摩擦阻力,大小与接收器组件对细绳的张力成正比,可表示为 $C(g-a)m_0$,a 为加速度,C 为摩擦因数,摩擦力方向与运动方向相反. 系统所受合外力为 $gm_0-gm-C(g-a)m_0$. 运动系统的总质量为 m_0+m+J/R^2,J 为滑轮的转动惯量,R 为滑轮绕线槽半径，J/R^2相当于将滑轮的转动等效于线性运动时的等效质量.

根据牛顿第二定律，可列出运动方程：

$$gm_0-gm-C(g-a)m_0=a(m_0+m+J/R^2) \tag{2-5-8}$$

实验时改变砝码组件的质量 m，即改变了系统所受的合外力和质量. 对不同的组合测量其运动情况，采样结束后会显示 $v-t$ 曲线，将显示的采样次数及对应速度记入表 2-5-5 中. 由记录的 t、v 数据求得 $v-t$ 直线的斜率即为此次实验的加速度 a. 式(2-5-8)可以改写为

$$a=g[(1-C)m_0-m]/[(1-C)m_0+m+J/R^2] \tag{2-5-9}$$

以表 2-5-5 得出的加速度 a 为纵轴，$[(1-C)m_0-m]/[(1-C)m_0+m+J/R^2]$为横轴作图，若图线为线性关系，符合式(2-5-9)描述的规律，即验证了牛顿第二定律，且直线的斜率应为重力加速度.

在该实验系统中，摩擦因数 $C=0.07$，滑轮的等效质量 $J/R^2=0.014$ kg.

1. 仪器安装

(1) 仪器安装方式如图 2-5-7 所示，让电磁阀吸住接收器组件，测量准备同实验 B.

(2) 用天平称量接收器组件的质量 m_0，每次取不同质量的砝码放于砝码托上，记录每次实验对应的砝码托及砝码质量 m.

注意事项：

安装滑轮时，滑轮支杆不能遮住红外波接收器和自由落体组件之间的信号传输. 其余注意事项同实验 B.

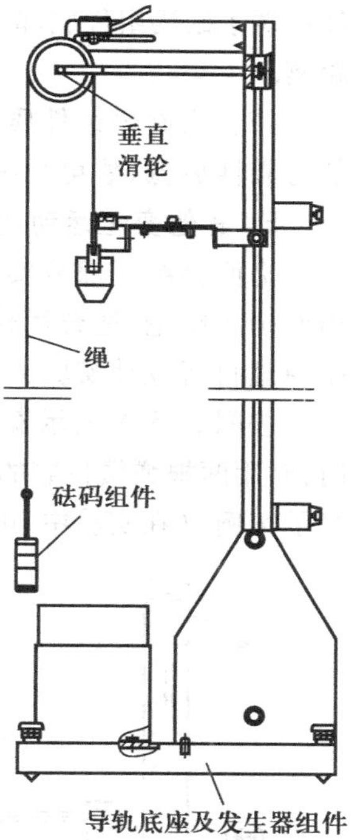

图 2-5-7　验证牛顿第二定律实验

2. 测量步骤

(1) 在液晶显示屏上，用▼键选中变速运动测量实验，并按确认键.

(2) 利用▶键修改测量点总数，选择范围 8~150，推荐总数 15，用▼键选择采样步距，并修改为 100 ms(选择范围 50~100 ms)，选中开始测试.

(3) 按确认键后，电磁铁断电，接收器组件拉动砝码做垂直方向的运动. 测量完成后，显示屏上出现测量结果.

(4) 在结果显示界面用▶键选择返回，确认后重新回到测量设置界面. 改变砝码质量，按以上程序进行新的测量.

3. 数据记录与处理

采样结束后显示 $v-t$ 直线，用▶键选择数据，将显示的采样次数及相应速度记入表 2-5-5 中，t_i 为采样次数与采样步距的乘积. 由记录的 t、v 数据求得 $v-t$ 直线的斜率，就是此次实验的加速度 a.

表 2-5-5　匀变速直线运动的测量

$m_0=$____ kg，　$C=0.07$，　$J/R^2=0.014$ kg

采样序号 i	2	3	4	5	6	7	8	9	10	11	12	13	14	加速度 a/	m/kg	$[(1-C)m_0-m]$/
t_i/s	0.1	0.2	0.3	0.4	0.5	0.6	0.7	0.8	0.9	1.0	1.1	1.2	1.3	$(m\cdot s^{-2})$		$[(1-C)m_0+m+J/R^2]$
$v_i/(m\cdot s^{-1})$																
$v_i/(m\cdot s^{-1})$																

续表

采样序号 i	2	3	4	5	6	7	8	9	10	11	12	13	14	加速度 a/($m \cdot s^{-2}$)	m/kg	$[(1-C)m_0-m]/[(1-C)m_0+m+J/R^2]$
t_i/s	0.1	0.2	0.3	0.4	0.5	0.6	0.7	0.8	0.9	1.0	1.1	1.2	1.3			
v_i/($m \cdot s^{-1}$)																
v_i/($m \cdot s^{-1}$)																

注：表中 $t_i=0.1(i-1)$，t_i为第 i 次采样与第 1 次采样的时间间隔，0.1 表示采样步距为 100 ms.

注意事项：

(1) 当砝码组件质量较小时，加速度较大，可能几次采样后接收器组件已落到底，此时可将后几次的速度值舍去.

(2) 砝码组件质量较小时，加速度较大，由于惯性，砝码组件将高过并碰撞滑轮，此时，可系绳一端于砝码组件底部，另一端系于底座调平螺钉上，绳长略小于滑轮与底座调平螺钉之间的距离.

(3) 当砝码组件质量较大时，加速度较小，短时间内环境影响较大，这导致前期采样数据的可靠性偏低，故可从中间某适当值开始记录，且不同的砝码组件下均连续记录 8 个数据点.

E. 其他变速运动的测量

上面介绍了部分实验内容的测量方法和步骤，这些内容的测量结果可与理论比较，便于得出明确的结论，适合用作基础实验，也便于使用者对仪器的使用及性能有所了解. 若让学生根据原理自行设计实验方案，也可用作综合实验.

按图 2-5-8 所示安装水平谐振运动装置. 图 2-5-9 表示了采样数为 60，采样间隔为 80 ms 时，对用两根弹簧拉着的小车（小车及支架上留有弹簧挂钩孔）所做水平阻尼振动的一次测量及显示实例.（在实验中，可以将小车上的传感器和电磁阀用充电电缆连接，保证实验连续.）

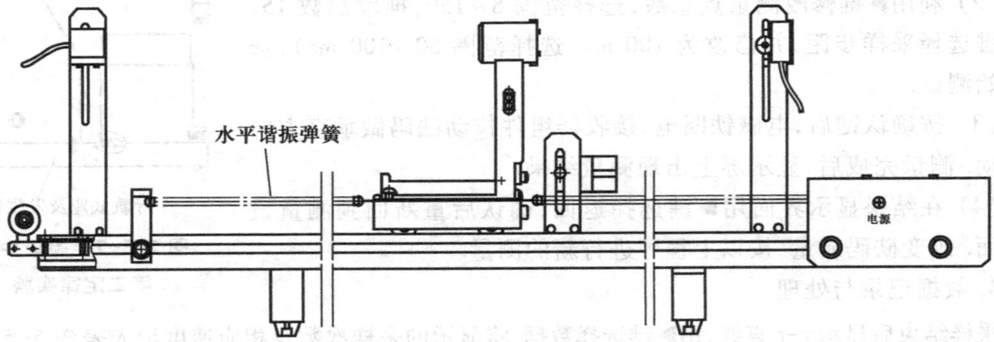

图 2-5-8　变速运动实验

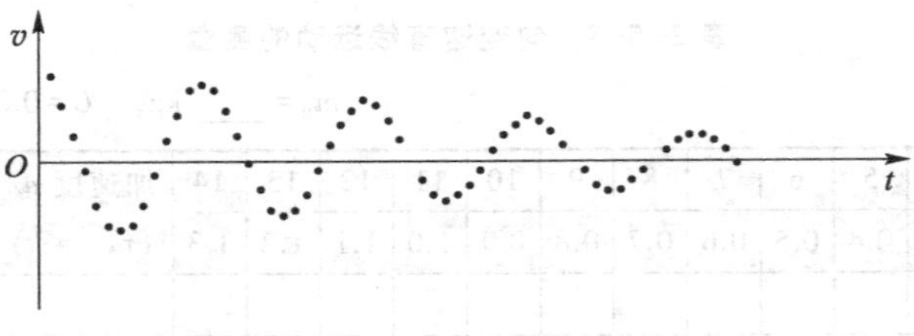

图 2-5-9　测量阻尼振动

与传统实验中用光电门测量物体的运动速度相比，用多普勒效应综合实验仪测量物体的运动具有更多的设置灵活性，测量快捷，既可根据显示的 $v-t$ 图一目了然地定性了解所研究的运动的特征，又可查阅测量数据做进一步的定量分析. 多普勒效应综合实验仪的部分组件如图 2-5-10 所示. 它特别适合用于综合实验，让学生自主地对一些复杂的运动进行研究，对理论上难以定量的因素进行分析，并得出自己的结论（如研究摩擦力与运动速度的关系或与摩擦介质的关系）.

图 2-5-10　多普勒效应综合实验仪部分组件的实物示意图

实验六　复摆特性的研究

一、实验目的

1. 掌握复摆的物理模型.

2. 掌握用复摆测量重力加速度的方法.

二、实验原理

复摆是一刚体绕固定的水平轴在重力的作用下做微小摆动的动力运动体系. 如图 2-6-1 所示,刚体绕固定轴 O 在竖直平面内做左右摆动,G 是该物体的质心,与轴 O 的距离为 h_1,θ 为其摆动角度. 若规定右转角为正,此时刚体所受力矩与角位移方向相反,即有

$$M=-mgh_1\sin\theta \tag{2-6-1}$$

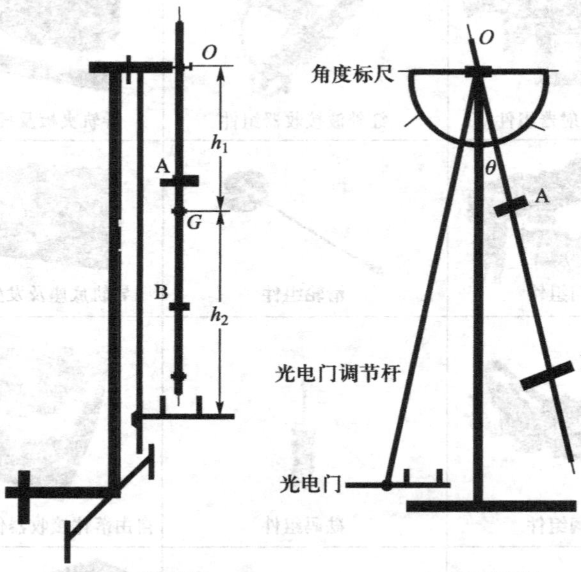

图 2-6-1　复摆结构示意图

据转动定律,该复摆又有

$$M=I\ddot{\theta} \tag{2-6-2}$$

其中 I 为该物体的转动惯量. 由式(2-6-1)和式(2-6-2)可得

$$\ddot{\theta}=-\omega^2\sin\theta \tag{2-6-3}$$

其中 $\omega^2=\dfrac{mgh_1}{I}$. 若 θ 很小(θ 在 5°以内),近似有

$$\ddot{\theta}=-\omega^2\theta \tag{2-6-4}$$

此方程说明该复摆在小角度下做简谐振动,振动周期为

$$T=2\pi\sqrt{\frac{I}{mgh_1}} \tag{2-6-5}$$

设 I_G 为转轴过质心且与 O 轴平行的转动惯量,那么根据平行轴定理可知

$$I=I_G+mh_1^2 \tag{2-6-6}$$

代入上式得

$$T=2\pi\sqrt{\frac{I_G+mh_1^2}{mgh_1}} \tag{2-6-7}$$

根据式(2-6-7),可测量重力加速度 g,其实验方案有多种,选择其中的三种加以介绍.

1. 实验方案一

对于固定的刚体而言,I_G 是固定的,因而实验时,可改变质心到转轴的距离为 h_1、h_2,则刚体周期分别为

$$T_1=2\pi\sqrt{\frac{I_G+mh_1^2}{mgh_1}} \tag{2-6-8}$$

$$T_2=2\pi\sqrt{\frac{I_G+mh_2^2}{mgh_2}} \tag{2-6-9}$$

为了使计算公式简化,取 $h_2=2h_1$,合并式(2-6-8)和式(2-6-9)得

$$g=\frac{12\pi^2h_1}{(2T_2^2-T_1^2)} \tag{2-6-10}$$

为了确定质心位置 G,实验时可取下摆锤 A 和 B. 自己设计实验测量方案和数据处理方案.

2. 实验方案二

设式(2-6-6)中的 $I_G=mk^2$,代入式(2-6-7),得

$$T=2\pi\sqrt{\frac{mk^2+mh^2}{mgh}}=2\pi\sqrt{\frac{k^2+h^2}{gh}} \tag{2-6-11}$$

式中 k 为复摆对转轴的回转半径,h 为质心到转轴的距离. 对式(2-6-11)取平方,并改写成

$$T^2h=\frac{4\pi^2}{g}k^2+\frac{4\pi^2}{g}h^2 \tag{2-6-12}$$

设 $y=T^2h$,$x=h^2$,则式(2-6-12)改写成

$$y=\frac{4\pi^2}{g}k^2+\frac{4\pi^2}{g}x \tag{2-6-13}$$

式(2-6-13)为直线方程,实验时取下摆锤 A 和 B,测出 n 组(x,y)值,用作图法或最小二乘法求直线的截距 A 和斜率 B,由于 $A=\frac{4\pi^2}{g}k^2$, $B=\frac{4\pi^2}{g}$,则有

$$g=\frac{4\pi^2}{B},\quad k=\sqrt{\frac{Ag}{4\pi^2}}=\sqrt{\frac{A}{B}} \tag{2-6-14}$$

由式(2-6-14)可求得重力加速度 g 和回转半径 k.

3. 实验方案三

在摆杆上加上摆锤 A 和 B,使之摆动,如摆角较小,其周期 T_1 将等于

$$T_1=2\pi\sqrt{\frac{I_1}{m_{总}\ gh_1}} \tag{2-6-15}$$

式中 I_1 是复摆以 O_1 为轴转动时的转动惯量，$m_{总}$ 为摆的总质量，g 为当地的重力加速度，h_1 为支点 O_1 到摆的质心 G 的距离. 当可逆摆以 O_2 为支点摆动时，其周期 T_2 将等于

$$T_2=2\pi\sqrt{\frac{I_2}{m_{总}\ gh_2}} \tag{2-6-16}$$

式中 I_2 是复摆以 O_2 为轴时的转动惯量，h_2 为支点 O_2 到质心 G 的距离.

设 I_G 为复摆对通过质心的水平轴的转动惯量，根据平行轴定理

$$I_1=I_G+m_{总}\ h_1^2,\quad I_2=I_G+m_{总}\ h_2^2$$

则式(2-6-15)和式(2-6-16)可改写成

$$T_1=2\pi\sqrt{\frac{I_G+m_{总}\ h_1^2}{m_{总}\ gh_1}} \tag{2-6-17}$$

$$T_2=2\pi\sqrt{\frac{I_G+m_{总}\ h_2^2}{m_{总}\ gh_2}} \tag{2-6-18}$$

从上述二式中消去 I_G 和 $m_{总}$，可得

$$g=\frac{4\pi^2(h_1^2-h_2^2)}{T_1^2h_1-T_2^2h_2} \tag{2-6-19}$$

在适当调节摆锤 A、B 的位置之后，可使 $T_1=T_2$，设此时的周期值为 T，则

$$g=\frac{4\pi^2}{T^2}(h_1+h_2) \tag{2-6-20}$$

上式中的 h_1+h_2，即 O_1、O_2 间的距离，设为 l，则

$$g=\frac{4\pi^2}{T^2}l \tag{2-6-21}$$

由式(2-6-21)知，测出复摆正挂与倒挂时相等的周期值 T 和 l，就可算出当地的重力加速度. 式(2-6-21)中的 l 为两个转轴的距离，能测得很精确，这提高了测量 g 值的准确性.

为了寻找 $T_1=T_2$ 的周期值，就要研究 T_1 和 T_2 在移动摆锤时的变化规律. 设在 O_1、O_2 间的摆锤 A 的质量为 m_A，O_1 到 A 的距离为 x 并取 $\overrightarrow{O_1O_2}$ 为正方向，如图 2-6-2 所示. 除去摆锤 A 之外摆的质量为 m_0，其对 O_1 的转动惯量为 I_0，质心在 C 点，令 $O_1C=hc_1$. 由于摆锤 A 较小，式(2-6-17)可近似写为

$$T=2\pi\sqrt{\frac{I_0+m_Ax^2}{(m_0hc_1+m_Ax)g}} \tag{2-6-22}$$

由此式可知，此摆在以 O_1 为轴时的等值摆长 l_1 等于

$$l_1=\frac{I_0+m_Ax^2}{m_0hc_1+m_Ax} \tag{2-6-23}$$

经分析可知，在一定条件下 $\frac{dl_1}{dx}=0$，并且 $\frac{d^2l_1}{dx^2}>0$，即在改变锤 A 位置时，等值摆长 l_1 有一极

小值，亦即周期 T_1 有一极小值，并且和此极小值对应的 x 小于 l. 这说明当锤 A 从 O_1 移向 O_2 时，T_1 的变化如图 2-6-3 所示，当 x 开始增加时，T_1 先是减小，在 T_1 达到极小值之后又增加. T_2 的变化规律和 T_1 的相似，但是变化较明显.

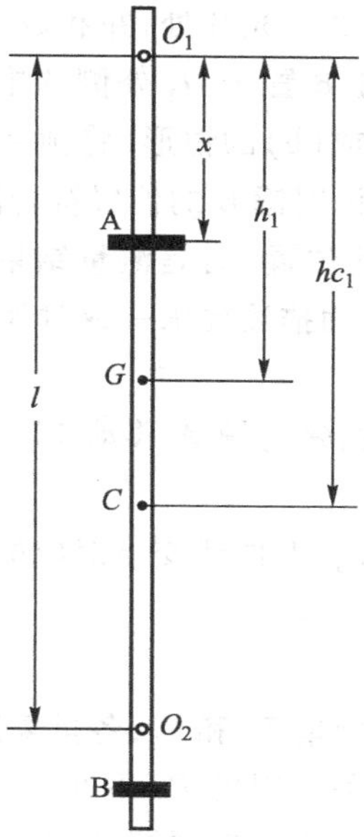

图 2-6-2

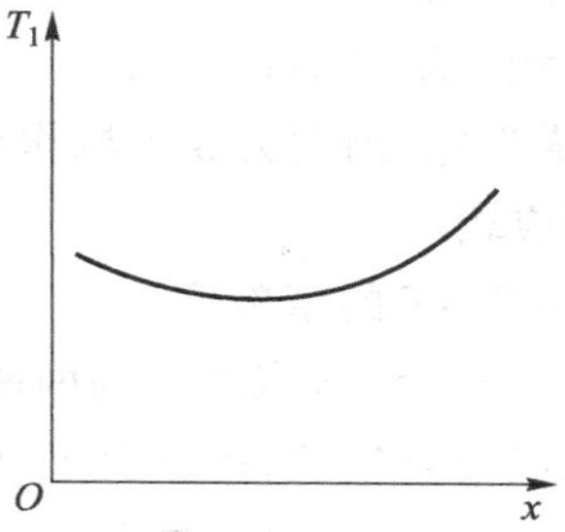

图 2-6-3

本实验为了利用式(2-6-21)计算 g 值，就必须在移动锤 A 过程中，使 T_1 曲线和 T_2 曲线相交.理论分析和实际测量都表明，T_1 和 T_2 两曲线是否相交决定于锤 B 的位置(图 2-6-4)，本实验通过实际测量确定能使 T_1、T_2 曲线相交的锤 B 的位置[图 2-6-4(b)].

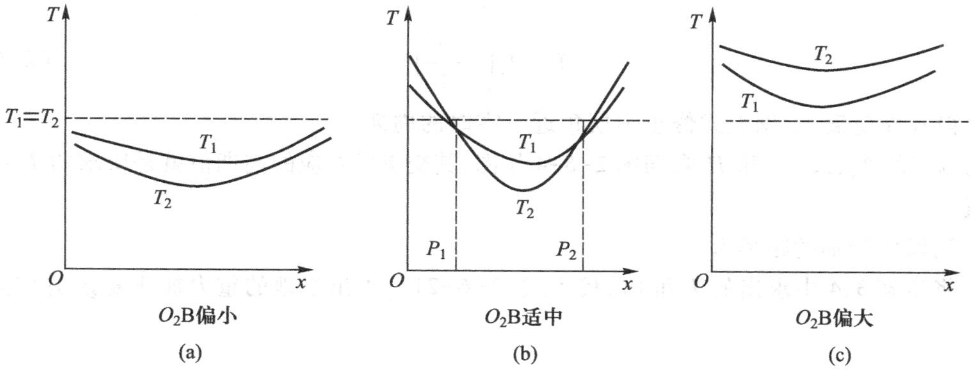

图 2-6-4

三、实验仪器

复摆装置、多功能微秒计 DHTC-1.

四、实验内容

1. 确定锤 B 的位置

在摆杆的两端分别固定一挡光片. 光电门置于摆下端的挡光片处,并和数字微秒计连接,使用能测周期的功能部分. 将锤 A 置于 O_1O_2 的中点处,锤 B 置于 O_2 外侧的中间,测量 T_1 和 T_2(只测一个摆动周期). 若 $T_1>T_2$,则复摆为图 2-6-4(a)或(b)的情形. 将锤 A 移至 O_2 附近,AO_2约为 10 cm 时(B 不动),再测量 T_1 和 T_2. 若 $T_1<T_2$,就说明锤 B 的位置符合图2-6-4(b)的情形,亦即满足实验的要求,在以下的测量中锤 B 固定在此位置. 若是测量结果和上面描述的不一致,就要参照图 2-6-4(c)改变锤 B 的位置,直至和上面描述要求一致时为止.

2. 测绘 T_1、T_2 曲线

将锤 A 置于O_1A约等于 10 cm 处,测量 T_1 和 T_2. 然后,每将锤 A 移动 10 cm 便测一下 T_1 和 T_2,直至AO_2大约为 10 cm 为止.

以 O_1A 为横坐标,周期为纵坐标作图[如图 2-6-4(b)],两曲线交点对应的O_1A值为 P_1 和 P_2,对应的周期应相等.

3. 测量 $T_1=T_2=T$ 的精确值

将锤 A 置于 P_2 处(该点对应的两曲线的交角较大),测量 T_1 和 T_2,各重复测 10 次后取平均值(由于这次测得较精细,将发现 T_1 和 T_2 不相等,即以前测得的 P_2 不准). 当 $T_1<T_2$ 时,就使O_1A减少 2 mm(若是 $T_1>T_2$,就使O_1A增加 2 mm),再同上法测量周期 T_1' 和 T_2',这时应当是 $T_1'>T_2'$(若是实际测量结果仍然是 $T_1'<T_2'$,就要再移动锤 A 去测量).

在这一步测量中,要使摆尖的每次位移(振幅)相同,并测出其大小 s,如支点到摆尖的长度为 L,则摆角 $\theta=\dfrac{s}{L}$,在小摆角 θ 时测得的周期 T_θ 和摆角近于零时的周期 T_0 之间存在如下关系

$$T_0=T_\theta\left(1-\frac{\theta^2}{16}\right) \qquad (2-6-24)$$

测量所得各周期值,根据上式修正为摆角近于零时的周期.

用测得的 T_1、T_2、T_1' 和 T_2' 参照图 2-6-4 作图,其交点所对应的周期值就是所求的 $T_1=T_2=T$ 的数值.

4. 测量两转轴的距离 l.

5. 将步骤 3、4 中求出的 T 和 l 值代入式(2-6-21),求出当地的重力加速度 g,并求其标准偏差.

附录 1 复摆实验装置

复摆装置图和局部图分别如图 2-6-5 和图 2-6-6 所示,说明如下.

1. 左侧顶尖和右侧顶尖的轴线在一条线上,调节夹座以调节顶尖上下位置,调节支架柱以调节顶尖左右位置.

2. 调节右侧顶尖使摆杆座松紧适度,顶尖与摆杆座的摩擦力至最小,调好后用锁紧螺帽固定.

3. 松开锁紧螺钉(2),可旋转转动圆环即转动光电门,锁紧锁紧螺钉(2)可固定光电门.

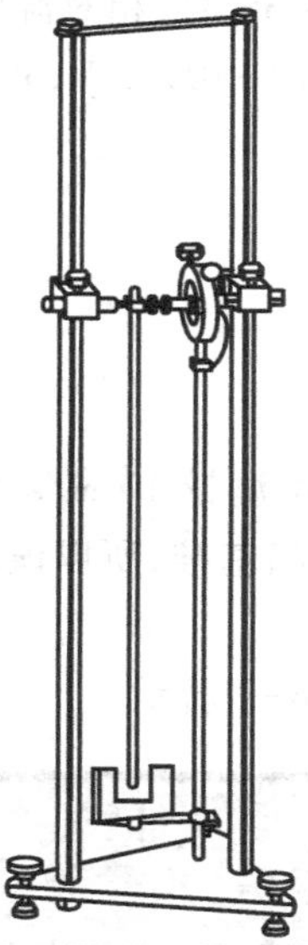

图 2-6-5　复摆装置图

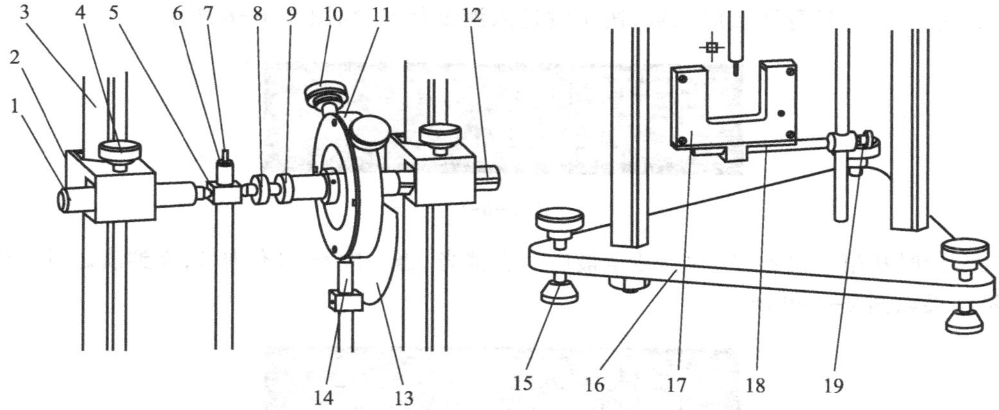

(a) 复摆上部局部图　　(b) 复摆下部局部图

1—左侧顶尖;2—夹座;3—支架柱;4—锁紧螺钉(1);5—摆杆座;6—摆杆;7—挡光针;8—右侧顶尖;9—锁紧螺帽;10—锁紧螺钉(2);11—转动圆环;12—顶尖轴;13—刻度盘;14—刻度指针;15—底座脚;16—底座;17—光电门;18—光电门安装轴;19—锁紧螺钉(3).

图 2-6-6　复摆局部图

附录 2　多功能微秒计 DHTC-1 使用说明书

1. 概述

多功能微秒计 DHTC-1 可用于单个或多个周期(最多 197 个周期)、瞬时速度等物理量的测量,采用高速光电门,可以达到很高的响应速度和计时精度,它是研究物理运动的有力工具.

2. 主要技术指标

(1) 工作环境条件:温度范围 10~35 ℃,相对湿度 25%~85%.

(2) 额定工作电源电压: AC 220(1±10%) V,50 Hz,耗电≤5 W.

(3) 光电门响应时间小于 1 μs.

(4) 挡光针直径可小至 0.5 mm.

(5) 计时分辨率 1 μs.

(6) 计时长度 9 位.

(7) 被测周期可小至 800 μs.

(8) 使用直径为 5 mm 的挡光针可测量 10 m/s 的瞬时速度.

(9) 计时误差<20ppm(来源于时间基准,所以误差具有短期稳定性).

3. 使用方法

(1) 打开电源,初始界面如图 2-6-7 所示.

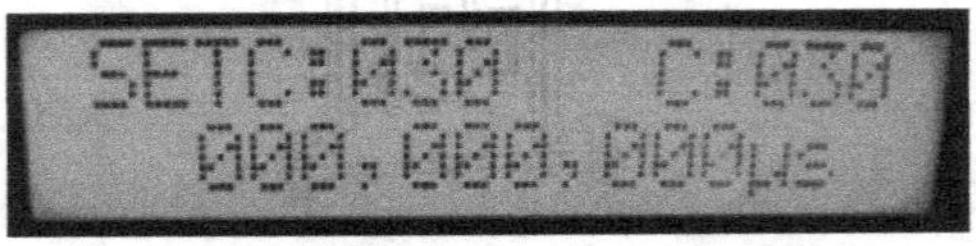

图 2-6-7

(2) 按上下键设置测量周期数,按 T 键进入测量状态,如图 2-6-8 所示.

图 2-6-8

(3) 计时从第一次挡光开始,截至最后一次挡光,挡一次光,C 值加 1,直到满足设定值,显示测量结果如图 2-6-9 所示.

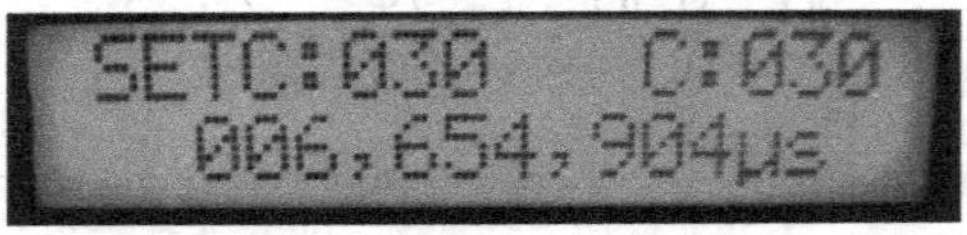

图 2-6-9

(4) 重新测量周期则重复步骤 2.

(5) 测量速度则按 PW 键进入脉冲宽度测量状态,如图 2-6-10 所示.

图 2-6-10

(6) 当挡光针经过光电门时,计时器计算出挡光针挡住光的时间,测量出挡光路径就可以计算出瞬时速度(注意:使用长度测量工具测量挡光针直径的精度有限;挡光针挡住光时光电门进入响应,不同的光电门由于器件的不完全一致性,结果也有所不同;接收光的圆形小孔的规则程度有限.以上因素都影响我们计算实际的挡光路径,但是以上因素对于每个光电门都具有短期稳定性,建议使用表面光滑的圆柱状挡光针).测量完成,测量结果显示如图 2-6-11 所示.

图 2-6-11

(7) 重新测量速度则重复步骤 5.

(8) 按上下键转到测量周期状态.

实验七　PASCO 实验

Ⅰ. 声音的研究

一、实验目的

1. 使用 Science Workshop 界面,研究乐器发出声音的音调和实验者所发出声音的音调,并通过本实验熟悉声音传感器的特性和应用.

2. 采集、分析声波,通过波形和改变声频,分析波长和频率之间的关系.

二、仪器与元件

计算机(Windows 98/2000/XP,内存 16 MB,光驱,硬盘 20 MB)、Science Workshop 750 型工作站(图 2-7-1)、乐器、声音传感器、发音管、功率放大器、扬声器、DataStudio 软件.

图 2-7-1

三、实验原理

人们平常听到的大部分声音是噪声,如物体的撞击声、掌声、交通工具发出的声音等.噪声的产生是由于一些不规则的振动而引起的耳鼓的不规则振动.乐器的声音则有不同的特征,它通过一些有规则振动的振源产生一些有或多或少周期性的音调(当然,乐器也可以制造噪声!)．乐音的图像一再重复自身的形状,它表明乐音的图像是有固定波形的曲线．当测量从声波传感器产生的电信号时,示波器就会显示这些图像．

毕达哥拉斯发现当弦的长度之比为整数时,一起演奏乐器的声音非常悦耳,他提出了频率的概念．一个频率增加的音符序列构成一个音阶,自然界存在很多不同的音阶．最简单的音阶是“自然大音阶”(例如,“do-re-mi-fa-so-la-ti-do”)．在这个音阶中,两个连续的音符的频率之比是 9∶8、10∶9 或 16∶15．例如,“re”(297 Hz)与“do”(264 Hz)的频率之比为 9∶8．大多数音乐都是用“平和音阶”写的,这种音阶有 13 个音符和 12 个音程．所有连续音符的频率之比都是相等的(1.059 46)．

Science Workshop 750 接口可以同时输出信号并监测输入信号,本实验将用它来探测接口产生的音调、乐器发出的声音和实验者本人发出的声音．通过这些实验,熟悉声音传感器的作用．

四、实验内容

1．测试乐器的声音

用声音传感器测试一个乐器发出的声音,例如口琴的声音、谐波合成器的声音或发音管的声音．Science Workshop 750 的应用程序 DataStudio 软件将监测和显示声音传感器测得的信号．通过该实验了解声音的频率和波形,了解声音传感器的作用．

2．测试人的声音

用声音传感器测试人发出的声音．Science Workshop750 的应用程序 DataStudio 软件将监测和显示声音传感器测得的信号．通过该实验了解人的声音的频率和波形,并将它与乐器的声音做比较．

A．测试乐器的声音

(一) 实验步骤

1．计算机设置

(1) 把 Science Workshop 750 型工作站的 USB 接口连接到计算机上,将声音传感器 DIN 插入工作站面板的模拟频道 A 中,打开工作站后面板上的开关．

(2) 打开计算机,点击桌面上的 DataStudio 的图标．

(3) 文件打开后有一个示波器图像显示、一个快速傅里叶变换(FFT)显示和一个信号发生器窗口．

计算机设置的具体步骤如下:

(1) 双击桌面上的 DataStudio 软件图标,出现如图 2-7-2 所示画面．

(2) 单击创建实验,单击设置,再单击请选择接口,出现如图 2-7-3 所示画面．

(3) 选择 750 接口,确定后,出现如图 2-7-4 所示画面．

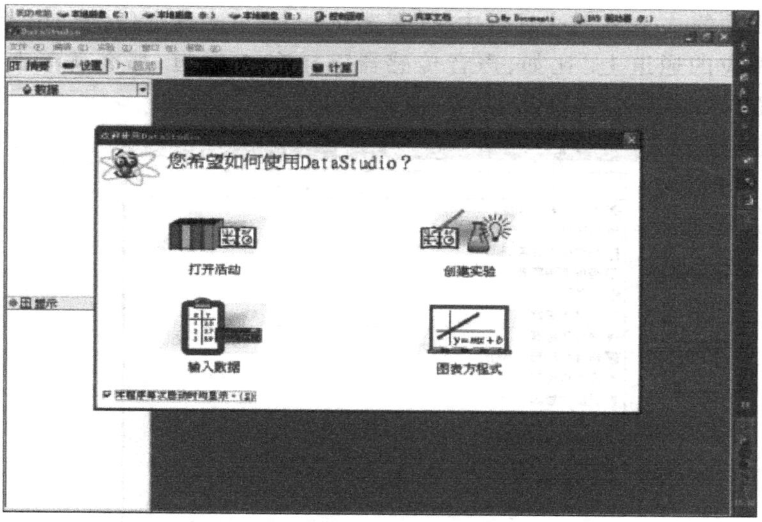

图 2-7-2

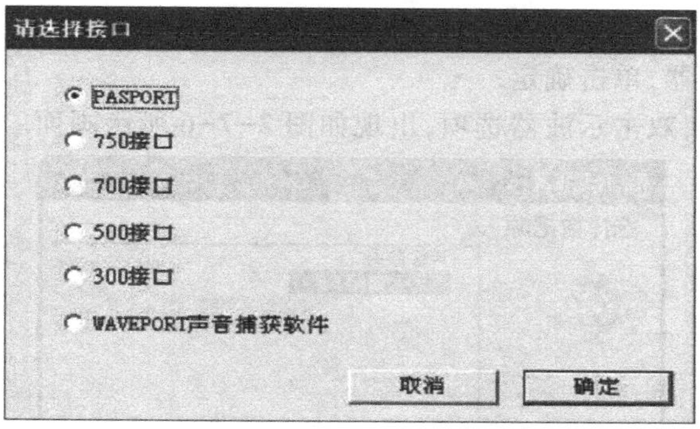

图 2-7-3

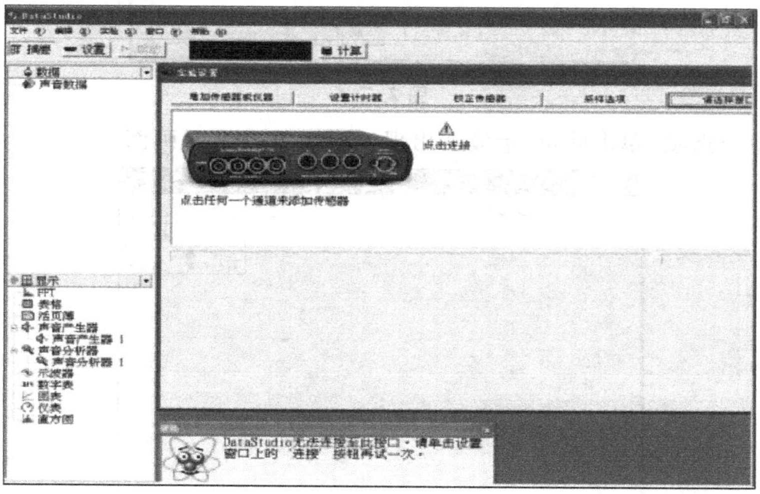

图 2-7-4

(4) 在工作站的 A、B、C 三个通道中,任意选择一个,单击确定(注意:声音传感器一定要在这之前插在相应的通道上.比如,声音传感器已插在 A 通道,那么就单击 A),出现如图 2-7-5 所示画面.

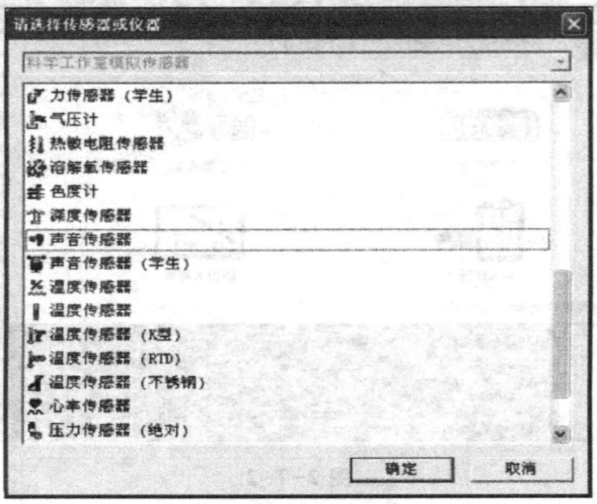

图 2-7-5

(5) 选择声音传感器,单击确定.

(6) 在显示界面中,双击示波器选项,出现如图 2-7-6 所示画面.

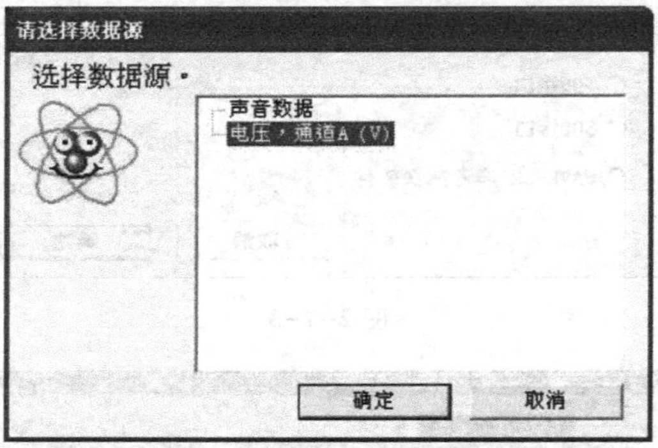

图 2-7-6

(7) 选择电压选项,单击确定,示波器出现如图 2-7-7 所示画面.

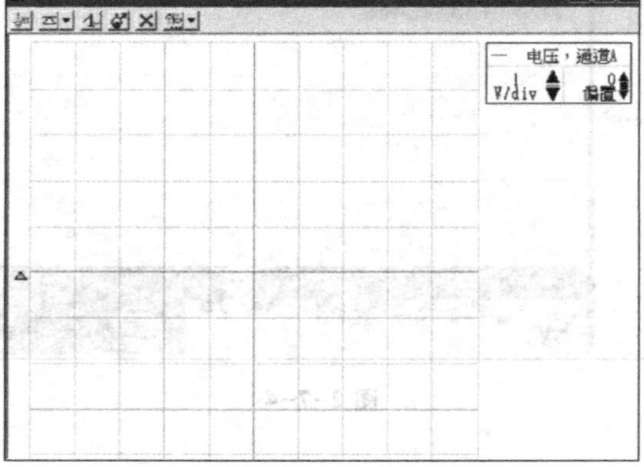

图 2-7-7

设置完成后,示波器界面可即时出现所测试的声音图形.

若想观察 FFT,请先将示波器模式删除,具体如下:

(1) 在步骤(6)的显示界面中,选中示波器 1,然后按键盘上的 Del 键.

(2) 双击显示界面中的 FFT,同样选择电压选项,然后单击确定.

2. 声音传感器的校准和设备设置

(1) 无须校准声音传感器和功率放大器.

(2) 将扬声器连接到功率放大器的输出插孔中.

(3) 调整乐器使声音传感器可以探测到信号.

(二) 数据记录

1. 单击开始按钮开始监测数据. 数据图形应该显示在示波器和 FFT 显示界面中.

2. 第一个信号发生器的频率为 264 Hz(“自然大音阶”中的“do”). 将声音传感器放置在扬声器附近. 考察 FFT 显示,将 FFT 中的基准频率与信号发生器中的输出频率进行比较.

3. 灵敏光标可以更准确地测量 FFT 中的基准频率(注意:要提高灵敏光标的分辨率,可将 FFT 显示扩大).

4. 频率调整. 实验者可以用光标单击频率的上下箭头来调整输出频率,也可以从键盘上输入数值. 若从键盘上输入数值,可单击一次频率值. 当输入新值时,将出现一个小编辑框,按下 Return 或 Enter 键来确认这个值. 当使用光标和鼠标按键来单击频率值旁边的上下箭头时,每次单击的改变量为 10 Hz,可以用修正键(控制、选择和命令或 Ctrl 键和 Alt 键)来增加或减少每次单击改变的数量,修正键和相应的修正量如表 2-7-1 所示.

表 2-7-1

Macintosh	Windows	频率
Shift	Shift	100 Hz
Control	Ctrl	1 Hz
Option	Alt	0.1 Hz
Command	Alt+Ctrl	0.01 Hz

5. 在第一个音阶上输入下一个频率,并单击 Enter 键. 像前面一样,测量 FFT 显示中的每个音符的频率. 对第一个音阶中的其余频率重复这一过程. 表 2-7-2 可作参考.

表 2-7-2

音符	字母名称	频率/Hz
do	C	264
re	D	297
mi	E	330
fa	F	352

续表

音符	字母名称	频率/Hz
so	G	396
la	A	440
ti	B	495
do	C　（高八度）	528

6. 对第二个音阶(平和音阶)重复步骤 5 的过程. 表 2-7-3 可作参考.

表 2-7-3

音符	字母名称	频率/Hz
do	C	262
	C　（升音）	277
re	D	294
	D　（升音）	311
mi	E	330
fa	F	349
	F　（升音）	370
so	G	392
	G　（升音）	415
la	A	440
	A　（升音）	466
ti	B	494
do	C　（高八度）	524

7. 单击停止键,停止监测数据.

8. 关掉功率放大器.

（三）数据分析

1. 两种音阶中的音符相比较如何?

2. 在乐器上描述一个单音符的波形,它有谐波吗?

3. 任一个音阶中的任何音符都有谐振频率吗?

4. 如果此音符有谐波,谐波频率与基本频率相比如何?

（四）注意事项

1. 要充分了解各装置和传感器元件的原理和功能后,才可动手操作.

2. 使用计算机前,需熟悉和掌握 DataStudio 软件的使用说明.

B. 测试人的声音

(一) 实验步骤

1. 计算机设置

计算机设置与测试乐器部分相同.

2. 声音传感器的校准和设备设置

(1) 无须校准声音传感器.

(2) 调整声音传感器的位置,以便它可以记录实验员声音.

(二) 数据记录

1. 单击监测按钮开始监测数据. 数据应该显示在示波器和 FFT 显示界面中.

2. 实验员对着声音传感器唱出一个单音符.

3. 观察显示屏中的波形. 尝试以大致相同的调子发出不同的元音来进行实验,例如从"OO"转换到"EE",再到"UU",再到"AY",然后尝试其他的口型.

4. 测量 FFT 显示中的基础频率和谐波频率.

5. 对着声音传感器用口哨吹出一个单音符. 观察示波器中的波形,并测量 FFT 显示中的基础频率和谐波频率.

6. 改变口哨的调子,观察波形并测量频率.

7. 变化音高,检查波形测量频率.

8. 单击 STOP 键停止数据记录.

(三) 数据分析

1. 描绘所唱音符的波形. 这个音符具有谐振频率吗?

2. 实验员唱的单音符的波形与乐器演奏的单音符的波形相比较如何? 它与乐器的一个单音符有何区别?

3. 如果一个音符具有谐振频率,谐振频率的值与基准频率的值相比较如何?

4. 哪个元音的波形最简单? 哪个元音的波形最复杂?

(四) 注意事项

1. 充分了解各装置和传感器元件的原理和功能后,才可动手操作.

2. 使用计算机前,需熟悉和掌握 DataStudio 软件的使用说明.

Ⅱ. 驻波的研究

一、实验目的

观察机械波与细绳作用时形成的驻波现象,了解驻波的形成原理,以及波长、绳长和频率的关系等.

二、仪器与元件

图 2-7-8

Science Workshop 750 型工作站、机械波驱动装置(如图 2-7-8 所示,功能:在各种波动实验中产生频率可调、幅度可调的机械振动,用于驱动绳波,可输出频率达到 800 Hz 的正弦波)、弹性波动细绳.

三、实验原理

一切机械波，在有限大小的物体中进行传播时会形成各式各样的驻波. 驻波是常见的一种波的叠加现象，它广泛存在于自然界中. 驻波理论在声学、光学及无线电学中都有着重要的应用，如测定波长、波速和波动频率等.

一简谐正弦波在拉紧的细绳上传播，可以用方程式 $y_1=y_m\sin 2\pi(x/\lambda-ft)$ 来描述. 若细绳的另一端固定，波到达该端时将被反射回来，反射波方程式为

$$y_2=y_m\sin[2\pi(x/\lambda+ft)]$$

叠加后的波形为两波形之和，方程式为

$$y=y_1+y_2=y_m\sin[2\pi(x/\lambda-ft)]+y_m\sin[2\pi(x/\lambda+ft)]$$

根据三角函数的公式：

$$\sin A+\sin B=2\sin[(A+B)/2]\cos[(A-B)/2]$$

叠加波的方程式可改写为

$$y=2y_m\sin(2\pi x/\lambda)\cos(2\pi ft)$$

该方程具有以下特点：

（1）对某一时刻 t_0，细绳上的波形为一正弦波，最大波幅为 $2y_m\cos(2\pi ft_0)$.

（2）对某一位置 x_0，细绳表现为简谐振动，最大振幅为 $2y_m\cos(2\pi x_0/\lambda)$.

（3）当 $x_0=0,\lambda/2,\lambda,3\lambda/2,2\lambda,\cdots,\frac{R}{2}\lambda$ 时，波幅为 0. 这种波形称为驻波，细绳上并没有波形的传播，其波形图如图 2-7-9 所示.

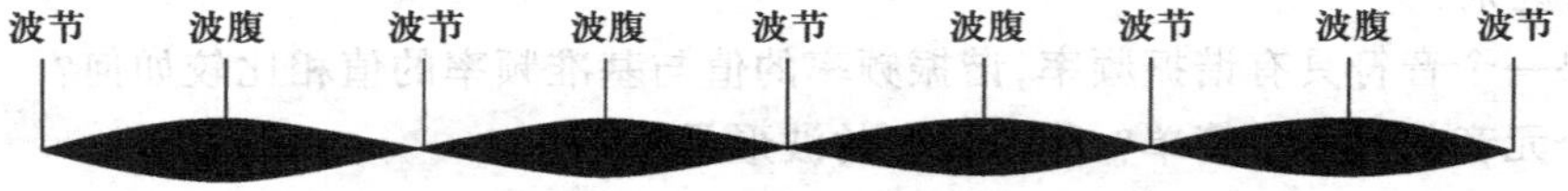

图 2-7-9 细绳上形成的驻波

驻波的最大振幅处称为波腹，振幅为零处称为波节. 通过分析，可得出结论：形成驻波时，绳长为半波长的整数倍，即 $\lambda=2L/n,n=1,2,3,4,\cdots$ 的节点一定位于绳子的两固定端.

四、实验内容

1. 将机械波驱动装置接 Science Workshop 750 的信号输出端.
2. 将细绳的一端固定在驱动装置的轴上，另一端用手扯住.
3. 打开功率放大器电源，驱动装置产生机械振动.
4. 观察细绳上产生的驻波现象，观察波腹与波节与波长的关系.
5. 改变驱动装置产生的振动频率大小，观察驻波的变化.
6. 改变细绳子的长度（手动控制），观察驻波的变化.

五、实验分析

1. 观察细绳上出现的驻波,分析频率、波速、细绳上的张力与波长的关系.

2. 在同一细绳,同样的张力下,改变频率 f,测量相应的波长 λ,共测 7 组数据,绘制 $f-\lambda$ 曲线.

3. 在同一细绳上,改变张力 F_T,保持频率 f 不变,测量相应的波长 λ,计算波速 v,共测 7 组数据,绘制 $F_T-\lambda$ 曲线. 假设细绳被拉伸时是弹性的,则可用细绳的伸长量作为张力的量度.

Ⅲ. 能量守恒

一、实验简介

一辆汽车从各种形状的轨道上(丘陵、山谷、环路、直线轨道)开始运动,在轨道的不同点通过连接到智能计时器的光电门来测量速度. 根据高度计算势能,根据速度计算动能,计算轨道上两点的总能量,并进行比较.

通过能量守恒定律,预测小车顺利通过环形轨道所需的最小高度,然后在真正的过山车上进行测试. 此外,如果汽车从山顶释放出来,很容易越过环的顶部,可以在环的顶部测量汽车的速度和向心加速度,也可以计算汽车的视重(法向力).

二、仪器与元件

过山车成套系统(ME-9812)、光电门头(2 个、ME-9498a)、智能计时器(ME-8930).

三、实验原理

汽车的总能量(E)等于其动能(E_k)和势能(E_p)之和,即

$$E=E_k+E_p$$

$$E_k=\frac{1}{2}mv^2$$

$$E_p=mgh$$

其中 m 是汽车的质量,v 是汽车的速度,g 是重力加速度,h 是汽车高于被定义为零势能面的高度.

如果摩擦可以忽略不计,汽车的总能量就不会发生变化. 能量守恒定律可以表示为

$$E=\text{常量}\Rightarrow E_{k初}+E_{p初}=E_{k末}+E_{p末}$$

四、实验内容

A. 直线轨道

(一) 实验步骤

1. 配置轨道.

2. 将汽车放在左边台阶的顶部. 在车的白板上做标记. 测量汽车的初始高度(从桌面到汽车的质心的距离. 注意,汽车的质心大约在汽车挡光旗插槽的位置,精确的质心可以通过平衡

汽车来确定). 测量汽车的质量.

3. 将汽车放在轨道平坦部分的底部,测量汽车质心的高度.

4. 把汽车放在顶部,然后从静止开始释放. 使用光电门和智能计时器(设置速度:一个门模式)来测量汽车速度.

5. 计算汽车的初始总能量.

6. 计算汽车的最终总能量.

7. 计算汽车损失了多少能量,损失的能量去了哪里?

8. 计算总能量损失的百分比$\frac{E_{损}}{E_{初}}$.

9. 将质量为 50 g 的物体放在车上,并重复上面的步骤 2 至 8.

(二) 思考题

1. 增加汽车的质量如何改变总能量?

2. 增加汽车质量如何改变汽车到达底部的速度?

3. 当汽车有额外的质量时,它是否会损失更多的能量?

B. 翻山模式

(一) 实验步骤

1. 配置轨道,如图 2-7-10 和图 2-7-11 所示. 在山顶和底部的直线部分安装光电门. 同样把捕捉器放在直道部分的末端,以防汽车离开轨道的尽头.

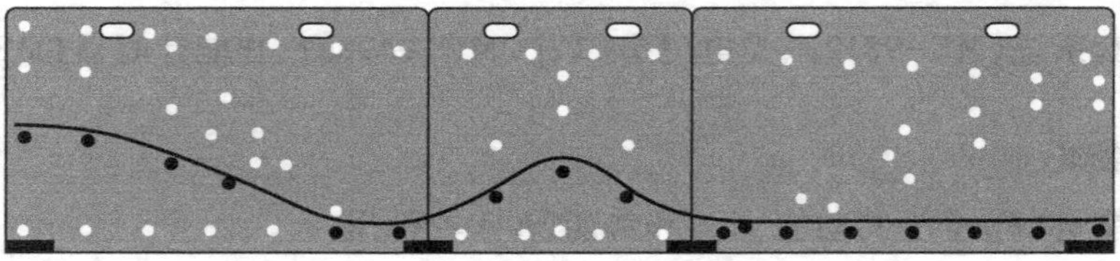

图 2-7-10　丘陵地带的配置

图 2-7-11　带光电门的山形轨道

2. 把汽车放在左边的山顶上. 在车的白板上做标记. 测量汽车的初始高度(测量从桌子到汽车质心的高度).

3. 把汽车放在中心山顶上,测量汽车质心的高度.

4. 将汽车放在轨道平坦部分的底部,测量汽车质心的高度.

5. 把车放在顶部,然后从静止开始释放. 使用智能计时器(设置速度:两个门模式)测量中心山顶和底部处的车辆速度.

6. 计算汽车的初始总能量.

7. 计算中心山顶处汽车的总能量.

8. 计算汽车损失了多少能量,损失的能量去了哪里?

9. 计算总能量损失的百分比$\frac{E_{损}}{E_{初}}$.

10. 计算汽车在底部处的总能量. 计算汽车在左侧起始位置和右侧最终位置之间的总能量损失的百分比.

(二) 思考题

1. 利用汽车在中部山顶处的速度,计算汽车的法向力,可以通过在白板上绘制圆来估计与山曲率匹配的圆的半径.

2. 汽车需要以多快的速度运动才能使它在山顶处的法向力为零? 汽车要有多高才能实现这一点?

C. 环形轨道

(一) 实验步骤

1. 配置轨道,如图 2-7-12 和图 2-7-13 所示. 在环路顶部连接光电门,把捕捉器放在轨道的尽头,防止汽车离开轨道的尽头.

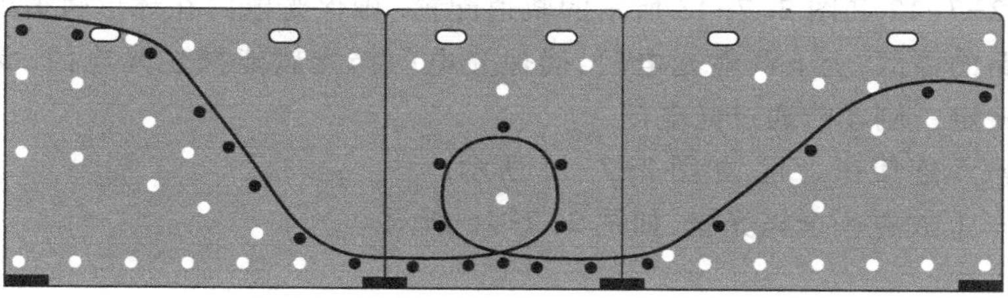

图 2-7-12　环形轨道设置

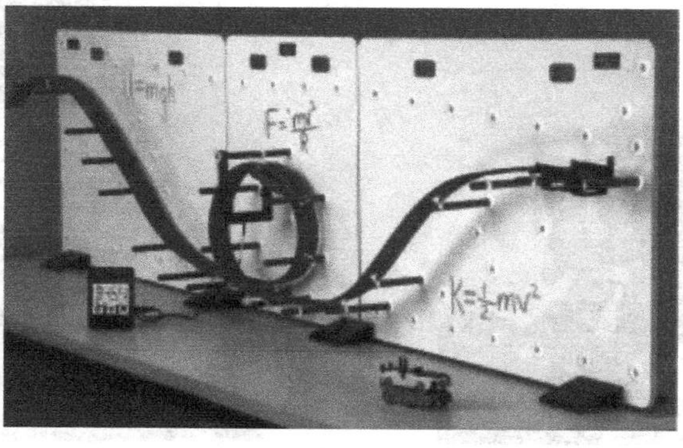

图 2-7-13　光电门位置

2. 在环的中心放一个钉子. 将汽车放在环形轨道的顶部. 在白板上标记汽车质心的位置. 测量从钉子到环路顶部的汽车质心的高度(见图 2-7-14).

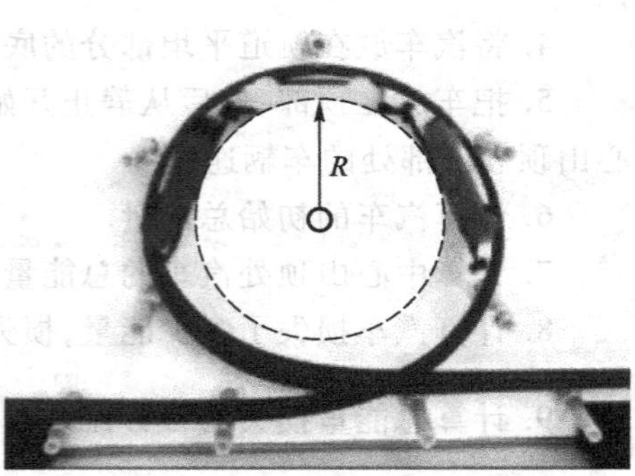

图 2-7-14 环形轨道半径

3. 测量从环路顶部的汽车质心到桌子的距离.

4. 利用能量守恒定律,预测汽车可以在轨道左端释放的最小高度,使其能够完全通过环形轨道.

5. 从环形轨道顶部绘制一条水平线到轨道的左侧,从这条线进行测量,以标记步骤 4 中计算的起始位置.

6. 将汽车的质心放在标记的预测位置,释放.

(二) 思考题

1. 汽车完全通过环形轨道了吗? 如果没有,为什么呢? 如果是,则是刚好通过,还是因为释放高度过高所致?

2. 一旦确定了汽车能够完全通过环形轨道的释放位置,观察并标记在轨道右侧到达的最高位置. 从理论上说,这个位置应该在哪里? 该位置在步骤 5 中绘制的水平线的上方或下方? 距离有多远? 使用起始位置的高度损失$\frac{H_{损}}{H_{初}}$计算能量损失百分比.

D. 三节车过山车

(一) 实验步骤

1. 保持图 2-7-12 和图 2-7-13 所示的轨道配置. 确保光电门在环形轨道的顶部. 用手将汽车固定在环路的顶部,上下调整光电门,确保光电门挡光旗能挡住光电门. 请注意,挡光旗必须在汽车的特定一侧才能通过光电门.

2. 将 3 辆汽车连接在一起,如图 2-7-15 所示.

3. 在每辆车上放置一个挡光旗,如图 2-7-16 所示.

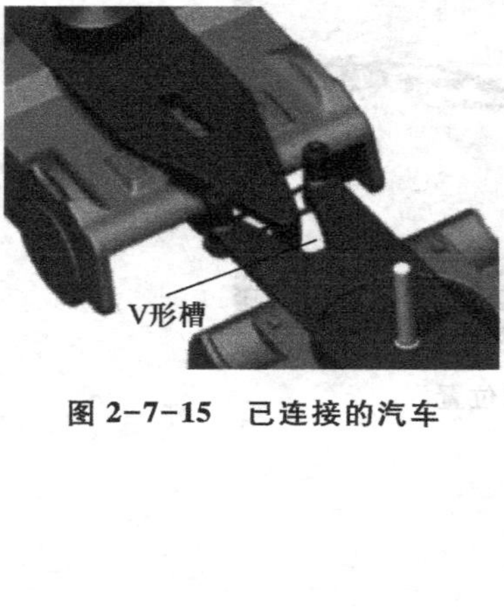

图 2-7-15 已连接的汽车

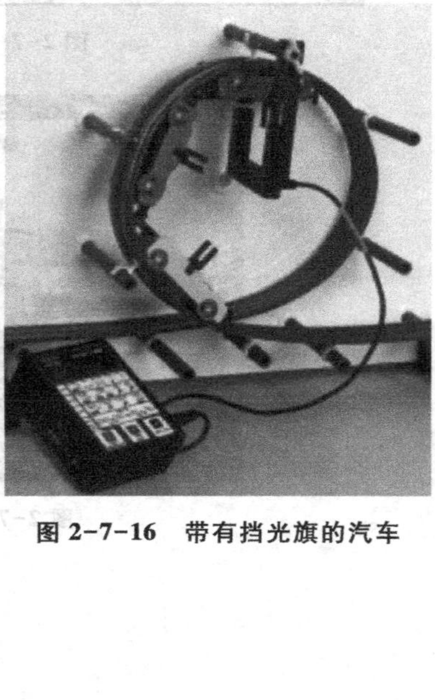
图 2-7-16 带有挡光旗的汽车

4. 设置智能计时器为时间：围栏模式，以测量环形轨道顶部处每辆车的速度.

5. 按智能计时器上的按钮 3 以准备好计时器. 把 3 辆车连接的过山车放在左边，然后从静止开始释放.

6. 过山车通过环形轨道后，按智能计时器上的按钮 3 停止计时. 第一次显示的是第一辆车的挡光旗遮挡光电门的时间，详见图 2-7-17. 然后反复按按钮 2，完成后续测量. 第二次和第三次显示的是第二辆车的挡光旗遮挡光电门的时间. 取第二次和第三次读数的差值，得到第二辆车通过光电门所用的时间. 同样地，第四次和第五次对应于第三辆车的数据. 使用挡光旗的间隔距离（1 cm）计算每辆车的速度：

$$v=\frac{x}{\Delta t}=\frac{1\ \text{cm}}{\Delta t}$$

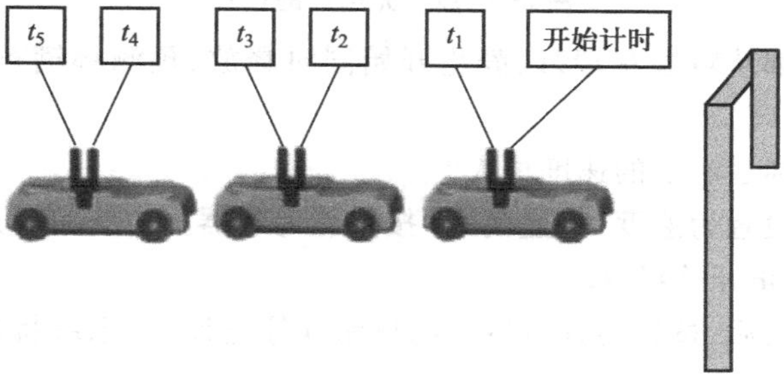

图 2-7-17　用智能计时器测量经过光电门的时间

（二）思考题

1. 哪辆车在顶端跑得最快？考虑到能量守恒定律，讨论每辆车在环路的顶部的速度的差异.

2. 哪辆车在环路顶部承受最小的法向力？

3. 乘客乘坐过山车的第一辆车的体验与最后一辆车的体验有什么不同？

E. 高低道路

（一）实验步骤

1. 如图 2-7-18 和图 2-7-19 所示. 在两个轨道末端连接光电门，在每条轨道的末端放置捕捉器，防止汽车离开轨道的尽头. 在每辆车靠近另一辆车的一侧放置一个挡光旗，这样两个挡光旗都可以遮挡同一个光电门.

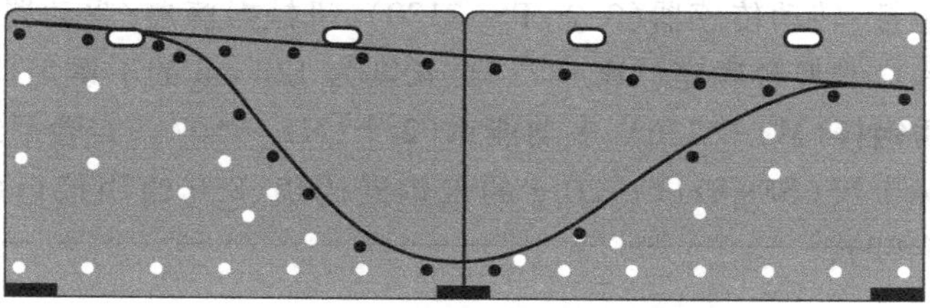

图 2-7-18　高低道路配置

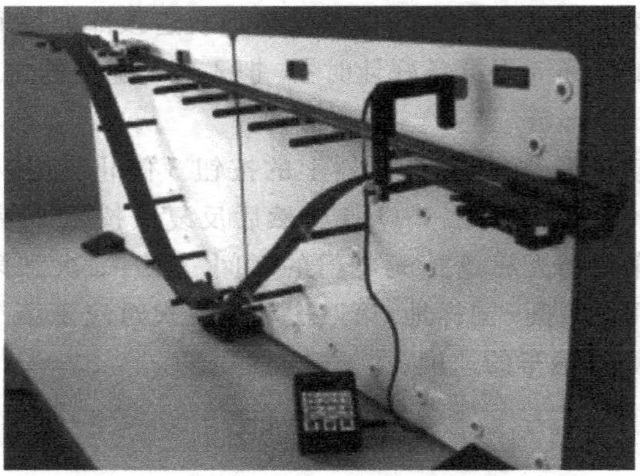

图 2-7-19 光电门的位置

2. 如果两辆汽车都从轨道左端,以静止开始同时释放,预测哪辆车会先到达右端？用实验来测试预测.

3. 预测哪辆车在赛道右端的速度更大？

4. 将智能计时器设置为速度:碰撞模式. 按智能计时器上的按钮 3 开始计时. 将这两辆车放在轨道的左端,从静止开始释放.

5. 车辆通过光电门后,按智能计时器上的按钮 3 停止计时. 系统将显示汽车的速度.

(二) 思考题

1. 哪辆车在赛道的右端速度更大？从能量守恒定律角度如何解释这个结果？

2. 哪辆车先到达轨道的尽头？为什么呢？

Ⅳ. 受迫阻尼简谐振动

一、实验简介

本实验驱动器由带滑轮的铝质圆盘构成,滑轮通过细绳与两根弹簧相连. 该装置通过两个转动传感器记录圆盘和驱动源的角位置和角速度,并记录不同磁阻尼情况下驱动频率和振幅的关系曲线,实验中可通过减少磁铁和铝盘之间的距离来增加阻尼.

二、仪器与元件

实验必备仪器包括:转动传感器(2 个,PS-2120)、机械振荡器/驱动器(ME-8750)、混沌/驱动附件(CI-6689A)、铁架台底座(ME-8735)、长度为 120 cm 的不锈钢杆(2 个,ME-8741)、长度为 45 cm 的不锈钢杆(ME-8736)、多功能钳(2 个,ME-9507)、实验用细绳(SE-8050). 另外需要的设备有游标卡尺(SF-8711)、20 g 的带钩砝码组、850 通用接口(UI-5000)、PASCO Capstone 软件(UI-5400).

三、实验原理

本实验的振动系统有一个圆盘,圆盘上连接两根弹簧,一根细绳连接到两根弹簧并缠绕到圆盘上,通过弹簧让圆盘来回振动(图 2-7-20). 这有些像扭摆,无阻尼状态下的扭摆周期由下式给出：

$$T=2\pi\sqrt{\frac{I}{k}} \tag{2-7-1}$$

式中：I 是圆盘的转动惯量，k 是有效扭摆弹簧的弹簧常量. 圆盘的转动惯量可通过测量圆盘的质量(m)和半径(R)得到. 对于圆盘而言，绕垂直轴振动并通过其中心，转动惯量为

$$I=\frac{1}{2}mR^2 \tag{2-7-2}$$

该扭摆的弹簧常量可以通过对圆盘施加一个已知的转矩，并测量圆盘转动时产生的角度(θ)来确定. 弹簧常量由下式给出：

$$k=\frac{\tau}{\theta} \tag{2-7-3}$$

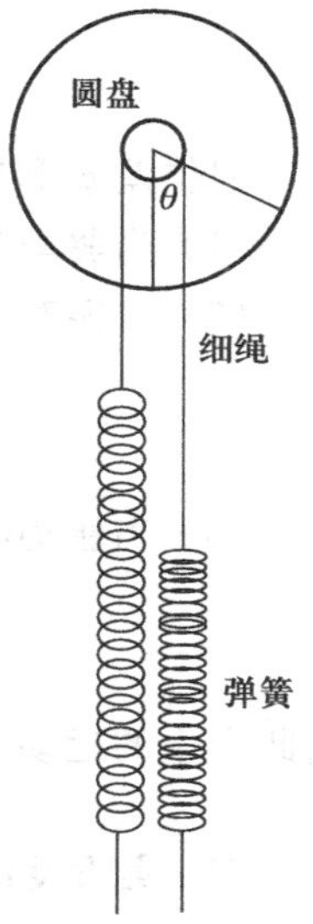

图 2-7-20

如果从平衡位置开始阻尼振动，并让其逐渐减速，该运动公式为

$$\frac{\mathrm{d}^2\theta}{\mathrm{d}t^2}+\left(\frac{b}{I}\right)\frac{\mathrm{d}\theta}{\mathrm{d}t}+\left(\frac{k}{I}\right)\theta=0 \tag{2-7-4}$$

上式的解是衰减的正弦波，形式为

$$\theta=\theta_0\mathrm{e}^{-\frac{b}{2I}t}\sin(\omega t+\varphi) \tag{2-7-5}$$

式中的角频率由下式给出：

$$\omega=\sqrt{\frac{k}{I}-\frac{b^2}{4I^2}} \tag{2-7-6}$$

当阻尼运动由正弦转矩驱动，用微分方程描述其运动状态为

$$I\frac{\mathrm{d}^2\theta}{\mathrm{d}t^2}+b\frac{\mathrm{d}\theta}{\mathrm{d}t}+k\theta=\tau_0\cos\omega t \tag{2-7-7}$$

该方程的解为

$$\theta=\frac{\tau_0/I}{\sqrt{(\omega^2-\omega_0^2)^2+(b/I)^2\omega^2}}\cos(\omega t-\varphi) \tag{2-7-8}$$

式中，摆动的振幅为

$$\theta_0=\frac{\tau_0/I}{\sqrt{(\omega^2-\omega_0^2)^2+(b/I)^2\omega^2}} \tag{2-7-9}$$

驱动转矩和合成运动之间的相位差为

$$\varphi=\arctan\left(\frac{2\omega b/I}{\omega_0^2-\omega^2}\right) \tag{2-7-10}$$

共振频率 ω_0 为

$$\omega_0=\sqrt{\frac{k}{I}} \tag{2-7-11}$$

当驱动频率等于共振频率时，振幅最大化. 令 $\omega=\omega_0$，于是有

$$\theta_0=\frac{\tau_0}{b}\sqrt{\frac{I}{k}} \qquad (2-7-12)$$

相位差 φ 和驱动频率之间的依赖关系：

（1）当驱动频率 ω 接近零，$\varphi=\arctan(0)\to 0$ 时，最终的运动和驱动转矩同相.

（2）共振时，$\omega=\omega_0$，结果为

$$\theta=\frac{\tau_0}{b}\sqrt{I/k}\cos(\omega_0 t-\varphi),\quad \varphi=\arctan\left(\frac{2\omega_0 b/I}{\omega_0^2-\omega_0^2}\right)=\arctan(\infty)=\frac{\pi}{2}$$

（3）当驱动频率 ω 趋于无限大时，有

$$\varphi=\lim_{\omega\to\infty}\left[\arctan\left(\frac{2\omega b/I}{\omega_0^2-\omega^2}\right)\right]=\arctan\left(-\frac{1}{\infty}\right)=\pi$$

由此产生的运动与驱动转矩相位相差 180°.

四、实验设置

1. 如图 2-7-21 所示，在铁架台底部安装驱动器. 设置驱动臂，使其大约在最大值的一半的位置. 将一个转动传感器和驱动器固定在同一根杆上. 如图 2-7-22 所示，定位转动传感器.

图 2-7-21　在铁架台底部安装驱动器

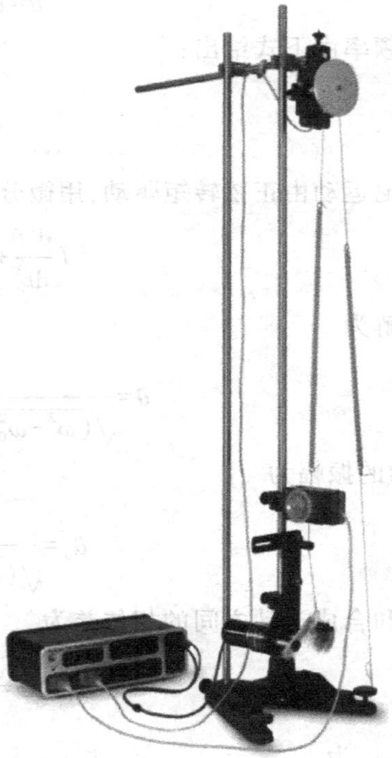

图 2-7-22　完整装置图

2. 在驱动器上，旋转驱动臂直到竖直朝下. 连接细绳到驱动臂上，将细绳穿过驱动器上方的引导孔. 将细绳绕过转动传感器的大滑轮（绕 1~2 圈即可），然后连接弹簧，并使得连接点靠

近转动传感器.

3. 为保证装置的稳定性，实验中使用两根竖直的杆子，顶部用横杆连接，如图 2-7-22 所示.

4. 安装第 2 个转动传感器到横杆上.

5. 系一小段细绳到底座螺丝上，再将绳系到第 2 根弹簧末端.

6. 取一段大约长 1.5 m 的细绳. 将细绳在第 2 个转动传感器的大滑轮上绕两圈，如图 2-7-23 所示. 用螺丝将圆盘连接到转动传感器上.

7. 将缠绕过滑轮的绳子的每一端与弹簧相连，并使两侧弹簧张力大致相等，圆盘应该可以向任何方向旋转 180°，且弹簧不会碰到转动传感器的滑轮.

8. 如图 2-7-23 所示，连接磁阻力配件到转动传感器的一边. 调整带磁铁的螺丝使磁铁距离圆盘大约 1.0 cm .

9. 将连接着圆盘的转动传感器插到接口的通道 P1，将与驱动器连接的转动传感器插到通道 P2，如图 2-7-24 所示. 采样频率设置为 50 Hz.

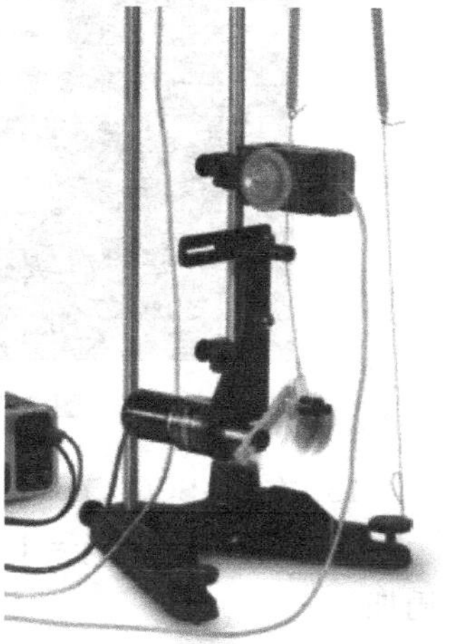

图 2-7-23 细绳与磁铁

10.测试转动传感器的方向，确认其在相同方向上读数为正. 为完成该内容，单击记录，然后用手转动驱动臂约 180°，停止记录. 检查图表，看看圆盘角度和驱动器角度的符号是否相同. 如果不相同，单击数据摘要，再单击任何一个转动传感器的属性（齿轮符号），在对话框的更改正负号后打钩，如图 2-7-25 所示.

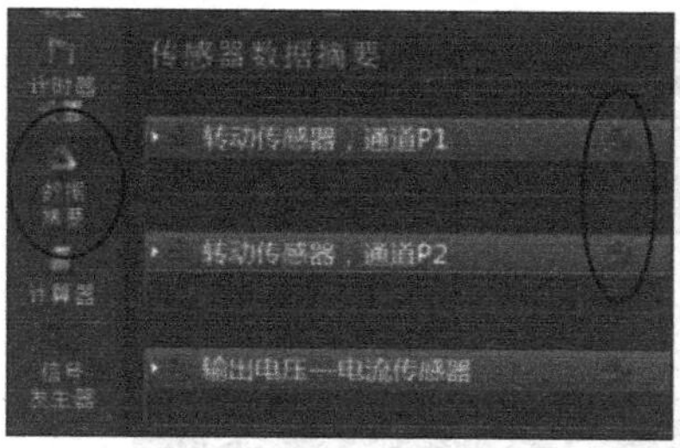

图 2-7-24

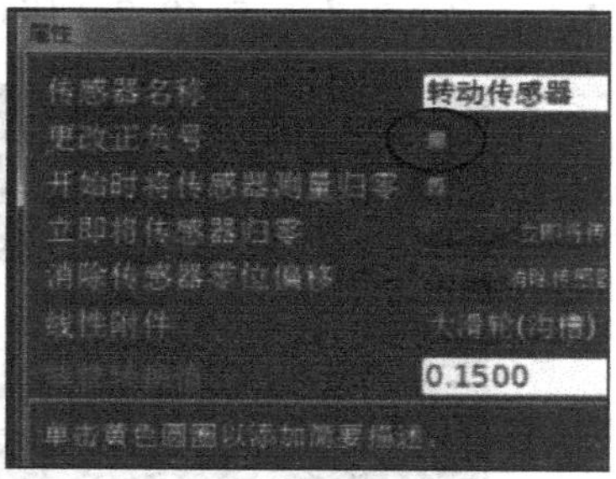

图 2-7-25

11. 如图 2-7-26 所示，单击硬件设置，单击 850 输出 1，选择输出电压-电流传感器. 将驱动器上的香蕉头线插到 850 通用接口上的 850 输出 1. 单击信号发生器，在 850 输出 1 中选择负斜波，设置频率为 0.001 Hz ，振幅为 3.1 V，电压偏移为 6.1 V，关闭信号发生器.

12. 单击屏幕底部的记录条件，设置一个停止条件. 当输出电压降低到 3.1 V 时停止记录，如图 2-7-27 所示.

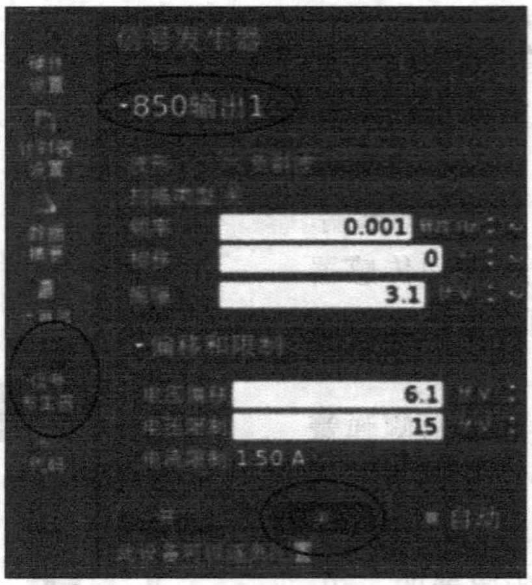

图 2-7-26

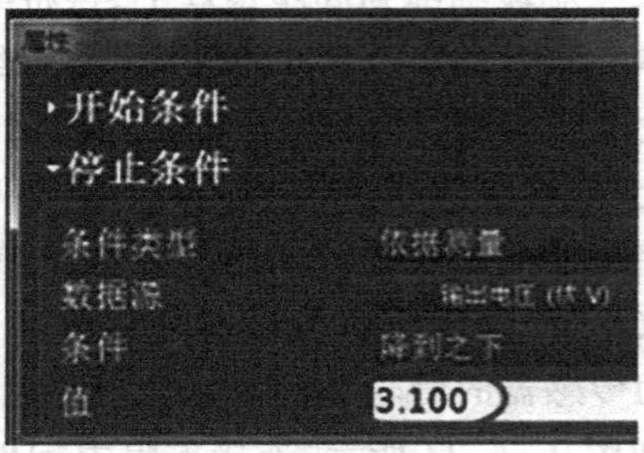

图 2-7-27

13. 在 PASCO Capstone 软件计算器中，创建以下的计算规则（如图 2-7-28 所示）：

Driving Frequency = 1/period (10, 10, 2, [Driver Angle, Ch P2 (rad), ▼]), (period：求周期）

freq = smooth (29, [Driving Frequency (Hz), ▼]), (smooth：平滑处理）

AngVel = derivative (5, [Disk Angle, Ch P1 (rad), ▼], [Time (s), ▼]), (derivative：求导数）

DriverAngVel = derivative (5, [Driver Angle, Ch P2 (rad), ▼], [Time (s), ▼])

Angle Amp = amplitude (15, 10, 2, [Disk Angle, Ch P1 (rad), ▼]), (amplitude：求振幅）

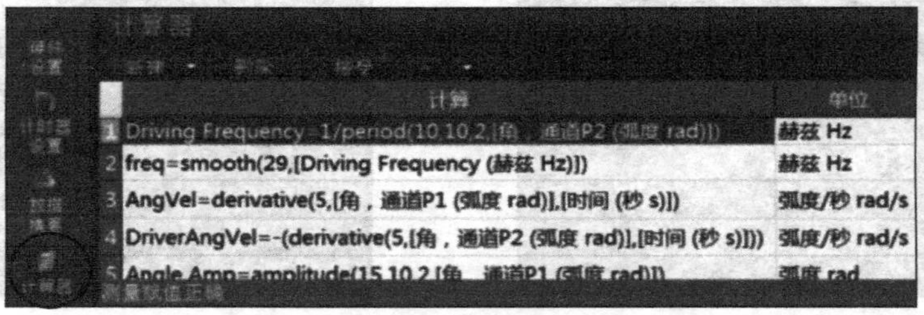

图 2-7-28

五、实验内容

1. 测量共振频率. 创建圆盘的角速度 ω–时间 t 图（图 2-7-29）. 将连接着磁铁的螺丝旋转到底（使圆形小磁铁距离圆盘最远）. 单击记录，用手将圆盘略微转动，放手，让它自由振荡，然后停止记录，使用坐标工具测量周期.

2. 测量弹簧常量. 创建数字表，显示连接圆盘的转动传感器的角度，单击记录. 在其中一个弹簧的顶部悬挂 20 g 的砝码，测量圆盘转动后所产生的角度，然后停止记录. 移走 20 g 砝码，测量大滑轮的半径，计算由 20 g 砝码引起的转矩. 使用公式（2-7-3）计算扭摆弹簧的常量.

3. 测量圆盘转动惯量. 移走圆盘，测量圆盘的质量和半径，利用公式（2-7-2）计算该圆盘

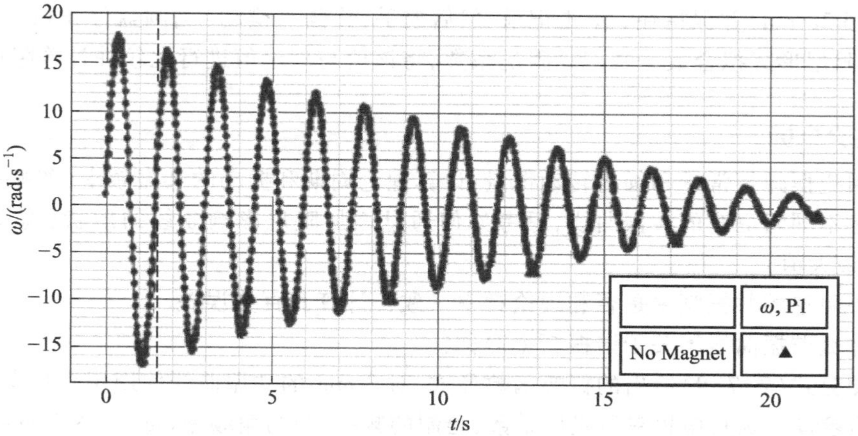

图 2-7-29　角速度-时间图

的转动惯量.

4. 创建共振曲线. 创建角度振幅 θ-频率 f 图,如图 2-7-30 所示. 设置 850 输出 1 为自动模式. 由于信号发生器的斜波频率是 0.001 Hz ,一个周期的数据采集需要 1 000 s. 设置磁铁和圆盘的距离为 6 mm. 可以把 6 mm 厚的纸堆插入磁铁和铝圆盘之间,来测量距离.

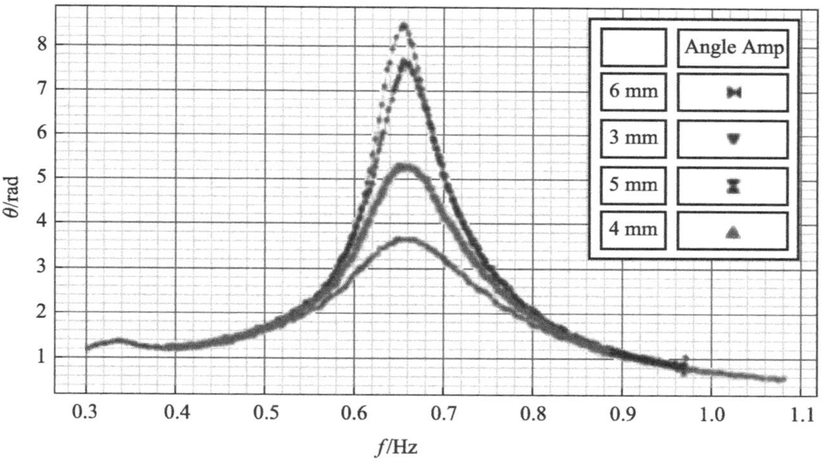

图 2-7-30　共振曲线

(1) 开始记录. 在斜波的最后,当驱动电压降至 3.1 V 时,数据采集会自动停止 .

(2) 通过旋动螺丝,将磁铁与圆盘的间距调整为 4 mm,然后重复数据采集.

(3) 通过旋动螺丝,将磁铁与圆盘的间距调整为 3 mm,然后重复数据采集.

5. 测量阻尼系数. 对于间距为 3 mm 的阻尼运动,记录振幅随时间的衰减. 为完成该内容,需要关闭信号发生器. 创建角度-时间图. 单击记录条件,设置开始条件为角速度大于零,如图 2-7-31 所示. 用手转动圆盘

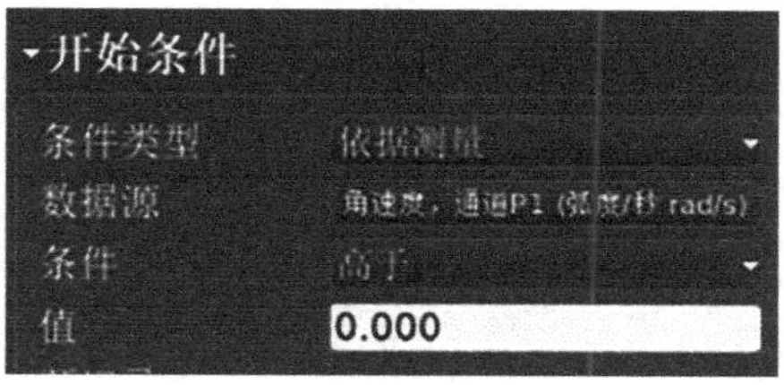

图 2-7-31

大约 360°(6.28 rad)并保持住，单击记录，然后放手，让圆盘摆动. 当圆盘停止摆动时，停止记录. 用正弦阻尼形式拟合数据并记录阻尼系数，将该值与理论值进行比较并计算阻尼系数.

六、实验分析

1. 使用扭摆弹簧常量和圆盘转动惯量，计算理论周期和振动的共振频率(忽略摩擦).

2. 观察不同阻尼时的共振曲线，思考如何通过增加阻尼影响曲线的形状(宽度、最大值、振幅、频率最大值).

3. 最小阻尼的共振频率是否和理论频率一致？计算其百分误差.

4. 为什么谐振曲线不关于谐振频率对称？

5. 按照公式(2-7-9)给出的振幅函数形式，对 3 mm 的共振曲线使用用户自定义拟合. 使用拟合后的参量确认共振频率和阻尼系数，绘制的频率(f)与角频率(ω)关系为 $\omega=2\pi f$.

6. 创建圆盘角速度-时间和驱动区角速度-时间图像. 检查驱动器振荡-时间图和圆盘振荡-时间图. 在高频率(开始时)、共振频率(当圆盘振动最大时)、低频率(结束时)时，测量这些振动的相位差. 这些相位差是否符合理论的描述？

第三章

电磁学实验

实验一　电学元件的伏安特性

一、实验目的

1. 掌握电压表与电流表的内接法与外接法，选用合适的接法减小测量误差.
2. 掌握线性电阻元件伏安特性测量的基本方法.
3. 掌握钨丝灯的伏安特性.
4. 掌握二极管与稳压二极管的伏安特性与应用原理.

二、实验原理

1. 电阻元件

在电阻器两端施加电压，在电阻器内就有电流通过. 根据欧姆定律，有

$$I=\frac{U}{R} \tag{3-1-1}$$

以 U 为自变量，I 为因变量，作 $U-I$ 关系曲线，称为该元件的伏安特性曲线.

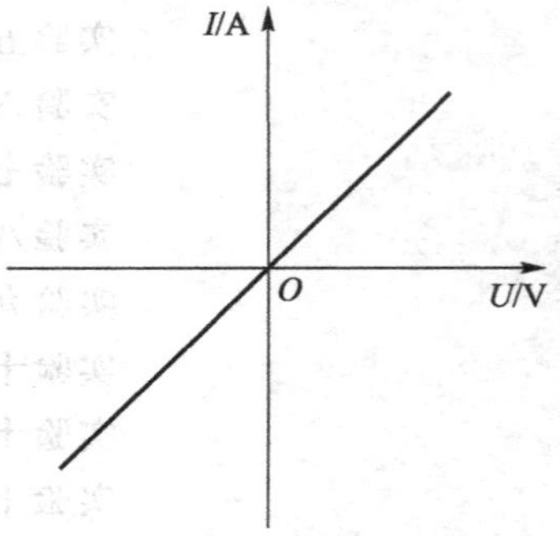

图 3-1-1　线性元件的伏安特性曲线

对于线绕电阻、金属膜电阻等电阻器，其阻值在一定范围内稳定不变，伏安特性曲线是一条通过原点的直线，如图 3-1-1 所示，这种电阻器称为线性电阻器，具有这种特性的元件称为线性元件.

理想情况下，电流表内阻为零，电压表内阻无穷大，在下述两种测试电路中（图 3-1-2、图 3-1-3），它们都不会带来附加测量误差. 理想电路中，被测电阻 $R=U/I$.

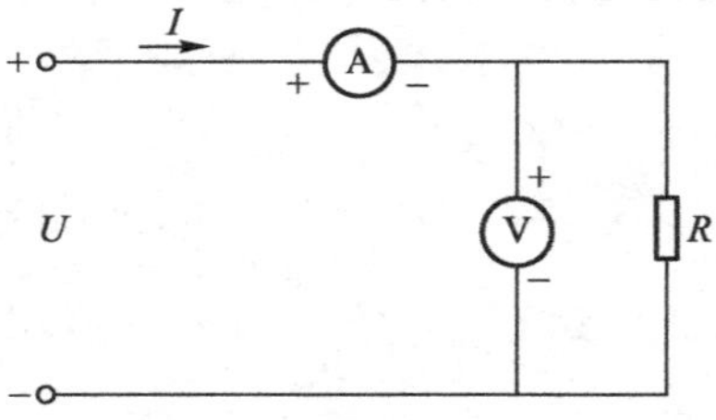

图 3-1-2　电流表外接测量电路

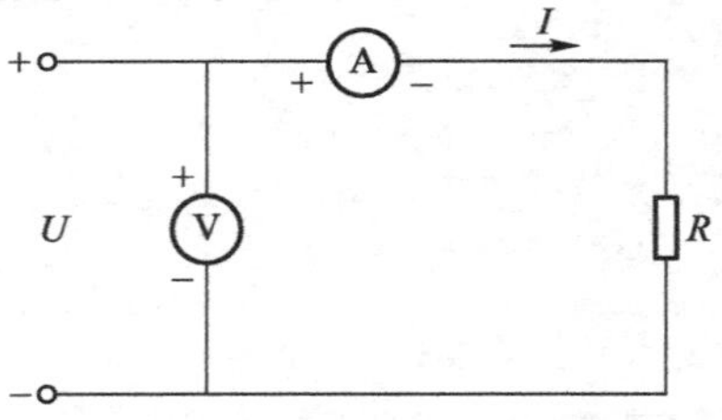

图 3-1-3　电流表内接测量电路

实际的电流表具有一定的内阻，记为 R_I；电压表也具有一定的内阻，记为 R_U. R_I 和 R_U 的存在，必然带来附加测量误差. 如果要得到准确测量值，需按式(3-1-2)和式(3-1-3)两式予以修正.

电流表内接测量时，

$$R=\frac{U}{I}-R_I \tag{3-1-2}$$

电流表外接测量时，

$$\frac{1}{R}=\frac{I}{U}-\frac{1}{R_U} \tag{3-1-3}$$

式中：R-被测电阻阻值，单位为 Ω；U-电压表读数值，单位为 V；I-电流表读数值，单位为 A；R_I-电流表内阻值，单位为 Ω；R_U-电压表内阻值，单位为 Ω.

为了减少附加误差，测量电路可以粗略地按下述办法选择：

（1）当 $R_U \gg R$，R_I 和 R 相差不大时，宜选用电流表外接电路.

（2）当 $R \gg R_I$，R_U 和 R 相差不大时，宜选用电流表内接电路.

（3）当 $R \gg R_I$，$R_U \gg R$ 时，宜用电流表内接和外接电路进行测试之后再定测量电路. 方法如下：先按电流表外接电路接好测量电路，调节直流稳压电源电压，使两表指针都指向较大的位置，保持电源电压不变，记下两表值为 U_1、I_1；将电路改成电流表内接测量电路，记下两表值为 U_2、I_2. 将 U_1、U_2 和 I_1、I_2 比较，如果电压值变化不大，而 I_2 较 I_1 有显著的减少，说明 R 是高值电阻，此时选择电流表内接测量电路较好；反之如果电流值变化不大，而 U_2 较 U_1 有显著的减少，说明 R 为低值电阻，此时选择电流表外接测量电路较好. 当电压值和电流值变化都不大时，两种测量电路均可选择.

2. 钨丝灯

本实验所用钨丝灯泡规格为 12 V/0.1 A，实验时需控制灯泡两端电压低于 12 V. 金属钨的电阻温度系数为 48×10^{-4}/℃，为正温度系数，即当钨丝上流过电流，温度上升时，钨丝的电阻值增加. 钨丝灯两端不加电压时的电阻称为冷态电阻，施加额定电压时的电阻称为热态电阻. 由于正温度系数的关系，钨丝灯的冷态电阻小于热态电阻. 与传统电阻器相比较，钨丝灯的电阻值随温度而变化，其伏安特性曲线是非线性的，因此钨丝灯属于非线性元件.

在一定的电流范围内，电压和电流的关系为

$$U=KI^n \tag{3-1-4}$$

式中：U-钨丝灯两端的电压，单位为 V；I-钨丝灯流过的电流，单位为 A；K-与钨丝灯有关的常量；n-与钨丝灯有关的常量. 为了求得常量 K 和 n，可以通过二次测量所得的 U_1、I_1 和 U_2、I_2，得到

$$U_1=KI_1^n \tag{3-1-5}$$

$$U_2=KI_2^n \tag{3-1-6}$$

将式(3-1-5)除以式(3-1-6)可得

$$n=\frac{\lg\dfrac{U_1}{U_2}}{\lg\dfrac{I_1}{I_2}} \tag{3-1-7}$$

由式(3-1-5)可以得到

$$K=U_1I_1^{-n} \tag{3-1-8}$$

3. 二极管

对二极管施加正向偏置电压时，二极管中有正向电流通过（多数载流子导电），正向偏置电压逐渐增加，开始时的电流值很小且变化缓慢，而当正向偏置电压增加到接近二极管的导通电压时（锗二极管的导通电压为 0.2 V 左右，见图 3-1-4，硅二极管的为 0.7 V 左右，见图 3-1-5），电流急剧增加. 二极管导通后，电压的少许变化，都会导致电流很大的变化.

对二极管施加反向偏置电压时，二极管处于截止状态，电流微小（μA 级别）. 其反向偏置电压增加至该二极管的击穿电压时，电流猛增，二极管被击穿. 击穿二极管会造成永久性损坏，在二极管使用中应竭力避免. 在研究二极管反向特性时，应串联限流电阻，以防因反向电流过大而损坏二极管.

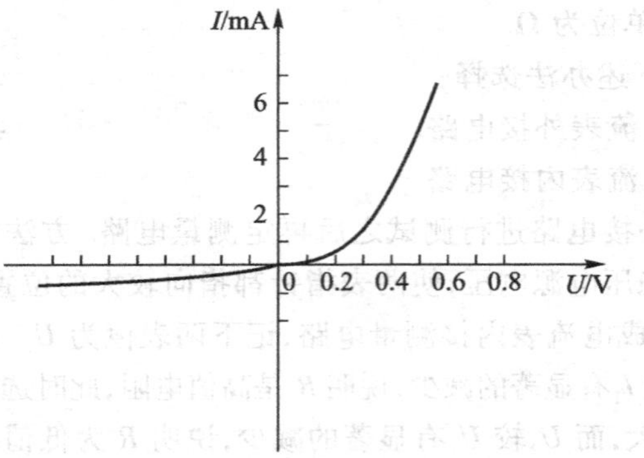

图 3-1-4 锗二极管伏安特性示意图

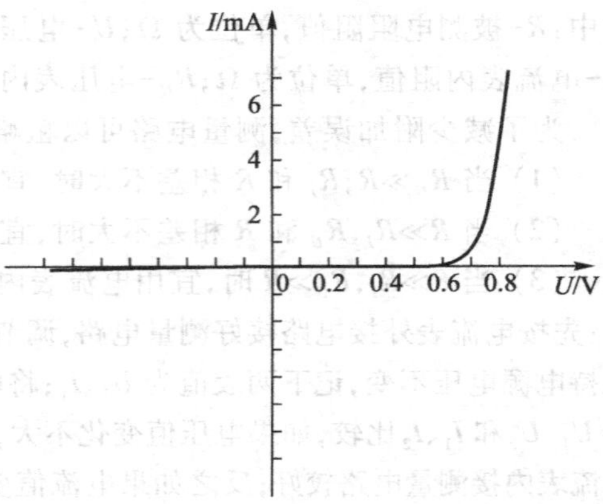

图 3-1-5 硅二极管伏安特性示意图

4. 稳压二极管

稳压二极管的正向伏安特性类似于二极管，反向特性相差较大. 对稳压二极管两端施加反向偏置电压时，其电阻值很大，反向电流极小. 反向偏置电压增加到一定值（根据稳压二极管不同，电压值不同，本实验所用稳压二极管的电压值为 7 V 左右）时，出现反向击穿（有意掺杂而成），产生雪崩效应，其电流迅速增加. 电压的少许变化，将引起电流的巨大变化，但是只要在电路中对雪崩产生的电流采取有效的限流措施，稳压二极管两端的电压仍然是稳定的（变化很小）. 这就是稳压二极管的使用基础，其应用电路如图 3-1-6 所示. 图中，$\mathscr{E}$-供电电源，若稳压二极管的稳压电压值为 7 V 左右，则要求 $\mathscr{E}$ 为 10 V 左右；R-限流电阻，工作电流选择 8 mA，考虑负载电流为 2 mA，通过 R 的电流为 10 mA，计算 R 值，$R=\dfrac{\mathscr{E}-U_Z}{I}=\dfrac{10-7}{0.01}\ \Omega=300\ \Omega$；$C$-电解电容器，对稳压二极管产生的噪声进行平滑滤波；U_Z-稳压输出电压. 稳压二极管伏安特性曲线如图 3-1-7 所示.

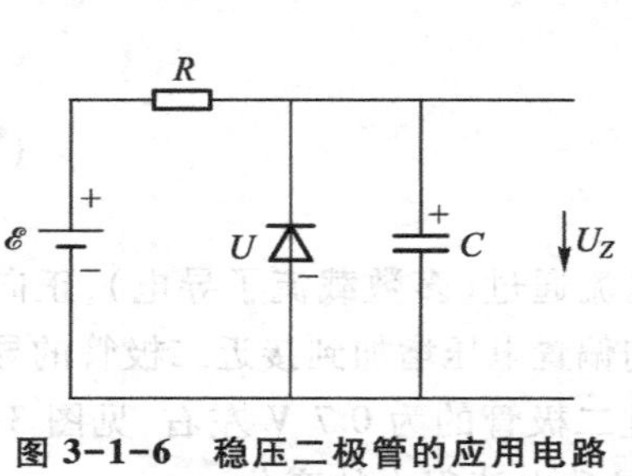

图 3-1-6 稳压二极管的应用电路

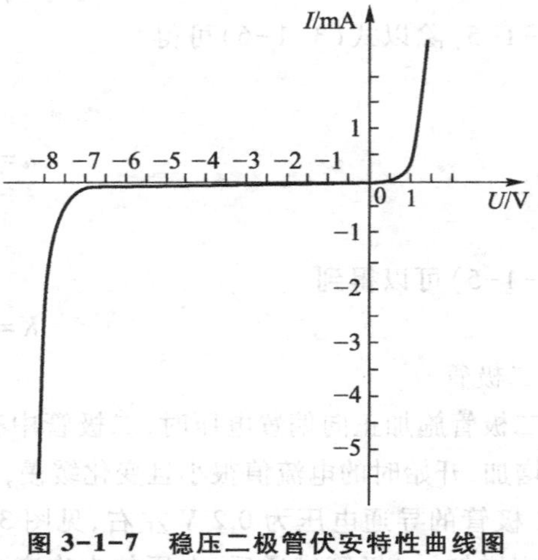

图 3-1-7 稳压二极管伏安特性曲线图

三、实验仪器

电路元件伏安特性实验箱（电压表、电流表、可调直流电源、电阻箱、电路元件等）.

四、实验内容

1. 线性电阻

选用 1 kΩ 电阻器,按图 3-1-8 接线,分别采用电流表外接法与内接法进行实验. 按表 3-1-1 调节电压,记录对应电流值,计算电阻值与其修正值(按照 $R_U=1\ \mathrm{M\Omega}$,$R_I=10\ \Omega$ 计算),讨论两种测量方式的优劣.

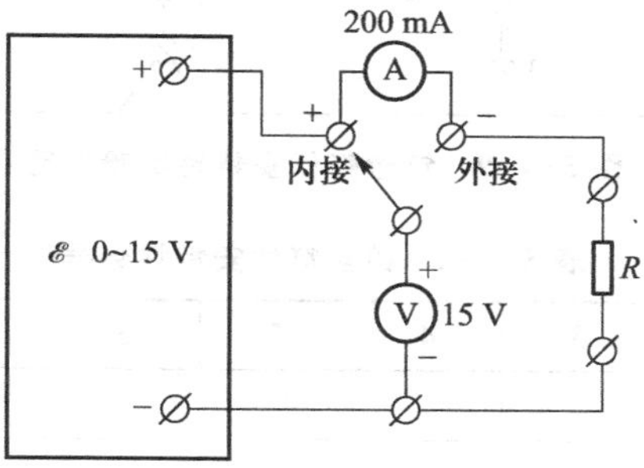

图 3-1-8 线性电阻伏安特性实验电路

表 3-1-1 线性电阻伏安特性数据

电流表内接				电流表外接			
U/V	I/mA	R 计算值/Ω	R 修正值/Ω	U/V	I/mA	R 计算值/Ω	R 修正值/Ω
1				1			
2				2			
3				3			
4				4			
5				5			
6				6			
7				7			
8				8			
9				9			
10				10			

2. 钨丝灯

钨丝灯两端电压控制在 0~12 V 范围内,此时灯丝电阻为几欧姆到一百多欧姆,电压表选择 20 V 挡时的内阻为 1 MΩ,远大于钨丝灯电阻,电流表选择 200 mA 挡时的内阻为 10 Ω 或 1 Ω(因万用表不同而不同),其和钨丝灯电阻相比,小得不多,宜采用电流表外接法测量,如图 3-1-9 所示. 变阻器设置为 100 Ω,按表 3-1-2 逐步增加电源电压,记下相应的电流数据并计算电阻值.

在坐标纸上画出钨丝灯的伏安特性曲线;选择两对数据(如 $U_1=2$ V、$U_2=8$ V 及相应的

I_1、I_2)，计算出 K、n 数值.

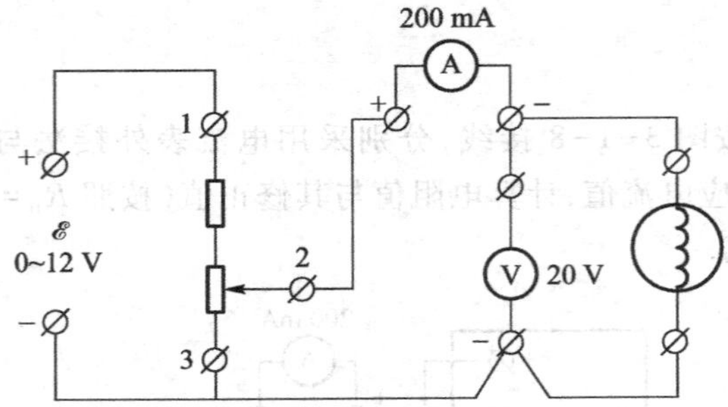

图 3-1-9 钨丝灯伏安特性实验电路

表 3-1-2 钨丝灯伏安特性数据

U/V	1	2	3	4	5	6	7	8	9	10
I/mA										
R 计算值/Ω										

3. 二极管

(1) 反向伏安特性测试

二极管的反向电阻值很大，采用电流表内接测量电路可以减少测量误差. 测量电路参考图 3-1-10，变阻器设置为 700 Ω. 按照表 3-1-3 调节电压并记录数据，在坐标纸上画出二极管的反向伏安特性曲线.

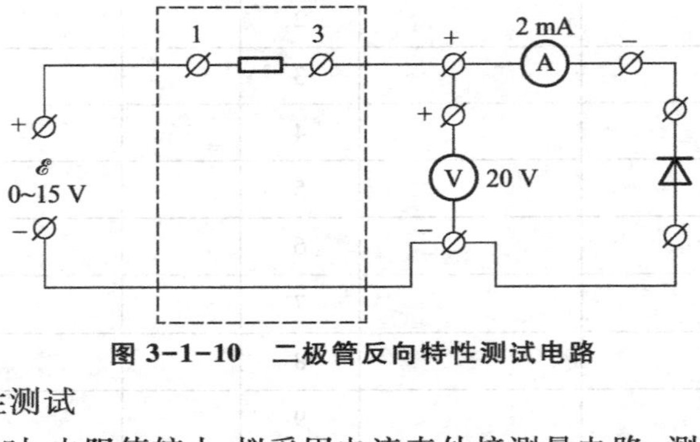

图 3-1-10 二极管反向特性测试电路

(2) 正向伏安特性测试

二极管在正向导通时，电阻值较小，拟采用电流表外接测量电路. 测量电路参考图 3-1-11，变阻器设置为 700 Ω. 按照表 3-1-4 调节电压并记录数据，在坐标纸上画出二极管的正向伏安特性曲线.

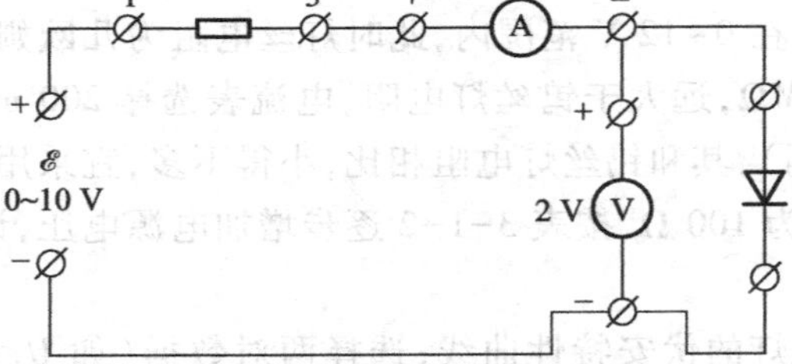

图 3-1-11 二极管正向特性测试电路

注:实验时二极管正向电流不得超过 20 mA.

表 3-1-3　二极管反向伏安特性测试数据

U/V	1	2	3	4	5	6	7	8
I/μA								
R 计算值/kΩ								

表 3-1-4　二极管正向伏安特性测试数据

U/V	0.20	0.40	0.50	0.55	0.60	0.62	0.64	0.66	0.68	0.70
I/mA										
R 计算值/kΩ										
R 修正值/kΩ										

4. 稳压二极管

稳压二极管的反向偏置电压为 0~7 V 时阻抗很大,拟采用电流表内接测量电路,测量电路如图 3-1-12 所示. 反向偏置电压进入击穿阶段时,稳压二极管的内阻较小(估计为 $R=8/0.008\ \Omega=1\ \text{k}\Omega$),这时拟采用电流表外接测量电路.

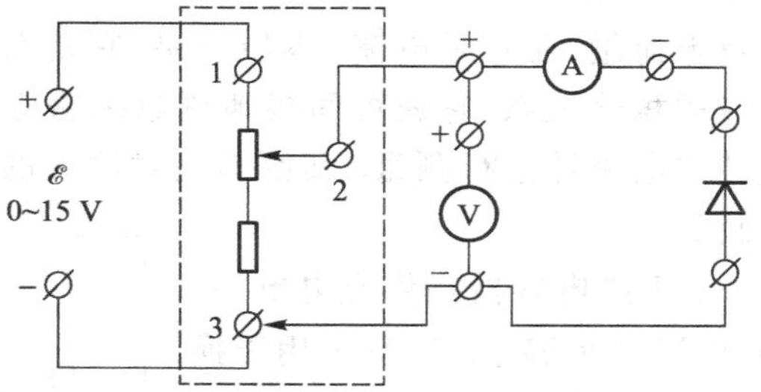

图 3-1-12　稳压二极管反向伏安特性电路

将电源电压调至 0 V,按图 3-1-12 接线,开始时采用电流表内接法,将电压表的"+"端接于电流表的"+"端. 将变阻器旋到 1 100 Ω 后,慢慢地增加电源电压,记下电压表对应数据.

当观察到电流开始增加,并有迅速加快表现时,说明稳压二极管已开始进入反向击穿过程,这时将电流表改为外接式,按表 3-1-5 继续慢慢地调节电源电压,以得到指定的电流. 记录数据,并在坐标纸上画出稳压二极管的伏安特性曲线.

表 3-1-5　稳压二极管反向伏安特性测试数据

电流表接法	数据									
内接式	U/V	1.0	2.0	3.0	4.0	5.0	5.5	6.0	6.5	7.0
	I/μA									
外接式	I/mA	0.5	1.0	2.0	3.0	4.0	4.5	5.0	5.5	6.0
	U/V									

五、思考题

1. 电压表、电流表的内阻测量方法有哪些？

2. 试从钨丝灯的伏安特性曲线解释为什么在开灯的时候容易烧坏灯泡.

3. 考虑到二极管正向伏安特性的严重非线性，电阻值变化很大，在相应表格内加一项电阻修正值栏，与电阻计算值相比较，讨论其误差产生过程.

实验二　用数字积分式冲击电流计测量电容与高阻

一、实验目的

1. 学习数字积分式冲击电流计的使用方法.

2. 学习用比较法测量电容.

3. 掌握 RC 放电法测量高阻的原理，并测量高阻.

二、实验原理

1. 用冲击电流计测量电容的原理

冲击电流计常用于测量电荷量，而不是电流. 本质上讲，它是对脉冲电流的积分测量，基于电磁学中一些物理量存在的积分关系，它还可间接地测量磁感应强度、电容、电阻等. 本实验采用新型的数字积分式冲击电流计进行测量. 其原理是对输入的脉冲电流信号，用高速数字电路进行采集，计算其面积.

在图 3-2-1 中，电源 $\mathscr{E}$ 用于给电容器提供充电电源，具有较高的电压稳定度，且内阻要足够小. 开关 S_1 用于换向，需要时可以进行正反向测量，以提高测量准确度. 开关 S_2 用于选择充电与测量，S_3 用于选择标准电容器与被测电容器. 对 S_2、S_3 开关的要求是绝缘电阻要高、断路间隙小、接触抖动小，否则抖动和漏电阻将可能会影响测量结果.

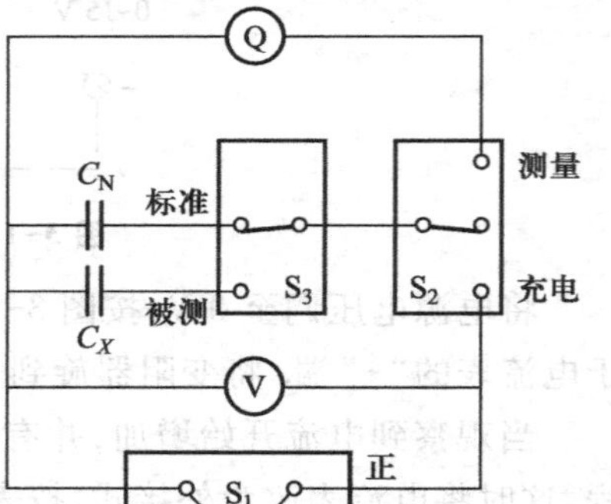

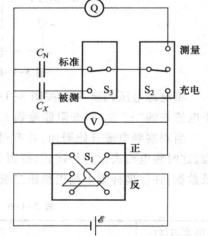

图 3-2-1　用冲击电流计测量电容

将 S_3 置于标准挡，S_2 置于充电挡，则电源 $\mathscr{E}$ 对标准电容器 C_N 充电. 标准电容器 C_N 上所充电荷量为 $Q_0=C_N U$. 将 S_2 置于测量挡，则 C_N 向冲击电流计 Q 放电，由于冲击电流计具有一定的内阻，故在一定的时间内完成放电. 冲击电流计完成电荷量的测量，并显示出来.

将 S_3 置于被测挡，S_2 置于充电挡，则电源 $\mathscr{E}$ 对被测电容器 C_X 充电. 被测电容器 C_X 上所充电荷量为 $Q_X=C_X U$. 将 S_2 置于测量挡，则 C_X 向冲击电流计 Q 放电. 冲击电流计完成电荷量的测量，并显示出来.

忽略漏电阻和电源 $\mathscr{E}$ 的变化，则有 $Q_0/Q_X=C_N/C_X$. 由于 C_N 为已知值，故可求得

$$C_X=\frac{Q_X}{Q_0}C_N \tag{3-2-1}$$

2. *RC* 放电法测高阻

高阻一般是指大于 $10^6\ \Omega$ 的电阻. 用数字电阻表或伏安法测量高阻时,因为数字表的输入电流非常小,所以测量失准. 借助于高性能的数字积分式冲击电流计,用放电法测量高阻,是一种较为准确的方法. 将待测高阻与已知电容器组成回路,在电容器放电时测量电容器上的电荷量(或电压)随时间的变化关系,确定其时间常量,在已知标准电容器的电容的情况下,可确定高阻的阻值. 其原理如图 3-2-2 所示.

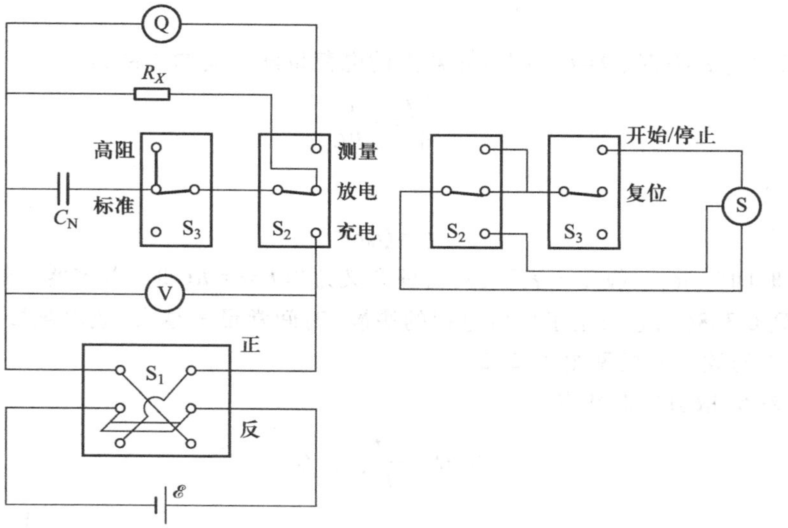

图 3-2-2 用冲击电流计测量高阻

在图 3-2-2 中,开关 S_2、S_3是一个双刀三位开关,其绝缘电阻高、断路间隙小、接触抖动小,测量过程如下:

(1) C_N充电:S_3置于标准挡,S_2置于充电挡,假设 $\mathscr{E}$ 的内阻为 5 Ω,标准电容器的电容值为 1 μF,则时间常量为 5 μs,在 30~50 μs 内,电容器充电完成. 因此只要将 S_2置于充电挡很短时间,就可认为充电完成. 同时 S_2的另一组开关接通计时器 S 的复位端,计时表示值回零.

(2) C_N放电:S_3置于高阻挡,一组开关接至 C_N不变,另一组开关接至开始/停止挡,准备进行计时. 将 S_2 置于放电挡,R_X 并联到 C_N两端,电容器开始放电;同时,S_2的另一组开关接通计时器 S 的开始/停止挡,计时器开始计时. 由于 S_2的两组开关是联动的,所以确保了放电与计时的同步性. 由于 S_2、S_3使用了高绝缘性能的开关,而且 C_N本身的绝缘电阻很高,所以实验中切换开关时,开关动作的快慢并不会明显影响计时的准确度,这降低了操作难度,并提高了测量准确性.

(3) 测量:放电一段时间后,将 S_2切换到测量挡,C_N向冲击电流计放电,并断开 R_X,以免在冲击电流计测量期间 C_N向 R_X放电. 同时 S_2的另一组开关再次接通计时器 S 的开始/停止挡,并停止计时. 由于 S_2的两组开关是联动的,所以确保了冲击电流计的测量与计时停止的同步性.

在上述的测量过程中，设放电时间为 t，则在 t 时刻电容器 C 上的电荷量 Q、电压 U 和 RC 回路中的电流 I 之间满足

$$Q=CU \tag{3-2-2}$$

其中

$$U=RI \tag{3-2-3}$$

$$I=-\frac{dQ}{dt} \tag{3-2-4}$$

负号表示随着放电时间的增加，电容器上的电荷量 Q 随之减少. 注意：Q、U、I 三个量都是时间的函数.

设初始条件为 $t=0$ 时，$Q=Q_0$，则电容器上的电荷量随时间的关系为

$$\frac{dQ}{dt}=-\frac{q}{RC} \tag{3-2-5}$$

即

$$Q=Q_0e^{\frac{-t}{RC}} \tag{3-2-6}$$

式中 RC 称为时间常量，一般用 τ 表示，其物理意义为当 $t=\tau=RC$ 时，电容器上的电荷量由 $t=0$ 时的 Q_0 下降到 $0.368Q_0$，它决定了放电过程的快慢. 时间常量 τ 越大，放电越慢；反之，τ 越小，放电越快. 对应的放电曲线见图 3-2-3.

对式(3-2-6)取自然对数有

$$\ln Q=-\frac{t}{RC}+\ln Q_0 \tag{3-2-7}$$

根据式(3-2-7)可知 $\ln Q$ 与 t 成线性关系，见图 3-2-4. 其直线斜率就是 $-\frac{1}{RC}$，根据已知标准电容器的电容值就可以求得 R 的大小.

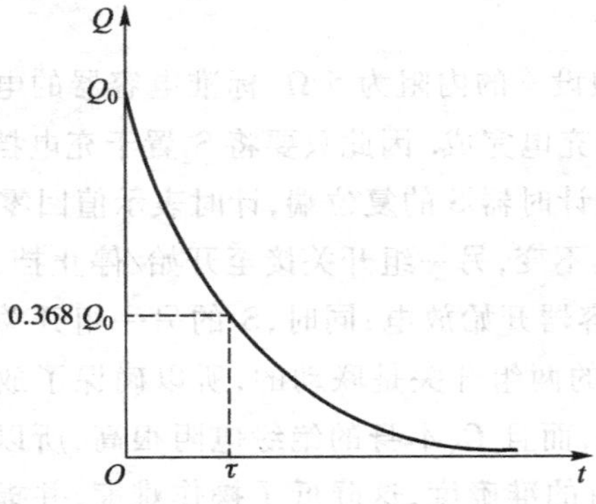

图 3-2-3 $Q-t$ 曲线

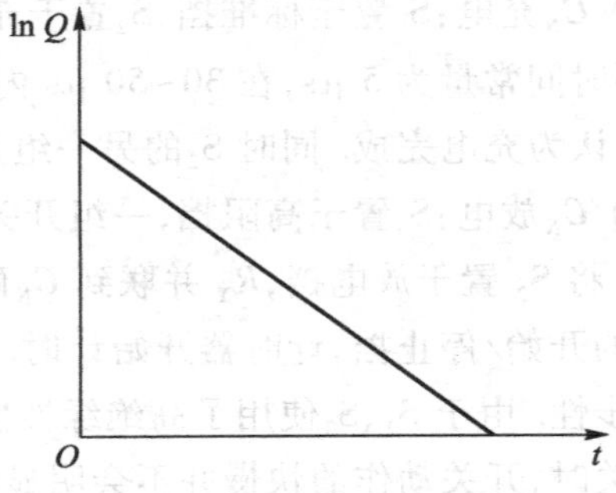

图 3-2-4 $\ln Q-t$ 曲线

三、实验仪器

DQ-3 数字积分式冲击电流计、DHDQ-3A 冲击法电容与高阻测量仪（含标准电容器、待测电容器、高值电阻、直流电源、放电开关、同步计时秒表等）.

四、实验内容

1. 用冲击电流计测量电容

按图 3-2-1 连接线路，接好冲击电流计、标准电容器 C_N和被测电容器 C_X.

(1) 将 S_1置于正向挡，S_3置于标准挡，S_2置于充电挡，则电源 $\mathscr{E}$ 对标准电容器 C_N 充电（选择合适的 $\mathscr{E}$ 值和 C_N值，使 $Q=CU$ 值的大小在冲击电流计的量程范围内，否则不能有效测量）. 将 S_2置于测量挡，则 C_N向冲击电流计 Q 放电. 冲击电流计完成电荷量的测量，自动显示 Q_1 的大小并保持，直到下一次测量. 记录这个 Q_1 值.

(2) 将 S_3置于被测挡，S_2置于充电挡，则电源 $\mathscr{E}$ 对被测电容器 C_X充电. 将 S_2置于测量挡，则 C_X向冲击电流计 Q 放电. 冲击电流计完成电荷量的测量，自动显示 Q_2 的大小并保持，直到下一次测量. 记录这个 Q_2 值.

(3) 多次测量，将结果记入表 3-2-1，用公式(3-2-1)计算 C_X值.

表 3-2-1　用冲击电流计测量电容

$C_N/\mu F$	1	2	3	4	5	6	7	8	平均值	$C_X/\mu F$
$Q_N/\mu C$										
$Q_X/\mu C$										

2. 用冲击电流计测量高阻

按图 3-2-2 接线，接好冲击电流计、标准电容器 C_N和待测电阻 R_X，根据 R_X的预期大小，选择合适的 C_N值，以使时间常量 $\tau=R_XC_N$在 10～100 s. τ 太大，则测量时间过长；τ 太小，计时容易产生误差. 再根据 C_N值，选择合适的电源 $\mathscr{E}$，使 $Q=C_NU$ 值的大小在冲击电流计的量程范围内，否则不能进行有效测量.

(1) C_N充电：将 S_3置于标准挡，S_2置于充电挡，同时 S_2的另一组开关接通计时器 S 的复位端，计时表示值回零.

(2) C_N放电：将 S_3置于高阻端，一组开关接至 C_N不变，另一组开关接至开始/停止端，准备进行计时. 将 S_2置于放电挡，R_X并联到 C_N的两端，电容器开始放电. 同时，S_2的另一组开关接通计时器 S 的开始/停止端，计时器开始计时.

(3) 测量：放电一段时间后，将 S_2切换到测量挡，C_N向冲击电流计放电，并断开 R_X. 同时 S_2的另一组开关再次接通计时器 S 的开始/停止端并停止计时. 记录时间 t 和电荷量 Q 值.

(4) 重复 C_N充电至测量的过程，选择不同的放电时间 t，获得 10 组数据并记入表 3-2-2，将这些数据进行处理，即可获得 R_X值. 对上述的测量结果进行 $\ln Q_N-t$ 直线拟合，根据直线斜率即可求得 R_XC_N值，代入已知的 C_N可求得 R_X值.

表 3-2-2　用冲击电流计测量高阻

	1	2	3	4	5	6	7	8	9	10
t/s										
$Q_N/\mu C$										
$\ln Q_N$										

实验三 *RLC* 电路特性的研究

一、实验背景

电容器、电感元件在交流电路中的阻抗是随着电源频率的变化而变化的. 将正弦交流电压加到电阻、电容器和电感组成的电路中时,各元件上的电压及相位会随时间发生稳定的变化,这称为电路的稳态特性;将一个阶跃电压加到 *RLC* 元件组成的电路中时,电路的状态会由一个平衡态转变到另一个平衡态,各元件上的电压会出现有规律的变化,这称为电路的暂态特性.

二、实验目的

1. 观测 *RC* 和 *RL* 串联电路的幅频特性和相频特性.
2. 观测 *RLC* 串联、并联电路的相频特性和幅频特性.
3. 观察和研究 *RLC* 电路的串联谐振和并联谐振现象.
4. 观察 *RC* 和 *RL* 电路的暂态过程,理解时间常量 τ 的意义.
5. 观察 *RLC* 串联电路的暂态过程及其阻尼振荡规律.

三、实验原理

1. *RC* 串联电路的稳态特性

(1) *RC* 串联电路的频率特性

在图 3-3-1 所示电路中,电阻 *R*、电容器 *C* 的电压有以下关系式

$$I=\frac{U}{\sqrt{R^2+\left(\frac{1}{\omega C}\right)^2}} \tag{3-3-1}$$

$$U_R=IR \tag{3-3-2}$$

$$U_C=\frac{1}{\omega C} \tag{3-3-3}$$

$$\varphi=-\arctan\frac{1}{\omega CR} \tag{3-3-4}$$

其中 ω 为交流电源的角频率,U 为交流电源的电压有效值,φ 为电流和电源电压的相位差,它与角频率 ω 的关系见图 3-3-2. 由以上关系式可知,当 ω 增加时,I 和 U_R 增加,而 U_C 减小. 当 ω 很小时,$\varphi\to-\frac{\pi}{2}$;ω 很大时,$\varphi\to0$.

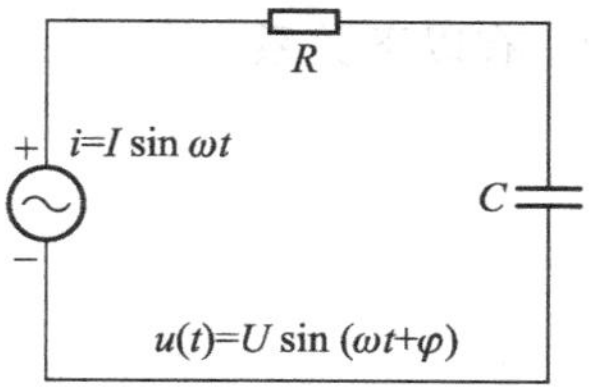

图 3-3-1　RC 串联电路

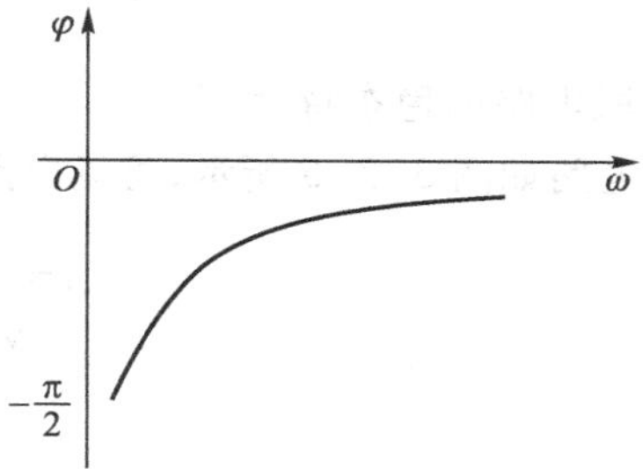

图 3-3-2　RC 串联电路的相频特性

(2) RC 低通滤波

RC 低通滤波电路如图 3-3-3 所示，其中 U_i 为输入电压，U_o 为输出电压，U_o 是一个复数，则有

$$\frac{U_o}{U_i}=\frac{1}{1+\mathrm{j}\omega RC} \tag{3-3-5}$$

设 $\omega_0=\dfrac{1}{RC}$，则由上式可知

$$\left|\frac{U_o}{U_i}\right|=\frac{1}{\sqrt{1+(\omega RC)^2}}=\frac{1}{\sqrt{1+(\omega/\omega_0)}} \tag{3-3-6}$$

则 $\omega=0$ 时，$\left|\dfrac{U_o}{U_i}\right|=1$；$\omega=\omega_0$ 时，$\left|\dfrac{U_o}{U_i}\right|=\dfrac{1}{\sqrt{2}}=0.707$；$\omega\to\infty$ 时，$\left|\dfrac{U_o}{U_i}\right|=0$. 可见 $\left|\dfrac{U_o}{U_i}\right|$ 随 ω 的变化而变化，并且当 $\omega<\omega_0$ 时，$\left|\dfrac{U_o}{U_i}\right|$ 变化较小，$\omega>\omega_0$ 时，$\left|\dfrac{U_o}{U_i}\right|$ 明显下降. 这就是低通滤波器的工作原理，它使较低频率的信号容易通过，而阻止较高频率的信号通过.

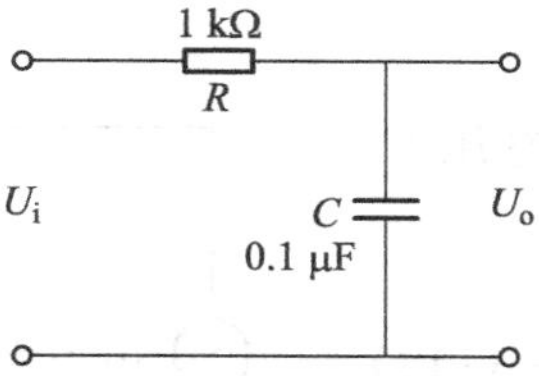

图 3-3-3　RC 低通滤波器

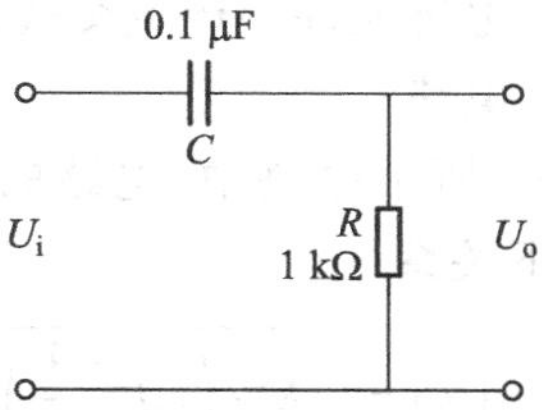

图 3-3-4　RC 高通滤波器

(3) RC 高通滤波

RC 高通滤波器的电路图见图 3-3-4，分析可知有

$$\left|\frac{U_o}{U_i}\right|=\frac{1}{\sqrt{1+\left(\dfrac{1}{\omega RC}\right)^2}} \tag{3-3-7}$$

同样令 $\omega_0=\dfrac{1}{RC}$，则 $\omega=0$ 时，$\left|\dfrac{U_o}{U_i}\right|=0$；$\omega=\omega_0$ 时，$\left|\dfrac{U_o}{U_i}\right|=\dfrac{1}{\sqrt{2}}=0.707$；$\omega\to\infty$ 时，$\left|\dfrac{U_o}{U_i}\right|=1$. 可见该电路的特性与低通滤波电路相反，它对低频信号的衰减较大，而对高频信号的衰减很小，使其容

易通过.

2. *RL* 串联电路的稳态特性

RL 串联电路如图 3-3-5 所示,可见电路中 I、U、U_R、U_L 有以下关系

$$I=\frac{U}{\sqrt{R^2+(\omega L)^2}} \tag{3-3-8}$$

$$U_R=IR \tag{3-3-9}$$

$$U_L=I\omega L \tag{3-3-10}$$

$$\varphi=\arctan\left(\frac{\omega L}{R}\right) \tag{3-3-11}$$

可见 *RL* 电路的幅频特性与 *RC* 电路相反,ω 增加时,I、U_R 减小,U_L 增大. 它的相频特性见图 3-3-6. 由图可知,ω 很小时,$\varphi\to 0$;ω 很大时,$\varphi\to\frac{\pi}{2}$.

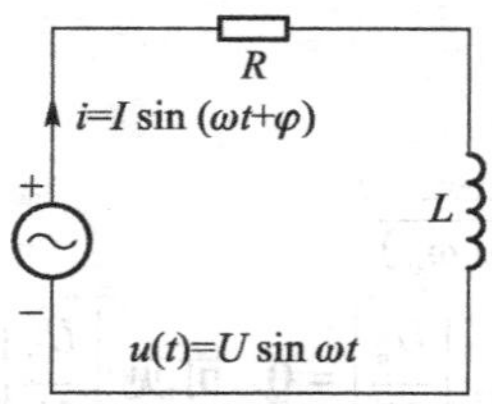

图 3-3-5 *RL* 串联电路

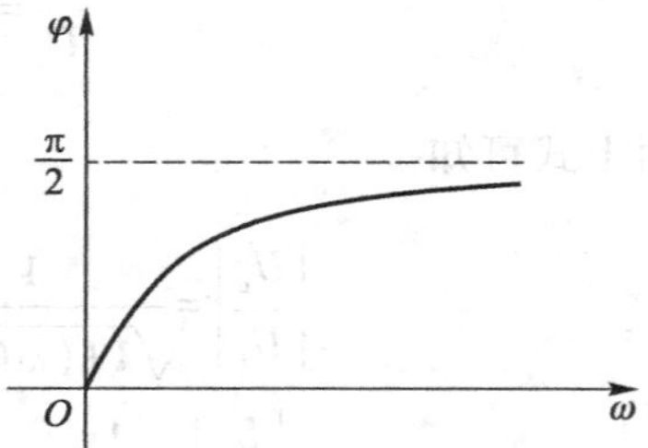

图 3-3-6 *RL* 串联电路的相频特性

3. *RLC* 电路的稳态特性

在电路中如果同时存在电感和电容器元件,那么电路在一定条件下会产生某种特殊状态,能量会在电容器和电感元件中产生交换,称为谐振现象.

(1) *RLC* 串联电路

在如图 3-3-7 所示电路中,电路的总阻抗 $|Z|$、电压 u、U_R 和 i 之间有以下关系

$$|Z|=\sqrt{R^2+\left(\omega L-\frac{1}{\omega C}\right)^2} \tag{3-3-12}$$

$$\varphi=\arctan\left(\frac{\omega L-\frac{1}{\omega C}}{R}\right) \tag{3-3-13}$$

$$i=\frac{u}{\sqrt{R^2+\left(\omega L-\frac{1}{\omega C}\right)^2}} \tag{3-3-14}$$

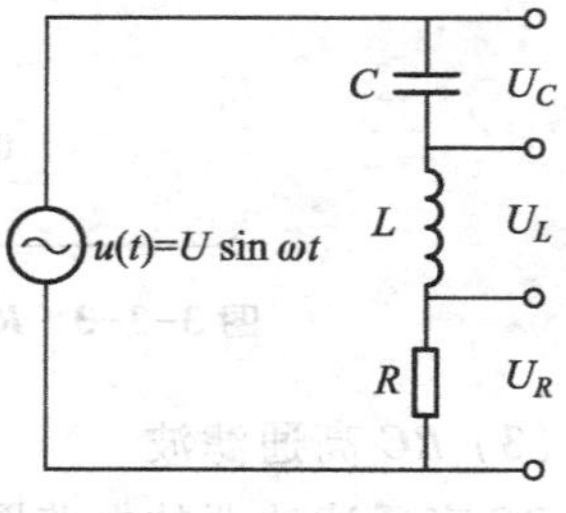

图 3-3-7 *RLC* 串联电路

其中 ω 为角频率,可见以上物理量均与 ω 有关,它们与频率的关系称为频响特性.

由图 3-3-8(a) 与图 3-3-8(c) 可知,在频率 f_0 处阻抗 Z 值最小,且整个电路呈纯电阻性,而电流 i 达到最大值,我们称 f_0 为 *RLC* 串联电路的谐振频率(ω_0 为谐振角频率). 从图 3-3-8

(b)可知,在 $f_1<f<f_2$ 的频率范围内 i 值较大,我们称该频率范围为通频带.

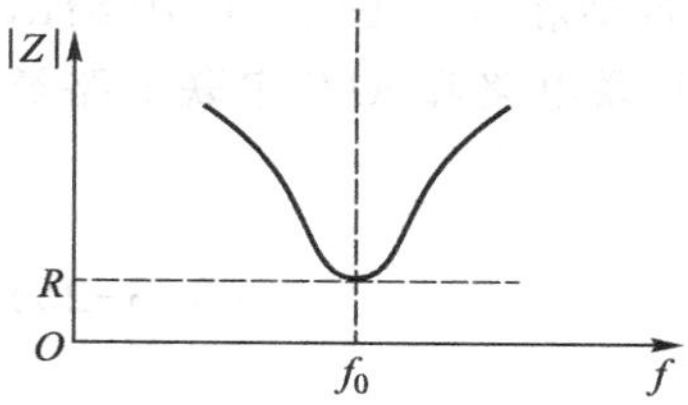

(a) 阻抗特性

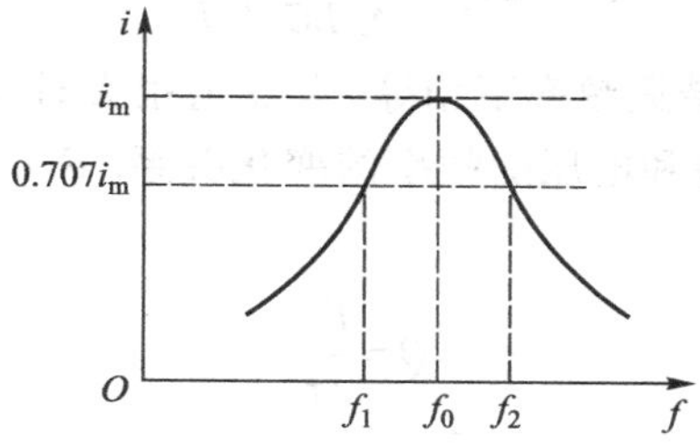

(b) 幅频特性

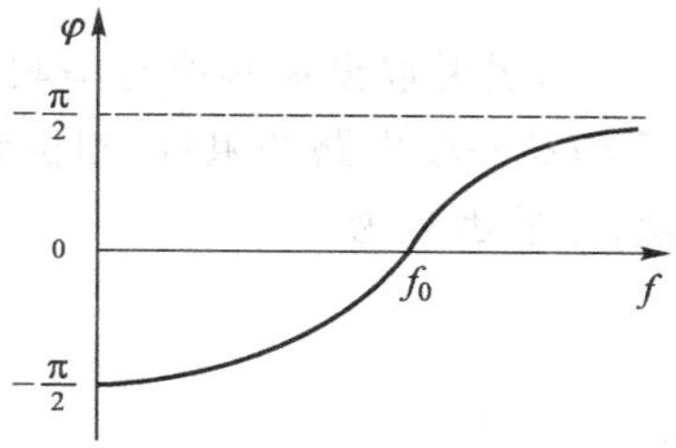

(c) 相频特性

图 3-3-8　*RLC* 串联电路

下面我们推导出 $f_0(\omega_0)$ 和另一个重要的参量——品质因数 Q. 当 $\omega L=\frac{1}{\omega C}$ 时,从式(3-3-12)、式(3-3-13)及式(3-3-14)可知

$$|Z|=R \tag{3-3-15}$$

$$\varphi=0 \tag{3-3-16}$$

$$i_m=\frac{U}{R}\omega=\omega_0=\frac{1}{\sqrt{LC}} \tag{3-3-17}$$

$$f=f_0=\frac{1}{2\pi\sqrt{LC}} \tag{3-3-18}$$

这时的电感上的电压为

$$U_L=i_m|Z_L|=\frac{\omega_0 L}{R}U \tag{3-3-19}$$

电容器上的电压为

$$U_C=i_m|Z_C|=\frac{1}{R\omega_0 C}U \tag{3-3-20}$$

U_C 或 U_L 与 U 的比值称为品质因数 Q. 可以证明

$$Q=\frac{U_L}{U}=\frac{U_C}{U}=\frac{\omega_0 L}{R}=\frac{1}{R\omega_0 C} \tag{3-3-21}$$

$$\Delta f=\frac{f_0}{Q},\quad Q=\frac{f_0}{\Delta f} \tag{3-3-22}$$

(2) *RLC* 并联电路

在图 3-3-9 所示的电路中有

$$|Z|=\sqrt{\frac{R^2+(\omega L)^2}{(1-\omega^2LC)^2(\omega CR)^2}} \tag{3-3-23}$$

$$\varphi=\arctan\left[\frac{\omega L-\omega C(R^2+\omega CR)^2}{R}\right] \tag{3-3-24}$$

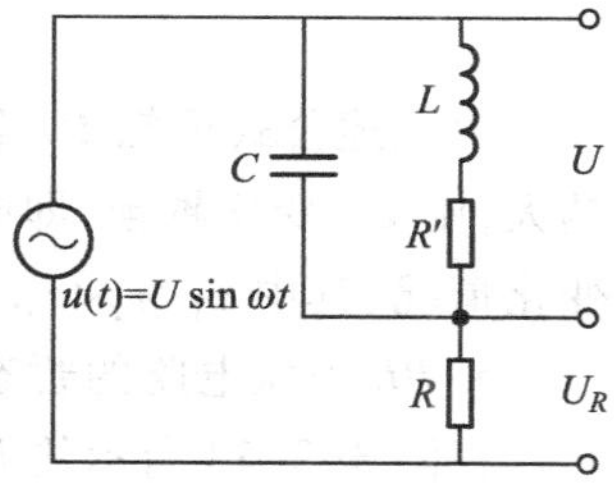

图 3-3-9　*RLC* 并联电路

可以求得并联谐振角频率

$$\omega_0 = 2\pi f_0 = \sqrt{\frac{1}{LC} - \left(\frac{R}{L}\right)^2} \tag{3-3-25}$$

可见并联谐振频率与串联谐振频率不相等(当 Q 值很大时才近似相等). 图 3-3-10 给出了 RLC 并联电路的阻抗、相位差和电压随频率的变化关系. RLC 并联电路和 RLC 串联电路类似,品质因数为

$$Q = \frac{f_0}{\Delta f} \tag{3-3-26}$$

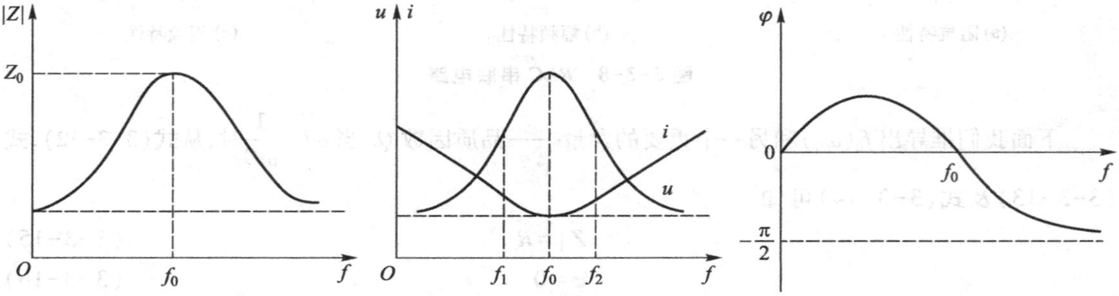

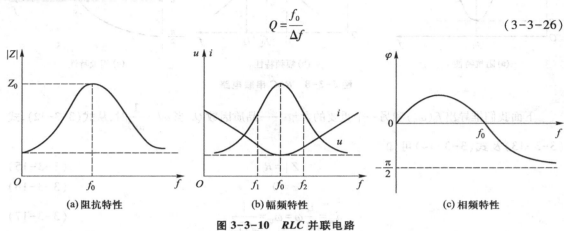

(a) 阻抗特性　(b) 幅频特性　(c) 相频特性

图 3-3-10 RLC 并联电路

由以上分析可知 RLC 串联、并联电路对交流信号具有选频特性,在谐振频率点附近,有较大的信号输出,其他频率的信号被衰减. 这在通信领域、高频电路中得到了非常广泛的应用.

4. RC 串联电路的暂态特性

电压值从一个值跳变到另一个值称为阶跃电压. 在图 3-3-11 所示电路中,当开关 S 合向 1 时,设电容器 C 中初始电荷量为 0,则电源 $\mathscr{E}$ 通过电阻 R 对电容器 C 充电,充电完成后,把 S 打向 2,电容器通过 R 放电,其充电方程为

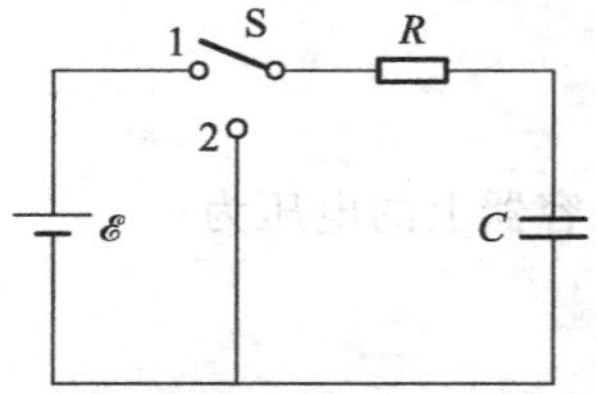

图 3-3-11 RC 串联电路

$$U_C = \mathscr{E}(1 - e^{-\frac{t}{RC}}) \tag{3-3-27}$$

$$U_R = \mathscr{E} e^{-\frac{t}{RC}} \tag{3-3-28}$$

放电方程为

$$\frac{dU_C}{dt} + \frac{1}{RC} U_C = 0 \tag{3-3-29}$$

$$U_C = \mathscr{E} e^{-\frac{t}{RC}} \tag{3-3-30}$$

$$U_R = -\mathscr{E} e^{-\frac{t}{RC}} \tag{3-3-31}$$

由上述公式可知 U_C 和 U_R 均按指数规律变化. 令 $\tau = RC$, τ 称为 RC 电路的时间常量. τ 值越大,则 U_C 变化越慢,即电容器的充电或放电过程越慢. 图 3-3-12 给出了不同 τ 值时的 U_C 变化情况,其中 $\tau_1 < \tau_2 < \tau_3$.

5. RL 串联电路的暂态过程

在图 3-3-13 所示的 RL 串联电路中,当 S 打向 1 时,电感中的电流不能突变,S 打向 2 时,电路中的电流也不能突变为 0,这两个过程中的电流、电压均有相应的变化过程. 电流增长过程:

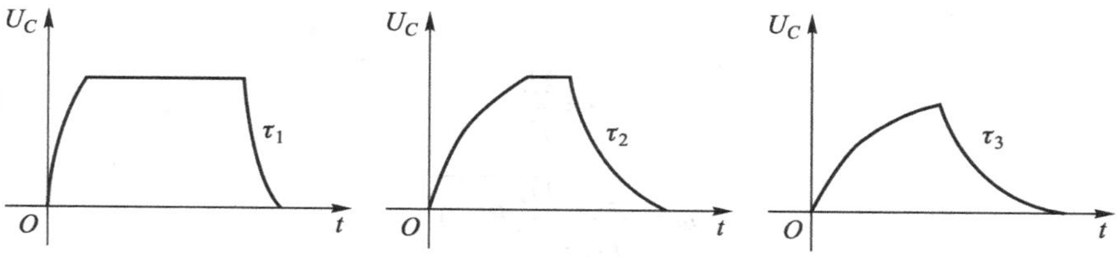

图 3-3-12　不同 τ 值时 U_C 的变化

$$U_L=\mathscr{E}e^{-\frac{R}{L}t} \tag{3-3-32}$$

$$U_R=\mathscr{E}(1-e^{-\frac{R}{L}t}) \tag{3-3-33}$$

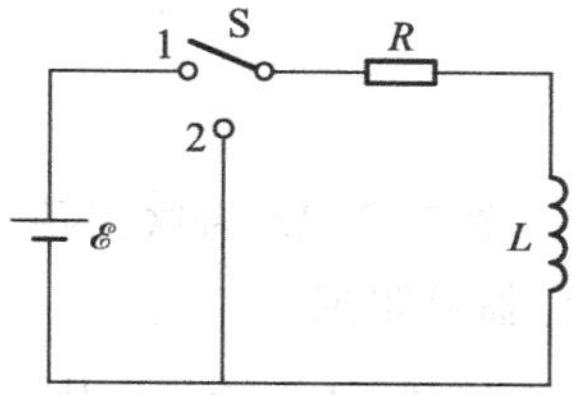

图 3-3-13　RL 串联电路

电流减少过程：

$$U_L=-\mathscr{E}e^{-\frac{R}{L}t} \tag{3-3-34}$$

$$U_R=\mathscr{E}e^{-\frac{R}{L}t} \tag{3-3-35}$$

其中电路的时间常量：

$$\tau=\frac{L}{R} \tag{3-3-36}$$

6. *RLC* 串联电路的暂态过程

在图 3-3-14 所示的电路中，先将 S 打向 1，待电路稳定后再将 S 打向 2，这称为 *RLC* 串联电路的放电过程，这时的电路方程为

$$LC\frac{d^2U_C}{dt^2}+RC\frac{dU_C}{dt}+U_C=0 \tag{3-3-37}$$

初始条件为 $t=0$，$U_C=\mathscr{E}$，$\frac{dU_C}{dt}=0$，按 R 值的大小，电路一般可分为三种情况求解.

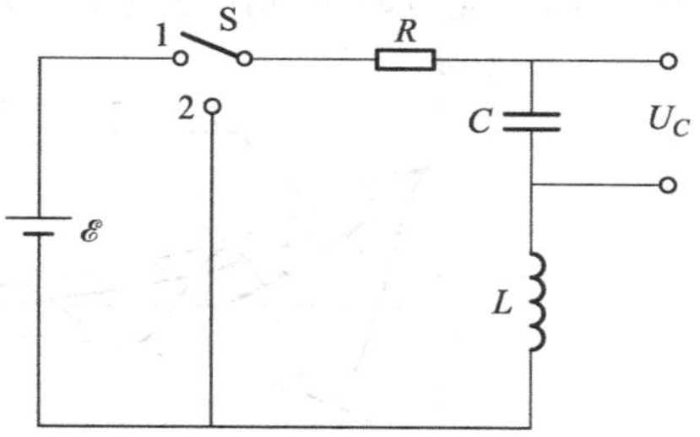

图 3-3-14　RLC 串联电路

（1）$R<2\sqrt{L/C}$ 时，为欠阻尼，电容器两端的电压为

$$U_C=\frac{1}{\sqrt{1-\frac{C}{4L}R^2}}\mathscr{E}e^{-\frac{t}{\tau}}\cos(\omega t+\varphi) \tag{3-3-38}$$

其中

$$\tau=\frac{2L}{R} \tag{3-3-39}$$

$$\omega=\frac{1}{\sqrt{LC}}\sqrt{1-\frac{C}{4L}R^2} \tag{3-3-40}$$

（2）$R>2\sqrt{L/C}$ 时，为过阻尼，电容器两端的电压为

$$U_C=\frac{1}{\sqrt{\frac{C}{4L}R^2-1}}\mathscr{E}e^{-\frac{t}{\tau}}\sinh(\omega t+\varphi) \tag{3-3-41}$$

其中

$$\tau=\frac{2L}{R} \tag{3-3-42}$$

$$\omega=\frac{1}{\sqrt{LC}}\sqrt{\frac{C}{4L}R^2-1} \tag{3-3-43}$$

（3） $R=2\sqrt{L/C}$ 时，为临界阻尼，电容器两端的电压为

$$U_C=\left(1+\frac{t}{\tau}\right)\mathscr{E}e^{-\frac{t}{\tau}} \tag{3-3-44}$$

图 3-3-15 为这三种情况下的 U_C 变化曲线，其中曲线 1 为欠阻尼，曲线 2 为过阻尼，曲线 3 为临界阻尼.

当 $R\ll2\sqrt{L/C}$ 时，则图 3-3-15 中的曲线 1 的振幅衰减很慢，能量的损耗较小. 在 L 与 C 之间不断交换能量的电路，可近似为自由振荡的 LC 电路，这时 $\omega\approx\frac{1}{\sqrt{LC}}=\omega_0$，$\omega_0$ 是 $R=0$ 时 LC 回路的固有频率.

RLC 电路的充电过程与放电过程相类似，只是初始条件和最后平衡的位置不同. 图 3-3-16 给出了充电时不同阻尼的 U_C 变化曲线图.

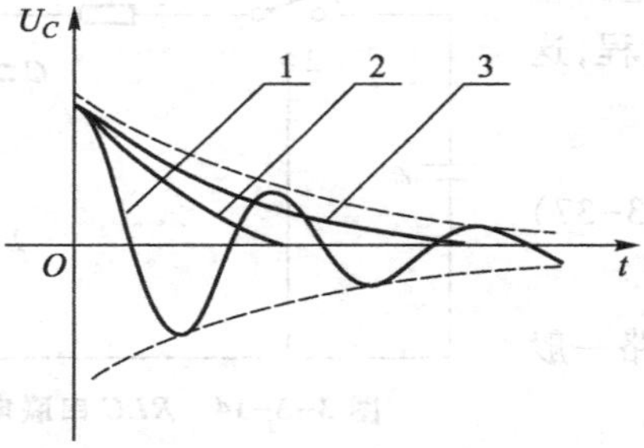

图 3-3-15　放电时的 U_C-t 曲线

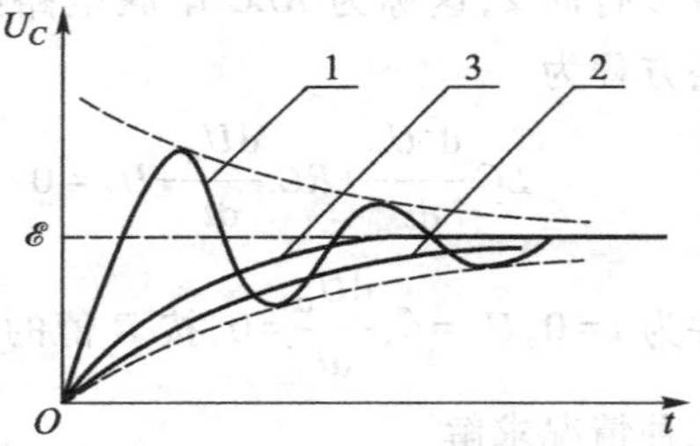

图 3-3-16　充电时的 U_C-t 曲线

四、实验仪器

FB318 型电路实验仪、示波器等.

五、实验内容

对 RC、RL、RLC 电路的稳态特性的观测采用正弦波，对 RLC 电路的暂态特性的观测采用直流电源和方波信号，用方波作为测试信号时可用普通示波器方便地进行观测；用直流信号作实验时，需要用数字存储式示波器才能得到较好的观测结果.

1. RC 串联电路的稳态特性

（1） RC 串联电路的幅频特性

选择正弦波信号，保持其输出幅度不变，分别用示波器测量不同频率时的 U_R、U_C，可取 $C=0.1\ \mu F$，$R=1\ k\Omega$，也可根据实际情况自选 R、C 参量.

用双通道示波器观测时可用一个通道监测信号源电压，另一个通道分别测 U_R、U_C，但需注意两通道的接地点应位于线路的同一点，否则会引起部分电路短路.

（2）RC 串联电路的相频特性

将信号源电压 u 和 U_R 分别接至示波器的两个通道，可取 $C=0.1\ \mu F$，$R=1\ k\Omega$（也可自选）. 从低到高调节信号源频率，观察示波器上两个波形的相位变化情况，可用李萨如图形法观测，并记录不同频率时的相位差.

（3）据测量结果作 RC 串联电路的幅频特性和相频特性图.

2. RL 串联电路的稳态特性

（1）测量 RL 串联电路的幅频特性和相频特性，与 RC 串联电路的方法类似，可选 $L=10\ mH$，$R=1\ k\Omega$，也可自行确定.

（2）根据测量结果作 RL 串联电路的幅频特性和相频特性图.

3. RLC 串联电路的稳态特性

自选合适的 L 值、C 值和 R 值，用示波器的两个通道测信号源电压 u 和电阻电压 U_R，必须注意两通道的公共线是相通的，接入电路点应在同一点上，否则会造成短路.

（1）幅频特性

保持信号源电压 u 不变（可取 $u_{P-P}=5\ V$），根据所选的 L 值、C 值，估算谐振频率，以选择合适的正弦波频率范围. 从低到高调节频率，当 U_R 的电压为最大时的频率即为谐振频率，记录不同频率时的 U_R 大小.

（2）相频特性

用示波器的双通道观测信号源电压 u 和电容器电压 U_C 的相位差，U_R 的相位与电路中电流的相位相同，观测在不同频率下的相位变化，记录某一频率时的相位差值.

（3）据测量结果作 RLC 串联电路的幅频特性和相频特性，并计算电路的 Q 值.

4. RLC 并联电路的稳态特性

按图 3-3-9 进行连线，注意此时 R' 为电感的内阻，它随电感取值的不同而不同，它的值可在相应的电感值下用直流电阻表测量，选取 $L=10\ mH$，$C=0.1\ \mu F$，$R=10\ k\Omega$，也可自行设计选定. 注意 R 的取值不能过小，否则会由于电路中的总电流变化大而影响 U_R 的大小.

（1）LC 并联电路的幅频特性

保持信号源的 u 值幅度不变（可取 u_{P-P} 为 2~5 V），测量 u 和 U_R 的变化情况. 注意示波器的公共端接线，不应造成电路短路.

（2）RLC 并联电路的相频特性

用示波器的两个通道，测 u 和 U_R 的相位变化情况. 自行确定电路参量.

（3）据测量结果作 RLC 串联电路、RLC 并联电路的幅频特性和相频特性，并计算电路的 Q 值.

5. RC 串联电路的暂态特性

如果选择信号源为直流电压，观察单次充电过程要用存储式示波器. 我们选择方波作为信号源进行实验，以便用普通示波器进行观测. 由于采用了功率信号输出，故应防止短路.

（1）选择合适的 R 值和 C 值，根据时间常量 τ，选择合适的方波频率，一般要求方波的周期 $T>10\tau$，这样能较完整地反映暂态过程，并且选用合适的示波器扫描速度，以完整地显示暂态过程.

(2) 改变 R 值或 C 值,观测 U_R 或 U_C 的变化规律,记录下不同 RC 值时的波形情况,并分别测量时间常量 τ.

(3) 改变方波频率,观察波形的变化情况,分析相同的 τ 值在不同频率时的波形变化情况.

(4) 根据不同的 R 值、C 值,画出 RC 电路的暂态响应曲线.

6. RL 串联电路的暂态过程

(1) 选取合适的 L 值与 R 值,注意 R 的取值不能过小,因为 L 存在内阻. 如果波形有失真、自激现象,则应重新调整 L 值与 R 值进行实验,方法与 RC 串联电路的暂态特性实验类似.

(2) 根据不同的 R 值、L 值,画出 RL 电路的暂态响应曲线.

7. RLC 串联电路的暂态特性

(1) 先选择合适的 L 值、C 值,根据选定参量,调节 R 值大小. 观察三种阻尼振荡的波形. 如果欠阻尼时振荡的周期数较少,则应重新调整 L 值、C 值.

(2) 示波器测量欠阻尼时的振荡周期 T 和时间常量 τ. τ 值反映了振荡幅度的衰减速度,从最大幅度衰减到 0.368 倍的最大幅度处的时间即为 τ 值.

(3) 根据不同的 R 值画出 RLC 串联电路的暂态响应曲线,分析 R 值大小对充放电的影响.

实验四　用单臂电桥测量中值电阻

一、实验目的

1. 推导直流电桥的平衡公式.
2. 根据实验原理思考使电桥尽快达到平衡的简捷方法.
3. 掌握直流平衡电桥的工作原理.
4. 学会用单臂电桥测量中值电阻.

二、实验原理

电桥是一种用比较法进行测量的仪器,被广泛用来精确测量许多电学量和非电学量,在自动控制测量中是常用的仪器之一. 电桥按其用途,可分为平衡电桥和非平衡电桥;按其使用的电源又可分为直流电桥和交流电桥;按其结构可分为单臂电桥和双臂电桥. 电阻按阻值的大小大致可分为三类:待测电阻值在 1 MΩ 以上的电阻为高值电阻;阻值在 1 Ω~1 MΩ 的电阻称为中值电阻,可用单臂(惠斯通)电桥测量;阻值在 1 Ω 以下的电阻为低值电阻,则必须使用双臂电桥(开尔文电桥)来进行测量.

用伏安法测电阻时,由于电表精度的制约和电表内阻的影响,测量结果准确度较低. 于是人们设计了电桥,通过平衡比较的方法进行测量,而表征电桥是否平衡,用的是检流计示零法. 只要检流计的灵敏度足够高,其零点误差即可忽略. 用电桥测量电阻的误差主要来自比较,而比较是在待测电阻和标准电阻间进行的，标准电阻越准确，电桥法测电阻的精度就越高.

1. 双臂电桥作为单臂电桥使用时的工作原理

QJ23A 型电桥的内部线路如图 3-4-1 所示. 图中，

R_1、R_2——转换开关式比例臂电阻箱；

R——转换开关式测定臂电阻箱；

G——检流计；

S——电源开关；

R_X——待测电阻.

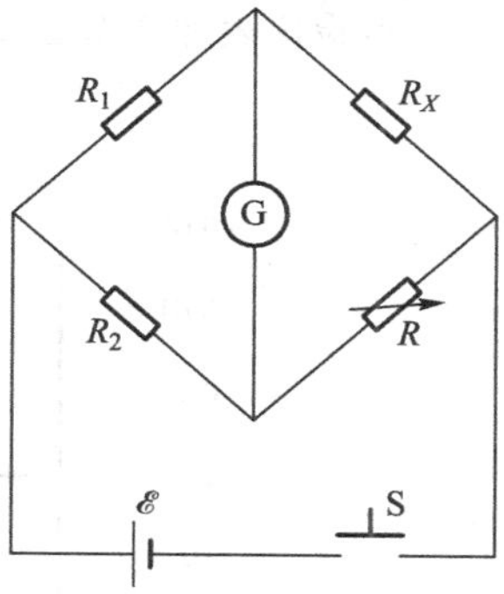

图 3-4-1 平衡电桥

当电桥平衡时，由检流计上无电流得出

$$I_1=I_X,\quad I_2=I$$

由检流计两端电势相等得

$$I_1R_1=I_2R_2,\quad I_XR_X=IR$$

由以上四式得出

$$R_X=\frac{R_1}{R_2}R$$

这样待测电阻 R_X 可以由 R_1、R_2 的比率$\frac{R_1}{R_2}$与 R 的乘积决定，因此通常称 R_1、R_2 所在的桥臂为比例臂，称 R 所在的桥臂为测定臂.

2. 电桥平衡时的基本特点

（1）电桥平衡与否仅由各臂参量确定，与电源及检流计内阻无关.

（2）电桥平衡时，电源和检流计位置可以互换，并且电桥相对臂亦可互换，一条对角线的状态（开路或接有某一电阻）不会影响另一条对角线的状态（电流的大小）.

（3）电桥平衡时，从电源对角线两端向电桥看去，所呈现的电阻（即所谓输入电阻）与测量对角线的电阻 R_g 无关，而输出电阻（即从测量对角线向电源看去所呈现的电阻）与电源支路中的电阻 R_r 无关.

（4）电桥平衡时，电桥各臂的相对灵敏度是相同的，这样在检查电桥灵敏度时可选任一臂作为可变臂.

许多测量和实验方法都利用了电桥的以上特点.

3. 电桥灵敏度

电桥达到平衡时，若使其中一个桥臂的电阻值 R 改变一个微小量 ΔR，电桥偏离平衡使检流计偏转 Δn 格（一般取 Δn 为 30 格左右），则电桥灵敏度（以相对灵敏度表示）定义为

$$S=\frac{\Delta n}{\Delta R}R$$

实验和理论计算都表明，影响电桥灵敏度的因素是多种多样的. 电源电压越高（当然在允许范围内），检流计本身灵敏度越高，检流计内阻越小，桥臂电阻越小，则电桥灵敏度越高.

三、实验仪器

单臂直流电桥、待测元器件、导线两根.

四、实验内容

实验仪表原理如图 3-4-2 所示.

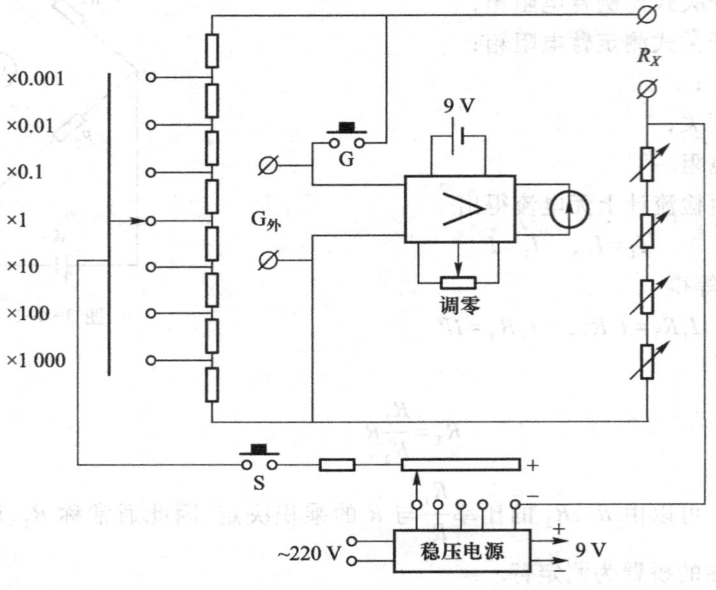

图 3-4-2　仪表电路原理图

1. 将未知电阻接到 R_X 处，测 4 个未知电阻，同时测量对应的电桥灵敏度，数据记录在表 3-4-1 中.

表 3-4-1

待测电阻	比率	电阻码盘读数	电阻测量值	$\Delta R/\Omega$	Δn	S
R_{1X}/Ω						
R_{2X}/Ω						
R_{3X}/Ω						
R_{4X}/Ω						

2. 研究电桥电压对电桥灵敏度的影响，测量数据记录在表 3-4-2 中.

表 3-4-2

所选电阻值：________Ω

电压值	$\Delta R/\Omega$	Δn	S
3 V			
6 V			
15 V			

注：在测量未知电阻时，把 R 置于五位有效数字的最小数，首先选择合适的 R_1 与 R_2 之比，然后从高位到低位调节 R 各旋钮，直至电桥平衡.

五、注意事项

1. 实验箱接通电源后，电桥通电前（S 断开时），先通过旋转实验箱上的调零旋钮将检流计调零，后续实验中请勿再动此旋钮.
2. 选择合适比率使电阻箱最高码盘读数不为 0，保证有效数字位数.
3. 调节电桥平衡时，一定要先粗后细，保护检流计不被损坏.
4. 检流计灵敏度先低后高，但不是越高越好.
5. 指针偏转低于 1 格即可认为电桥处于平衡状态.
6. 电桥上的开关都是常断开关，使用时请用跃按法.

六、思考题

1. 电桥灵敏度与哪些因素有关？
2. 怎样使电桥尽快至平衡？

实验五　用双臂电桥测量低值电阻

一、实验目的

1. 掌握用双臂电桥测电阻的原理和方法.
2. 学习并掌握用 FB513 型组装式直流双臂电桥测量低值电阻的方法.

二、实验原理

当用单臂电桥测量电阻时，比例臂电阻可采用较高的电阻，因此，与比例臂电阻相连接的引线电阻和接触电阻都可以忽略不计. 如果待测电阻 R_X 属于低值电阻，那么比较臂电阻 R_N 也应该用低值电阻. 因此，与 R_X、R_N 相连的四根导线和几个接点的接触电阻对测量结果的影响就比较大，不能轻易忽略. 为了减少它们的影响，我们对单臂电桥做了两处明显的改进，从而发展成双臂电桥.

(1) 待测电阻 R_X 和标准电阻 R_N 均采用四端接法. 四端接法示意图见图 3-5-1，图中 C_1、C_2 是电流端，通常接电源回路，从而将这两端的引线电阻和接触电阻折合到电源回路的其他串联电阻中；P_1、P_2 是电压端，通常接测量电压用的高电阻回路或电流为零的补偿回路，从而使这两端的引线电阻和接触电阻对测量的影响大为减少. 采用这种接法的电阻称为四端电阻.

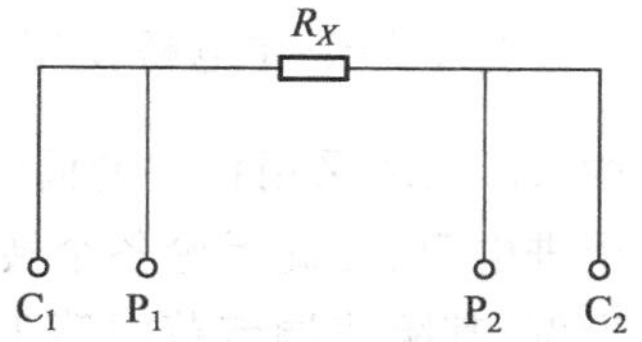

图 3-5-1　四端接法

(2) 把低值电阻的四端接法用于电桥电路，如图 3-5-2 所示. 其中增设了电阻 R_2、R'，它们构成另一臂，其阻值较高. 这样，由于电阻 R_X 和 R_N 电压端的附加电阻和高阻值桥臂串联，其影响就大大减小了;两个靠外侧的电流端附加电阻串联在电源回路中,对电桥没有影响;两个内侧的电流端的附加电阻总和为 R_r,因此只要适当调节 R_1、R_2、R、R'的阻值,就可以消除 R_r 对测量结果的影响. 调节 R_1、R_2、R、R',使流过检流计 G 的电流为零,电桥达到平衡,于是得到以下三个回路方程

$$\begin{cases} I_1R=I_3R_X+I_2R' \\ I_1R_1=I_2R_2+I_3R_N \\ I_2(R_2+R')=(I_3-I_2)R_r \end{cases}$$

上式中的各量如图 3-5-2 所示,上列方程可得

$$R_X=\frac{R}{R_1}R_N+\frac{R_rR_2}{R+R_2+R_r}\left(\frac{R}{R_1}-\frac{R'}{R_2}\right) \tag{3-5-1}$$

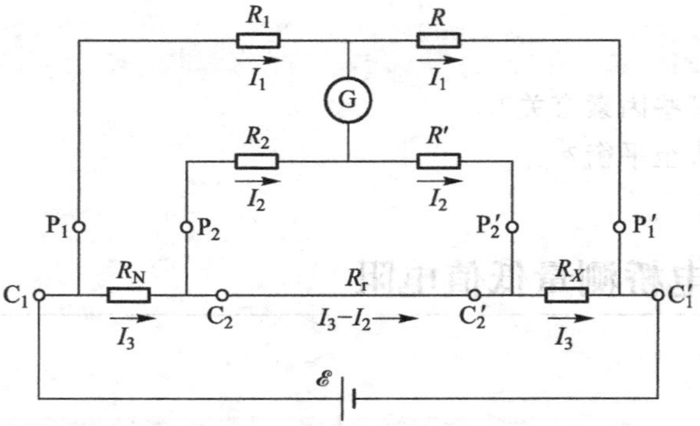

图 3-5-2 电桥电路

从式(3-5-1)可以看出,双臂电桥的平衡条件与单臂电桥平衡条件的差别在于公式右边多出了第二项,如果满足以下辅助条件

$$\frac{R}{R_1}=\frac{R'}{R_2} \tag{3-5-2}$$

则公式(3-5-1)中的第二项为零,于是得到双臂电桥的平衡条件为

$$R_X=\frac{R}{R_1}R_N \tag{3-5-3}$$

可见,根据电桥平衡原理测量电阻时,双臂电桥与单臂电桥具有完全相同的表达式.

为了保证在电桥使用过程中$\frac{R}{R_1}=\frac{R'}{R_2}$的辅助条件始终成立,通常将电桥设计成一种特殊结构,即 R、R'采用特制的同轴调节的十进制五盘电阻箱. 其中每个调节转盘下都有两组相同的十进电阻,因此无论各个转盘位置如何,都能保持 R、R'相等,以 FB513 型组装式直流双臂电桥为例,其阻值调节范围等于:(0~10)×(1 000+100+10+1+0.1) Ω. R_2 和 R_1 采用 3 对不同的固定电阻,其值可分别为 100 Ω、1 000 Ω. 对于这样设计的电桥,只要调节到 $R_1=R_2$,则式(3-5-2)要求的条件就能得到满足.

在这里必须指出，在实际的双臂电桥中，很难做到$\frac{R_1}{R_2}$和$\frac{R}{R'}$完全相等，所以电阻 R_r 越小越好，因此 C_2 和 C_2'之间尽量用短粗导线连接.

三、实验仪器

FB513 型组装式直流双臂电桥是根据图 3-5-2 直流双臂电桥电原理图设计的，其面板布置见图 3-5-3.

图 3-5-3 中，R_1和 R_2是两组阻值分别为 100 Ω、1 000 Ω 的电桥比例臂，R 和 R'是五个同轴调节十进制步进开关电阻盘，可同时分别输出两组 10×(1 000+100+10+1+0.1)Ω 范围内阻值相同的电阻值，用作电桥的测量臂. R_N为电桥内附的标准电阻，其阻值分别为 1 Ω、0.1 Ω、0.01 Ω，R_X为电桥内附的待测电阻，其标称值分别为 $R_{X1}=0.02$ Ω、$R_{X2}=0.36$ Ω、$R_{X3}=0.82$ Ω. 电桥的检流计内附电子放大电路，附有调零装置，检流计的灵敏度可以调节，因此该电桥省去了检流计支路的保护电阻，检流计电源的通断由检流计表头下方的扭子开关控制，信号通断由 G 按钮控制，检流计的电路仪器内部已连接好. 电桥的工作电源由仪器内部的稳压电源供给，通过换向开关接入电桥电路. 此外，仪器还附有可供测量 3 根不同材料金属棒的SR-1 型四端测量夹具，提供了另外一种形式的低值电阻的测量方法.

四、实验内容

1. 用 FB513 型组装式直流双臂电桥测量低值电阻

（1）在仪器面板上选择待测电阻及 R_1与 R_2($R_1=R_2$)后按图 3-5-4 所示连接线路.

（2）选择 R_1与 R_2，阻值可参见表 3-5-1.

表 3-5-1

待测电阻	标准电阻(内附)	比例臂电阻	准确度等级	电源电压
R_X/Ω	R_N/Ω	$R_1(=R_2)$/Ω	%	$\mathscr{E}$/V
10~100	1	100	0.2	1.5
1~10	1	1 000	0.1	
0.1~1	0.1			
0.01~0.1	0.01			
0.001~0.01	0.01	1 000	0.5	

（3）将检流计灵敏度调节电位器置于中间位置（即检流计灵敏度不是最高位置），电流换向开关置于中间位置（断位置）.

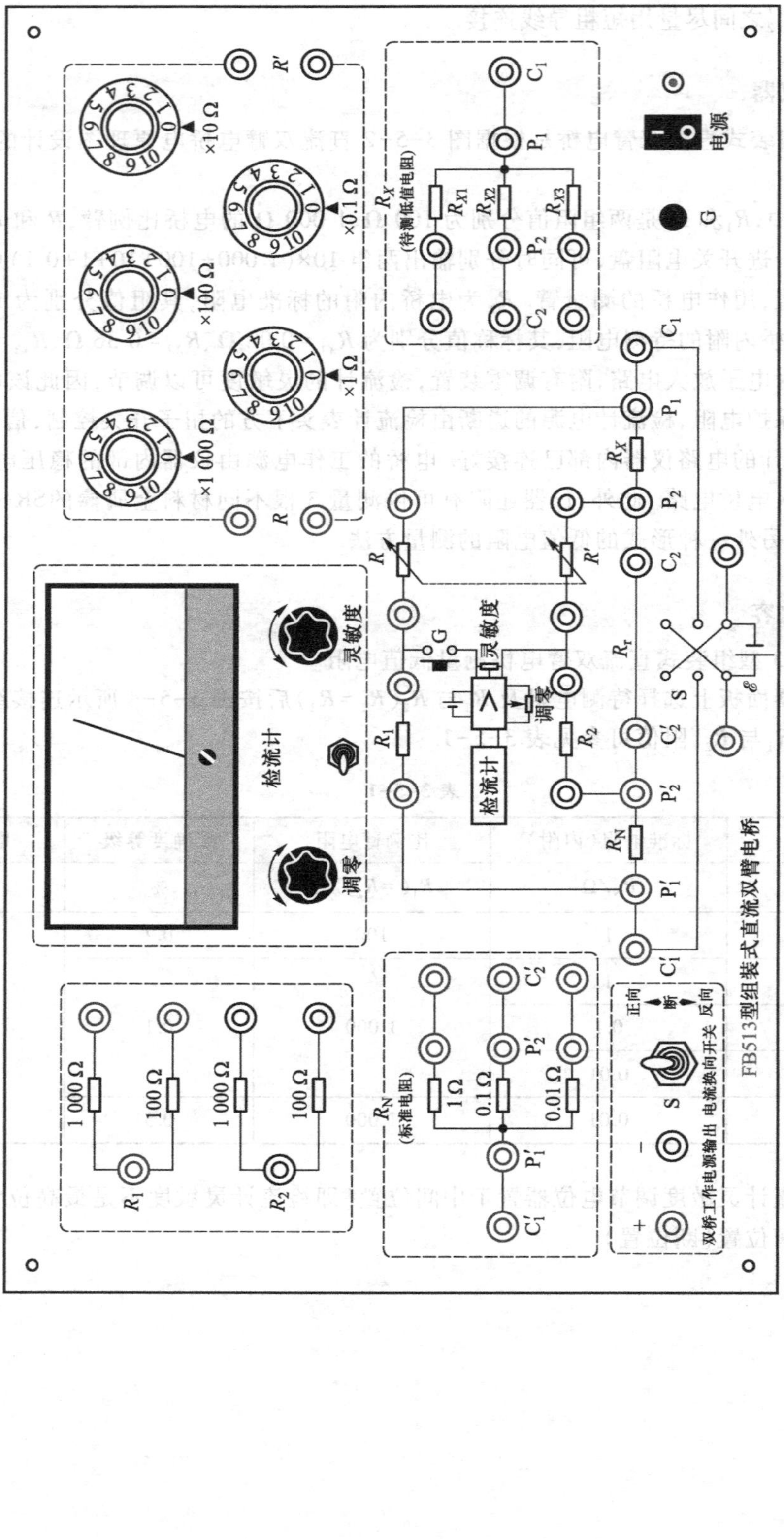

图3-5-3 仪器面板布置图

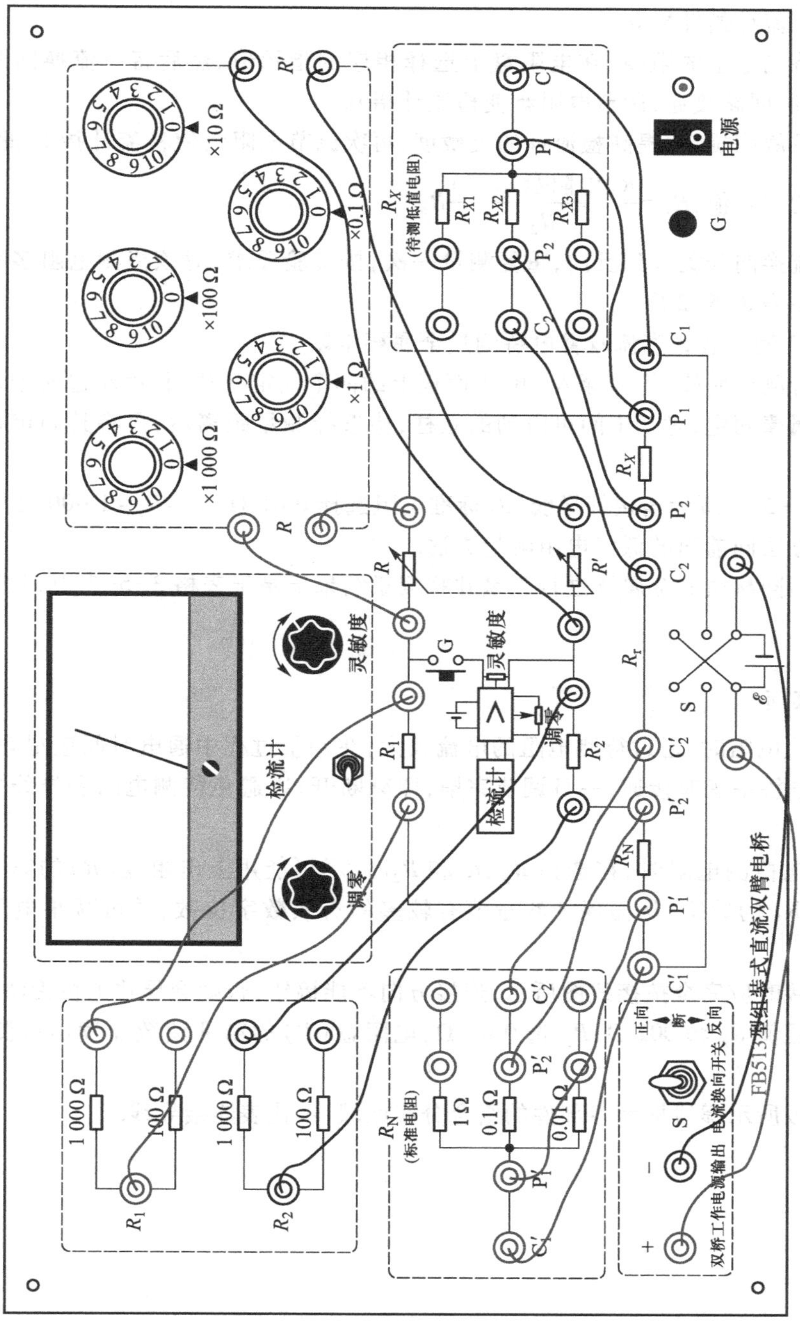

图3-5-4　单双臂电桥测量低值电阻

(4) 开启电源开关(指示灯亮),接通检流计工作电源,电子检流计工作,调节调零旋钮使检流计指针指 0(此时,G 按钮不要按下),然后按下 G 按钮,线路中的检流计回路接通,再次调节调零旋钮使检流计指针指 0.

(5) 估计待测电阻的阻值,在电阻盘上选择相应的指示值,然后将电流换向开关拨到正向,线路中的电源回路接通,调节电阻盘使检流计指 0.

(6) 调节灵敏度旋钮,提高检流计的灵敏度,再次调节电阻盘使检流计指 0,此时,电阻盘示值为该电阻的实际值:$R_X=\frac{R(\text{电阻盘示值})}{R_2}R_N$.

(7) 将电流换向开关拨到反向,重复测量一次,按实验要求,对该待测电阻多次进行正反向测量并记录在表 3-5-2 中.

2. 用 FB513 型组装式直流双臂电桥测量金属棒电阻

(1) 选择待测金属棒,将棒穿入 SR-1 面板上的四个固定立柱,利用左边两个及右边一个固定立柱将金属棒固定,对于中间可滑动的立柱,待选择测量距离后,再将其固定在金属棒相应位置上.

(2) 按图 3-5-5 所示连接好导线,R_N标准电阻选择 0.01 Ω,$R_1=R_2=1\ 000\ \Omega$.

(3) 测量方法同前面的低值电阻测量方法.

(4) 调换不同材质的金属棒进行测量并将测量结果记录于表格 3-5-3 中,并计算该金属棒的电阻率.

五、注意事项

1. 测量低值电阻时,通过待测电阻的电流较大,在测量过程中通电时间应尽量短,即换向开关只在调节电桥平衡时接通,一旦调节完毕,即刻断开,以避免待测电阻和导线发热造成测量误差.

2. 用双臂电桥测电阻时,在选择 R_N、R_1和 R_2时,尽可能用上电阻盘(R)的第 Ⅰ 读数盘读出待测电阻值 R_X 的数字,从而保证测量值有较多的有效数字位数,并可减小电阻元件的功率消耗.

3. 导线连接时应完全按接线图所示,连接方向不能搞错,否则会导致电桥无法调平衡.

4. 待测电阻值 $R_X<0.001\ \Omega$,R_N 选 0.01 Ω,电阻盘(R)的第 Ⅱ 读数盘读出待测电阻值 R_X 的数字.

5. 仪器面板所示虚线框为各部件的组合分布区域,不代表连接导线.

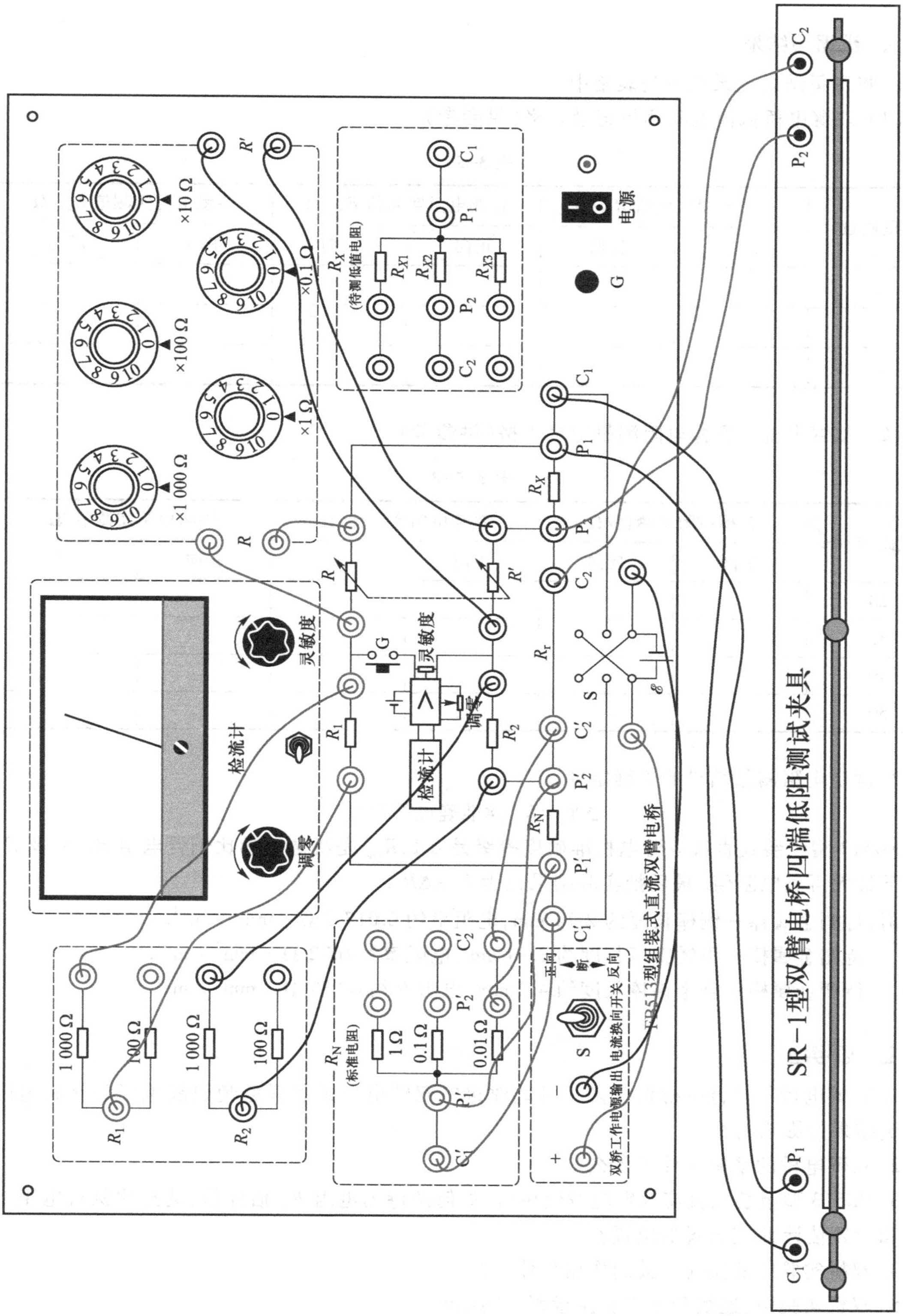

图3-5-5　双臂电桥测量金属棒电阻

六、数据与结果

1. 将测量结果记录在下列表格中

(1) 双臂电桥低值电阻测量记录表格(供参考).

表 3-5-2

测量次数	待测电阻实测值 R_{X1}/Ω		待测电阻实测值 R_{X2}/Ω		待测电阻实测值 R_{X3}/Ω	
	正向	反向	正向	反向	正向	反向
1						
2						
3						

(2) 双臂电桥金属棒电阻测量记录表格(供参考).

表 3-5-3

测量距离/cm	铜棒电阻实测值/Ω		铁棒电阻实测值/Ω		铝棒电阻实测值/Ω	
	正向	反向	正向	反向	正向	反向
20						
30						
40						
50						

2. 确定电阻测量结果的不确定度

$$\Delta R_X = R_{\max} \times 准确度等级\%$$

FB513 型组装式直流双臂电桥准确度等级是 0.1，$R_{\max}$是所选用的比例臂电阻 R_1、R_2及 R_N条件下最大可测电阻值. 最后把实验结果记为 $R_X \pm \Delta R_X$.

附：待测金属棒—铜棒长度约 2.74 mm，电阻率约 0.017 7 $\Omega \cdot mm^2 \cdot m^{-1}$.

待测金属棒—不锈钢棒长度约 3.94 mm，电阻率约 0.72 $\Omega \cdot mm^2 \cdot m^{-1}$.

待测金属棒—合金铝棒长度约 4.0 mm，电阻率约 0.037 $\Omega \cdot mm^2 \cdot m^{-1}$.

七、思考题

1. 双臂电桥与单臂电桥相比做了哪些改进？双臂电桥是怎样避免引线电阻和接触电阻对测量结果的影响的？

2. 双臂电桥的平衡条件是什么？

3. FB513 型组装式直流双臂电桥使用时，如何按待测电阻 R_X 估计值，选择比例臂电阻的阻值和大致估计 R 应放置的位置？

4. 双桥实验中的换向开关的作用是什么？

5. 双桥实验中，连线和操作要注意哪些问题？

实验六 用比较法测量直流电阻

一、实验目的

1. 用惠斯通电桥(单桥)和双桥测量未知电阻,计算不确定度.
2. 用比较法(电阻比等于电压比)测量不同的未知电阻,计算不确定度.
3. 测量室温下金属丝的电阻率.

二、实验原理

1. 伏安法测量电阻的原理

(1) 实验线路的比较和选择

当电流表内阻为0,电压表内阻无穷大时,图3-6-1和图3-6-2两种测量电路的测量不确定度是相同的. 理想情况下,被测电阻 $R=\frac{U}{I}$. 实际的电流表具有一定的内阻,记为 R_I;电压表也具有一定的内阻,记为 R_V. 因为 R_I 和 R_V 的存在,如果简单地用 $R=\frac{U}{I}$ 公式计算电阻器的电阻值,必然带来附加测量误差. 为了减少这种附加误差,测量电路可以粗略地按下述办法选择:比较 $\lg(R/R_I)$ 和 $\lg(R_V/R)$ 的大小,R 取粗测值或已知的约值,如果前者大则选电流表内接法,后者大则选择电流表外接法(选择原则1). 如果要得到测量准确值,就必须按式(3-6-1)、式(3-6-2),予以修正.

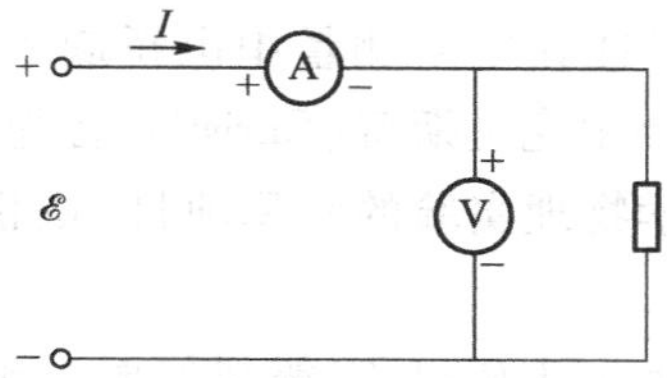

图3-6-1 电流表外接测量电路

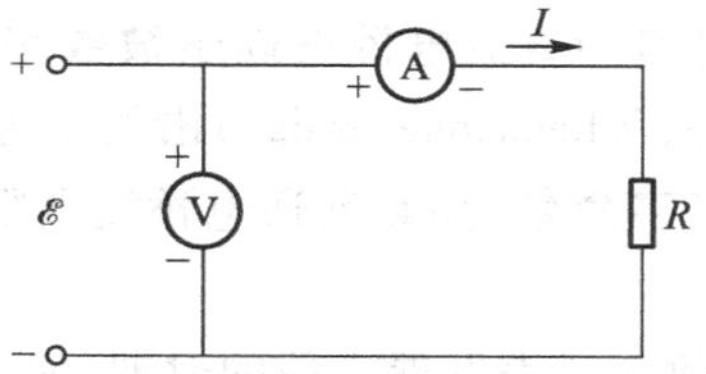

图3-6-2 电流表内接测量电路

电流表内接测量时:

$$R=\frac{U}{I}-R_I \tag{3-6-1}$$

电流表外接测量时:

$$\frac{1}{R}=\frac{I}{U}-\frac{1}{R_V} \tag{3-6-2}$$

以上两式中,

R——被测电阻阻值,单位为Ω;

U——电压表读数值,单位为V;

I——电流表读数值,单位为A;

R_I——电流表内阻值,单位为Ω;

R_V——电压表内阻值，单位为 Ω.

（2）基本误差限与不确定度

实验使用的数字电压表和电流表的量程和准确度等级一定时，可以估算出 u_V、u_I，再用简化公式 $R=\frac{U}{I}-R_I$计算时的相对不确定度为

$$\frac{u_R}{R}=\sqrt{\left(\frac{u_V}{U}\right)^2+\left(\frac{u_I}{I}\right)^2} \tag{3-6-3}$$

式中 u_R表示测量 R 的不确定度，并非指 R 的电压值. 可见要使测量的准确度高，应选择线路的参量使数字表的读数尽可能接近满量程（选择原则 2），因为这时的 U、I 值大，u_R/R 就会小些. 当数字电压表、电流表的内阻值 R_V、R_I及其不确定度大小 u_{R_I}、u_{R_V}已知时，可用公式（3-6-1）、式（3-6-2）更准确地求得 R 的值，相对不确定度由电流表的连接方式决定.

电流表内接时：

$$\frac{u_R}{R}=\sqrt{\left(\frac{u_V}{U}\right)^2+\left(\frac{u_I}{I}\right)^2+\left(\frac{u_{R_I}}{R_I}\right)^2\left(\frac{R_I}{V/I}\right)^2}\Bigg/\left(1-\frac{R_1}{U/I}\right) \tag{3-6-4}$$

电流表外接时：

$$\frac{u_R}{R}=\sqrt{\left(\frac{u_V}{V}\right)^2+\left(\frac{u_I}{I}\right)^2+\left(\frac{u_{R_V}}{R_V}\right)^2\left(\frac{U/I}{R_V}\right)^2}\Bigg/\left(1-\frac{U/I}{R_V}\right) \tag{3-6-5}$$

因此由公式（3-6-1）、式（3-6-2）计算电阻值 R 时，线路方案和参量的选择应使 u_R/R 尽可能最小（选择原则 3）.

2. 惠斯通电桥（单桥）和双桥测量未知电阻的原理

现代计量中直流电桥正逐步被数字仪表所替代，以往在电阻测量中电桥起了重要作用. 惠斯通电桥（Wheatstone bridge）沿用了近二百年，1833 年由克里斯蒂（Christie）首先提出，后来以惠斯通名字命名. 用惠斯通电桥测电阻也是大学、中学物理实验的常见项目. 电桥产生的背景如下所述.

① 在数字仪表发展之前的时期，如果用伏安法测量电阻 $R=U/I$，需要同时准确测量电压 U 和电流 I，当时 0.2 级模拟式电表的制造成本与价格就已经显著高于准确度约 0.05%的 6 位旋钮式电阻箱.

② 伏安法测量的条件要求较高，如 0.2 级电表的使用与检定的条件要求较高，对电源的稳定性要求也高.

③ 电桥采用比较测量方法，只要求平衡指零仪表的灵敏度足够高（对其准确度无要求），对电源稳定性指标的要求也很低. 准值电阻易于制造、模拟电表准确度差、一般电源稳定度差是惠斯通电桥产生的物质背景. 巧妙的比较测量思想是电桥长期用于教学实验的理论原因.

（1）惠斯通电桥（单桥）的原理

电桥原理图见图 3-6-3，图中标准电阻 R_1、R_2 和可变电阻 R 的阻值已知，它们和被测电阻 R_X 连成四边形，每条边称为电桥的一个臂. 对角 A 点和 C 点之间接电源 $\mathscr{E}$；对角 B 点和 D 点之间接检流计 G，它像桥一样. 若调节 R 使检流计中的电流为零，B 点和 D 点等电热，电桥达到平

衡,可得

$$R_X=\frac{R_2}{R_1}R \tag{3-6-6}$$

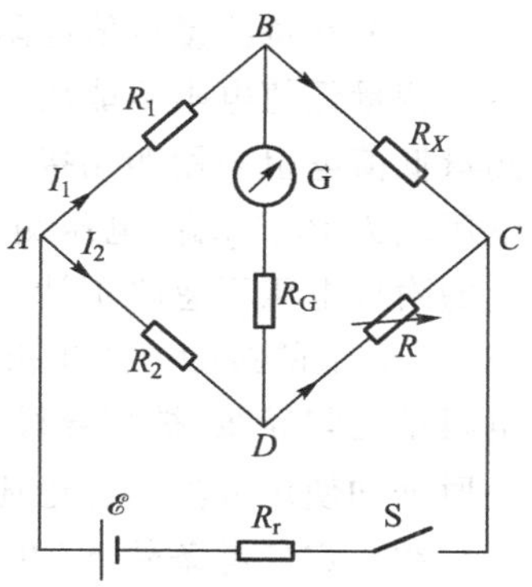

图 3-6-3　电桥原理简图

若检流计足够灵敏,式(3-6-6)就能相当好地成立,被测电阻值 R_X 可仅从三个标准电阻的值来求得,与电源电压无关. 这一过程相当于把 R_X 和标准电阻相比较,因而准确度高. 仪器中将 R_2/R_1 作成比率为 c 的不同挡,则 R_X 为

$$R_X=cR \tag{3-6-7}$$

(2) 基本误差限与不确定度

在一定参考条件下(20 ℃左右、电源电压偏离额定值不大于10%、绝缘电阻符合一定要求、相对湿度为 40~60%等),直流电桥的允许基本误差(基本误差限)$E_{\lim}$为

$$E_{\lim}=\pm a\%\left(cR+\frac{cR_N}{10}\right) \tag{3-6-8}$$

式中 c 是比率值,第一项 $a\%cR=a\%R_X$ 正比于被测电阻,第二项 $a\%(cR_N/10)$是常量项,对实验室的 QJ23a 型电桥我们约定取 $R_N=5\ 000\ \Omega$,这是教学中的简化处理(一般厂家给出的 $R_N=10\ 000\ \Omega$). 等级指数 a 主要反映了电桥中各个标准电阻的准确度. 一定测量范围的指数 a 与电源电压和检流计指标相联系,使用中需参考电桥说明书或仪器铭牌的标示参量. 教学中一般直接将 $E_{\lim}$的绝对值作为电阻测量结果的不确定度,即

$$u_{R_X}=|E_{\lim}| \tag{3-6-9}$$

式中 u_{R_X}表示 R_X 的不确定度,不是表示 R_X 的电压.

(3) 电桥的灵敏阈

当电源、检流计指标不符合测量范围的对应要求时,电桥平衡后,微调 R_X,若检流计看不到偏转,则说明电桥不够灵敏. 将检流计灵敏阈(0.2 格)所对应的 R_X 的变化量 Δ_S 定义为电桥灵敏阈. R_X 改变 Δ_S 可等效为使 R_X 不变而仅仅使 R 改变 Δ_S/c. 于是测 Δ_S 的步骤为平衡后将测量盘 R 调偏到$(R+\Delta R)$,使检流计偏转 Δd(2 或 1 格),近似有

$$\Delta_S=0.2c\left|\frac{\Delta R}{\Delta d}\right| \tag{3-6-10}$$

电桥灵敏阈 Δ_S 反映了平衡判断的误差影响,它和电源、检流计参量有关,还和比率 c 及 R_X 的大小有关. Δ_S 越大,电桥越不灵敏. 为减小 Δ_S,可适当提高电源电压或外接更灵敏的检流计. 当电源、检流计指标符合说明书要求时,$|E_{\lim}|$中已包含了 Δ_S 的影响;如果不是这样,则应将 Δ_S 与$|E_{\lim}|$合成得出不确定度 u_{R_X}. 例如由用三电阻箱作桥臂的组装式电桥可得

$$\frac{u_{R_X}}{R_X}=\sqrt{\left(\frac{u_{R_1}}{R_1}\right)^2+\left(\frac{u_{R_2}}{R_2}\right)^2+\left(\frac{u_R}{R}\right)^2+\left(\frac{\Delta_S}{R_X}\right)^2} \tag{3-6-11}$$

式中$\frac{u_{R_X}}{R_X}$表示 R_X的相对不确定度,而不是 R_X上的电压除以 R_X,类似地,$\frac{u_{R_1}}{R_1}$也表示 R_1的相对不确定度.

（4）双桥测量低值电阻

测量低值电阻不能用惠斯通电桥（单桥），可以用双桥. 双桥测量低值电阻采用四端接法，如图 3-6-4 所示. 电流端为 C_1、C_2，电压端为 P_1、P_2端. 电压测量几乎不取电流，AP_1和 BP_2引线电阻上的附加电压可忽略不计，电流 I 在引线 C_1A、BC_2上的电压及触点 C_1、C_2上的接触电压也被排除在测量支路 P_1ABP_2之外. 如被测电阻是均匀导线，被测导线长度就是 A、B 两点的间距. 关于双桥的原理和使用方法不再论述，可以参考有关资料，使用前可以阅读仪器说明书.

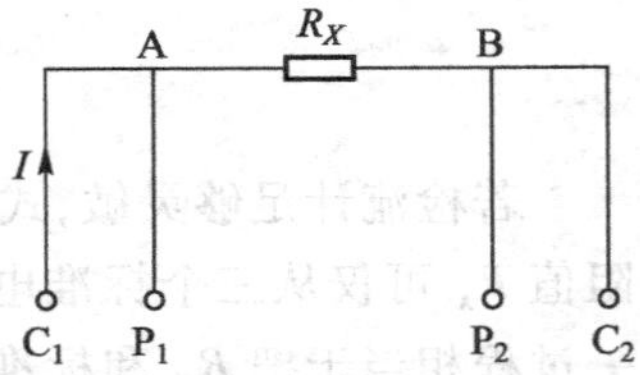

图 3-6-4 四端接法示意图

在一定参考条件下（20 ℃左右、电源电压偏离额定值不大于 10%、绝缘电阻符合一定要求、相对湿度 40~60%等），双臂电桥的允许基本误差（基本误差限）$E_{\lim}$为

$$E_{\lim}=\pm a\%\left(cR+\frac{cR_N}{10}\right) \tag{3-6-12}$$

式中 c 是比例臂示值，R 为电阻盘示值. 第一项 $a\%\,cR=a\%\,R_X$ 正比于被测电阻. 第二项 $a\%(cR_N/10)$是常量项. 例如，对于实验室常见的 FB513 型电桥，我们在教学中约定取 $R_N=0.1\ \Omega$. 等级指数 a 主要反映了电桥中各个标准电阻的准确度. 一定测量范围的指数 a 与电源电压和检流计指标相联系，使用中需参考电桥说明书或仪器铭牌的标示参量.

（5）金属丝电阻和电导率的测量

均匀金属丝的电阻 R_X 与直径 D、长度 l、电阻率 ρ 的关系为

$$R_X=\frac{\rho l}{\pi(d/2)^2} \tag{3-6-13}$$

实验中，不锈钢丝的电导率 ρ 是温度的函数，室温下的电阻率在 $10^{-1}\ \Omega\cdot mm^2\cdot m^{-1}$量级，因而不锈钢丝的电阻 R_X 很小. 测低值电阻时要用较大的电流，要设法减小引线（连接导线）电阻和接触电阻对测量的影响，因为引线电阻、接触电阻的大小和被测低值电阻相比往往不可忽略. 不锈钢丝的直径可用螺旋测微器测量 5 次以上，取平均值；用游标卡尺测量有效长度.

3. 比较法测量电阻

（1）比较法测量电阻的原理

随着现代数字技术的发展，实验可以采用更为简洁直观的直接（直读）比较测量方法，电路原理简图如图 3-6-5 所示. 图中稳压电源的电动势为 $\mathscr{E}$，电源等效内阻为 R_r（R_r 中包括外电路的引线电阻）；被测电阻为 R_X；比较测量中的标准电阻为 R_N；等效内阻为 R_V 的数字电压表通过开关可以分别测量 R_N 与 R_X 上的电压 U_N 和 U_X. $R_V\to\infty$ 时可得

$$R_X=\frac{U_X}{U_N}R_N \tag{3-6-14}$$

当电压表内阻较小时上式似乎不能成立，但实际上忽略 R_r 时上式是恒等式. 有兴趣的同学可以在预习时自行证明.

在忽略式（3-6-14）原理误差的前提下，可得 R_X 的相对不确定度为

$$\frac{u_{R_X}}{R_X}=\sqrt{\left(\frac{u_{R_N}}{R_N}\right)^2+\left(\frac{u_{U_X}}{U_X}\right)^2+\left(\frac{v_{U_N}}{U_N}\right)^2} \tag{3-6-15}$$

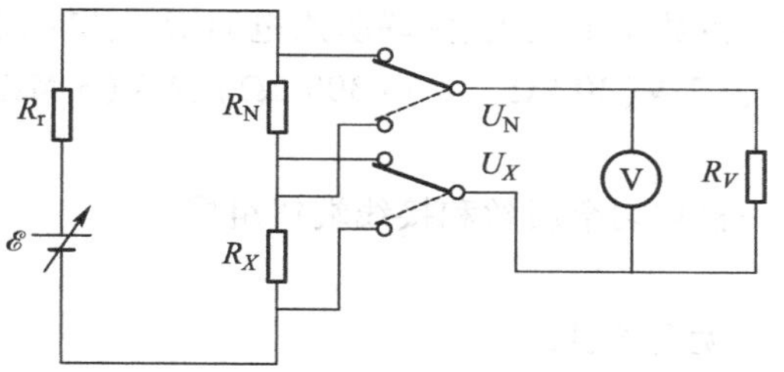

图 3-6-5　比较法测量电阻

式中 u_{R_N} 是标准电阻 R_N 的不确定度. 由于是短时间间隔内的比较测量，u_{U_N} 和 u_{U_X} 不需按数字表直接测量时的不确定度计算，而可代之以非线性残差限 $u_{\mathrm{inl,min}}$ 或直接用 $u_{\mathrm{rel,inl}}$ 当作式(3-6-15)中的相对不确定度. **这样做的优点是：数字表的非线性残差限明显小于不确定度**. 当标准电阻的准确度较高即 u_{R_N}/R_N 较小时，R_X 的测量结果的准确度也较高.

另外，使用这种测量方法，即使读错电压单位，仍不影响电压比；即使电压表的不确定度较大，只要非线性(相对)残差限较小，测量结果仍较准确.

(2) 实现方式

本实验所采用的测量设备由以下各部分组成：

① 1~19 V 超低准静态内阻的可调直流稳压电源，用两个多圈电位器进行粗调、细调，输出电流大于 10 mA，可用于几十欧姆以上的电阻测量电源.

② 0~1 V 电压源，最大电流 5 A，用于测量几十欧姆以下的低值电阻.

③ 0~10 mA 输出的电流源，开路电压 19 V，可用于测量各类电阻响应式传感器，或者替代非平衡电桥进行相应的实验.

④ 比较测量电路，包括标准电阻 R_N 和转换开关. R_N 由 11 挡标称值为 10^K 的高准确度标准电阻组成. 对于低值电阻、中值电阻和高值电阻三种不同的被测对象，标准电阻 R_N 采用不同的值，如表 3-6-1 所示. 切换开关在测量低值电阻时严格运用四端接法，实验装置在面板上有电压端、电流端的不同端钮.

表 3-6-1　被测电阻与标准电阻阻值

<table>
<tr><td colspan="2">被测电阻的范围</td><td colspan="4">低值电阻</td><td colspan="4">中值电阻</td><td colspan="2">高值电阻</td></tr>
<tr><td colspan="2">类似的电桥仪器</td><td colspan="4">FB513</td><td colspan="4">QJ23a</td><td colspan="2">QJ36</td></tr>
<tr><td colspan="2">R_N/Ω</td><td>10^{-2}</td><td>10^{-1}</td><td>10^0</td><td>10^1</td><td>10^2</td><td>10^3</td><td>10^4</td><td>10^5</td><td>10^6</td><td>10^7</td></tr>
<tr><td rowspan="2">测量范围</td><td>方法 1</td><td colspan="10">$0.199R_N \sim 1.99R_N$</td></tr>
<tr><td>方法 2</td><td colspan="10">$0.316R_N \sim 3.16R_N$　($\sqrt{10} \approx 3.16$)</td></tr>
<tr><td colspan="2" rowspan="2">电源选择</td><td colspan="4">低电压，0.02~1 V</td><td colspan="6">1.0~19 V 连续可调</td></tr>
<tr><td colspan="4">大电流，0~5 A</td><td colspan="6">不大于 30 mA</td></tr>
<tr><td colspan="2">电压表量程/V</td><td colspan="4">0.199 99</td><td colspan="6">1.999 9</td></tr>
<tr><td rowspan="2">电压表的属性</td><td>量程/V</td><td colspan="4">0.199 99</td><td colspan="6">1.999 9(并联 R_{par} 再串联 R_{ser} 之后)</td></tr>
<tr><td>总等效内阻 $R_r/\mathrm{k}\Omega$</td><td colspan="2">30</td><td colspan="6">300</td><td colspan="2">3 000</td></tr>
</table>

⑤ 多量程数字电压表,由数字电压表、并联防漂电阻 R_{par}、串联定值电阻 R_{ser} 等构成,共有4个量程:0.2 V(>10 MΩ)、0.2 V(30 kΩ)、2 V(300 kΩ)、2 V(3 MΩ),可用于测量电压,又可研究内阻对测量的影响.

⑥ 被测低值电阻,由一根均匀金属丝和接线端钮组成.

(3) 具体测量方式

可以根据需要采用以下两种方式.

① 调电压使 U_N 为额定值的直读式测量,进行直读式测量时,被测量等于读数值乘以 10^K. 方法如下:

a. 调节电源电压,使 U_N 为 0.100 00 V、1.000 0 V 等额定值;

b. U_X 直接读出后,根据公式(3-6-14)可知,$R_X = U_X \times 10^K$,这里指数 K 为与量程有关的整数.

② 用 $R_X = R_N U_X / U_N$ 计算的满量程式测量,为减小 R_X 的不确定度 u_{R_X},在知道 R_X 的约值后,根据 $0.316R_N \leqslant R_X \leqslant 3.16R_N$ 来选取测量范围. 方法如下:

a. 调节电源电压,使 R_X 和 R_N 中阻值大的一个电阻上的电压接近满量程;

b. 再测量另一个较小电阻上的电压,最后可得 $R_X = R_N U_X / U_N$.

这样操作的测量结果要靠计算求出,不如前述的方法方便,但是由于 U_X 和 U_N 都比较大,可使公式(3-6-15)根式中的分母增大而使不确定度有所减小.

*4. 利用直流恒流源,替代非平衡电桥测量连续变化的电阻量

非平衡电桥的原理是:利用电桥不平衡时输出的电压与被测电阻的函数关系,通过测量桥路输出电压来测量连续变化的被测电阻量. 用非平衡电桥测量连续变化的电阻量比较复杂,且输入量与输出量存在非线性关系. 用比较法的思路,能够将非平衡电桥测量连续变化的电阻量这种比较复杂的方法,回归到简单测量的方法上来,并且输入量与输出量成线性关系. 只要将电压源改成恒流源,被测电阻接到 R_X端,选择合适的标准电阻和恒流源的电流大小,获得合适的 U_N、U_X值,测量 U_X即可实时测量得到 R_X,从而进一步求得被测物理量.

三、实验仪器

DH6108 赛电桥综合实验仪、四位半数字万用表、QJ23a 直流单臂电桥、ZX21a 直流电阻箱(选配)、FB513 型组装式直流双臂电桥、螺旋测微器和游标卡尺(>200 mm).

四、实验内容

1. 用伏安法测量未知电阻

进行本实验时,需要另行配置一个四位半的数字万用表,选择其电压挡,并联一个合适的标准电阻,改装成为电流表使用.

实验仪器自有的四位半数字电压表作电压测量用. 它的特点是具有2个量程,每个量程又有2种不同的内阻,这样可以用不同内阻的表头来测量,并比较内阻对测量结果的影响.

(1) 测量一个阻值为数十欧姆的电阻

根据被测电阻的大小,按选择原则1选择电流表的接法,按选择原则2和3选择线路参量,并选择合适的工作电源、电压表、电流表.

换用相同量程但不同内阻的电压表进行测量.

（2）测量一个阻值为一千多欧姆的电阻

根据被测电阻的大小,按选择原则 1 选择电流表的接法,按选择原则 2 和 3 选择线路参量,并选择合适的工作电源、电压表、电流表.

换用相同量程但不同内阻的电压表进行测量.

（3）测量一个阻值为数百千欧姆的电阻

根据被测电阻的大小,按选择原则 1 选择电流表的接法,按选择原则 2 和 3 选择线路参量,并选择合适的工作电源、电压表、电流表.

注意,测高值电阻时,由于标准电阻不确定度较大及绝缘电阻等的影响,加上被测对象本身的稳定性也往往较差,读数会出现跳字,这时要读取显示值的平均值.

按公式(3-6-1)、式(3-6-2)计算各自的测量结果,按式(3-6-3)~式(3-6-5)计算各自的测量不确定度. 将以上结果进行比较.

2. 惠斯通电桥(单臂电桥)和双桥测量未知电阻

进行本实验时,需要另行配置一个直流惠斯通电桥,例如典型的 QJ23a;一个直流开尔文电桥,例如 FB513. 如果没有合适的直流惠斯通电桥,也可以另加一个电阻箱,再利用仪器的两个标准电阻作为桥臂,构成组装式单臂电桥,具体方案参考图 3-6-3,或由指导老师提供.

电桥的使用方法及注意事项参见电桥说明书.

（1）用直流惠斯通电桥分别测量数十欧姆、一千多欧姆、数百千欧姆的电阻.

按公式(3-6-7)计算各自的测量结果,按公式(3-6-9)计算各自的测量不确定度.

（2）如果用组装式电桥测量则应按式(3-6-10)、式(3-6-11)计算各自的测量不确定度.

（3）用开尔文电桥测量金属丝电阻和电导率.

测得金属丝电阻值和直径后,按公式(3-6-12)计算基本误差限,按公式(3-6-13)推导出电导率.

3. 比较法测量电阻

分别用电压比较法测量数十欧姆、一千多欧姆、数百千欧姆电阻和金属丝低值电阻.

（1）调节电压使 U_N 为额定值的直读式测量的具体步骤

① 预备:通过面板开关和旋钮选择合适的测量挡,根据测量范围($0.199R_N \sim 1.99R_N$)选定标准电阻 R_N,可参见表 3-6-1. 再按面板的图示,将电源、表头、标准电阻和被测电阻接好.

② 调整:测量选择开关打向 U_N,表头的选择可参见表 3-6-1. 测量 U_N,分别仔细调节电压粗调和细调的电位器旋钮,使电压读数值 U_N 与表 3-6-2 所示的调整时 U_N 的额定值相差不超过 1LSB(1 个字).

表 3-6-2　$0.199R_N \leqslant R_X \leqslant 1.99R_N$ 时的直读式测量计算举例

项目	低值电阻	低值电阻	低值电阻	低值电阻	中值电阻	中值电阻
标准电阻 R_N/Ω	1.000 0E-2	1.000 0E-1	1.000 0E+0	1.000 0E+1	1.000 0E+2	1.000 0E+3
u_{R_N}/R_N	5.0%	1.0%	0.20%	0.02%	0.02%	0.02%

续表

项目		低值电阻	低值电阻	低值电阻	低值电阻	中值电阻	中值电阻
上限值 $R_X(=1.99R_N)/\Omega$		1.99E-02	1.99E-01	1.99E+00	1.99E+01	1.99E+02	1.99E+03
下限值 $R_X(=0.199R_N)/\Omega$		1.99E-03	1.99E-02	1.99E-01	1.99E+00	1.99E+01	1.99E+02
电压表满量程(FSR)/V		0.199 99	0.199 99	0.199 99	0.199 99	1.999 9	1.999 9
调整时 U_N 的额定值/V		0.050 00	0.100 00	0.100 00	0.100 00	1.000 0	1.000 0
电流 I 的典型值		5.0	1.0	1.0E-01	1.0E-02	1.0E-02	1.0E-03
R_X/Ω		$5U_X$	U_X	$10U_X$	$100U_X$	$100U_X$	10^3U_X
u_{R_X}/R_X	R_X 上限	5.0%	1.0%	0.20%	0.026%	0.026%	0.026%
	R_X 下限	5.0%	1.0%	0.21%	0.079%	0.079%	0.079%

项目		中值电阻	中值电阻	中高值电阻	高值电阻
标准电阻 R_N/Ω		1.000 0E+4	1.000 0E+5	1.000 0E+6	1.000 0E+7
u_{R_N}/R_N		0.02%	0.02%	0.10%	0.20%
上限值 $R_X(=1.99R_N)/\Omega$		1.99E+04	1.99E+05	1.99E+06	1.99E+07
下限值 $R_X(=0.199R_N)/\Omega$		1.99E+03	1.99E+04	1.99E+05	1.99E+06
电压表满量程(FSR)/V		1.999 9	1.999 9	1.999 9	1.999 9
调整时 U_N 的额定值/V		1.000 0	1.000 0	1.000 0	1.000 0
电流 I 的典型值		1.00E-04	1.00E-05	1.00E-06	1.00E-07
R_X/Ω		10^4U_X	10^5U_X	10^6U_X	10^7U_X
u_{R_X}/R_X	R_X 上限	0.026%	0.026%	0.10%	0.21%
	R_X 下限	0.079%	0.079%	0.13%	0.33%

③ 测量：测量选择开关打向 U_X，读取 U_X. 如果这时数字表超过量程，说明 R_X过大，应该换较大的 R_N 值；如果读数小于 2 000 个字，则应换较小的 R_N 值.

注意：测高值电阻时，由于标准电阻不确定度较大及绝缘电阻等的影响，加上被测对象本身的稳定性也往往较差，读数会出现跳字，这时要读取显示值的平均值.

④ 计算：绝大多数情况下，直接读出 U_X 后，$R_X=U_X\times10^K$，这里指数 K 为与量程有关的整数，只有在电阻值的最低挡[$R_N=(1.000\ 0E-2)\ \Omega$]，由于最大电流为 5 A，所以 $R_X=5U_X$.

(2) 用 $R_X=R_NU_X/U_N$ 计算的满量程式测量步骤

为减小 R_X的不确定度 u_{R_X}，在知道 R_X 的约值后，根据 $0.316R_N\leqslant R_X\leqslant3.16R_N$ 来选取测量范围. R_N 的选择、测量范围及不确定度范围等如表 3-6-3 所示，表头的选择可参见表 3-6-1. 方法如下：

① 调节电源电压，使 R_X和 R_N中阻值大的一个电阻上的电压接近满量程；

② 再测量另一较小电阻上的电压，最后可得 $R_X=R_NU_X/U_N$.

这样操作的测量结果要靠计算求出，不如前述的方法方便，但是由于 U_X 和 U_N都比较大，可使公式(3-6-15)根式中的分母增大,而使不确定度有所减小,这从表 3-6-2 和表 3-6-3 的 u_{R_X}/R_X 一项就可看出.

表 3-6-3　$0.316R_N \leqslant R_X \leqslant 3.16R_N$ 时用 $R_X=R_NU_X/U_N$ 的计算举例

项目		低值电阻	低值电阻	低值电阻	低值电阻	中值电阻	中值电阻
标准电阻 R_N/Ω		1.000 0E-2	1.000 0E-1	1.000 0E+0	1.000 0E+1	1.000 0E+2	1.000 0E+3
u_{R_N}/R_N		5.0%	1.0%	0.20%	0.02%	0.02%	0.02%
上限值 $R_X(=3.16R_N)/\Omega$		3.16E-02	3.16E-01	3.16E+00	3.16E+01	3.16E+02	3.16E+03
下限值 $R_X(=0.316R_N)/\Omega$		3.16E-03	3.16E-02	3.16E-01	3.16E+00	3.16E+01	3.16E+02
R_N、R_X 阻值大者的电压约值/V			0.19	0.19	0.19	1.9	1.9
R_X/Ω		$R_X=R_NU_X/U_N$					
u_{R_X}/R_X	$R_X=R_N$	5.0%	1.0%	0.20%	0.023%	0.023%	0.023%
	R_X 为上限或下限	5.0%	1.0%	0.20%	0.033%	0.033%	0.033%

项目		中值电阻	中值电阻	中高值电阻	高值电阻
标准电阻 R_N/Ω		1.000 0E+4	1.000 0E+5	1.000 0E+6	1.000 0E+7
u_{R_N}/R_N		0.02%	0.02%	0.10%	0.20%
上限值 $R_X(=3.16R_N)/\Omega$		3.16E+04	3.16E+05	3.16E+06	3.16E+07
下限值 $R_X(=0.316R_N)/\Omega$		3.16E+03	3.16E+04	3.16E+05	3.16E+06
R_N、R_X 阻值大者的电压约值/V		1.9	1.9	1.9	1.9
R_X/Ω		$R_X=R_NU_X/U_N$			
u_{R_X}/R_X	$R_X=R_N$	0.023%	0.023%	0.10%	0.20%
	R_X 为上限或下限	0.033%	0.033%	0.10%	0.22%

实验接线图:

① 四端电阻(接法见图 3-6-6),电源 0~1 V(5 A),测量范围 10^{-2}~10^{2} Ω.

② 普通电阻(接法见图 3-6-7),电源 1~19 V(10 mA),测量范围 10^{3}~10^{7} Ω.

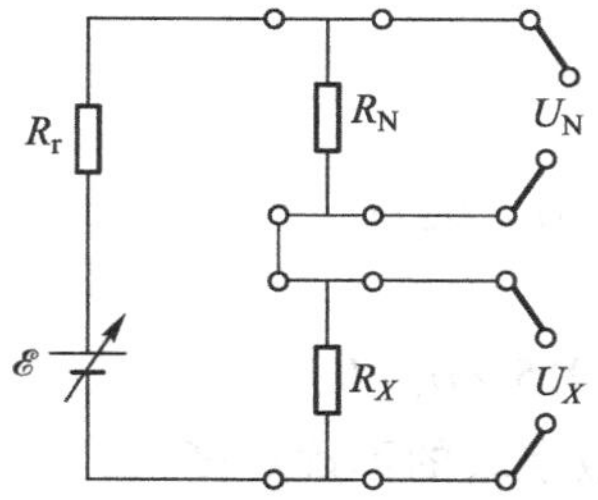

图 3-6-6

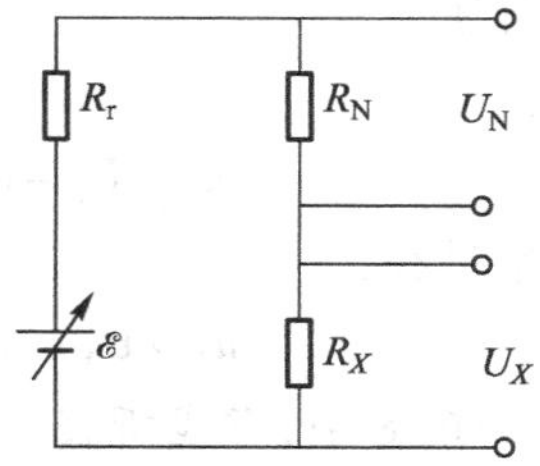

图 3-6-7

4. 计算出前面各种方法测出的结果和不确定度，进行比较. 分析这些方法各自的特点.

*5. 设计性实验：用 PT100 铂电阻设计一个数字温度计.

用前述比较法测量电阻的理论及计算公式，将恒流源接入标准电阻和被测电阻串联组成的回路中，代替非平衡电桥测量变化的温度.

选择合适的标准电阻和恒定电流的大小，获得与温度 t 有关的 U_X值，进行处理即可实时测量温度. 一般来说，金属的电阻随温度的变化，可用下式描述

$$R_X = R_{X0}(1+\alpha t+\beta t^2) \tag{3-6-16}$$

在测量准确度要求不高或温度范围不大的情况下，如果忽略温度二次项 βt^2，可将铂电阻的阻值随温度的变化视为线性变化，即

$$R_X = R_{X0}(1+\alpha t) = R_{X0}+\alpha t R_{X0} \tag{3-6-17}$$

这时 PT100 铂电阻的 R_{X0}约为 100 Ω，α 约为 3.85×10^{-3} ℃$^{-1}$，则

$$R_X = 100+3.85\times10^{-3}\times100t$$

结合公式 $R_X = R_N U_X/U_N$，可知

$$U_X = \frac{U_N}{R_N}R_X = \frac{U_N}{R_N}(100+3.85\times10^{-3}\times100t)$$

如果选择 $R_N = 100$ Ω，有

$$U_X = U_N+3.85\times10^{-3}t \tag{3-6-18}$$

可见，这时 U_X与 t 成正比，t 为摄氏温度.

将 U_X和 U_N求差（可用减法器实现），并进行一定系数 k 的变换可得到

$$U_X' = k(U_X-U_N) = 3.85\times10^{-3}kt = 10^n t \tag{3-6-19}$$

式中 k 为放大系数，n 为与数字表量程相关的系数. 将 U_X'用数字电压表显示出来，它就是温度值了.

具体的电路由实验者自行设计搭建，注意，对 U_X和 U_N求差值时要进行高阻抗放大，以免引入误差.

由于以上方法忽略了 PT100 的二次项 βt^2，所以必然会引入一定的误差. 实际应用中可以引入校准电路，在所测得温度范围内进行线形校准，提高测量的准确度.

附录 1 四位半数字电压表的误差和非线性残差的分布特征研究实验

1. 反映测量准确度的示值误差限或测量不确定度

量程固定的四位半数字面板表和多量程直流电压表（如数字万用表的直流电压挡），不确定度的典型值如下所述.

四位半面板表：

$$u_{U_X}/U_X = 0.20\%+0.01\%U_m/U_X \tag{3-6-20}$$

多量程表的基本量程：

$$u_{U_X}/U_X = 0.05\%+0.015\%U_m/U_X \tag{3-6-21}$$

式中 U_m为量程. 图 3-6-8 中，虚线所表示的就是数字表的不确定度.

2. 示值误差

如果用高准确度的 UT805 型五位半数字表测量一系列被测量 U_{Xi}的准确值 U_{ti}，同时读取四位半表的显示值 U_{di}. 这样，U_{ti}可视为**约定真值**，就可以算出对应这一系列被测量 U_{Xi}的误差 E_i

$$E_i = U_{di} - U_{ti} = U_{di} - U_{Xi} \tag{3-6-22}$$

图 3-6-8 中“×”标记点表示 E_i的值及分布. U_{ti}比 U_{di}多一位有效数字. 测出一定个数的误差 E_i，可以画出近似表示 $E_i - U_{Xi}$关系的误差分布趋势曲线. 这里所说的误差，不是对同一量的多次测量中的误差，而是反映不同被测量时的误差. 它包含随机误差、系统误差两类分量. 如果对每一个不同的 U_{Xi}都分别做多次测量可以发现：同一被测量 U_{Xi}的误差的平均值比较稳定，对确定的 U_{Xi}来说，误差的平均值可视为系统误差分量；但是这样的误差平均值随着 U_{Xi}的不同而不同，实际仪表一般不可能给出详细的误差特性，因此这种对确定的 U_{Xi}来说属于系统误差的分量，对不同的 U_{Xi}来说具有随机性.

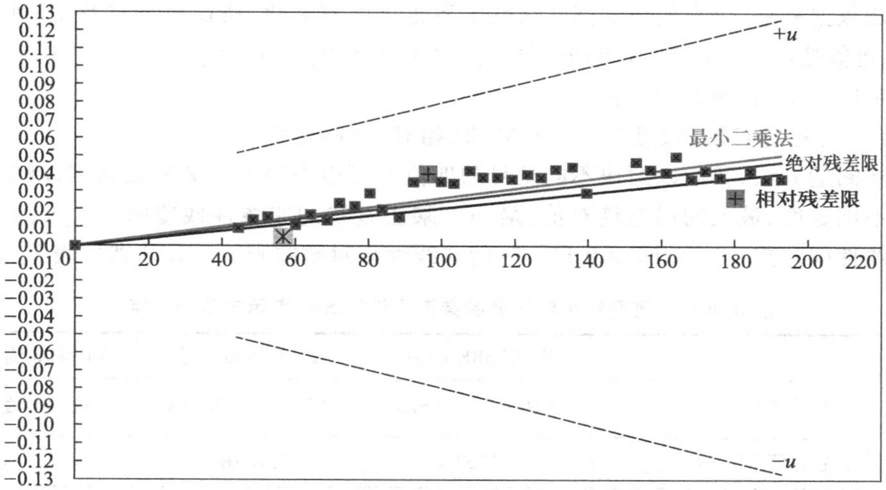

图 3-6-8　数字表的示值误差、不确定度及非线性残差限

3. 非线性残差限 u_{inl}与非线性相对残差限 $u_{rel,inl}$

以 U_{Xi}为自变量、U_{di}为因变量作过原点的直线拟合，可得方程

$$U_{di} = bU_{Xi} \tag{3-6-23}$$

斜率的理想值为整数 1. 非线性残差为 $u_{inli} \equiv U_{di} - bU_{Xi}$，定义非线性残差限 u_{inl}为

$$u_{inl} \approx |u_{inli}|_{max} = |U_{di} - bU_{Xi}|_{max} \tag{3-6-24}$$

误差是测量值与(约定)真值之差，残差是测量值与最佳估计值之差. 求上式斜率可以用对应不同判据的不同的拟合方法，包括最小二乘法等，因而就有相对应的不同的非线性残差限.

(1) 最小二乘法

由多组数据 U_{di}和 U_{ti}可用最小二乘法求斜率 b_{LSM}，再算出非线性残差限 $u_{inl,LSM}$来. 图 3-6-8 中，最上面的过零点射线表示了用**最小二乘法**作出的拟合直线.

(2) 最大残差(绝对值)极小法

由 b_{LSM}求出的残差分布区间一般正负不对称，只是使残差平方和极小. 可用数值方法找出

b_{LSM}附近的最佳斜率 b'，使残差分布正负基本对称，从而使非线性残差限 $u_{inl,min}$极小，即

$$u_{inl,min}=(U_{di}-b'U_{Xi})_{max}\approx|(U_{di}-b'U_{Xi})_{min}| \tag{3-6-25}$$

图 3-6-8 中，中间的射线表示了用**最大残差(绝对值)极小法**作出的拟合直线.

(3) 残差限为对称射线(相对残差限最小)法

测电压比(U_X/U_N)时相对不确定度为

$$u_{(U_X/U_N)}/(U_X/U_N)\approx\sqrt{(u_{U_X}/U_X)^2+(u_{U_N}/U_N)^2}$$

它与斜率 b 的取值无关. 一般测量时 $U_{Xi}\geqslant 0.1U_m$，在 b_{LSM}附近用数值方法可找到另一最佳斜率 b''，使残差限为关于最佳直线对称的两条射线，也就是使相对残差的分布区间正负对称. 定义该区间的半宽度为非线性相对残差限 $u_{rel,inl}$，用百分比表示

$$u_{rel,inl}=\left(\frac{U_{di}-b''U_{Xi}}{U_{Xi}}\right)_{max}\approx\left|\left(\frac{U_{di}-b''U_{Xi}}{U_{Xi}}\right)_{min}\right|\quad(U_{Xi}\geqslant 0.1U_m) \tag{3-6-26}$$

图 3-6-8 中，最下面的射线表示了用**残差限为对称射线(相对残差限最小)法**作出的拟合直线.

因实测数据有限、仪表使用期间非线性关系也可能有变化，所以由一定数据(如 40 组)定出的 $u_{rel,inl}$可能略小于实际值. 在测电压比时，由于电压 U_X 和 U_N不同，用 $u_{inl,min}$和 $u_{rel,inl}$所得电压比不确定度也不同，两者用一种即可.

4. 非线性(相对)残差限显著小于相应的(相对)不确定度

用上述测量方法，我们以两块不同型号的四位半万用表的 $U_m=2$ V 挡为例，测量并计算出了它们的不确定度、最大的误差绝对值、最小二乘法直线的非线性残差限 $u_{inl,LSM}$、最大残差极小化的非线性残差限 $u_{inl,min}$、$U_{Xi}\geqslant 0.1U_m$ 时的非线性相对残差限 $u_{rel,inl}$，分别如表 3-6-4 所示.

表 3-6-4 典型数字电压表的参量比较(LSBs 表示末位一个字)

	某 UT58E 型表	某 VC9806 型表	VC9806 测 0.6 V 时
不确定度 u_{U_X}	$0.10\%U_X$+3LSBs	$0.05\%U_X$+3LSBs	6LSBs 或 0.10%
最大的误差绝对值 $\|U_{di}-U_{Xi}\|_{max}$	5.7LSBs	2.5LSBs	2.5LSBs 或 0.042%
A. 非线性残差限，最小二乘法(LSM)	$u_{inl,LSM}$ = 2.4LSBs	$u_{inl,LSM}$ = 1.5LSBs	1.5LSBs 或 0.025%
B. 最大残差绝对值极小法	$u_{inl,min}$ = 1.7LSBs	u'_{inl} = 1.2LSBs	1.2LSBs 或 0.020%
C. 残差限为对称射线法($U\geqslant 0.2$ V)	$u_{rel,inl}$ = 0.027%	$u_{rel,inl}$ = 0.014%	0.014%

由图 3-6-8 和表 3-6-4 可见：**非线性(相对)残差限显著小于相应的(相对)不确定度**，这是对其他类型的数字电压表也成立的普遍事实. 这一事实一定程度上反映了**一般测量误差中系统误差分量影响为主、比率误差分量是重要误差分量的规律**. 表中数据还说明：不确定度明显大于实测的误差限值，这是因为不确定度中必然包含老化裕量等分量，以保证电表在相邻两次检定(校准)期间的示值误差都不超过不确定度.

附录 2 各种测量方法的比较

1. 忽略电表内阻影响的(直接)比较法

当稳压电源输出电压为某一定值时，用等效内阻为 R_V 的电压表交替测量标准电阻 R_N 与

被测电阻 R_X 上的电压 U_N 与 U_X. 在电源内阻 $R_r=0$ 且电表等效输入电阻 $R_V=\infty$ 时,式(3-6-14)成立.

本测量方法的要点之一是:只要 R_r/R_V 足够小,即使电阻 R_V 与 R_X(或 R_N)相比不大,公式(3-6-14)仍相当准确地成立. 这是出乎常规思路之外的结论. 证明如下:

$$\frac{U_X}{U_N}=\frac{R_XR_V}{(R_X+R_V)(R_N+R_r)+R_XR_V}\cdot\frac{(R_X+R_r)(R_N+R_V)+R_NR_V}{R_NR_V}=\frac{R_X}{R_N}(1+\varepsilon) \tag{3-6-27}$$

式中 $\varepsilon=\dfrac{(R_N-R_X)R_r}{R_XR_V+R_XR_N+R_rR_V+R_XR_r+R_NR_V}$. 由于 $|\varepsilon|<\left|\dfrac{(R_N-R_X)R_r}{(R_X+R_N+R_r)R_V}\right|<\dfrac{R_r}{R_V}$,当 $R_r/R_V<5\times10^{-5}$时,就可使公式(3-6-14)成立.

相对不确定度为

$$\frac{u_{R_X}}{R_X}=\sqrt{\left(\frac{u_{R_N}}{R_N}\right)^2+\left(\frac{u_{U_X}}{U_X}\right)^2+\left(\frac{u_{U_N}}{U_N}\right)^2} \tag{3-6-28}$$

2. 伏安法测量电阻的相对不确定度

电流表内接时:

$$\frac{u_R}{R}=\sqrt{\left(\frac{u_V}{U}\right)^2+\left(\frac{u_I}{I}\right)^2+\left(\frac{u_{R_I}}{R_I}\right)^2\left(\frac{R_I}{U/I}\right)^2}\Bigg/\left(1-\frac{R_I}{U/I}\right) \tag{3-6-29}$$

电流表外接时:

$$\frac{u_R}{R}=\sqrt{\left(\frac{u_V}{U}\right)^2+\left(\frac{u_I}{I}\right)^2+\left(\frac{u_{R_V}}{R_V}\right)^2\left(\frac{U/I}{R_V}\right)^2}\Bigg/\left(1-\frac{U/I}{R_V}\right) \tag{3-6-30}$$

以上公式是以数字表的不确定度计算的,所以这个结果和比较法的不确定度相比要大. 将用伏安法测量和比较法测量电阻所得到的不确定度数据对比,也可以印证这个结论.

3. 直接比较法中标准电阻不确定度的影响比电桥法小

电桥法中 R_X 的相对不确定度公式为

$$\frac{u_{R_X}}{R_X}=\sqrt{\left(\frac{u_{R_1}}{R_1}\right)^2+\left(\frac{u_{R_2}}{R_2}\right)^2+\left(\frac{u_R}{R}\right)^2+\left(\frac{\Delta_S}{R_X}\right)^2} \tag{3-6-31}$$

在三桥臂电阻相对不确定度均为 $c\%$的简化条件下,即使忽略 Δ_S/R_X 这一项,u_{R_X}/R_X 也不小于$\sqrt{3}c\%$,由于 R_N 是高准确度的单个电阻,在 R_N 不确定度相同的情况下,直接比较法的不确定度可以显著小于电桥法相应公式(3-6-30)的结果.

4. 本实验所述测量方法与普通的数字万用表电阻挡测量结果的比较

对于集成化数字万用表,由于其结构和原理的限制,用电阻挡测电阻时的相对不确定度 u_{R_X}/R_X 一般比电压测量的相对不确定度 u_V/U 至少大半个数量级. 例如 VC9806 型数字万用表,$u_{R_X}=0.2\%R_X+5\text{LSBs}$,而电压绝对测量的不确定度 $u_V=0.05\%U_X+3\text{LSBs}$,比较测量中用非线性残差限 δ_{lil} 计算不确定度,$\delta_{\text{lin}}\approx1.5\text{LSBs}$,显著小于 u_V. 可见数字万用表电阻挡测量结果 u_{R_X}/R_X 大于惠斯通电桥的测量结果,而电桥法的 u_{R_X}/R_X 一般大于本实验所述比较法. 因此,用数字万用表电阻挡测量的 u_{R_X}/R_X 显著大于本实验所述比较法的测量结果.

实验七 交流电桥的原理和应用

一、实验背景

交流电桥是一种比较式仪器，在电子测量技术中占有重要地位. 它主要用于测量交流等效电阻、时间常量、电容、介质损耗、线圈电感及其线圈品质因数和互感等电气参量的精密测量，也可把非电学量变换为相应电学量后进行精密测量.

常用的交流电桥分为阻抗比电桥和变压器电桥两大类. 习惯上一般称阻抗比电桥为交流电桥. 本实验中的交流电桥指的是阻抗比电桥. 交流电桥的线路虽然和直流单臂电桥线路具有相同的结构形式，但由于它的四个桥臂由阻抗元件组成，所以它的平衡条件、线路的组成以及实现平衡的调整过程都要比直流电桥复杂得多.

二、实验原理

图 3-7-1 是交流电桥的原理线路图，它与直流单臂电桥原理相似. 在交流电桥中，四个桥臂一般由阻抗元件如电阻、电感、电容器组成. 交流电桥的电源通常用正弦交流电源. 交流平衡指示仪的种类很多，分别适用于不同频率范围. 频率为 200 Hz 以下时可采用谐振式检流计；音频范围内可采用耳机作为平衡指示仪；音频或更高的频率时也可采用电子指零仪；也有用示波器或交流毫伏表作为平衡指示仪的. 本实验采用高灵敏度的电子放大式指零仪，它具有足够高的灵敏度. 当指零仪指零时，电桥达到平衡. 本实验采用频率为 1 000 Hz、100 Hz 两种频率的正弦交流电源供电.

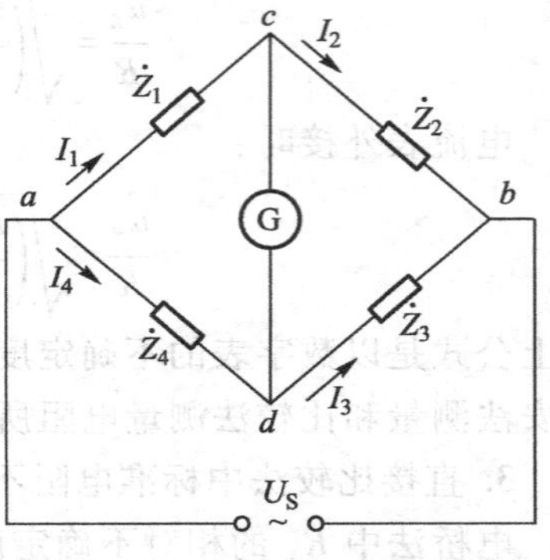

图 3-7-1 交流电桥的原理线路图

1. 交流电桥的平衡条件

如图 3-7-1 所示，我们在正弦稳态的条件下讨论交流电桥的基本原理. 在交流电桥中，四个桥臂由阻抗元件组成，在电桥的一条对角线 cd 上接入交流指零仪，另一对角线 ab 上接入正弦交流电源. 当调节电桥参量，使交流指零仪中无电流通过时（即 $I_0=0$），c、d 两点的电势相等，电桥达到平衡，这时有

$$\dot{Z}_1\dot{Z}_3=\dot{Z}_2\dot{Z}_4 \tag{3-7-1}$$

上式就是交流电桥的平衡条件，它说明：当交流电桥达到平衡时，相对桥臂的阻抗的乘积相等. 由图 3-7-1 可知，若第四桥臂 $\dot{Z}_4$ 由被测阻抗 $\dot{Z}_X$ 构成，则

$$\dot{Z}_X=\frac{\dot{Z}_3}{\dot{Z}_2}\dot{Z}_1 \tag{3-7-2}$$

当其他桥臂的参量已知时，就可计算出被测阻抗 $\dot{Z}_X$ 的值.

2. 交流电桥平衡的分析

在正弦交流电源的情况下，桥臂阻抗可以写成复数的形式：

$$\dot{Z}=R+\mathrm{j}X=Z\mathrm{e}^{\mathrm{j}\varphi}$$

若将电桥的平衡条件用复数的指数形式表示，则可得

$$Z_1\mathrm{e}^{\mathrm{j}\varphi_1}Z_3\mathrm{e}^{\mathrm{j}\varphi_3}=Z_2\mathrm{e}^{\mathrm{j}\varphi_2}Z_4\mathrm{e}^{\mathrm{j}\varphi_4}$$

即

$$Z_1Z_3\mathrm{e}^{\mathrm{j}(\varphi_1+\varphi_3)}=Z_2Z_4\mathrm{e}^{\mathrm{j}(\varphi_2+\varphi_4)}$$

根据复数相等的条件，等式两端的幅模和幅角必须分别相等，故有

$$\begin{cases}Z_1Z_3=Z_2Z_4\\ \varphi_1+\varphi_3=\varphi_2+\varphi_4\end{cases}\tag{3-7-3}$$

上面就是平衡条件的另一种表现形式，可见交流电桥的平衡必须满足两个条件：一是相对桥臂上阻抗幅模的乘积相等；二是相对桥臂上阻抗幅角之和相等. 由式(3-7-3)可以得出下面两点重要结论.

(1) 交流电桥必须按照一定的方式配置桥臂阻抗

与直流单臂电桥不同，若用任意不同性质的四个阻抗组成一个交流电桥，有可能永远无法调节到平衡，因此必须把电桥各元件的性质按交流电桥的两个平衡条件进行适当配合. 一般在实验测量时，常采用标准电抗元件来平衡被测量元件，实验中常采用以下形式的电路.

① 将被测量元件$\dot{Z}_X$与标准元件$\dot{Z}_\mathrm{N}$相邻放置，如图 3-7-1 中$\dot{Z}_4=\dot{Z}_X$，$\dot{Z}_3=\dot{Z}_\mathrm{N}$，这时由公式(3-7-3)可知

$$\dot{Z}_X=\frac{\dot{Z}_1}{\dot{Z}_2}\dot{Z}_\mathrm{N}\tag{3-7-4}$$

式中的比值$\frac{\dot{Z}_1}{\dot{Z}_2}$称为臂比，电路故名臂比电桥，一般情况下$\frac{\dot{Z}_1}{\dot{Z}_2}$为实数，因此$\dot{Z}_X$、$\dot{Z}_\mathrm{N}$必须是具有相同性质的电抗元件，改变臂比可以改变量程.

② 将被测量元件与标准元件相对放置，如图 3-7-1 中$\dot{Z}_4=\dot{Z}_X$，$\dot{Z}_2=\dot{Z}_\mathrm{N}$，这时由公式(3-7-3)可知

$$\dot{Z}_X=\frac{\dot{Z}_1\dot{Z}_3}{\dot{Z}_\mathrm{N}}=\dot{Z}_1\dot{Z}_3\dot{Y}_\mathrm{N}\tag{3-7-5}$$

式中的乘积$\dot{Z}_1\dot{Z}_3$称臂乘，电路故名臂乘电桥，其特点是$\dot{Z}_X$、$\dot{Z}_\mathrm{N}$元件阻抗的性质必须相反，因此这种形式的电桥常常应用在用标准电容器测量电感的电路中. 在实际测量中为了使电桥结构简单和调节方便，通常将交流电桥中的两个桥臂设计为纯电阻.

由式(3-7-3)的平衡条件可知，如果相邻两臂接入纯电阻(臂比电桥)，则另外相邻两臂也必须接入相同性质的阻抗. 若被测对象$\dot{Z}_X$是电容器，则它相邻桥臂$\dot{Z}_4$也必须是电容器；若$\dot{Z}_X$是电感，则$\dot{Z}_4$也必须是电感. 如果相对桥臂接入纯电阻(臂乘电桥)，则另外相对两桥臂必须为

异性阻抗. 若被测对象$\dot{Z}_X$为电容器，则它的相对桥臂$\dot{Z}_3$必须是电感，而如果$\dot{Z}_X$是电感，则$\dot{Z}_3$必须是电容器.

（2）交流电桥平衡必须反复调节两个桥臂的参量

在交流电桥中，为了满足上述两个条件，必须调节两个以上桥臂的参量，才能使电桥完全达到平衡，而且往往需要对这两个参量进行反复调节，所以交流电桥的平衡调节要比直流电桥的调节困难一些.

3. 交流电桥的常见形式

交流电桥的四个桥臂，要按一定的原则配以不同性质的阻抗，才有可能达到平衡. 从理论上讲，满足平衡条件的桥臂类型，可以有许多种. 但实际上常用的类型并不多，原因有以下几点.

① 桥臂尽量不采用标准电感，由于制造工艺上的原因，标准电容器的准确度要高于标准电感，并且标准电容器不易受外磁场的影响，所以常用的交流电桥，不论是测电感还是测电容，除了被测臂之外，其他三个臂都采用电容器和电阻. 本实验由于采用了开放式设计的仪器，所以也能以标准电感作为桥臂，以便于使用者更全面地掌握交流电桥的原理和特点.

② 尽量使平衡条件与电源频率无关，这样才能发挥电桥的优点，使被测量只取决于桥臂参量，而不受电源的电压或频率的影响. 有些形式的桥路的平衡条件与频率有关，如后面将提到的海氏电桥，不同的电源频率将直接影响测量的准确性.

③ 电桥在平衡中需要反复调节，才能使幅角关系和幅模关系同时得到满足. 通常将电桥趋于平衡的快慢程度称为交流电桥的收敛性. 收敛性越好，电桥趋向平衡越快；收敛性差，则电桥不易平衡或者说平衡过程时间要很长，需要测量的时间也很长. 电桥的收敛性取决于桥臂阻抗的性质以及调节参量的选择. 下面将介绍几种常用的交流电桥.

（1）电容电桥

电容电桥主要用来测量电容器的电容及损耗角，为了弄清电容电桥的工作情况，首先对被测电容器的等效电路进行分析，然后介绍电容电桥的典型线路.

① 被测电容的等效电路

实际电容器并非理想元件，它存在着介质损耗，通过电容器的电流和它两端的电压的相位差并不是 90°，而是比 90°要小一个 δ 角，这个角度称为介质损耗角. 具有损耗的电容器可以用两种形式的等效电路表示，一种是理想电容器和一个电阻相串联的等效电路，如图 3-7-2(a)所示；另一种是理想电容器与一个电阻相并联的等效电路，如图 3-7-3(a)所示. 在等效电路中，理想电容器表示实际电容器的等效电容器，而串联（或并联）等效电阻则表示实际电容器的发热损耗.

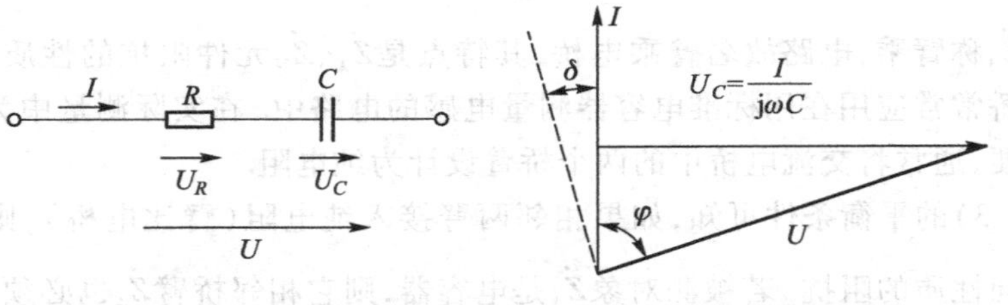

(a) 有损耗电容器的串联等效电路　　(b) 矢量图

图 3-7-2

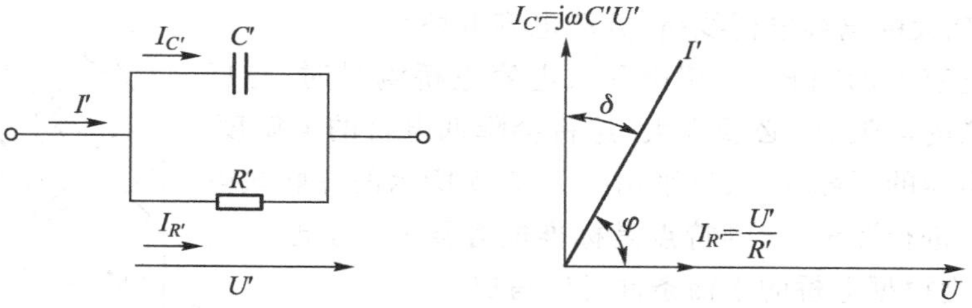

(a) 有损耗电容器的并联等效电路　　(b) 矢量图

图 3-7-3

图 3-7-2(b)及图 3-7-3(b)分别画出了相应电压、电流的矢量图. 必须注意,等效串联电路中的 C、R 与等效并联电路中的 C'、R'是不相等的. 在一般情况下,当电容器介质损耗不大时,应当有 $C\approx C'$,$R\leqslant R'$. 因此,如果用 R 或 R'来表示实际电容器的损耗时,还必须说明它对于哪一种等效电路而言. 为了表示的方便,通常用电容器的损耗角 δ 的正切函数 $\tan\delta$ 来表示它的介质损耗特性,并用符号 D 表示,通常称它为损耗因数,在等效串联电路中,有

$$D=\tan\delta=\frac{U_R}{U_C}=\frac{IR}{I/\omega C}=\omega CR$$

在等效并联电路中,有

$$D=\tan\delta=\frac{I_{R'}}{I_{C'}}=\frac{U'/R'}{\omega C'U'}=\frac{1}{\omega C'R'}$$

应当指出,在图 3-7-2(b)和图 3-7-3(b)中,$\delta=90°-\varphi$ 对两种等效电路都是适合的,所以不管用哪种等效电路,求出的损耗因数是一致的.

② 测量损耗小的电容电桥线路(串联式电容电桥)

图 3-7-4 是适合用来测量损耗小的电容器的串联式电容电桥,被测电容 C_X 接到电桥的第一臂,它的损耗用等效串联电阻 R_X 表示,与被测电容器相比较的标准电容 C_N 接入相邻的第四臂,同时与 C_N 串联一个可变电阻 R_N,电桥的另外两臂则为纯电阻 R_b 及 R_a,当电桥调到平衡时,有

$$R_X=\frac{R_a}{R_b}R_N \tag{3-7-6}$$

$$C_X=\frac{R_b}{R_a}C_N \tag{3-7-7}$$

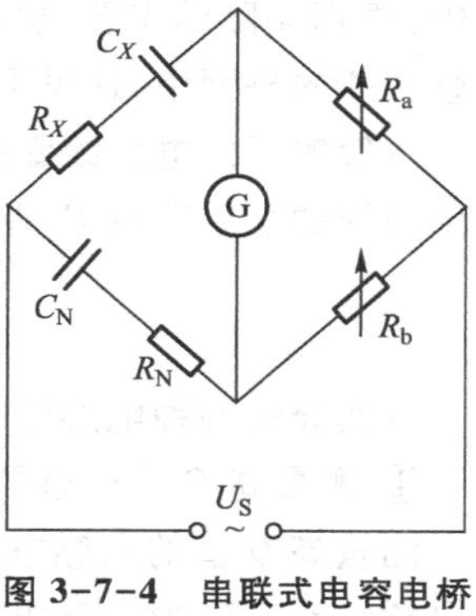

图 3-7-4　串联式电容电桥

由此可知,要使电桥达到平衡,必须同时满足上面两个条件,因此至少需要调节两个参量. 如果改变 R_N 和 C_N,便可以单独调节互不影响地使电容电桥达到平衡. 但通常的标准电容器都是固定的,因此 C_N 不能连续可变,这时我们可以调节比值 R_b/R_a 使式(3-7-7)得到满足,但调节 R_b/R_a 时又影响到式(3-7-6)的平衡. 因此要使电桥同时满足以上两个平衡条件,必须对 R_N 和 R_b/R_a 等参量反复调节才能实现,在使用交流电桥时,必须通过实际操作取得经验,才能迅速使电桥平衡. 电桥达到平衡后,C_X 和 R_X 值可以分别按式(3-7-6)和式(3-7-7)计算,其被测电容器的损耗因数 D 为

$$D=\tan\delta=\omega C_XR_X=\omega C_NR_N \tag{3-7-8}$$

③ 测量损耗大的电容电桥线路(并联电容电桥)

假如被测电容器的损耗大,用串联式电容电桥测量时,与标准电容器相串联的电阻 R_N 必须很大,这将会降低电桥的灵敏度.因此当被测电容器的损耗大时,宜采用图 3-7-5 所示的并联式电容电桥的线路来进行测量,它的特点是标准电容器 C_N 与电阻 R_N 是彼此并联的,则根据电桥的平衡条件可以写成

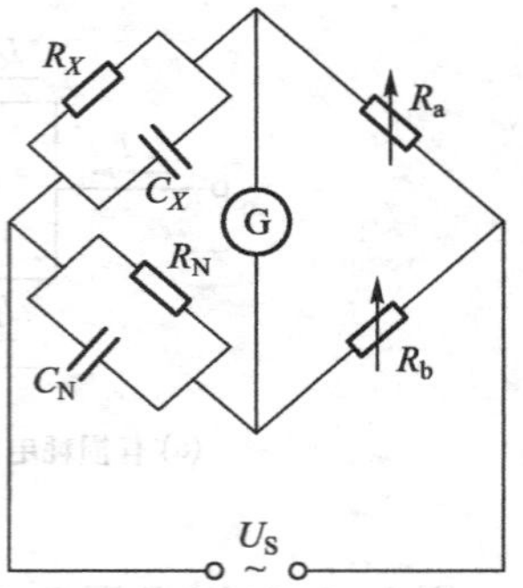

图 3-7-5 并联式电容电桥

$$R_b\left(\frac{1}{\dfrac{1}{R_N}+j\omega C_N}\right)=R_a\left(\frac{1}{\dfrac{1}{R_X}+j\omega C_X}\right)$$

整理后可得

$$C_X=\frac{R_b}{R_a}C_N \tag{3-7-9}$$

$$R_X=\frac{R_a}{R_b}R_N \tag{3-7-10}$$

而损耗因数为

$$D=\tan\delta=\frac{1}{\omega C_X R_X}=\frac{1}{\omega C_N R_N} \tag{3-7-11}$$

交流电桥测量电容根据实验需要,还有一些其他形式,可参看有关的书籍.

(2) 电感电桥

电感电桥是用来测量电感的,电感电桥有多种线路,通常采用标准电容器作为与被测电感相比较的标准元件,从前面的分析可知,这时的标准电容器一定要安置在与被测电感相对的桥臂中(根据实际的需要,也可采用标准电感作为标准元件,这时标准电感一定要安置在与被测电感相邻的桥臂中,这里不再作为重点介绍).

一般实际的电感线圈都不是纯电感,除了电抗 $X_L=\omega L$ 外,还有有效电阻 R,两者之比称为电感线圈的品质因数 Q,即

$$Q=\frac{\omega L}{R} \tag{3-7-12}$$

下面介绍两种电感电桥电路,它们分别适宜于测量高 Q 值和低 Q 值的电感元件.

① 测量高 Q 值电感的电感电桥(海氏电桥)

测量高 Q 值的电感电桥的原理线路如图 3-7-6 所示,该电桥线路又称为海氏电桥. 电桥平衡时,根据平衡条件可得

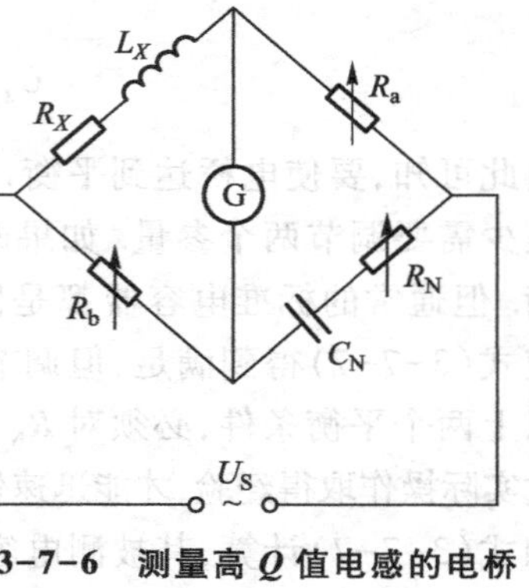

图 3-7-6 测量高 Q 值电感的电桥

$$(R_X+j\omega L_X)\left(R_N+\frac{1}{j\omega C_N}\right)=R_aR_b$$

简化和整理后可得

$$L_X=R_aR_b\frac{C_N}{1+(\omega C_N R_N)^2} \tag{3-7-13}$$

$$R_X=R_aR_b\frac{R_N(\omega C_N)^2}{1+(\omega C_NR_N)^2} \tag{3-7-14}$$

由式(3-7-13)、式(3-7-14)可知，海氏电桥的平衡条件是与频率有关的. 因此在应用该电桥时，若改用外接电源供电，必须注意要使电源的频率与该电桥说明书上规定的电源频率相符，而且电源波形必须是正弦波，否则，谐波频率就会影响测量的精度. 用海氏电桥测量时，其 Q 值为

$$Q=\frac{\omega L_X}{R_X}=\frac{1}{\omega C_NR_N} \tag{3-7-15}$$

由式(3-7-15)可知，被测电感 Q 值越小，则要求标准电容器 C_N 的值越大，但一般标准电容器的电容都不能做得太大. 此外，若被测电感的 Q 值过小，则海氏电桥的标准电容器的桥臂中所串联的 R_N 也必须很大. 但当电桥中某个桥臂阻抗数值过大时，将会影响电桥的灵敏度，可见海氏电桥线路是适于测 Q 值较大的电感参量的，而在测量 $Q<10$ 的电感元件的参量时则需用另一种电桥线路，下面介绍这种适用于测量低 Q 值电感的电桥线路.

② 测量低 Q 值电感的电感电桥(麦克斯韦电桥)

测量低 Q 值电感的电桥原理线路如图 3-7-7 所示. 该电桥线路又称为麦克斯韦电桥. 这种电桥与上面介绍的测量高 Q 值电感的电桥线路所不同的是：标准电容器的桥臂中的 C_N 和可变电阻 R_N 是并联的. 在电桥平衡时，有

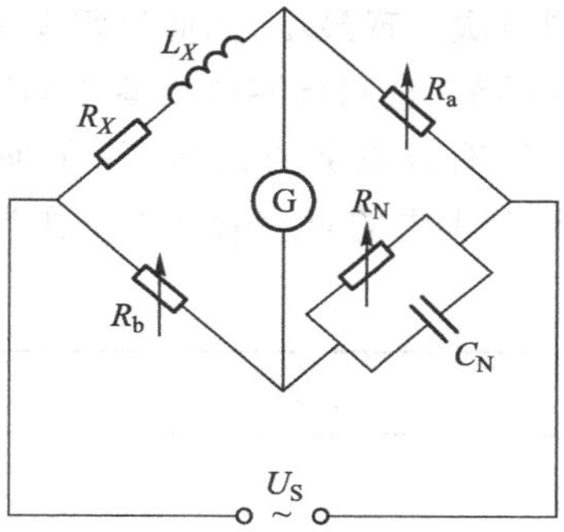

图 3-7-7　测量低 Q 值电感的电桥

$$(R_X+j\omega L_X)\left(\frac{1}{\dfrac{1}{R_N}+j\omega C_N}\right)=R_aR_b$$

相应的测量结果为

$$L_X=R_aR_bC_N \tag{3-7-16}$$

$$R_X=R_aR_b\frac{1}{R_N} \tag{3-7-17}$$

被测电感的品质因数 Q 为

$$Q=\frac{\omega L_X}{R_X}=\omega R_NC_N \tag{3-7-18}$$

麦克斯韦电桥的平衡条件式(3-7-16)、式(3-7-17)表明，它的平衡是与频率无关的，即在电源为任何频率或非正弦的情况下，电桥都能平衡，所以该电桥的应用范围较广. 但是实际上，由于电桥内各元件间的相互影响，所以交流电桥的测量频率对测量精度仍有一定的影响.

(3) 电阻电桥

测量电阻时采用惠斯通电桥，见图 3-7-8. 桥路形式与直流单臂电桥相同，只是这里用交流电源和交流指零仪作为测量信号.

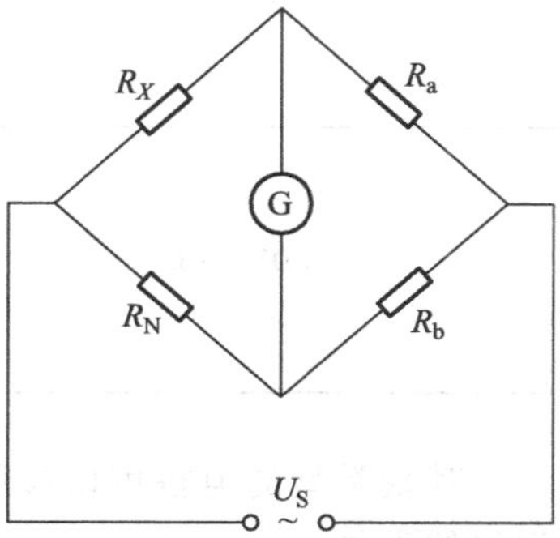

图 3-7-8　交流电桥测量电阻

当电桥平衡时,G 无电流流过,G 两端为等电势,则

$$R_X=\frac{R_a}{R_b}R_N$$

由于采用交流电源和交流电阻作为桥臂,所以测量一些残余电抗较大的电阻时不易平衡,这时可改用直流电桥进行测量.

三、实验仪器

FB305A 型交流电桥实验仪(注:频率选择一般用 1 000 Hz、100 Hz,可供测量参考).

仪器操作说明如下.

1. 因为在被测电容器 C_X 中,一般 R_X 的量值比较小,因此在测量前,R_N 的值可以调到零或很小的值,设定一定大小的灵敏度,使指零仪有一定的偏转幅度.

2. 调节 R_b 使指零仪偏转最小,再适当调节指零仪的灵敏度,接着调节 R_N 使指零仪偏转直到再次出现最小,如此反复调节 R_b 并加大指零仪的灵敏度,再调节 R_N 并加大灵敏度,如此反复调节,直到指零仪指零或偏转值最小为止.

3. 有效数字的设定:为了使 C_X 有四位有效数字,R_b 需要显示四位以上的有效数字,表 3-7-1 中的对应数据可以作为实验参考.

表 3-7-1

$C_X/\mu F$	$C_N/\mu F$	R_a/Ω
10~100	1	100
	0.1	10
	0.01	1
1~10	1	1 000
	0.1	100
	0.01	10
0.1~1	1	10 000
	0.1	1 000
	0.01	100
0.01~0.1	1	100 000
	0.1	10 000
	0.01	1 000

其余类型的电桥可以参照图 3-7-9 的接线示意图与表 3-7-1 的设定值进行,此处不再作类似的重复.

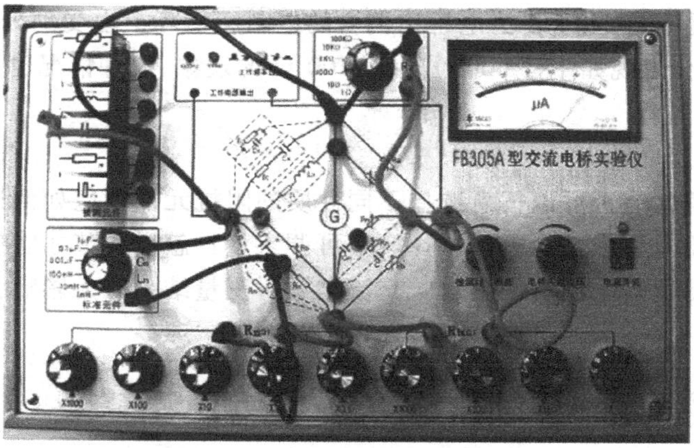

图 3-7-9　串联电容电桥连线图

四、实验内容

实验前应充分掌握实验原理，接线前应明确桥路的形式，错误的桥路可能会有较大的测量误差，甚至无法测量.

1. 交流电桥测量电容

根据前面实验原理的介绍，分别测量两个 C_X 电容，试用合适的桥路测量电容器的电容及其损耗电阻，并计算损耗.

交流电桥采用的是交流指零仪，电桥平衡时指针位于左侧 0 位.

实验时，指零仪的灵敏度应先调到较低位置，待基本平衡时再调高灵敏度，重新调节桥路，直至最终平衡.

2. 交流电桥测量电感

根据前面实验原理的介绍分别测量两个 L_X 电感，试用合适的桥路测量电感的电感及其损耗电阻，并计算电感的 Q 值.

3. 交流电桥测量电阻

用交流电桥测量不同类型和阻值的电阻，并与其他直流电桥的测量结果相比较.

4. 其他桥路实验

交流电桥还有其他多种形式，有兴趣的同学可以自己进行实验，仪器的配置可以支持完成这些实验.

附加说明：在电桥的平衡过程中，有时指针不能完全回到零位，这对于交流电桥是完全可能的，一般来说有以下原因.

(1) 测量电阻时，被测电阻的分布电容或电感太大.

(2) 测量电容和电感时，损耗平衡(R_N)的调节精度受到限制，尤其是低 Q 值的电感或高损耗的电容测量时更为明显. 另外，电感线圈极易受到外界的干扰，也会影响电桥的平衡，这时可以试着变换电感的位置来减小这种影响.

(3) 由于桥臂元件并非理想的电抗元件，所以选择的测量量程不当，以及被测元件的电抗值太小或太大，都会造成电桥难以平衡.

(4) 在保证精度的情况下，灵敏度不要调得太高. 灵敏度太高也会引入一定的干扰.

（5）与直流电桥不同，由于作为电桥比例臂的电阻箱实际上也受到分布电容的影响，因此在实验过程中，有时会出现如 $1\times1\ 000\ \Omega\neq10\times100\ \Omega$ 的现象，这种情况也是正常的.

五、思考题

1. 交流电桥的桥臂是否可以任意选择不同性质的阻抗元件？应如何选择？
2. 为什么在交流电桥中至少需要选择两个可调参量？怎样调节才能使电桥趋于平衡？
3. 交流电桥对使用的电源有何要求？交流电源对测量结果有无影响？

实验八 磁阻效应及磁阻传感器的特性研究

一、实验背景

磁阻效应是指某些金属或半导体的电阻值随外加磁场变化而变化的现象. 磁阻效应和霍尔效应一样，都是由载流子在磁场中受到的洛伦兹力而产生的，若外加磁场与外加电场垂直，称为横向磁阻效应；若外加磁场与外加电场平行，称为纵向磁阻效应.

磁阻效应还与样品的形状有关，不同几何形状的样品，在同样大小的磁场作用下，其电阻不同，该效应称为几何磁阻效应. 由于半导体的电阻率随磁场的增加而增加，有人又把该磁阻效应称为物理磁阻效应.

目前，磁阻效应广泛应用于磁传感、磁力计、电子罗盘、位置和角度传感器、车辆探测、GPS导航、仪器仪表、磁存储（磁卡、硬盘）等领域.

二、实验目的

1. 了解磁阻效应的基本原理及测量磁阻效应的方法.
2. 测量锑化铟传感器的电阻与磁感应强度的关系.
3. 作锑化铟传感器的电阻变化与磁感应强度的关系曲线，并进行相应的曲线和直线拟合.
4. 学习用磁阻传感器测量磁场的方法.
5. 观测在弱正弦交流磁场中，磁阻传感器的交流倍频特性.

三、实验原理

一定条件下，导电材料的电阻值 R 随磁感应强度 B 变化的现象称为磁阻效应. 如图 3-8-1 所示，当半导体处于磁场中时，半导体的载流子将受洛伦兹力的作用，发生偏转，在两端积聚电荷并产生霍尔电场. 如果霍尔电场作用和某一速度的载流子的洛伦兹力作用刚好抵消，则小于此速度的电子将沿霍尔电场作用的方向偏转，而大于此速度的电子则沿相反方向偏转，因而沿外加电场方向运动的载流子数量将减少，即沿电场方向的电流密度减小，电阻增大，也就是由于磁场的存在，半导体增加了电阻，此现象称为磁阻效应. 如果将图 3-8-1 中的 U_H 短路，磁阻效应更明显. 因为在上述的情况里，磁场与外加电场垂直，所以该磁阻效应称为横向磁阻效应.

当磁感应强度平行于电流时，则是纵向情况. 若载流子的有效质量和弛豫时间与移动方向无关，纵向磁感应强度不引起载流子漂移运动的偏转，因而没有纵向霍尔效应的磁阻；而对于载流子的有效质量和弛豫时间与移动方向有关的情形，若作用力的方向不在载流子的有效质量和弛豫时间的主轴方向上，此时，载流子的加速度和漂移方向与作用力的方向不相同，也可引起载流子漂移运动的偏转现象，其结果总是导致样品的纵向电流减小，电阻增加. 在磁感应强度与电流方向平行情况下所引起的电阻增加的效应，称为纵向磁阻效应.

通常以电阻率的相对改变量来表示磁阻的大小，即用 $\Delta\rho/\rho(0)$ 表示. 其中 $\rho(0)$ 为零磁场时的电阻率，设在磁感应强度为 B 的磁场中的电阻率为 $\rho(B)$，则 $\Delta\rho=\rho(B)-\rho(0)$. 由于磁阻传感器电阻的相对变化率 $\Delta R/R(0)$ 正比于 $\Delta\rho/\rho(0)$，这里 $\Delta R=R(B)-R(0)$. 因此也可以用磁阻传感器电阻的相对改变量 $\Delta R/R(0)$ 来表示磁阻效应的大小. 测量磁阻值 R 与磁感应强度 B 关系的实验装置及线路如图 3-8-2 所示.

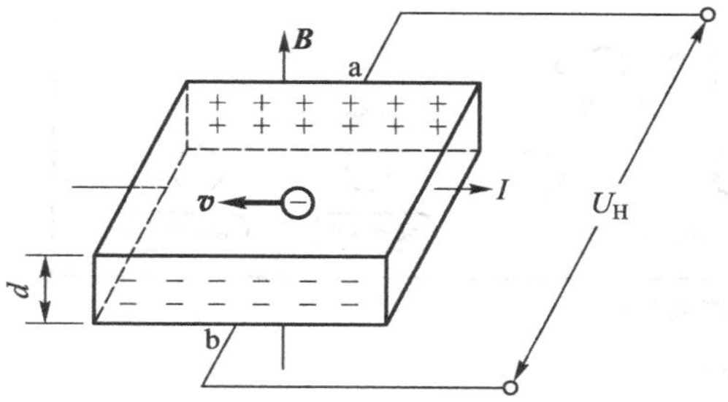

图 3-8-1　磁阻效应

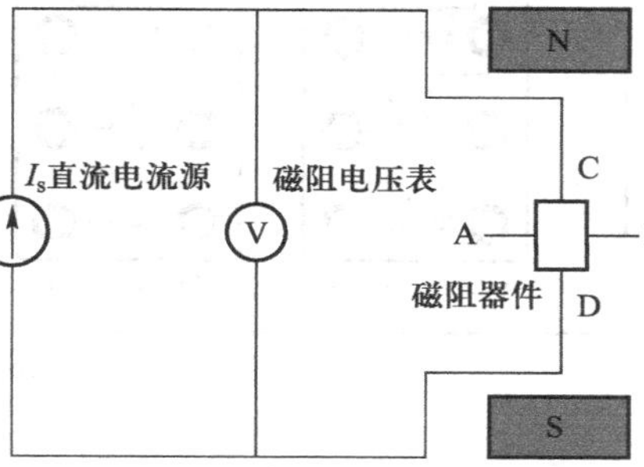

图 3-8-2　测量磁阻效应的实验装置

尽管不同的磁阻装置有不同的灵敏度，但其电阻的相对变化率 $\Delta R/R(0)$ 与外磁场的关系都是相似的. 实验证明，磁阻效应对外加磁场的极性不灵敏，即对正负磁场的响应相同. 一般情况下外加磁场较弱时，电阻相对变化率 $\Delta R/R(0)$ 正比于磁感应强度 B 的二次方；随着磁场的加强，$\Delta R/R(0)$ 与磁感应强度 B 成线性函数关系；当外加磁场超过特定值时，$\Delta R/R(0)$ 与磁感应强度 B 的响应会趋于饱和.

另外，$\Delta R/R(0)$ 对总磁场的方向很灵敏，总磁场为外磁场与内磁场之和，而内磁场与磁阻薄膜的性质和几何形状有关.

四、实验仪器

实验采用 DH4510 磁阻效应综合实验仪，图 3-8-3 为该仪器示意图.

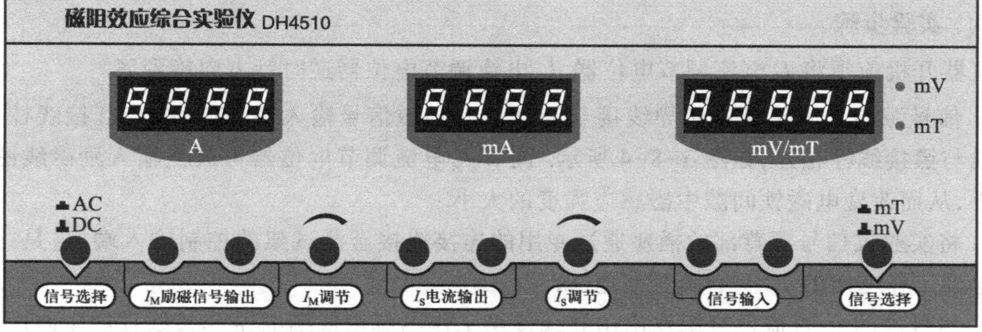

(a) 信号源面板图

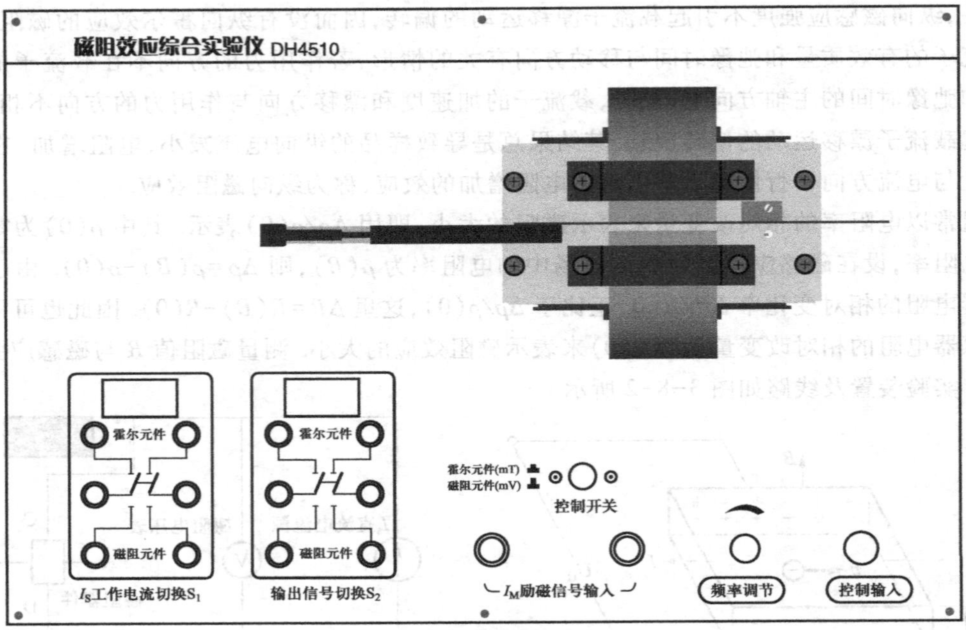

(b) 磁阻效应测试架图

图 3-8-3

DH4510 磁阻效应综合实验仪由信号源和测试架两部分组成. 实验仪包括双路可调直流恒流源、电流表、数字式磁场强度计(毫特计)和磁阻电压转换测量表(毫伏表)、控制电源等. 测试架包括励磁线圈(含电磁铁)、锑化铟(InSb)磁阻传感器、砷化镓(GaAs)霍尔传感器、转换继电器及导线等. 仪器连接如图 3-8-4 所示.

五、实验内容

1. 在锑化铟磁阻传感器工作电流保持不变的条件下,测量锑化铟磁阻传感器的电阻与磁感应强度的关系. 作 $\Delta R/R(0)$ 与 B 的关系曲线,并进行曲线拟合(实验步骤自己拟定,实验时注意 GaAs 霍尔传感器和 InSb 磁阻传感器工作电流应调至 1 mA).

2. 用磁阻传感器测量一个未知的磁感应强度,与毫特计测得的磁感应强度相比较,估算测量误差.

六、实验步骤

仪器开机前须将 I_M 电流调节电位器、I_S 电流调节电位器逆时针方向旋到底.

1. 信号源的 I_M 直流源端用导线接至测试架的励磁信号输入端,红导线与红接线柱相连,黑导线与黑接线柱相连,如图 3-8-4 所示. 调节 I_M 电流调节电位器可改变输入励磁线圈电流的大小,从而改变电磁铁间隙中磁感应强度的大小.

2. 将实验仪信号源背部的插座通过专用的连接线接至测试架的控制输入端,这是一路提供继电器工作电压的 12 V 直流控制电源.

3. 信号源的 I_S 直流恒流源输出用导线接至工作电流切换继电器 S_1 接线柱的中间两端,红

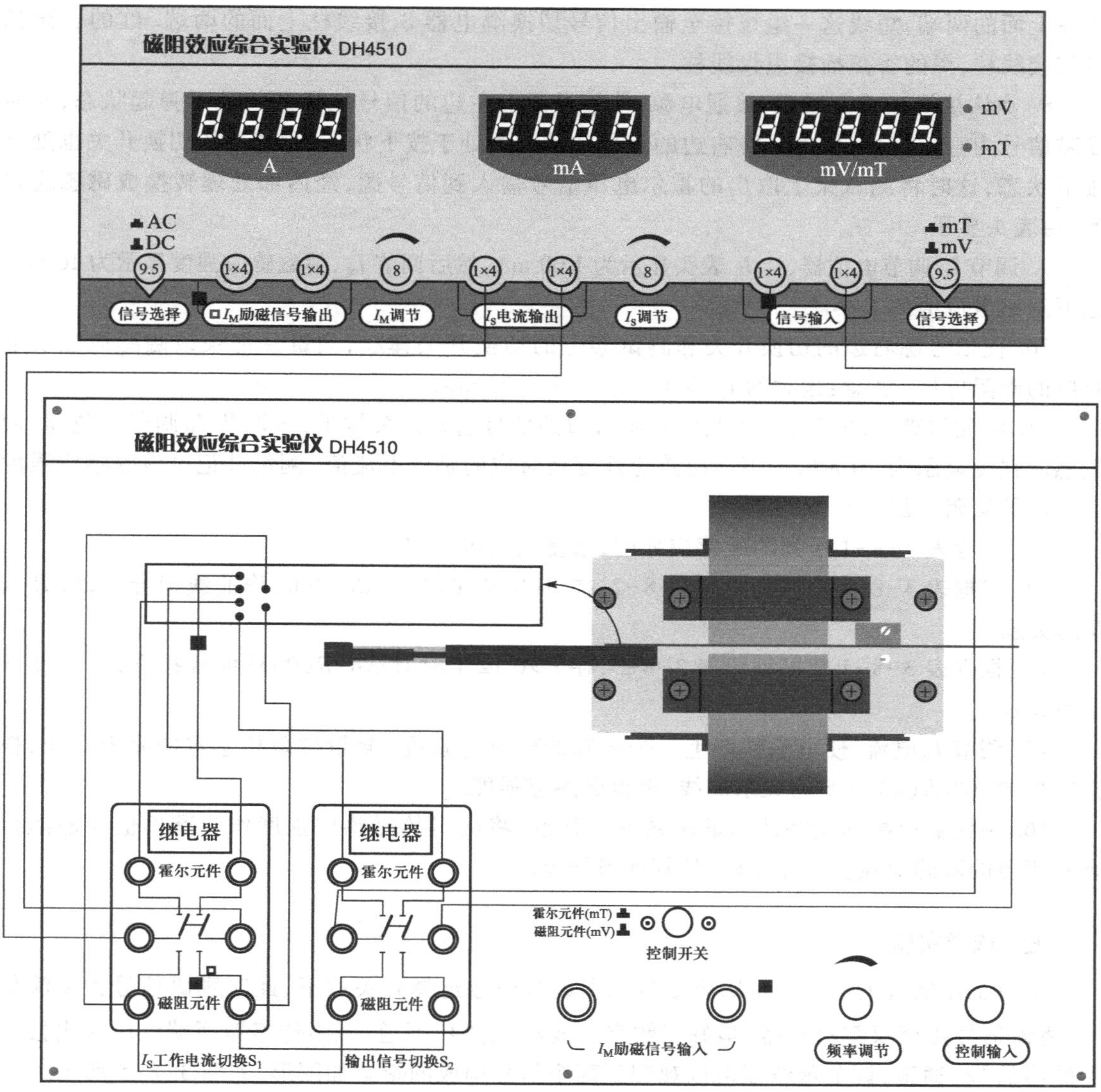

图 3-8-4　磁阻效应接线图

导线与红接线柱相连,黑导线与黑接线柱相连.

4. 信号源的信号输入两端用导线接至输出信号切换继电器 S_2接线柱的中间两端,红导线与红接线柱相连,黑导线与黑接线柱相连.

5. 将继电器 S_1接线柱的下面两端与继电器 S_2接线柱下面的两端相连,红导线与红接线柱相连,黑导线与黑接线柱相连.

6. 将锑化铟(InSb)磁阻传感器的两端与工作电流切换继电器 S_1接线柱下面的两端相连,红的香蕉插接红接线柱,黑的香蕉插接黑接线柱.

7. 将砷化镓(GaAs)霍尔传感器的四个引出线按线的长短分成两组,长线为一组(为工作电流输入端),短线为一组(为霍尔电压输出端),长线这一组线接至工作电流切换继电器 S_1接线柱上面的两端，短线这一组线接至输出信号切换继电器 S_2 接线柱上面的两端. 红的香蕉插接红接线柱，黑的香蕉插接黑接线柱.

8. 确认接线正确完成后，接通电源，使信号源上左边的信号选择开关处于弹起状态，此时励磁信号为直流信号；使信号源右边的信号选择开关处于按下状态，测试架的切换开关也处于按下状态，这时将测试架上取出的霍尔电压信号输入到信号源，经内部处理转换成磁感应强度，由表头显示.

9. 调节 I_S 调节电位器，让 I_S 表头显示为 1.00 mA，然后调节 I_M，使磁感应强度显示为 10 mT，记下励磁电流值的大小.

10. 使信号源右边的切换开关和测试架上的切换开关弹起，测量并记录该磁感应强度下对应的磁阻电压. 注意：这时的 I_S 表头显示应为 1.00 mA.

11. 将测试架上的切换开关及信号源右边的信号选择开关按下，再调节 I_M 调节电位器，使磁感应强度显示为 20 mT，记下该磁感应强度及对应的励磁电流值. 测量并记录该磁感应强度下对应的磁阻电压.

12. 参考表 3-8-1 所列的磁感应强度，重复以上步骤 10~11.

13. 根据表 3-8-1 数据列出表 3-8-2，在 $B<0.06$ T 时对 $\Delta R/R(0)$ 作曲线拟合，求出 R 与 B 的关系.

14. 根据表 3-8-1 数据列出表 3-8-3，在 $B>0.12$ T 时对 $\Delta R/R(0)$ 作曲线拟合，求出 R 与 B 的关系.

15. 调节 I_M 电流，使电磁铁产生一个未知的磁感应强度. 测量磁阻传感器的磁阻电压，根据求得的 $\Delta R/R(0)$ 与 B 的关系曲线，求得磁感应强度.

16. 用仪器所配的毫特计测量该磁感应强度，将测得的磁感应强度作为准确值与磁阻传感器测得的磁感应强度值相比较，估算测量误差.

七、选做实验

调节工作电流 I_S 为 2.5 mA，将信号源左边的信号选择开关按下，此时励磁信号为交流信号，将该信号接至双踪示波器（最好用数字示波器）的“1”通道，磁阻传感器两端电压输出接至示波器的“2”通道，调节示波器可以观测到两个信号构成的李萨如图形，如图 3-8-5 所示.

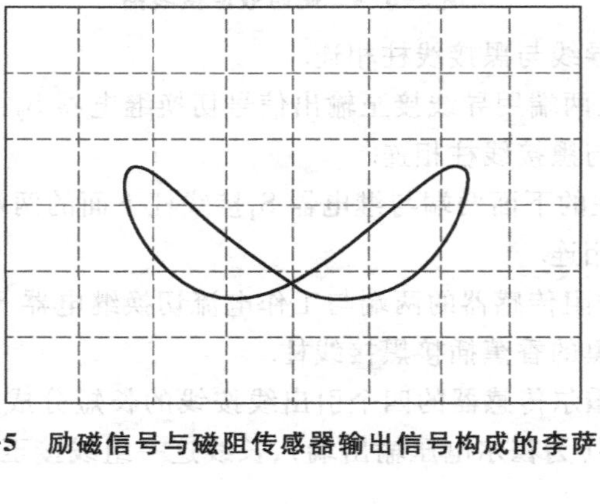

图 3-8-5 励磁信号与磁阻传感器输出信号构成的李萨如图形

八、数据记录与处理

表 3-8-1　$B-\Delta R/R(0)$ 关系实验

电流 $I_S=1$ mA

电磁铁	InSb 磁阻传感器	$B-\Delta R/R(0)$ 对应关系		
I_M/mA	U_R/mV	B/mT	R/Ω	$\Delta R/R(0)$
		0.00		
		10.0		
		20.0		
		30.4		
		40.5		
		50.2		
		60.2		
		70.1		
		99.8		
		150.3		
		200.0		
		250.3		
		300.5		
		350.1		
		400.0		
		450.3		
		500.6		

1. 令 $\Delta R/R(0)=kB^n$，则 $\ln[\Delta R/R(0)]=n\ln B+\ln k$，将表 3-8-1 中的数据在 $B<0.06$ T 时对 $\Delta R/R(0)$ 作曲线拟合，拟合数据填入表 3-8-2 中.

表 3-8-2　$B<0.06$ T 时对 $\Delta R/R(0)$ 作曲线拟合

$\Delta R/R(0)$	B/mT	$\Delta R/R(0)\times B$	$[\Delta R/R(0)]^2$	B^2

2. 将表 3-8-1 中的数据在 $B>0.12$ T 时对 $\Delta R/R(0)$ 作曲线拟合，拟合数据填入表 3-8-3 中.

表 3-8-3　$B>0.12$ T 时对 $\Delta R/R(0)$ 作曲线拟合

$\Delta R/R(0)$	B/mT	$\Delta R/R(0)\times B$	$[\Delta R/R(0)]^2$	B^2

3. 按以上实验数据，作出 $\Delta R/R-B$ 关系曲线.

九、思考题

1. 磁阻效应是怎样产生的？磁阻效应和霍尔效应有何内部联系？
2. 实验时为何要保持霍尔工作电流和流过磁阻元件的电流不变？
3. 磁阻传感器的电阻值与磁感应强度关系有何变化？
4. 磁阻传感器的电阻值与磁场的极性和方向有何关系？
5. 你能解释在低频交流磁场激励下，励磁信号和磁阻传感器输出信号构成的李萨如图形如"蝴蝶"的原因吗？

实验九　磁场测量与描绘

一、实验背景

工业生产和科学研究的许多领域都涉及磁场测量问题，如磁探矿、地质勘探、磁性材料研制、磁导航、同位素分离、电子束和离子束加工装置、受控热核反应以及人造地球卫星等. 近三十年来，磁场测量技术发展很快，目前常用的测量磁场的方法有十多种，较常用的有电磁感应法、核磁共振法、霍尔效应法、磁通门法、光泵法、磁光效应法、磁膜测磁法以及超导量子干涉器法等. 每种方法都是利用磁场的不同特性进行测量的，它们的精度也各不相同，在实际工作中根据待测磁场的类型和强弱来确定采用何种方法.

本实验采用电磁感应法测量通有交流电的螺线管产生的交变磁场，通过该实验掌握低频交变磁场的测量方法，加深对法拉第电磁感应定律和毕奥-萨伐尔定律的理解及对交变磁场的认识.

二、实验目的

1. 学习交变磁场的测量原理和方法.
2. 学习用探测线圈测量交变磁场中各点的磁感应强度.
3. 掌握载流直螺线管轴线上各点磁场的分布情况.

4. 了解螺线管周围磁场的分布及其描绘方法.

5. 加深对磁场和电流相互关系的理解.

三、实验原理

1. 电磁感应法测量原理

设由交流信号驱动的线圈产生的交变磁场,它的磁感应强度瞬时值

$$B_i = B_m \sin \omega t$$

式中 B_m 为磁感应强度的峰值,其有效值记作 B,ω 为角频率. 设有一个探测线圈放在这个磁场中,通过这个探测线圈的有效磁通量为

$$\Phi = NSB_m \cos\theta \sin\omega t$$

式中:N 为探测线圈的匝数,S 为该线圈的横截面积,θ 为法线 $\boldsymbol{e}_n$ 与 $\boldsymbol{B}$ 之间的夹角,如图 3-9-1 所示,线圈产生的感应电动势为

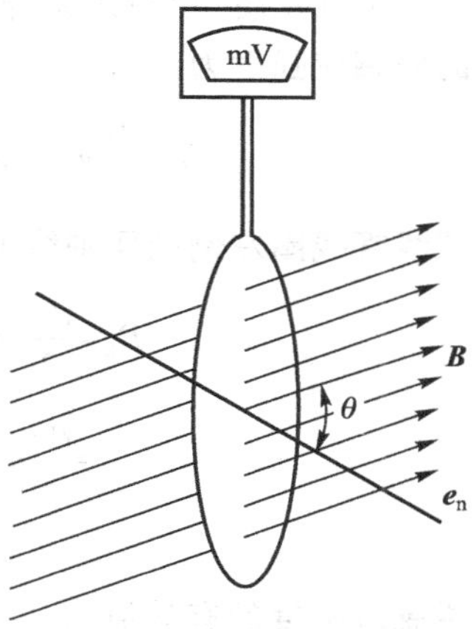

图 3-9-1 探测线圈与磁场

$$\mathscr{E} = -\frac{d\Phi}{dt} = -NS\omega B_m \cos\theta \cos\omega t = -\mathscr{E}_m \cos\omega t$$

式中 $\mathscr{E}_m = NS\omega B_m \cos\theta$ 是线圈法线和磁场成 θ 角时,感应电动势的幅值. 当 $\theta=0$,$\mathscr{E}_{max} = NS\omega B_m$ 时,感应电动势的幅值最大. 如果用数字毫伏表测量此时线圈的电动势,则毫伏表的示值(有效值)U_{max} 为$\frac{\mathscr{E}_{max}}{\sqrt{2}}$,则

$$B = \frac{B_m}{\sqrt{2}} = \frac{U_{max}}{NS\omega} \tag{3-9-1}$$

其中 B 为磁感应强度的有效值,B_m 为磁感应强度的峰值.

2. 探测线圈的设计

实验中由于磁场的不均匀性,探测线圈要尽可能小. 实际的探测线圈又不可能做得很小,否则会影响测量灵敏度. 一般设计的线圈长度 L 和外径 D 满足 $L=2D/3$ 的关系,线圈的内径 d 与外径 D 满足 $d \leqslant D/3$ 的关系,尺寸示意图见图 3-9-2. 线圈在磁场中的等效面积,经过理论计算,可用下式表示:

$$S = \frac{13}{108}\pi D^2 \tag{3-9-2}$$

这样的探测线圈测得的平均磁感应强度可以近似看成线圈中心点的磁感应强度.

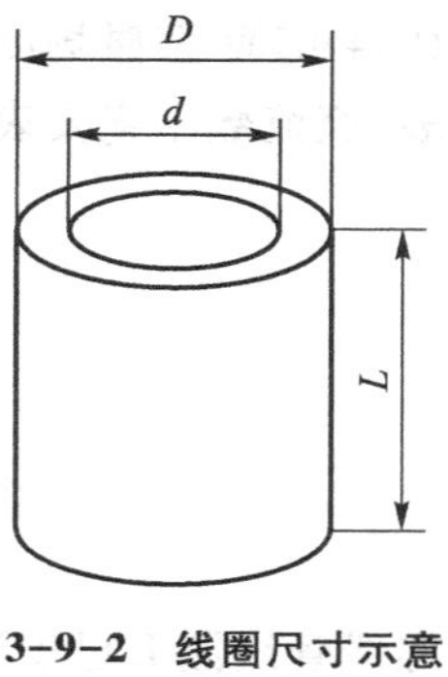

图 3-9-2 线圈尺寸示意图

将式(3-9-2)代入式(3-9-1)得

$$B = \frac{54}{13\pi^2 ND^2 f} U_{max} = 0.073 U_{max} \tag{3-9-3}$$

本实验的 $D=0.012$ m,$N=800$ 匝. 本实验的励磁电流由市电通过降压变压器供给,因此交变磁场的频率 $f=50$ Hz. 将 D、N、f 代入式(3-9-3)就可得出 B 值.

3. 螺线管线圈轴线上磁感应强度的理论计算

如图 3-9-3 所示，当交变电流通过螺线管线圈时，且当电流频率不太高时，其中心的磁感应强度近似与恒定电流产生的磁感应强度相等.

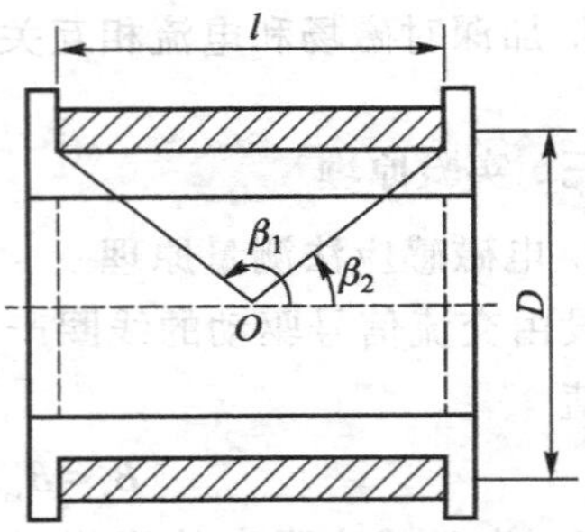

图 3-9-3 交变电流通过螺线管线圈

根据毕奥-萨伐尔定律，螺线管线圈轴线上任一点的磁感应强度为

$$B_0=\frac{\mu_0}{2}nI(\cos\beta_2-\cos\beta_1) \tag{3-9-4}$$

螺线管线圈左侧端面轴线上的磁感应强度($\beta_1=90°$)为

$$B_0=\frac{\mu_0}{2}nI(\cos\beta_2-\cos\beta_1)=\frac{\mu_0}{2}nI\cos\beta_2$$

$$=\frac{\mu_0}{2}n\frac{l}{\sqrt{l^2+\left(\frac{D}{2}\right)^2}}I \tag{3-9-5}$$

磁感应强度的有效值为

$$B_{0E}=\frac{\mu_0}{2}n\frac{l}{\sqrt{l^2+\left(\frac{D}{2}\right)^2}}I_E \tag{3-9-6}$$

式中 $\mu_0=4\pi\times10^{-7}$ N/A^2 为真空中的磁导率，n 为单位长度螺线管线圈匝数(33.75 匝/mm)，l 为螺线管长度(80 mm)，D 为螺线管直径(60 mm)，I_E为流过螺线管线圈电流 I 的有效值. 螺线管的几何尺寸是很容易测定的，因此只要测出流过螺线管线圈的电流有效值 I_E，就能在理论上算出 B_{0E}.

四、实验仪器

DH4501W 型磁场测量与描绘实验仪，它由交流电源、螺线管线圈 L、探测线圈 T、交流数字毫伏表、交流数字毫安表等组成，如图 3-9-4 所示.

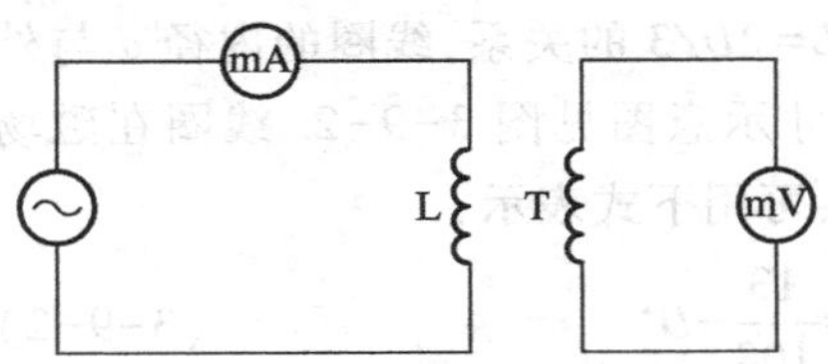

图 3-9-4 实验仪原理图

螺线管线圈 L 已安装在面板上，为了测量螺线管线圈中的电流，在交流电源和螺线管之间串联了交流数字毫安表；励磁电源由市电通过降压变压器供给，励磁电源可以通过短接开关选择为 15 V、18 V 或者 24 V. 探测线圈 T 与交流数字毫伏表串联，用于测量探测线圈的感应电动势，探测线圈可在面板上移动，以测量螺线管线圈周围各处的磁场.

实验仪器的主要技术参量：

1. 励磁电源：AC 15 V、18 V、24 V，50 Hz，三挡可调，有输出短路保护.

2. 励磁电流：100～200 mA.
3. 螺线管线圈的平均直径：$D=0.060$ m；长度：$L=0.080$ m.
4. 探测线圈外径：$D=0.012$ m，匝数：$N=800$ 匝.
5. 探测线圈测试范围的轴向：±120 mm，径向：±70 mm.
6. 探测线圈测试角度范围：±90°.
7. 螺线管线圈的匝数：$N=2\ 700$ 匝，允许电流：$I_{max}=500$ mA.
8. 交流数字毫伏表的量程：200 mV，最小分辨率：0.1 mV.
9. 交流数字毫安表的量程：200 mA，最小分辨率：0.1 mA.

五、实验内容

用短接开关给螺线管接入交流励磁电源，此时交流数字毫安表将显示加在螺线管上的励磁电流有效值 I_E；将探测线圈插头与交流数字毫伏表右边测插座对应连接起来，此时交流数字毫伏表将显示感应电动势的有效值 U_{max}.

1. 螺线管中心轴线上磁场的测定

按仪器面板上的格式在空白纸上画出完全相同的刻度盘（刻度盘最小单位为 1 cm），按实验原理中所述的方法，用探测线圈测出螺线管轴线两侧感应电动势的有效值 U_{max}，并判断磁场的方向，将所测的 U_{max} 标在刻度盘上，磁场方向用小箭头表示. 然后用同样的方法测出螺线管两侧以外轴线上各点磁场的大小和方向，要求两侧各测 10 个点，并将测量结果标在刻度盘上. 测量过程中如果励磁电流有变化，可以多次测量取平均值，将其作为励磁电流值，数据记录在表 3-9-1 中.

2. 螺线管轴线外磁场的测定

根据图 3-9-5 所示的通电螺线管磁场分布示意图，在螺线管轴线两侧分别对称地选择两条曲线，按照上述步骤测出曲线上各点磁场的大小和方向，每条曲线要求测 12 个点以上，并按上述方法将测量结果标注在刻度盘上，数据记录在表 3-9-2 中.

具体操作方法：将探测线圈的中心对准测试点，旋转线圈，寻找到该位置感应电压的最大值，即可得到该处对应的磁感应强度，探测线圈轴线标记的方向即为该点的磁场方向.

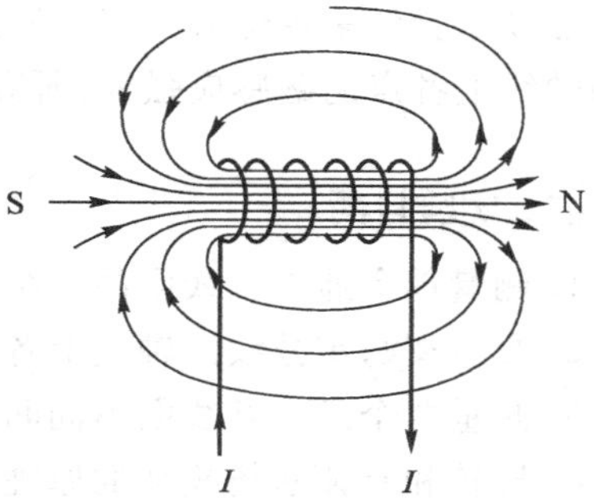

图 3-9-5　通电螺线管磁场分布示意图

六、数据记录与处理

表 3-9-1　螺线管中心轴线磁场分布数据记录（0 cm 对应螺线管端面）

励磁电流：____mA

轴向距离 X/cm	0	1	2	3	4	5	6	7	8	9	10	11	12
U_{max}/mV													
$B(=0.073U_{max})$/mT													

表 3-9-2　螺线管轴线外磁场分布数据记录

励磁电流：____mA

测量点坐标												
U_{max}/mV												
$B(=0.073U_{max})$/mT												
磁场方向												

1. 计算所测各点的磁感应强度，按刻度盘格式裁取坐标纸，将计算结果及磁场方向标注在坐标纸上，然后描出磁感应线.

2. 分别计算螺线管线圈轴线上两端面磁感应强度 B 的理论值，与实验值比较，求相对误差.

七、思考题

1. 分析本实验磁场测量误差来源.

2. 本实验仪所用探测线圈 T 具有一定尺寸，而不是一个点，对实验结果是否有影响？

实验十　测量三维亥姆霍兹线圈磁场

一、实验背景

磁场实验仪采用恒流源产生的恒定磁场，用集成霍尔传感器测量载流圆线圈和亥姆霍兹线圈轴线上各点的磁感应强度，研究亥姆霍兹线圈的磁场分布.

二、实验目的

1. 测量单个通电圆线圈的三维磁感应强度.

2. 测量亥姆霍兹线圈轴线上各点的三维磁感应强度.

3. 测量两个通电圆线圈不同间距时的线圈轴线上各点的三维磁感应强度.

4. 比较和验证磁场叠加的原理.

三、实验原理

1. 霍尔效应

霍尔效应是导电材料中的电流与磁场相互作用而产生电动势的效应. 为了方便地应用于各种场合，单个的霍尔元件与相应的电路集成，形成了各种用途的集成霍尔传感器. 如用于测量磁场的线性传感器、用于检测开关量的霍尔开关等. 本实验使用的是线性集成霍尔传感器.

2. 载流圆线圈磁场

根据毕奥－萨伐尔定律，载流线圈在轴线（通过圆心并与线圈平面垂直的直线）上某点的磁感应强度为

$$B=\frac{\mu_0 R^2}{2(R^2+X^2)^{3/2}}NI \tag{3-10-1}$$

式中 I 为通过线圈的励磁电流，N 为线圈的匝数，R 为线圈平均半径，X 为圆心到该点的距离，μ_0为真空磁导率. 因此，圆心处的磁感应强度 B_O 为

$$B_O=\frac{\mu_0}{2R}NI \tag{3-10-2}$$

轴线外的磁场分布计算公式较复杂，这里略去.

3. 亥姆霍兹线圈

亥姆霍兹线圈是一对匝数和半径相同的共轴平行放置的圆线圈，两线圈间的距离 d 正好等于圆线圈的半径 R. 这种线圈的特点是能在其公共轴线中点附近产生较广的均匀磁场区，故在生产和科研中有较大的实用价值，其磁场合成示意图如图 3-10-1 所示.

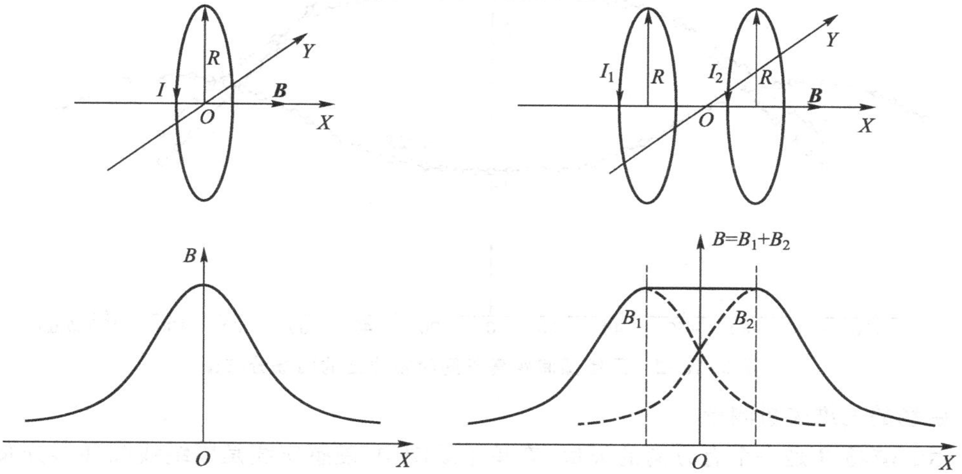

图 3-10-1　亥姆霍兹线圈磁场合成示意图

当两通电线圈的通电电流方向一样时，线圈内部形成的磁场方向也一致，这样两线圈之间的部分就形成均匀磁场. 当探头在磁场内运动时其测量的数值几乎不变. 当两通电线圈电流方向不同时，在两线圈中心的磁场应为 0.

设 Z 为亥姆霍兹线圈中轴线上某点与中心点 O 处的距离，则亥姆霍兹线圈轴线上任一点的磁感应强度大小为

$$B=\frac{1}{2}\mu_0 NIR^2\left\{\left[R^2+\left(\frac{R}{2}+Z\right)^2\right]^{-3/2}+\left[R^2+\left(\frac{R}{2}-Z\right)^2\right]^{-3/2}\right\} \tag{3-10-3}$$

而在亥姆霍兹线圈轴线上中心 O 处，$Z=0$，所以磁感应强度 B_O为

$$B_O=\frac{8}{5^{3/2}}\frac{\mu_0 NI}{R} \tag{3-10-4}$$

在 $I=0.5$ A、$N=500$、$R=0.100$ m 的实验条件下，根据式(3-10-2)，单个线圈圆心处的磁感应强度为

$$B_O=\frac{\mu_0}{2R}NI=4\pi\times10^{-7}\times500\times0.5/(2\times0.100)\ \text{T}=1.57\ \text{mT}$$

当两圆线圈间的距离 d 正好等于圆形线圈的半径 R，组成亥姆霍兹线圈时，根据式(3-10-3)，轴线上中心 O 处的磁感应强度 B_O 为

$$B_O=\frac{\mu_0 NI}{R}\times\frac{8}{5^{3/2}}=\frac{4\pi\times10^{-7}\times500\times0.5}{0.100}\times\frac{8}{5^{3/2}}\ \mathrm{T}=2.25\ \mathrm{mT}$$

当两圆线圈间的距离 d 不等于圆形线圈的半径 R 时，轴线上中心 O 处的磁感应强度 B_O 按本实验所述的公式(3-10-3)计算. 在 $d=1/2R$、R、$2R$ 时，相应的曲线见图 3-10-2.

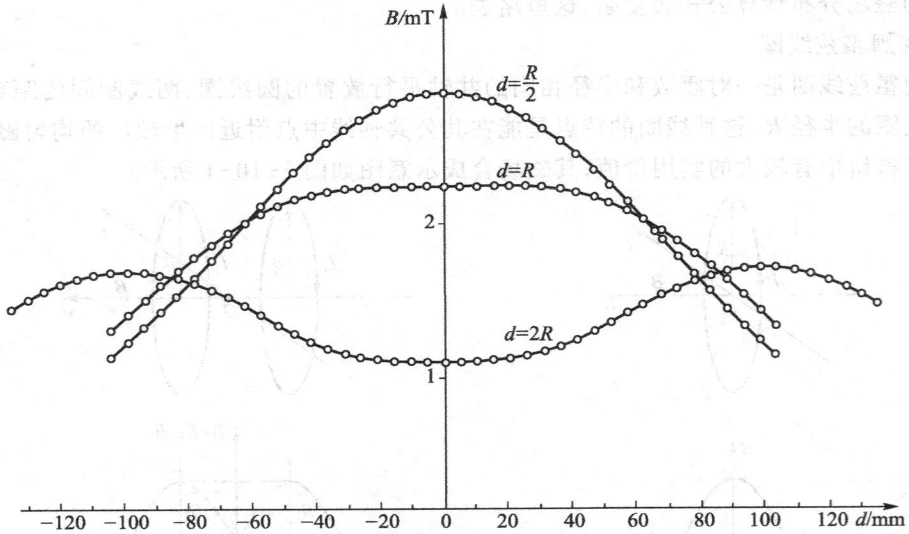

图 3-10-2　圆线圈间距离不同时轴线上的磁场分布图

4. 磁场的三维矢量测量

实际的磁场 $\boldsymbol{B}$ 是一个有方向的矢量. 在单个线圈中，磁感应线是围绕线圈环形分布的，磁场在不同位置的 X 方向、Y 方向和 Z 方向分量是不同的. 在间距 $d=R$ 的亥姆霍兹线圈内的中心区域，磁感应线主要分布于 X 方向，Y 方向和 Z 方向分量很小，磁场在 Y 方向和 Z 方向分量是很小的；在亥姆霍兹线圈外的区域，磁感应线在亥姆霍兹线圈外形成较为复杂的环形分布，磁场在不同位置的 X 方向、Y 方向和 Z 方向分量也是不同的.

本实验可以测量不同位置的磁感应强度 $\boldsymbol{B}$ 的 X 方向、Y 方向和 Z 方向的三维分量的大小，并可以根据三维分量合成磁感应强度 $\boldsymbol{B}$ 的大小，并计算出矢量方向，从而还原出真实磁场的矢量特性.

四、实验仪器

三维亥姆霍兹线圈磁场实验仪由两部分组成，它们分别为三维亥姆霍兹线圈磁场实验仪部分(见图 3-10-3)和三维亥姆霍兹线圈磁场测试架部分(见图 3-10-4).

1. 三维亥姆霍兹线圈磁场实验仪

(1) 数控恒流源

数控恒流源提供 0~1.000 A 的励磁电流输出. 当按增加键“∧”，设定的电流大于数控电流源所能输出的电流值时，数控恒流源进行过流保护，并自动输出数控恒流源所能提供的最大输

出励磁电流. 按一下增加键“∧”,励磁电流增加 1 mA;长按不放,随着时间的增加,励磁电流增加的速度会加快. 按一下减少键“∨”,励磁电流减少 1 mA;长按不放,随着时间的增加,励磁电流减少的速度会加快. 按下清零按键,励磁电流清零,励磁电流输出为零.

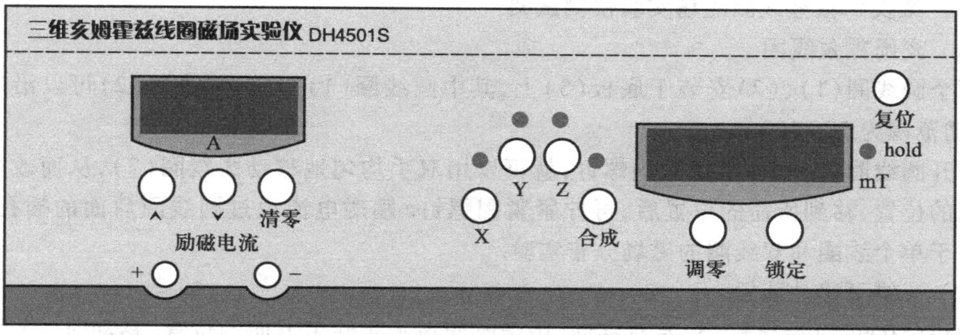

图 3-10-3 三维亥姆霍兹线圈磁场实验仪前面板

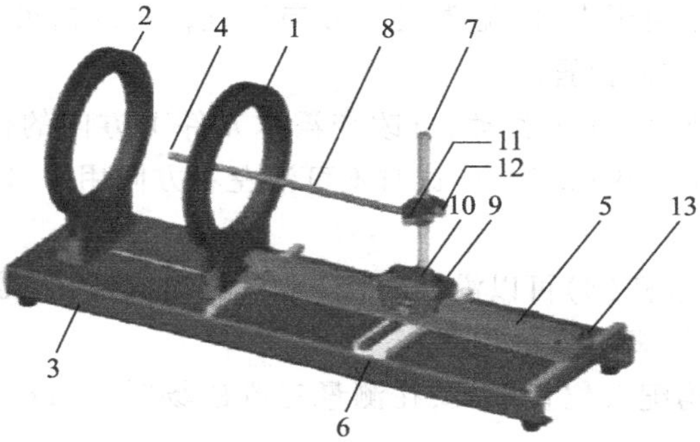

1—固定的亥姆霍兹线圈;2—移动的亥姆霍兹线圈;3—测试架底板;
4—三维传感器探头;5—移动导轨;6—标尺固定条;7—标杆;
8—传感器固定铜杆;9—滑块紧固螺钉;10—移动滑块;
11—紧固螺钉;12—紧固螺钉;13—紧定螺钉.

图 3-10-4 DH4501S 型三维亥姆霍兹线圈磁场实验仪测试架

(2) 三维磁场测量

“X”按键:表示测量 X 轴方向的磁感应强度;按一下“X”按键,对应的“X”指示灯亮,测量显示 X 轴方向的磁感应强度. “Y”按键:表示测量 Y 轴方向的磁感应强度;按一下“Y”按键,对应的“Y”指示灯亮,测量显示 Y 轴方向的磁感应强度. “Z”按键:表示测量 Z 轴方向的磁感应强度;按一下“Z”按键,对应的“Z”指示灯亮,测量显示 Z 轴方向的磁感应强度.

“合成”按键:表示测量 X、Y、Z 轴方向的正交矢量合成的磁感应强度;按一下“合成”按键,对应的“合成”指示灯亮,测量显示 X、Y、Z 轴方向的正交矢量合成的磁感应强度.

“调零”按键:在测量显示 X、Y、Z 轴方向或矢量合成方向的磁感应强度时;按一下“调零”按键,对应的轴向指示灯会熄灭,待完全清零后重新点亮,测量显示 X、Y、Z 轴方向或矢量合成的某一磁感应强度为零.

“锁定”按键:在测量显示 X、Y、Z 轴方向或矢量合成方向的磁感应强度时;按一下“锁定”按键,对应的“hold”指示灯会亮,测量显示 X、Y、Z 轴方向或矢量合成方向磁感应强度为单次采样锁定值，不会改变；待再一次按下“锁定”按键，对应的“hold”指示灯熄灭，才能继续动态测量显示 X、Y、Z 轴方向或矢量合成的某一磁感应强度.

“复位”按键：按下“复位”按键，系统复位，重新开始测量.

2. 三维亥姆霍兹线圈磁场实验仪测试架

(1) 亥姆霍兹线圈

两个圆线圈(1)、(2)安装于底板(3)上，其中圆线圈(1)固定，圆线圈(2)可以沿底板移动，移动范围为 50~200 mm.

松开圆线圈(2)底座上的紧固螺钉，就可以用双手均匀地移动圆线圈(2)，从而改变两个圆线圈的位置，移到所需的位置后，再拧紧紧固螺钉. 励磁电流通过圆线圈后面的插孔接入，可以用于单个线圈和双线圈的磁场分布实验.

(2) 三维可移动装置

滑块(10)可以沿导轨(5)左右移动，用于改变霍尔元件 X 方向的位置. 移动时，用力要轻，速度不可过快，如果滑块移动时阻力太大或松动，则应适当调节滑块上的螺钉(9)；左右移动时不可沿前后方向即 Y 方向用力，以免改变 Y 方向位置；必要时，可以锁紧导轨(5)右端的紧定螺钉(13)，防止改变 Y 方向位置.

轻推滑块(10)沿导轨(5)均匀移动，可改变霍尔元件 Y 方向的位置. 这时，导轨(5)右端的紧定螺钉(13)应处于松开状态. 注意：这时不可沿左右方向用力，以免改变霍尔元件 X 方向上的位置.

松开紧固螺钉(12)，铜杆(8)可以沿导轨(5)上下移动，移到所需的位置后，再拧紧紧固螺钉(12)，用于改变霍尔元件 Z 方向的位置.

装置的 X、Y、Z 方向均配有位置标尺，在测量三维磁场时，可以方便地测量空间磁场的三维坐标.

(3) 霍尔传感器

装置采用 SS495A 型集成霍尔传感器. 三个霍尔传感器相互垂直，安装于铜杆(8)的左前端，同时测量三个方向的磁场分量. 测量导线从铜管中引出，连接到测试架后面板上的专用插座.

改变圆线圈(2)的位置进行磁场分布实验时，为了读数方便，应该改变铜杆(8)的位置. 松开紧固螺钉(11)，移动铜杆至 R、$2R$ 或 $R/2$ 的位置，对应于圆线圈(2)在 R、$2R$ 或 $R/2$ 的位置，这样做的优点是移动滑块(10)时，X 方向的读数是关于 0 位置对称的. 如果不改变铜杆(8)的位置，则应对 X 方向的位置读数进行修正.

实验仪器的主要技术性能如下.

1. 三维亥姆霍兹线圈磁场实验仪

(1) 励磁电流输出：0~1.000 A；调节步进：1 mA；稳定精度：±1 mA；3 位半电流表显示，具有过流保护功能. 注：在本实验中只要求输出 0~0.500 A.

(2) 磁场测量范围：0~19.999 mT；最小分辨率为 0.001 mT；测量三维磁场 X、Y、Z 方向或矢量合成方向，具有自动清零和锁定功能.

2. 亥姆霍兹线圈架

线圈等效半径：100 mm，两个线圈中心间距：50~200 mm，连续可调；线圈匝数：500 匝（单个);线圈电阻:约 14 Ω;温升不大于 10 ℃;最大负荷电流不小于 0.5 A.

3. 三维可移动装置:X 方向移动距离±200 mm,Y 方向移动距离±70 mm,Z 方向移动距离±70 mm.

4. 电源:220(1±10%)V,功耗:50 W.

五、实验内容

1. 测量单个通电圆线圈轴线上的磁感应强度

先将导轨(5)Y 方向、Z 方向均置于 0,并紧固相应的螺钉,使霍尔元件位于亥姆霍兹线圈轴线上. 将左边圆线圈移至 R 处,铜杆移至 R 处.

测量前用连接线将励磁电流 I_M 输出端连接到圆线圈(1),霍尔传感器的信号插头连接到测试架后面板的专用插座,其他连接线一一对应连接好. 为了消除地磁场的影响,测量前应将 X 方向、Y 方向和 Z 方向显示值调零.

(1) 测量单个圆线圈(1)X 轴方向位置的三维磁感应强度

调节励磁电流 $I_M=0.5$ A,移动 X 方向导轨,测量单个圆线圈(1)通电时,轴线上的各点处的磁感应强度的 X 方向、Y 方向和 Z 方向分量和合成量 $B_{(1X)}$,可以每隔 10 mm 测量一个数据.

将测量的数据记录在表 3-10-1 中,并绘出 $B_{(1X)}-X$ 图,即圆线圈(1)在 X 轴线上 B 的分布图. 注意,由于传感器探头"0"位置与圆线圈(1)的中心位置差 $R/2$,所以圆线圈(1)在 X 轴线上 B 的分布图的中心位于$-R/2$ 位置. 从理论上说,在轴线上的 Y 方向和 Z 方向分量是比较小的.

表 3-10-1 $B_{(1X)}-X$

$I_M=500$ mA

X/mm	$B_{X(1)}$/mT	$B_{Y(1)}$/mT	$B_{Z(1)}$/mT	$B_{(1X)}$/mT
…				
-100				
-90				
-80				
-70				
-60				
-50				
-40				
-30				
-20				
-10				
0				
10				
20				

续表

X/mm	$B_{X(1)}$/mT	$B_{Y(1)}$/mT	$B_{Z(1)}$/mT	$B_{(1X)}$/mT
30				
40				
50				
60				
70				
80				
90				
100				
…				

(2) 测量单个圆线圈(1)其他位置的三维磁感应强度

在非轴线位置的磁感应强度分布较为复杂,我们可以取一些感兴趣的点测量,然后再随机选择一些其他点进行测量.

① 测量单个圆线圈(1)Y方向位置的三维磁感应强度

X方向导轨置于$-R/2$位置(-50 mm,即标尺左侧 50 mm 位置),Z方向导轨置于"0"位.调节励磁电流$I_M=0.5$ A,移动Y方向导轨,测量单个圆线圈通电时,Y方向位置各点处磁感应强度的X方向、Y方向和Z方向分量和合成量$B_{(1Y)}$,可以每隔 10 mm 测量一个数据.

将测量的数据记录在表 3-10-2 中,有兴趣的可绘出$B_{(1Y)}-Y$图,即圆线圈Y方向上B的分布图.

表 3-10-2　$B_{(1Y)}-Y$

$I_M=500$ mA

Y/mm	$B_{X(1)}$/mT	$B_{Y(1)}$/mT	$B_{Z(1)}$/mT	$B_{(1Y)}$/mT
−40				
−30				
−20				
−10				
0				
10				
20				
30				
40				

*② 测量单个圆线圈(1)Z方向位置的三维磁感应强度

理论上来说,由于圆线圈的结构原因,Y方向和Z方向位置的磁场分布是相同的. 若有需要,也可进行Z方向位置的三维磁感应强度实验. 这时X方向导轨置于$-R/2$位置(即-50 mm位置),Y方向导轨置于"0"位,上下移动Z方向导轨,测量单个圆线圈(1)通电时,Z方向位置各点处磁感应强度的X方向、Y方向和Z方向分量和合成量$B_{(1Z)}$,可以每隔10 mm测量一个数据.

将测量的数据记录在表3-10-3中,有兴趣的可绘出$B_{(1Z)}-Z$图,即圆线圈Z方向上B的分布图.

表3-10-3　$B_{(1Z)}-Z$

$I_M=500$ mA

Z/mm	$B_{X(1)}$/mT	$B_{Y(1)}$/mT	$B_{Z(1)}$/mT	$B_{(1Z)}$/mT
-40				
-30				
-20				
-10				
0				
10				
20				
30				
40				

*③ 测量圆线圈任一位置的三维磁感应强度

选择仪器允许空间的任一位置,测量圆线圈在该点的三维磁感应强度分量及合成量,将测量的数据记录在表3-10-4中. 在磁感应强度的X方向、Y方向和Z方向分量构成的三维数学坐标内,可以计算出该点的三维数学坐标,即各方向的数值和角度,该点的矢量方向即为该点磁感应强度的矢量方向. 有条件的可以在计算机上用三维绘图软件辅助绘图.

表3-10-4

$I_M=500$ mA

X/mm	Y/mm	Z/mm	$B_{X(1)}$/mT	$B_{Y(1)}$/mT	$B_{Z(1)}$/mT	$B_{(1)}$/mT

续表

X/mm	Y/mm	Z/mm	$B_{X(1)}$/mT	$B_{Y(1)}$/mT	$B_{Z(1)}$/mT	$B_{(1)}$/mT

（3）测量右侧圆线圈的磁场分布

调节励磁电流 $I_M = 0.5$ A，移动 X 方向导轨，测量单个圆线圈（2）通电时，轴线上的各点处磁感应强度的 X 方向、Y 方向和 Z 方向分量和合成量 $B_{(2X)}$，可以每隔 10 mm 测量一个数据.

将测量的数据记录在表 3-10-5 中，并绘出 $B_{(2X)}-X$ 图，即圆线圈（2）在 X 轴线上 B 的分布图. 注意，由于传感器探头"0"位置与圆线圈（2）的中心位置差 $R/2$，所以圆线圈（1）在 X 轴线上 B 的分布图的中心位于 $+R/2$ 位置.

表 3-10-5　$B_{(2X)}-X$

$I_M = 500$ mA

X/mm	$B_{X(2)}$/mT	$B_{Y(2)}$/mT	$B_{Z(2)}$/mT	$B_{(2X)}$/mT
…				
-100				
-90				
-80				
-70				
-60				
-50				
-40				
-30				
-20				
-10				
0				
10				
20				
30				
40				
50				
60				

续表

X/mm	$B_{X(2)}$/mT	$B_{Y(2)}$/mT	$B_{Z(2)}$/mT	$B_{(2X)}$/mT
70				
80				
90				
100				
…				

2. 测量亥姆霍兹线圈轴线上各点的磁感应强度

（1）测量前将亥姆霍兹线圈的距离设为 R，即 100 mm 处；将铜杆调至 R 处.

Y 方向导轨、Z 方向导轨均置于 0 处，并紧固相应的螺钉，这样使霍尔传感器位于亥姆霍兹线圈轴线上.

用连接线将圆线圈（2）和（1）同向串联，连接到信号源励磁电流 I_M 输出端. 其他连接线一一对应连接好.

调节励磁电流 $I_M=0.5$ A，移动 X 方向导轨测量亥姆霍兹线圈通电时，轴线上的各点处的霍尔电压，可以每隔 10 mm 测量一个数据.

将测量的数据记录在表 3-10-6 中，并绘出 $B_{(R)}-X$ 图，即亥姆霍兹线圈 X 方向轴线上 B 的分布图.

（2）测得的亥姆霍兹线圈轴线上各点的磁感应强度与公式（3-10-3）计算的结果相比较.

（3）比较和验证磁场叠加的原理.

将表 3-10-1 和表 3-10-5 的 $B_{(1X)}$、$B_{(2X)}$ 值数据按 X 方向的坐标位置相加，得到 $B_{(1X)}+B_{(2X)}$.

将 $B_{(1X)}$、$B_{(2X)}$、$B_{(1X)}+B_{(2X)}$ 及表 3-10-6 的 $B_{X(R)}$ 数据绘制成 $B-X$ 图.

比较 $B_{(1X)}+B_{(2X)}$ 和 $B_{X(R)}$，证明是否符合公式 $B_{(1X)}+B_{(2X)}=B_{X(R)}$.

表 3-10-6　$B_{(R)}-X$

$I_M=500$ mA

X/mm	$B_{X(R/2)}$/mT	$B_{X(R)}$/mT	$B_{X(2R)}$/mT	$B_{X(L_1)}$/mT	$B_{X(L_2)}$/mT
…					
-150					
-140					
-130					
-120					
-110					
-100					
-90					

续表

X/mm	$B_{X(R/2)}$/mT	$B_{X(R)}$/mT	$B_{X(2R)}$/mT	$B_{X(L_1)}$/mT	$B_{X(L_2)}$/mT
−80					
−70					
−60					
−50					
−40					
−30					
−20					
−10					
0					
10					
20					
30					
40					
50					
60					
70					
80					
90					
100					
110					
120					
130					
140					
150					
…					

3. 测量两个通电圆线圈间距不同时的线圈轴线上各点的磁感应强度

(1) 将两个通电圆线圈的距离设为 $R/2$，即 50 mm，将铜杆调至 $R/2$ 处.

将测量的数据记录在表格 3-10-6 中，并绘出 $B_{X(R/2)}-X$ 图，即两线圈在距离为 $R/2$ 时 X 方向轴线上 B 的分布图.

(2) 将两个通电圆线圈的距离设为 $2R$，即 200 mm，将铜杆调至 $2R$ 处.

将测量的数据记录在表格 3-10-6 中，并绘出 $B_{X(2R)}-X$ 图，即两线圈在距离为 $2R$ 时 X 方

向轴线上 B 的分布图.

(3) 将绘制出 $B_{X(R)}-X$ 图、$B_{X(R/2)}-X$ 图和 $B_{X(2R)}-X$ 图进行比较,分析和总结通电圆线圈轴线上磁场的分布规律.

*(4) 测量两个通电圆线圈仪器允许的任一间距时的线圈轴线上各点的磁感应强度

将测量的数据记录在表格 3-10-6 中,并绘出 $B_{X(L)}-X$ 图,即两线圈在距离为 L 时 X 方向轴线上 B 的分布图.

*4. 测量通电圆线圈轴线外各点的磁感应强度

(1) 测量亥姆霍兹线圈轴线外各点的磁感应强度

调整圆线圈(2)与(1)的距离为 100 mm,铜杆移到 R 处. Y 方向导轨、Z 方向导轨均置于 0.

选择仪器允许的空间任一位置,测量圆线圈在该点的三维磁感应强度分量及合成量. 操作过程同实验内容 1 中的(2).

(2) 测量通电圆线圈间距 $R/2$ 时轴线外各点的磁感应强度.

(3) 测量通电圆线圈间距 $2R$ 时轴线外各点的磁感应强度.

注意:距离轴线较远及亥姆霍兹线圈外侧位置,由于霍尔元件与磁场方向并不完全垂直,存在角度偏差,所以会引入一定的测量误差. 另外,测量时须注意地磁场的影响,可以在无励磁电流时,对毫特计调零.

实验十一　霍尔效应

一、实验背景

霍尔效应是导电材料中的电流与磁场相互作用而产生电动势的效应. 1879 年,美国霍普金斯大学研究生霍尔在研究金属导电机理时发现了这种电磁现象,故称霍尔效应. 后来曾有人利用霍尔效应制成测量磁场的磁传感器,但因金属的霍尔效应太弱而未能得到实际应用. 随着半导体材料和制造工艺的发展,人们又利用半导体材料制成霍尔元件,由于它的霍尔效应显著而得到实际应用和发展,现在广泛用于非电学量的测量、电动控制、电磁测量和计算装置方面. 在电流体中的霍尔效应也是目前在研究中的磁流体发电的理论基础. 近年来,霍尔效应实验不断有新发现. 1980 年,物理学家冯·克利青研究二维电子气系统的输运特性,在低温和强磁场下发现了量子霍尔效应,这是凝聚态物理领域最重要的发现之一. 目前物理学家们正在对量子霍尔效应进行深入研究,并取得了重要突破,例如用于确定电阻的自然基准,可以极为精确地测量光谱精细结构常数等.

在磁场、磁路等磁现象的研究和应用中,霍尔效应及其元件是不可缺少的,利用它观测磁场直观、干扰小、灵敏度高、效果明显.

二、实验目的

1. 霍尔效应原理及霍尔元件有关参量的含义和作用.

2. 测绘霍尔元件的 V_H-I_S、V_H-I_M 曲线，了解霍尔电势差 V_H 与霍尔元件工作电流 I_S、磁感应强度 B 及励磁电流 I_M 之间的关系.

3. 学习利用霍尔效应测量磁感应强度 B 及磁场分布.

4. 学习用对称交换测量法消除负效应产生的系统误差.

三、实验原理

1. 霍尔效应

霍尔效应从本质上讲，是运动的带电粒子在磁场中受洛伦兹力的作用而引起的偏转. 当带电粒子(电子或空穴)被约束在固体材料中，这种偏转就导致在垂直电流和磁场的方向上产生正负电荷在不同侧的聚积，从而形成附加的横向电场. 如图 3-11-1 所示，磁场 $\boldsymbol{B}$ 沿 z 轴的正方向，与之垂直的半导体薄片上沿 x 正方向通以电流 I_S(称为工作电流)，假设载流子为电子(N 型半导体材料)，它沿着与电流 I_S 相反的 x 轴负方向运动.

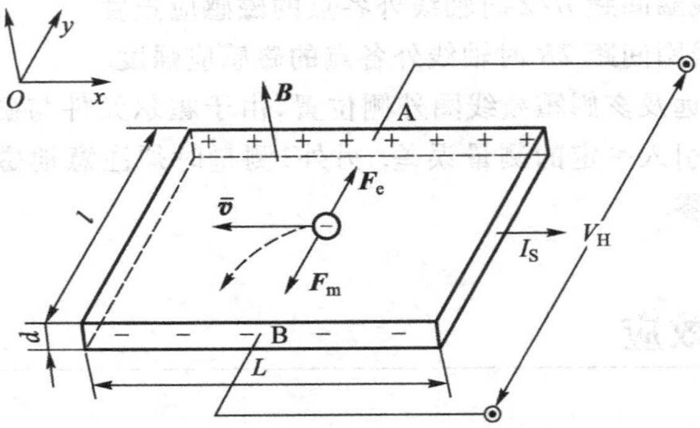

图 3-11-1 电子在磁场中运动

由于洛伦兹力 F_m 的作用，电子向图 3-11-1 中虚线箭头所指的位于 y 轴负方向的 B 侧偏转，并使 B 侧形成电子积累，而相对的 A 侧形成正电荷积累. 与此同时，运动的电子还受到由两种积累的异种电荷形成的反向电场力 F_e 的作用. 随着电荷积累的增加，F_e 逐渐增大，当两力大小相等(方向相反)时，$F_m=F_e$，则电荷积累便达到动态平衡. 这时在 A、B 两端面之间建立的电场称为霍尔电场 E_H，相应的电势差称为霍尔电势 V_H.

设电子按某一速度 $\bar{v}$，向图 3-11-1 所示的 x 轴负方向运动，在磁场 $\boldsymbol{B}$ 的作用下，所受洛伦兹力为

$$F_m=e\bar{v}B$$

式中：e 为电子电荷量的绝对值，$\bar{v}$ 为电子漂移平均速度，B 为磁感应强度. 同时，电场作用于电子的电场力为

$$F_e=eE_H=eV_H/l$$

式中：E_H 为霍尔电场强度，V_H 为霍尔电势，l 为霍尔元件宽度. 当电荷积累达到动态平衡时，有

$$F_m=F_e,\quad \bar{v}B=V_H/l \tag{3-11-1}$$

设霍尔元件宽度为 l，厚度为 d，载流子浓度为 n，则霍尔元件的工作电流为

$$I_S=ne\bar{v}ld \tag{3-11-2}$$

由式(3-11-1)、式(3-11-2)两式可得

$$V_H = E_H l = \frac{1}{ne}\frac{I_S B}{d} = R_H \frac{I_S B}{d} \tag{3-11-3}$$

即霍尔电势 V_H(A、B 间电压)与 I_S、B 的乘积成正比,与霍尔元件的厚度 d 成反比,比例系数 $R_H = \frac{1}{ne}$称为霍尔系数(严格来说,对于半导体材料,在弱磁场下应引入一个修正因子 $A = \frac{3\pi}{8}$,从而有 $R_H = \frac{3\pi}{8}\frac{1}{ne}$),它是反映材料霍尔效应强弱的重要参量,根据材料的电导率 $\sigma = ne\mu$ 的关系,还可以得到

$$R_H = \mu/\sigma = \mu p, \quad \mu = |R_H|\sigma \tag{3-11-4}$$

式中:μ 为载流子的迁移率,即单位电场下载流子的运动速度,一般电子迁移率大于空穴迁移率,因此制作霍尔元件时大多采用 N 型半导体材料.

当霍尔元件的材料和厚度确定时,设

$$K_H = R_H / d = \frac{1}{ned} \tag{3-11-5}$$

将式(3-11-5)代入式(3-11-3)中得

$$V_H = K_H I_S B \tag{3-11-6}$$

式中:K_H 称为元件的灵敏度,它表示霍尔元件在单位磁感应强度和单位工作电流下的霍尔电势,其单位是 $\text{mV} \cdot \text{mA}^{-1} \cdot \text{T}^{-1}$. 一般要求 K_H越大越好. 由于金属的电子浓度 n 很高,所以它的 R_H或 K_H都不大,因此不适宜作霍尔元件. 此外元件厚度 d 越薄,K_H越高,所以制作时,往往采用减少 d 的办法来增加灵敏度,但不能认为 d 越薄越好,因为此时元件的输入和输出电阻将会增加,这对霍尔元件是不利的. 本实验采用的霍尔片的厚度 d 为 0.2 mm,宽度 l 为1.5 mm,长度 L 为 1.5 mm.

应当注意:当磁感应强度方向和元件平面法线成一角度时(见图 3-11-2),作用在元件上的有效磁场是其法线方向上的分量 $B\cos\theta$,此时有

$$V_H = K_H I_S B\cos\theta \tag{3-11-7}$$

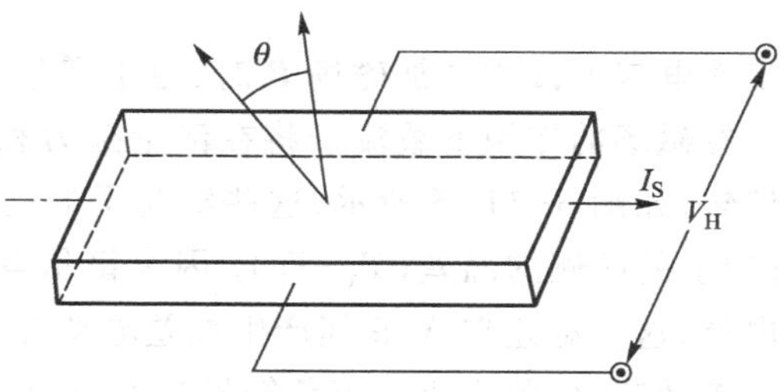

图 3-11-2　元件与磁场位置关系

一般在使用时应调整元件两平面方位,使 V_H达到最大,即 $\theta=0$,有

$$V_H = K_H I_S B\cos\theta = K_H I_S B$$

由式(3-11-7)可知,当工作电流 I_S 或磁感应强度 B 两者之一改变方向时,霍尔电势 V_H方向随之改变;若两者方向同时改变,则霍尔电势 V_H极性不变.

霍尔元件测量磁场的基本电路如图 3-11-3 所示,将霍尔元件置于待测磁场的相应位置,

并使元件平面与磁感应强度方向垂直，在其控制端输入恒定的工作电流 I_S，霍尔元件的霍尔电势输出端接毫伏表，测量霍尔电势 V_H 的值.

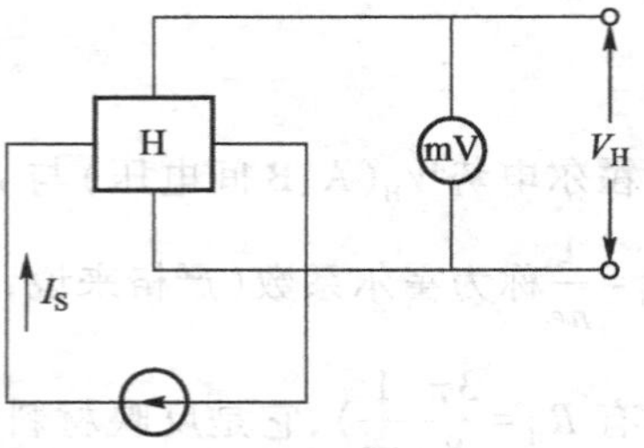

图 3-11-3　测量磁场的基本电路

2. 实验系统误差及其消除

测量霍尔电势 V_H 时，不可避免地会产生一些副效应，由此而产生的附加电势叠加在霍尔电势上，形成测量系统误差，这些副效应主要有以下几个.

(1) 不等位电势 V_0

由于制作时，两个霍尔电势不可能绝对对称地焊在霍尔片两侧[图 3-11-4(a)]、霍尔片电阻率不均匀、控制电流极的端面接触不良[图 3-11-4(b)]都可能造成 A、B 两极处在不同的等势面上. 此时虽未加磁场，但 A、B 间存在电势差 V_0，称为不等位电势，$V_0=I_SR$，R 是两等势面间的电阻，由此可见，在 R 确定的情况下，V_0 与 I_S 的大小成正比，且其正负随 I_S 的方向而改变.

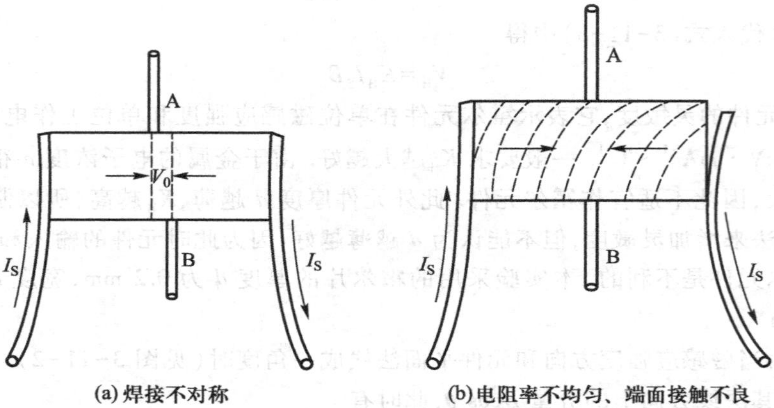

图 3-11-4

(2) 埃廷斯豪森效应

当元件在 x 方向通以工作电流 I_S，z 方向加磁场 $\boldsymbol{B}$ 时，由于霍尔片内的载流子速度服从统计分布，在到达动态平衡时，在磁场的作用下载流子将在洛伦兹力和霍尔电场的共同作用下，沿 y 轴分别向相反的两侧偏转，如图 3-11-5 所示，这些载流子的动能将转化为热能，使两侧的温度不同，因而造成 y 方向上的两侧的温差 (T_A-T_B). 因为霍尔电极和元件两者材料不同，电极和元件之间形成温差电偶，这一温差在 A、B 间产生温差电动势 V_E，$V_E \propto I_S B$.

这一效应称为埃廷斯豪森效应，V_E 的大小与正负符号与 I_S、$\boldsymbol{B}$ 的大小和方向有关，跟 V_H 与 I_S、$\boldsymbol{B}$ 的关系相同，所以不能在测量中消除 V_E.

(3) 能斯特效应

由于控制电流的两个电极与霍尔元件的接触电阻不同，控制电流在两电极处将产生不同的焦耳热，引起两电极间的温差电动势，此电动势又产生温差电流(称为热电流)Q，热电流在磁场作用下将发生偏转，在 y 方向上产生附加的电势差 V_N，且 $V_N \propto QB$，这一效应称为能斯特效应，由此可知 V_N 的符号只与 $\boldsymbol{B}$ 的方向有关.

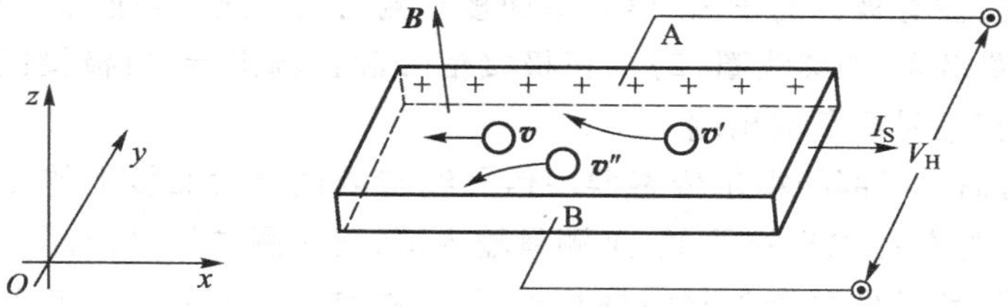

图 3-11-5　正电子运动平均速度(图中 $v'<v, v''>v$)

(4) 里吉-勒迪克效应

如前所述霍尔元件在 x 方向有温度梯度 $\mathrm{d}T/\mathrm{d}x$ 时,将引起载流子沿梯度方向扩散而有热电流 Q 通过元件,在此过程中载流子受 z 方向的磁场 $\boldsymbol{B}$ 作用,在 y 方向产生与埃廷斯豪森效应类似的里吉-勒迪克效应,产生温差 T_A-T_B,由此产生的电势差 $V_R\propto QB$,其符号与 $\boldsymbol{B}$ 的方向有关,与 I_S的方向无关.

为了减少和消除以上效应的附加电势差,利用这些附加电势差与霍尔元件工作电流 I_S、磁场 B(即相应的励磁电流 I_M)的关系,采用对称(交换)测量法进行测量.

当$+I_S$, $+I_M$时,　　$V_1=+V_H+V_0+V_E+V_N+V_R$

当$+I_S$, $-I_M$时,　　$V_2=-V_H+V_0-V_E-V_N-V_R$

当$-I_S$, $-I_M$时,　　$V_3=+V_H-V_0+V_E-V_N-V_R$

当$-I_S$, $+I_M$时,　　$V_4=-V_H-V_0-V_E+V_N+V_R$

由以上四式可得

$$\frac{1}{4}(V_1-V_2+V_3-V_4)=V_H+V_E$$

可见,除埃廷斯豪森效应以外的其他副效应产生的电势差会全部消除,因埃廷斯豪森效应所产生的电势差 V_E的符号和霍尔电势 V_H的符号与 I_S及 $\boldsymbol{B}$ 的方向关系相同,故无法消除,但在非大电流、非强磁场条件下,$V_H\gg V_E$,因而 V_E可以忽略不计,由此可得

$$V_H\approx V_H+V_E=\frac{V_1-V_2+V_3-V_4}{4}$$

四、实验仪器

三维亥姆霍兹线圈磁场实验仪.

五、实验内容

1. 测量霍尔元件零位(不等位)电势 V_0及不等位电阻 $R_0=V_0/I_S$.
2. 研究 V_H与励磁电流 I_M和工作电流 I_S之间的关系.
3. 测量霍尔元件的霍尔灵敏度.

六、实验步骤

1. 实验仪信号源与测试架的连接

(1) 将信号源面板右下方的励磁电流 I_M的直流恒流输出端(0~0.500 A)接测试架上的励

磁电流 I_M 的输入端，注意极性的正确. 信号源面板右侧的表头显示当前励磁电流的大小. 实验时，应将两个圆线圈串联，如圆线圈(2)的正极接信号源正输出端、负极接圆线圈(1)的正极，圆线圈(1)的负极接信号源负输出端.

(2) 测试架的铜杆尾部的霍尔传感器用信号线与测试架后面板上的专用四芯插座相连. 实验仪霍尔片工作电流 I_S 输出端及 V_H、V 测量输入端，连接测试架时，与测试架上对应的接线端子一一对应连接(红接线柱与红接线柱相连，黑接线柱与黑接线柱相连). 当测量霍尔电势 V_H 时，实验仪与测试架的 V_H、V 测量转换开关都按至 V_H 测量位置，即此开关处于按下位置.

2. 研究霍尔效应与霍尔元件特性

进行测量前先进行以下调整：将亥姆霍兹线圈的距离设为 R，即 100 mm 处；铜杆移至 R 处；x 方向导轨、y 方向导轨、z 方向导轨均置于 0 处，并拧紧相应的螺钉，这样使霍尔元件位于亥姆霍兹线圈中心.

(1) 测量霍尔元件的零位(不等位)电势 V_0 和不等位电阻 R_0

① 用连接线将中间的霍尔电压输入端短接(或将 I_S、I_M 电流调节到0)，调节调零旋钮使毫伏表显示 0.00 mV；

② 断开励磁电流 I_M(或将 I_M 电流调节到 0)；

③ 调节霍尔片工作电流 $I_S=5.00$ mA，用 I_S 换向开关改变霍尔片工作电流输入方向，分别测出零位霍尔电势 V_{01}、V_{02}，并计算出不等位电阻：

$$R_{01}=\frac{V_{01}}{I_S},\quad R_{02}=\frac{V_{02}}{I_S} \tag{3-11-8}$$

(2) 测量霍尔电势 V_H 与工作电流 I_S 的关系

① 先将 I_S、I_M 都调节为零，调节调零旋钮使毫伏表显示 0.00 mV；

② 调节 $I_M=500$ mA，调节 $I_S=1.00$ mA，按表 3-11-1 中 I_S、I_M 的正负情况切换 I_S、I_M 的正负方向，分别测量霍尔电势 V_H 值(V_1、V_2、V_3、V_4)，填入表 3-11-1.

③ I_S 每次递增 0.50 mA，测量 V_1、V_2、V_3、V_4 值. 绘出 I_S-V_H 曲线，验证线性关系.

表 3-11-1　V_H-I_S 关系测量表

$I_M=500$ mA

I_S/mA	V_1/mV	V_2/mV	V_3/mV	V_4/mV	$V_H\left(=\frac{V_1-V_2+V_3-V_4}{4}\right)$/mV
	$+I_S$、$+I_M$	$+I_S$、$-I_M$	$-I_S$、$-I_M$	$-I_S$、$+I_M$	
1.00					
1.50					
2.00					
2.50					
…					
5.00					

(3) 测量霍尔电势 V_H 与励磁电流 I_M 的关系

① 先将 I_S、I_M 都调节为零，调节调零旋钮使毫伏表显示 0.00 mV；再调节 I_S 调节至 5.00 mA；

② 调节 I_M=100,150,200,…,500 mA(间隔为 50 mA),分别测量霍尔电势 V_H值,填入表 3-11-2 中;

③ 根据表 3-11-2 中所测得的数据,绘出 I_M-V_H曲线,验证线性关系的范围,分析当 I_M达到一定值以后,I_M-V_H直线斜率变化的原因.

表 3-11-2　V_H-I_M关系测量表

I_S=5.00 mA

I_M/mA	V_1/mV	V_2/mV	V_3/mV	V_4/mV	$V_H\left(=\frac{V_1-V_2+V_3-V_4}{4}\right)$/mV
	$+I_S$、$-I_M$	$+I_S$、$-I_M$	$-I_S$、I_M	$-I_S$、I_M	
100					
150					
200					
250					
…					
500					

(4) 计算霍尔元件的霍尔灵敏度

当励磁电流 I_M为 0.5 A 时,本实验采用的亥姆霍兹线圈的中心磁感应强度 B 为

$$B_O=\frac{\mu_0 NI}{R}\times\frac{8}{5^{3/2}}=\frac{4\pi\times10^{-7}\times500\times0.5}{0.100}\times\frac{8}{5^{3/2}}\ \mathrm{T}=2.25\ \mathrm{mT}$$

当 $B=B_O$时,霍尔电势为 V_{H0},则根据公式 $V_H=K_HI_SB\cos\theta=K_HI_SB$,可得到

$$K_H=\frac{V_{H0}}{I_SB_O} \tag{3-11-9}$$

(5) 测量样品的电导率 σ

样品的电导率 σ 为

$$\sigma=\frac{I_SL}{Vld} \tag{3-11-10}$$

式中:I_S 是流过霍尔片的电流,单位是 A,V 是霍尔片长度 L 方向的电势,单位是 V,长度 L、宽度 l 和厚度 d 的单位为 m,则 σ 的单位为 $\mathrm{S\cdot m^{-1}}$($1\ \mathrm{S}=1\ \Omega^{-1}$).

测量 V 前,先对毫伏表调零,且将实验仪与测试架的 V_H、V 测量转换开关都按至 V 测量的位置,即此开关处于弹出位置. 其中 I_M必须为 0,或者断开 I_M连线. 因为霍尔片的引线电阻(约 $10^{-1}\ \Omega$ 数量级)相对于霍尔片的体电阻(700~900 Ω)来说很小,因此可以忽略不计.

将工作电流从最小开始调节,用毫伏表测量 V 值,由于毫伏表量程所限,这时的 I_S 较小. 如需更大的电压量程,也可用外接数字电压表测量.

七、注意事项

1. 仪器使用前应预热 10~15 分钟,并避免周围有强磁场源或磁性物质.

2. 仪器使用时要正确接线,注意不要拉扯霍尔传感器的引线,以防损坏.

3. 仪器采用三维移动设计,可移动的部件很多,一定要细心合理使用,不可用力过大,以

防影响使用寿命；铜杆的机械强度有限，切不可受外力冲击，以防变形，影响使用.

4. 测量霍尔电势 V_H 的条件是霍尔元件平面与磁感应强度方向垂直，此时 $V_H = I_S B\cos\theta = I_S B$，即 V_H 取得最大值，仪器在组装时已调整好角度. 为防止搬运、使用中发生位移，实验前应检查霍尔元件传感器是否与圆线圈(1)垂直，如果不垂直，则应适当调整.

5. 本实验应将亥姆霍兹线圈的距离设为 R，即 100 mm 处，铜杆位置在 R 处，否则会产生错误的实验数据.

实验十二 测定电子荷质比

一、实验背景

DH4521 电子束测试仪可以用来研究电子在电场、磁场中的运动规律，它的五个表头分别显示电偏转电压、磁偏转电流、阳极电压、聚焦电压及磁聚焦电流，内置电偏转电源、磁偏转电源及磁聚焦电源.

二、实验目的

1. 熟悉示波管的基本原理和构造.
2. 掌握电聚焦和磁聚焦的基本原理和方法.
3. 学会一种测定电子荷质比的方法.

三、实验原理

1. 电偏转

阴极射线管如图 3-12-1 所示. 由阴极 K，控制栅极 G，阳极 A_1、A_2 等组成电子枪. 阴极被灯丝加热而发射电子，电子受阳极的作用而加速. 电子从阴极发射出来时，可以认为它的初速度为零. 电子枪内阳极 A_2 相对阴极 K 具有几百甚至几千伏的加速正电势，它产生的电场使电子沿轴向加速. 电子到达 A_2 时速度为 $\boldsymbol{v}$. 由能量关系有

$$\frac{1}{2}mv^2 = eU_2$$

所以有

$$v = \sqrt{\frac{2eU_2}{m}} \tag{3-12-1}$$

过阳极 A_2 的电子以速度 $\boldsymbol{v}$ 进入两个相对平行的偏转板间. 若在两个偏转板上加上电压 U_d，两板间距离为 d，则板间的电场强度 $E = \dfrac{U_d}{d}$，电场强度的方向与电子初速度 $\boldsymbol{v}$ 的方向相互垂直，如图 3-12-2 所示.

设电子的速度方向沿 z 轴，电场方向为 y(或 x)轴. 当电子进入平行板时，$t_0 = 0$，电子速度为 $\boldsymbol{v}$，此时有 $v_z = v, v_y = 0$. 设平行板的长度为 l，电子通过 l 所需的时间为 t，则有

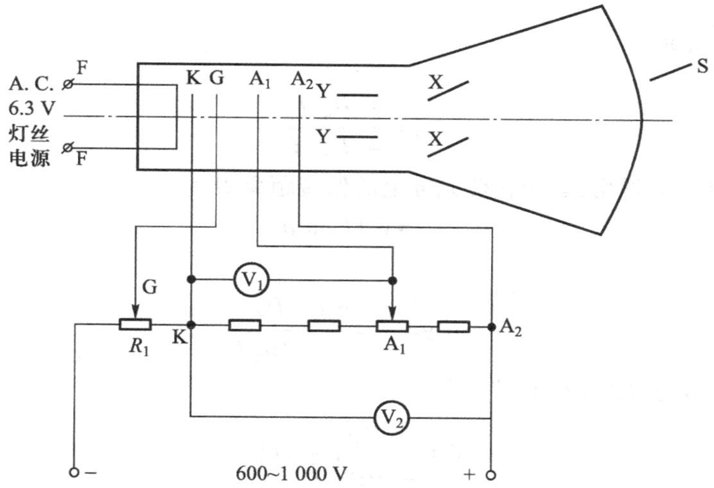

K—阴极；G—栅极；A_1—聚焦阳极；A_2—第二阳极；

Y—垂直偏转板；X—水平偏转板；S—荧光屏.

图 3-12-1　阴极射线管示意图

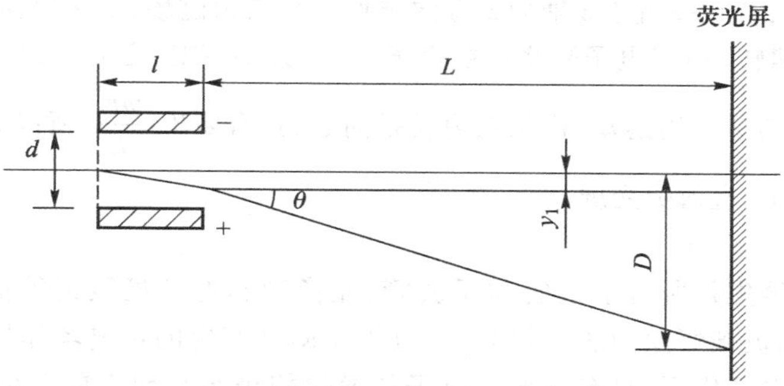

图 3-12-2　电子运动与偏转板电场

$$t=\frac{l}{v_z}=\frac{l}{v} \tag{3-12-2}$$

电子在平行板间受电场力的作用，电子在与电场平行的方向产生的加速度为

$$a_y=\frac{-eE}{m}$$

其中 e 为电子电荷量的绝对值，m 为电子的质量，负号表示加速度方向与电场方向相反. 当电子射出平行板时，在 y 方向电子偏离轴的距离为

$$y_1=\frac{1}{2}a_yt^2=\frac{1}{2}\frac{eE}{m}t^2$$

将 $t=\dfrac{l}{v}$ 代入得

$$y_1=\frac{1}{2}\frac{eE}{m}\frac{l^2}{v^2}$$

再将 $v=\sqrt{\frac{2eU_2}{m}}$ 代入得

$$y_1=\frac{1}{4}\frac{U_d}{U_2}\frac{l^2}{d} \tag{3-12-3}$$

由图 3-12-2 可以看出，电子在荧光屏上的偏转距离 D 为

$$D=y_1+L\tan\theta$$

又有

$$\tan\theta=\frac{v_y}{v_z}=\frac{a_y t}{v}=\frac{U_d l}{2U_2 d} \tag{3-12-4}$$

将式(3-12-3)、式(3-12-4)代入得

$$D=\frac{1}{2}\frac{U_d l}{U_2 d}\left(\frac{l}{2}+L\right) \tag{3-12-5}$$

从式(3-12-5)可看出，偏转量 D 随 U_d 的增加而增加，与 $\frac{l}{2}+L$ 成正比，与 U_2 和 d 成反比.

2. 磁偏转

电子通过 A_2 后，若在垂直于 z 轴的 x 方向施加一个均匀磁场，那么以速度 $\boldsymbol{v}$ 飞越的电子在 y 方向上也将发生偏转. 由于电子受洛伦兹力 $F=eBv$，大小不变，方向与速度方向垂直，因此电子在 F 的作用下做匀速圆周运动，洛伦兹力就是向心力，有 $evB=\frac{mv^2}{R}$，所以 $R=\frac{mv}{eB}$. 电子离开磁场将沿切线方向飞出，直射荧光屏.

3. 电聚焦

电子射线束的聚焦是所有射线管如示波管、显像管和电子显微镜等都必须解决的问题. 在阴极射线管中，阳极被灯丝加热发射电子. 电子受阳极产生的正电场作用而加速运动，同时又受栅极产生的负电场作用，只有一部分电子能通过栅极小孔而飞向阳极. 改变栅极电势能控制通过栅极小孔的电子数目，从而控制荧光屏上的辉度. 当栅极上的电势达到一定程度的负值时，可使电子射线截止，辉度为零.

聚焦阳极和第二阳极是由同轴的金属圆筒组成的. 由于各电极上的电势不同，在它们之间形成了弯曲的等势面、电场线. 这样就使电子束的路径发生弯曲，类似光线通过透镜那样产生了会聚和发散，这种电子组合称为电子透镜. 改变电极间的电势分布，可以改变等势面的弯曲程度，从而达到了电子透镜的聚焦.

4. 磁聚焦和电子荷质比的测量

置于长直螺线管中的示波管，在不施加任何偏转电压的情况下，示波管正常工作时，调节辉度和聚焦，可在荧光屏上得到一个小光点. 若第二阳极 A_2 的电压为 U_2，则电子的轴向运动速度用 $v_{/\!/}$ 表示，则有

$$v_{/\!/}=\sqrt{\frac{2eU_2}{m}} \tag{3-12-6}$$

当给其中一对偏转板加上交变电压时，电子将获得垂直于轴向的分速度(用 $v_\perp$ 表示)，此时荧光屏上便出现一条直线，随后给长直螺线管通一直流电流 I，于是螺线管内便产生磁场，

其磁感应强度用 B 表示. 众所周知,运动电子在磁场中要受到洛伦兹力 $F=ev_{\perp}B$ 的作用,显然 $v_{/\!/}$ 方向受力为零,电子继续向前做直线运动,而 $v_{\perp}$ 方向受力为 $F=ev_{\perp}B$,这个力使电子在垂直于磁场(也垂直于螺线管轴线)的平面内做圆周运动,设其圆周运动的半径为 R,则有

$$ev_{\perp}B=\frac{mv_{\perp}^2}{R}$$

$$R=\frac{mv_{\perp}^2}{ev_{\perp}B}=\frac{mv_{\perp}}{eB} \tag{3-12-7}$$

圆周运动的周期为

$$T=\frac{2\pi R}{v_{\perp}}=\frac{2\pi m}{eB} \tag{3-12-8}$$

电子既在轴线方向做直线运动,又在垂直于轴线的平面内做圆周运动. 它的轨道是一条螺旋线,其螺距用 h 表示,则有

$$h=v_{/\!/}T=\frac{2\pi}{B}\sqrt{\frac{2mU_2}{e}} \tag{3-12-9}$$

有趣的是,我们从式(3-12-8)、式(3-12-9)两式可以看出,电子运动的周期和螺距均与 $v_{\perp}$ 无关. 不难想象,电子在做螺旋线运动时,它们从同一点出发,尽管各个电子的 $v_{\perp}$ 各不相同,但经过一个周期以后,它们又会在与出发点相距一个螺距的地方重新相遇,这就是磁聚焦的基本原理. 由式(3-12-9)可得

$$\frac{e}{m}=\frac{8\pi^2U_2}{h^2B^2} \tag{3-12-10}$$

长直螺线管的磁感应强度 B 为

$$B=\frac{\mu_0NI}{\sqrt{L^2+D_0^2}} \tag{3-12-11}$$

将式(3-12-11)代入式(3-12-10),可得电子荷质比为

$$\frac{e}{m}=\frac{8\pi^2U_2(L^2+D_0^2)}{(\mu_0NIh)^2} \tag{3-12-12}$$

μ_0为真空中的磁导率,$\mu_0=4\pi\times10^{-7}\ \mathrm{H\cdot m^{-1}}$.

四、实验仪器

DH4521 电子束测试仪. 本仪器的参量如下:

螺线管内的线圈匝数:$N=535\pm1$(具体以螺线管上标注为准);

螺线管的长度:$L=0.235\ \mathrm{m}$;

螺线管的直径:$D_0=0.092\ \mathrm{m}$;

螺距(Y 偏转板至荧光屏的距离):$h=0.135\ \mathrm{m}$.

五、实验内容

1. 电偏转

实验装置仪器面板如图 3-12-3 所示.

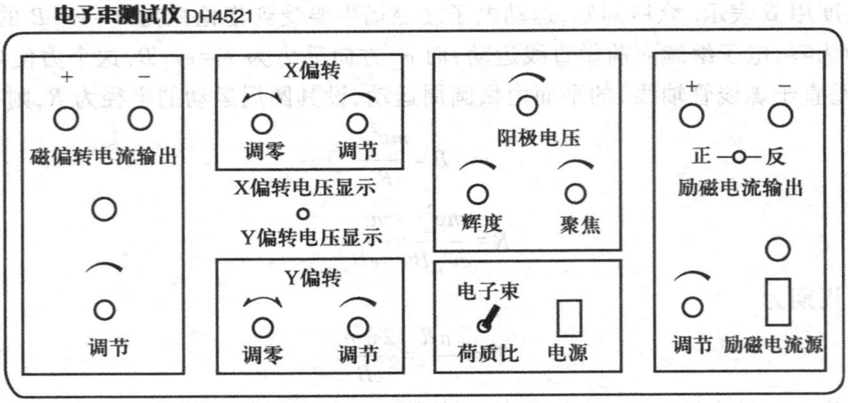

图 3-12-3　实验装置仪器面板

(1) 先用专用 10 芯电缆连接测试仪和示波管,再开启电源开关,将电子束-荷质比选择开关打向电子束位置,适当调节辉度,并调节聚焦,使屏上光点聚成一细点. 应注意:光点不能太亮,以免烧坏荧光屏.

(2) 光点调零,将面板上钮子开关打向 X 偏转电压显示,调节 X 偏转调节旋钮,使电压表的指针在零位,再调节 X 偏转调零旋钮,使光点位于示波管垂直中线上;同 X 偏转调零一样,将面板上钮子开关打向 Y 偏转电压显示,将 Y 偏转调零后,光点位于示波管的中心原点.

(3) 测量偏转量 D 随电偏转电压 U_d 的变化:调节阳极电压旋钮,给定阳极电压 U_2. 将电偏转电压表显示打到显示 Y 偏转调节(垂直电压),改变 U_d,测一组 D 值. 改变 U_2 后再测 $D-U_d$ 变化(U_2 分别为 600 V 和 700 V).

(4) 求 Y 轴的电偏转灵敏度 D/U_d,并说明为什么 U_2 不同,D/U_d 也不同.

(5) 同 Y 轴一样,也可以测量 X 轴的电偏转灵敏度,数据记录在表 3-12-1 中.

2. 磁偏转

依照图 3-12-4 完成以下步骤.

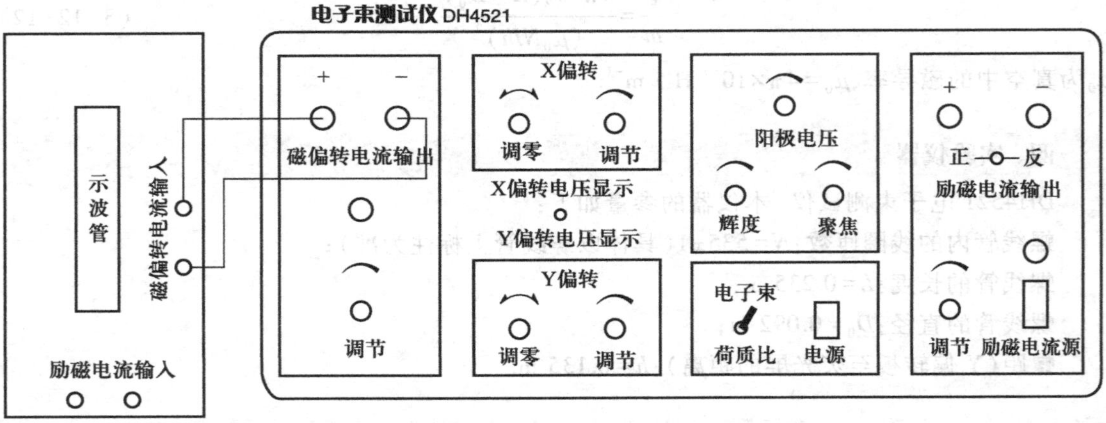

图 3-12-4　磁偏转实验电路

(1) 开启电源开关,将电子束-荷质比选择开关打向电子束位置,适当调节辉度,并调节聚焦,使屏上光点聚成一细点,应注意:光点不能太亮,以免烧坏荧光屏.

（2）光点调零，通过调节 X 调节和 Y 调节旋钮，使光点位于 Y 轴的中心原点.

（3）测量偏转量 D 随磁偏转电流 I 的变化，给定 U_2，将示波管的磁偏转电流输出与测试仪的磁偏转电流输入相连，调节磁偏转电流调节旋钮（改变磁偏转线圈电流的大小）测量一组 D 值. 改变磁偏转电流方向，再测一组 $D-I$ 值. 改变 U_2，再测两组 $D-I$ 数据. 数据记录表可参考表 3-12-2（U_2分别为 600 V 和 700 V）.

（4）求磁偏转灵敏度 D/I，并解释为什么 U_2不同，D/I 也不同.

3. 电聚焦

依照图 3-12-4 完成以下步骤.

（1）开启电源开关，将电子束-荷质比选择开关打向电子束位置，适当调节辉度，并调节聚焦，使屏上光点聚成一细点，应注意：光点不能太亮，以免烧坏荧光屏.

（2）光点调零，通过调节 X 调节和 Y 调节旋钮，使光点位于 Y 轴的中心原点.

（3）调节阳极电压 U_2为 600 V 和 700 V，对应地调节聚焦旋钮（改变聚焦电压）使光点达到最佳的聚焦效果，测量出各对应的聚焦电压 U_1. 数据记录在表 3-12-3 中.

（4）求出 U_2/U_1.

4. 磁聚焦和电子荷质比的测量

依照图 3-12-5 完成以下步骤.

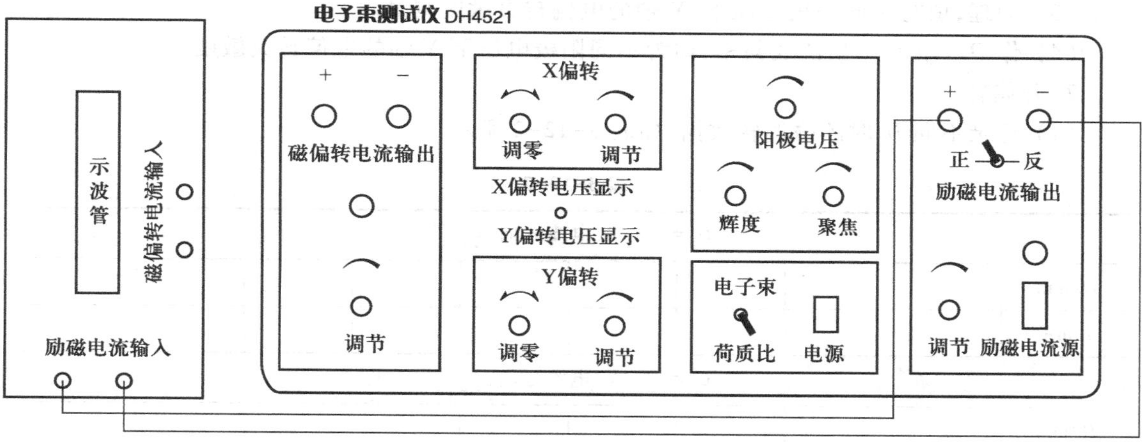

图 3-12-5　磁聚焦和电子荷质比的测量

（1）开启电子束测试仪电源开关，将电子束-荷质比开关置于荷质比位置，此时荧光屏上出现一条直线，阳极电压调到 700 V.

（2）将励磁电流部分的调节旋钮逆时针方向调节到头，并将测试仪的励磁电流输出与示波管的励磁电流输入相连.

（3）电流换向开关打向正向，调节输出调节旋钮，逐渐加大电流使荧光屏上的直线一边旋转一边缩短，直到出现第一个小光点，读取此时对应的电流值 $I_{正}$，然后将电流调为零. 再将电流换向开关打向反向（改变螺线管中磁场方向），重新从零开始增加电流使屏上的直线反方向旋转并缩短，直到再得到一个小光点，读取此时的电流值 $I_{反}$.

（4）改变阳极电压为 800 V，重复步骤（3），然后继续加大阳极电压，直到将阳极电压调到

1 000 V 为止.

(5) 将所测各数据记入表 3-12-4 中,通过式(3-12-12),计算出电子荷质比 e/m.

六、数据记录与处理

1. 电偏转

(1) 不同阳极电压下,X 轴的电偏转灵敏度测量表如表 3-12-1 所示.

表 3-12-1

U_d/V (U_2=____V)									
D									
U_d/V (U_2=____V)									
D									

(2) 作 $D-U_d$图,求出曲线斜率,即为不同阳极电压下 X 轴的电偏转灵敏度.

(3) 同理,填写不同阳极电压下,Y 轴的电偏转灵敏度测量表.

(4) 作 $D-U_d$图,求出曲线斜率,即为不同阳极电压下 Y 轴的电偏转灵敏度.

2. 磁偏转

(1) 记录不同 U_2时的磁偏转数据,如表 3-12-2 所示.

表 3-12-2

U_2=____V,电流方向:____										
D/mm										
I/mA										
U_2=____V,电流方向:____										
D/mm										
I/mA										

(2) 作 $D-I$ 图,求出曲线斜率,即为不同阳极电压下磁偏转灵敏度.

3. 电聚焦

记录不同 U_2下的 U_1值,填入表 3-12-3 中.

表 3-12-3

U_2/V	600	700	800	900	1 000
U_1/V					
U_2/U_1					

4. 磁聚焦和电子荷质比测量

表 3-12-4

阳极电压	700 V	800 V	900 V	1 000 V
$I_{正}$/A				
$I_{反}$/A				
$I_{平均}$/A				
电子荷质比$(e/m)/(C\cdot kg^{-1})$				

七、注意事项

1. 在实验过程中应适当调节辉度,光点不能太亮,以免烧坏荧光屏.

2. 实验通电前,用专用 10 芯电缆连接测试仪和示波管.

3. 在改变螺线管励磁电流方向或磁偏转电流方向时,应先将电流调到最小后再换向.

4. 改变阳极电压 U_2后,光点亮度会改变,这时应重新调节辉度,若调节辉度后加速电压有变化,再调到现定的电压值.

5. 励磁电流输出中有 10 A 保险丝,磁偏转电流输出和输入中有 0.75 A 保险丝用于保护电路.

6. 切勿在通电的情况下拆卸面板对电路进行查看或维修,以免发生意外.

实验十三 叠加原理及戴维南定理的研究

一、实验目的

1. 验证叠加原理及戴维南定理.

2. 通过戴维南定理的研究,掌握两种测量开路电压和内阻的方法.

二、实验原理

1. 叠加原理

线性电路中,几个电动势共同作用时,通过电路中任一支路的电流,等于各个电动势单独存在时,在该支路产生的电流的代数和.

2. 戴维南定理

任何一个线性有源二端网络,就其外部特性来说,总可以等效于一个电源,其电动势 $\mathscr{E}_0$ 等于网络的开路端电压 U_0,其内阻等于将网络中的各电动势短路后,在网络两端呈现的等效电阻 R_0,如图 3-13-1 所示.

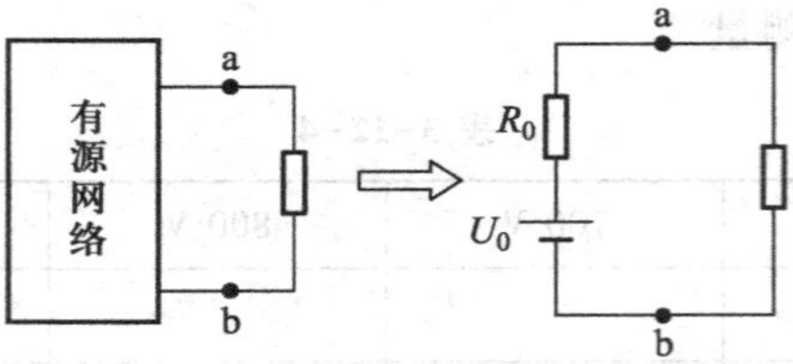

图 3-13-1 有源网络等效电路示意图

三、实验仪器

实验电路板、晶体管直流稳压电源(双路输出)、数字万用表.

四、实验内容

1. 叠加原理的验证

实验电路板如图 3-13-2 所示.

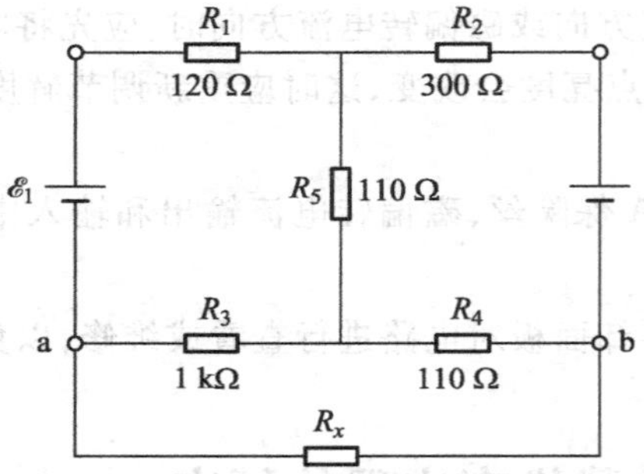

图 3-13-2 实验装置电路板

(1) $\mathscr{E}_1$单独作用(将 $\mathscr{E}_1$调为 10 V,用短路线代替 $\mathscr{E}_2$),将 R_x调为 220 Ω,测出 R_x两端的电压 U_{ab}(注意,此时电源内阻被忽略,一般 1 号甲电池内阻为 0.5 Ω,晶体管直流稳压电源内阻也较小,只有当电源内阻较小时,才能这样做).

(2) $\mathscr{E}_2$单独作用(将 $\mathscr{E}_2$调为 6 V,用短路线代替 $\mathscr{E}_1$),方法同上,测出 R_x两端的电压 U_{ab}.

(3) $\mathscr{E}_1$、$\mathscr{E}_2$共同作用($\mathscr{E}_1$为 10 V、$\mathscr{E}_2$为 6 V),测出 R_x两端的电压 U_{ab}. 测量数据填入表 3-13-1 中.

2. 戴维南定理的验证

采用图 3-13-2 中 $\mathscr{E}_1$、$\mathscr{E}_2$共同作用的电路. a、b 以外的电路可视为一个有源二端网络,按照戴维南定理,此电路可等效成图 3-13-3 所示电路,$\mathscr{E}_0=U_0$,$R_0=R_{ab}$.

测量开路电压和等效电阻的方法较多,本实验采用定理法(或称直接法)和两阻法(间接法).

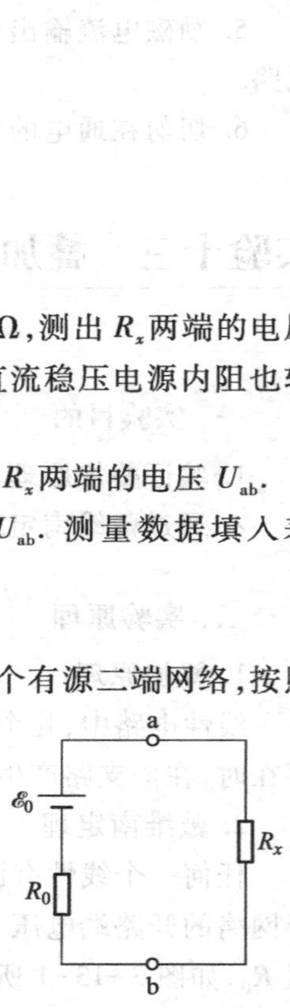

图 3-13-3 等效电路

(1) 定理法

① 将 a、b 开路,用数字万用表测出 a、b 两端的开路电压 U_0(因为数字万用表的输入阻抗高,准确度高,显示的位数也较多,所以可以直接用它来代替电势差计和直流单臂电桥来测量电压和等效电阻).

② 将电源去掉，用短路线代替 $\mathscr{E}_1$、$\mathscr{E}_2$（电源内阻忽略不计），用数字万用表测出 a、b 两端的等效电阻 R_{ab}.

（2）两阻法

由于有些网络的电源不能与网络分开，因此，不能用直接法，而只能采用其他方法测定. 两阻法就是较有实际应用价值的一种方法. 通过测量电阻上的电压，列出简单回路方程，计算出 $\mathscr{E}_0$、R_0.

具体方法是：采用叠加原理验证 $\mathscr{E}_1$、$\mathscr{E}_2$共同作用的电路，将 R_x分别调为 200 Ω 和 350 Ω，测出两端的电压 U_{x1}和 U_{x2}，根据图 3-13-3 可列出回路方程组

$$U_{x1}=\frac{\mathscr{E}_0}{R_0+R_{x1}}R_{x1}$$

$$U_{x2}=\frac{\mathscr{E}_0}{R_0+R_{x2}}R_{x2}$$

由以上方程组可解得 $\mathscr{E}_0$和 R_0，并计算出 I_{ab}，将相应数据记录在表 3-13-2 中.

五、数据记录与处理

填写下列表格.

1. 叠加原理的验证

表 3-13-1

数据	$\mathscr{E}_1$单独作用			$\mathscr{E}_2$单独作用			$\mathscr{E}_1$、$\mathscr{E}_2$共同作用		
	测量值	计算值	误差	测量值	计算值	误差	测量值	计算值	误差
U_{ab}/V									

2. 戴维南定理的验证

表 3-13-2

直接法		两阻法				
		电阻	U_{ab}/V	$\mathscr{E}_0$/V	R_{ab}/Ω	误差
$\mathscr{E}_0$/V		$R_{x1}=200\ \Omega$				
R_{ab}/Ω		$R_{x2}=350\ \Omega$				

六、注意事项

1. 测量电路中的电流、电压和电阻时，表笔要插在相应位置，测量结束后，表笔不要拔下来.
2. 测量过程中，要注意有效数字的位数.

七、思考题

1. 测量电路的电压和电流时，对测量仪表有何要求？
2. 分析误差产生的原因.

实验十四 各向异性磁阻传感器与磁场测量

一、实验背景

物质在磁场中电阻率发生变化的现象称为磁阻效应，利用磁阻效应可以制成磁阻传感器.

磁场的测量可利用电磁感应、霍尔效应、磁阻效应等各种效应. 其中磁阻效应法发展最快，测量灵敏度最高. 磁阻传感器可用于直接测量磁场或磁场变化，如用于弱磁场测量、地磁场测量，还可用于制造各种导航系统中的罗盘、计算机中的磁盘驱动器、各种磁卡机等；也可通过磁场变化测量其他物理量，如人们利用磁阻效应已制成各种位移、角度、转速传感器，各种接近开关、隔离开关，它们广泛用于汽车、家电及各类需要自动检测与控制的领域.

磁阻元件的发展经历了半导体磁阻（MR）、各向异性磁阻（AMR）、巨磁阻（GMR）、庞磁阻（CMR）等阶段. 本实验研究各向异性磁阻的特性并利用它对磁场进行测量.

二、实验目的

1. 了解各向异性磁阻的原理并对其特性进行实验研究.
2. 测量亥姆霍兹线圈的磁场分布.
3. 测量地磁场.

三、实验原理

各向异性磁阻传感器（anisotropic magneto-resistive sensors）由沉积在硅片上的坡莫合金（$Ni_{80}Fe_{20}$）薄膜形成. 沉积时外加磁场，形成易磁化轴方向. 铁磁材料的电阻与电流与磁化方向的夹角有关，电流与磁化方向平行时电阻最大（R_{max}），电流与磁化方向垂直时电阻最小（R_{min}），电流与磁化方向成 θ 角时，电阻可表示为

$$R=R_{min}+(R_{max}-R_{min})\cos^2\theta$$

在磁阻传感器中，为了消除温度等外界因素对输出的影响，由 4 个相同的磁阻元件构成惠斯通电桥，结构如图 3-14-1 所示. 图中，易磁化轴方向与电流方向的夹角为 45°. 理论分析与实验表明，采用 45°偏置磁场，当沿与易磁化轴垂直的方向施加外磁场，且外磁场强度不太大时，电桥输出与外加磁场强度成线性关系.

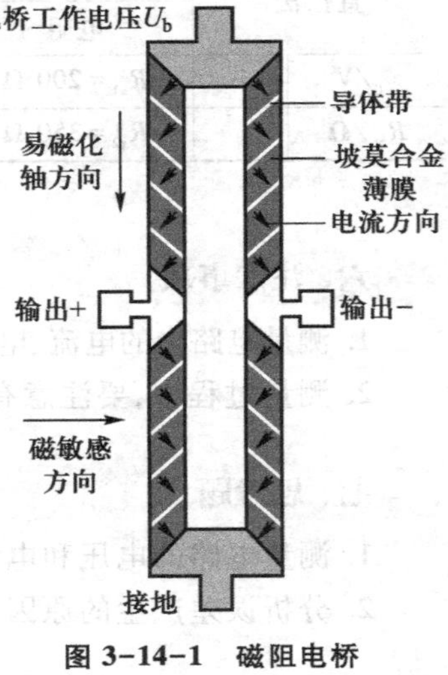

图 3-14-1 磁阻电桥

无外加磁场或外加磁场方向与易磁化轴方向平行时，磁化方向即易磁化轴方向，电桥的 4 个桥臂电阻阻值相同，输出电压为零. 当在磁敏感方向施加如图 3-14-1 所示方向的磁场时，合成磁化方向将在易磁化方向的基础上逆时针旋转. 结果使左上和右下桥臂电流与磁化方向的夹角增大，电阻减小 ΔR；右上与左下桥臂电流与磁化方向的夹角减小，电阻增大 ΔR. 通过对电桥的分析可知，此时输出电压可表示为

$$U=U_b\times\Delta R/R$$

式中 U_b 为电桥工作电压，R 为桥臂电阻，$\Delta R/R$ 为磁阻阻值的相对变化率，与外加磁场的磁感应强度成正比，故 AMR 的输出电压与磁感应强度成正比，可利用磁阻传感器测量磁场.

在实际应用中，磁阻传感器已用于集成电路，除图 3-14-1 所示的电源输入端和信号输出端外，还有复位/反向置位端和补偿端两对功能性输入端口，以确保磁阻传感器的正常工作.

复位/反向置位的机理可参见图 3-14-2. AMR 置于超过其线性工作范围的磁场中时，磁干扰可能导致磁畴排列紊乱，改变传感器的输出特性. 此时可在复位端输入脉冲电流，通过内部电路沿易磁化轴方向产生强磁场，使磁畴重新整齐排列，恢复传感器的使用特性. 若脉冲电流方向相反，则磁畴排列方向反转，传感器的输出极性也将相反. 从补偿端每输入 5 mA 的补偿电流，通过内部电路将在磁敏感方向产生 1 Gs 的磁场，可用来补偿传感器的偏离.

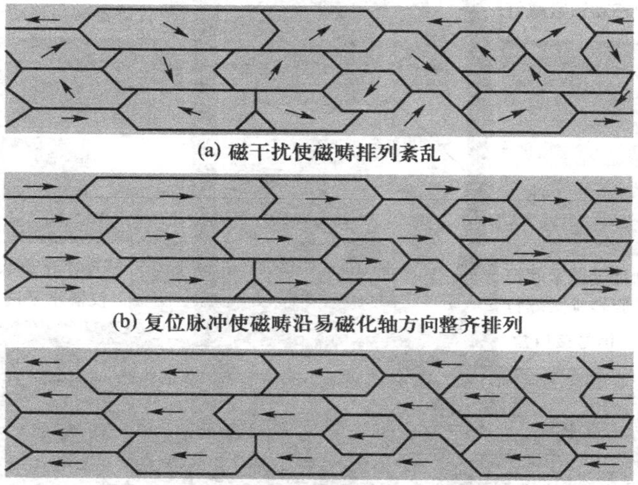

(a) 磁干扰使磁畴排列紊乱

(b) 复位脉冲使磁畴沿易磁化轴方向整齐排列

(c) 反向置位脉冲使磁畴排列方向反转

图 3-14-2　磁畴

图 3-14-3 为 AMR 的磁电转换特性曲线. 其中电桥偏离是由传感器的制造过程中，4 个桥臂电阻不严格相等引起的，外磁场偏离是测量某种磁场时，外界干扰磁场带来的. 不管要补

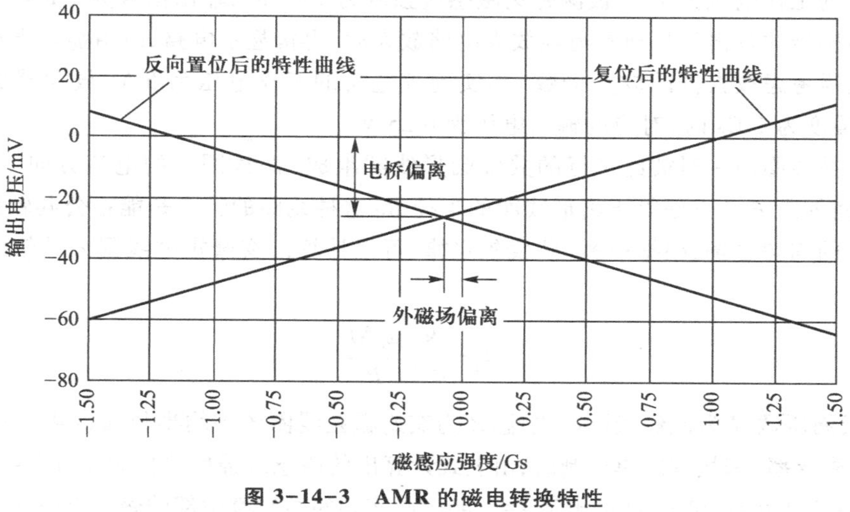

图 3-14-3　AMR 的磁电转换特性

偿哪种偏离，都可调节补偿电流，用人为的磁场偏置使图 3-14-3 中的特性曲线平移，使所测磁场为零时输出电压为零.

四、实验仪器

磁场实验仪结构如图 3-14-4 所示，核心部分是磁阻传感器，辅以磁阻传感器的角度、位置调节及读数机构，亥姆霍兹线圈等.

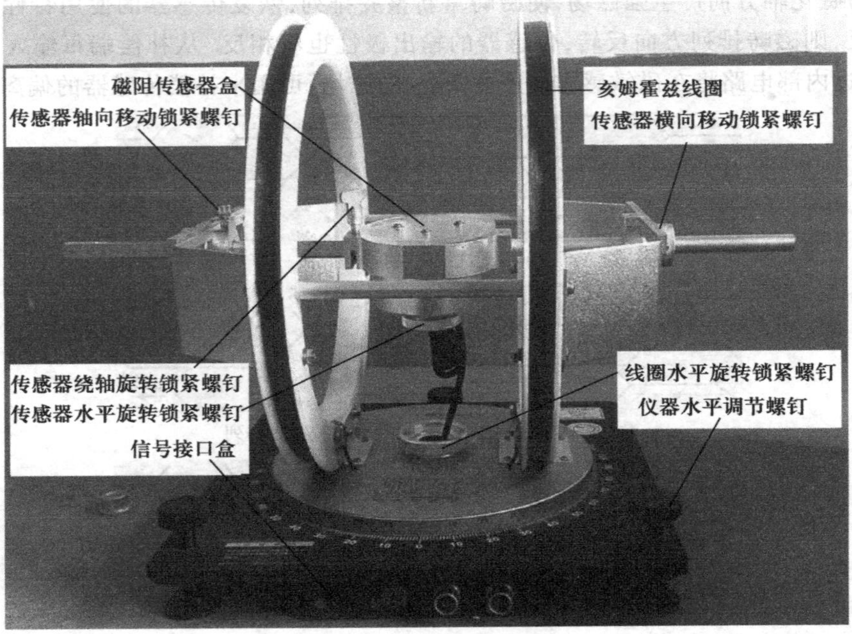

图 3-14-4 磁场实验仪

本仪器所用磁阻传感器的工作范围为±6 T，灵敏度为 1 mV · V^{-1} · Gs. 灵敏度的意义为：当磁阻电桥的工作电压为 1 V，被测磁场磁感应强度为 1 Gs 时，输出信号为 1 mV.

磁阻传感器的输出信号通常需经放大电路放大后，再接显示电路，故由显示电压计算磁感应强度时还需考虑放大器的放大倍数. 本实验仪电桥的工作电压为 5 V，放大器放大倍数为 50，磁感应强度为 1 Gs 时，对应的输出电压为 0.25 V.

亥姆霍兹线圈由一对彼此平行的共轴圆形线圈组成. 两线圈内的电流方向一致，大小相同，线圈之间的距离 d 正好等于圆形线圈的半径 R. 这种线圈的特点是能在公共轴线中点附近产生较广泛的均匀磁场，根据毕奥-萨伐尔定律，可以计算出亥姆霍兹线圈公共轴线中点的磁感应强度为

$$B_0=\frac{8}{5^{3/2}}\frac{\mu_0 NI}{R}$$

式中 N 为线圈匝数，I 为流经线圈的电流，R 为亥姆霍兹线圈的平均半径，$\mu_0=4\pi\times10^{-7}$ H · m^{-1} 为真空中的磁导率. 采用国际单位制时，由上式计算出的磁感应强度单位为 T(1 T = 10 000 Gs). 本实验仪 $N=310$，$R=0.14$ m，线圈电流 $I=1$ mA 时，亥姆霍兹线圈中部的磁感应强度为 0.02 Gs.

在磁阻传感器盒中，磁阻传感器以表贴方式焊接在传感器电路板上，并在电路板上以白色箭头标出了磁阻传感器的磁敏感方向. 磁阻传感器磁敏感方向如图 3-14-5 所示.

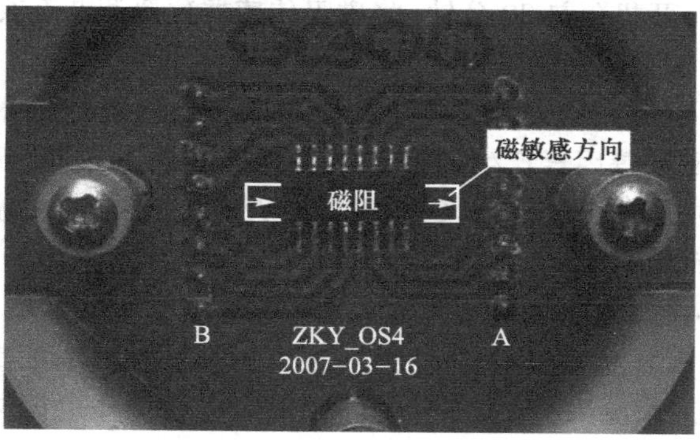

图 3-14-5　磁敏感方向示意图

电源前面板如图 3-14-6 所示. 恒流源为亥姆霍兹线圈提供电流，电流的大小可以通过旋钮调节，电流值由电流表指示. 电流切换按钮可以改变电流的方向. 补偿(OFFSET)电流调节旋钮调节补偿电流的方向和大小. 电流切换按钮使电流表显示亥姆霍兹线圈电流或补偿电流. 传感器采集到的信号经放大后，由电压表指示电压值. 放大器校正旋钮在标准磁场中校准放大器放大倍数. 复位(R/S)按钮每按下一次，向复位端输入一次复位脉冲电流，仅在需要时使用.

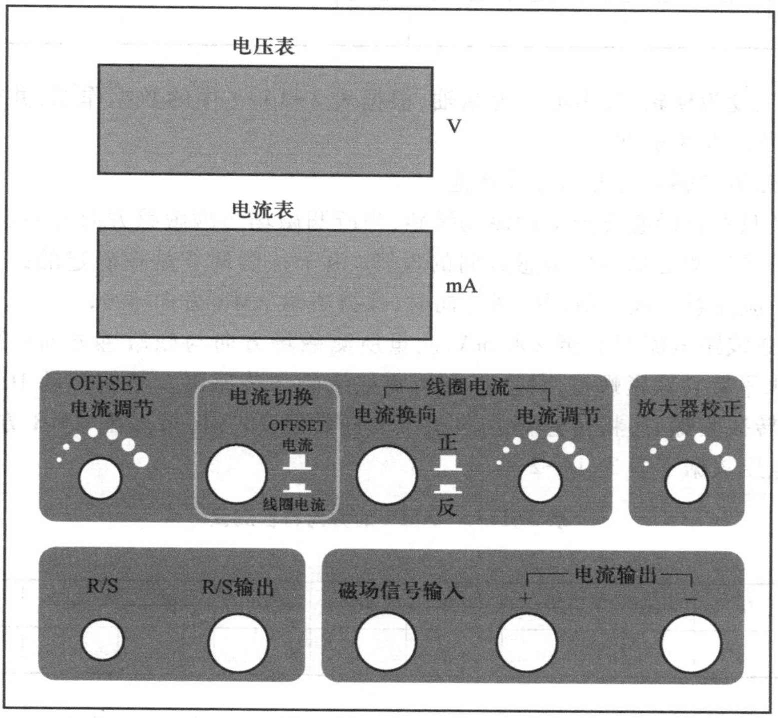

图 3-14-6　电源前面板示意图

五、实验内容

连接实验仪与电源，开机预热 20 分钟．将磁阻传感器位置调节至亥姆霍兹线圈中心，使传感器磁敏感方向与亥姆霍兹线圈轴线一致．

调节亥姆霍兹线圈电流为零，按复位键（见图 3-14-6，恢复传感器特性），调节补偿电流（见图 3-14-6，补偿地磁场等因素产生的偏离），使传感器输出为零．调节亥姆霍兹线圈电流至 300 mA（线圈产生的磁感应强度为 6 Gs），调节放大器校准旋钮，使输出电压为 1.500 V．

1. 磁阻传感器的特性测量

（1）测量磁阻传感器的磁电转换特性

磁电转换特性是磁阻传感器最基本的特性．磁电转换特性曲线的直线部分对应的磁感应强度，即磁阻传感器的工作范围，直线部分的斜率除以电桥工作电压与放大器放大倍数的乘积，即为磁阻传感器的灵敏度．

按表 3-14-1 中的数据从 300 mA 逐步调小亥姆霍兹线圈电流，记录相应的输出电压值．切换电流换向开关（亥姆霍兹线圈电流反向，磁场及输出电压也将反向），逐步调大反向电流，记录反向输出电压值．注意：电流换向后，必须按复位键消磁．

表 3-14-1　AMR 的磁电转换特性测量

线圈电流/mA	300	250	200	150	100	50	0	−50	−100	−150	−200	−250	−300
磁感应强度/Gs	6	5	4	3	2	1	0	−1	−2	−3	−4	−5	−6
输出电压/V													

以磁感应强度为横轴，输出电压为纵轴，根据表 3-14-1 中的数据作图，并确定所用传感器的线性工作范围及灵敏度．

（2）测量磁阻传感器的各向异性特性

磁阻 AMR 只对磁敏感方向上的磁场敏感，当所测磁场与磁敏感方向有一定夹角 α 时，磁阻 AMR 测量的是所测磁场在磁敏感方向的投影．由于补偿调节是在确定的磁敏感方向进行的，实验过程中应注意在改变所测磁场方向时，保持磁阻 AMR 方向不变．

将亥姆霍兹线圈电流调节至 200 mA，测量所测磁场方向与磁敏感方向一致时的输出电压．松开线圈水平旋转锁紧螺钉，每次将亥姆霍兹线圈与传感器盒整体转动 10°后锁紧，松开传感器水平旋转锁紧螺钉，将传感器盒向相反方向转动 10°（保持磁阻 AMR 方向不变）后锁紧，记录输出电压数据于表 3-14-2 中．

表 3-14-2　AMR 的方向特性测量

$B=4$ Gs

夹角 α	0°	10°	20°	30°	40°	50°	60°	70°	80°	90°
输出电压/V										

以夹角 α 为横轴，输出电压为纵轴，将表 3-14-2 数据作图，检验所作曲线是否符合余弦规律．

2. 亥姆霍兹线圈的磁场分布测量

亥姆霍兹线圈在公共轴线中点附近产生较广泛的均匀磁场，在科研及生产中得到广泛的应用.

(1) 亥姆霍兹线圈轴线上的磁场分布测量

根据毕奥-萨伐尔定律，可以计算出通电圆线圈在轴线上任意一点产生的磁感应强度矢量垂直于线圈平面，方向由右手螺旋定则确定，与线圈平面距离为 x_1 的点的磁感应强度为

$$B(x_1)=\frac{\mu_0 R^2 I}{2(R^2+x_1^2)^{3/2}}$$

亥姆霍兹线圈由一对彼此平行的共轴圆线圈组成. 两线圈内的电流方向一致，大小相同，线圈匝数为 N，线圈之间的距离 d 正好等于圆形线圈的半径 R，若以两线圈中点为坐标原点，则轴线上任意一点的磁感应强度是两线圈在该点产生的磁感应强度之和，即

$$B(x)=\frac{\mu_0 NR^2 I}{2\left[R^2+\left(\frac{R}{2}+x\right)^2\right]^{3/2}}+\frac{\mu_0 NR^2 I}{2\left[R^2+\left(\frac{R}{2}-x\right)^2\right]^{3/2}}$$

$$=B_0\frac{5^{3/2}}{16}\left\{\frac{1}{\left[1+\left(\frac{1}{2}+\frac{x}{R}\right)^2\right]^{3/2}}+\frac{1}{\left[1+\left(\frac{1}{2}+\frac{x}{R}\right)^2\right]^{3/2}}\right\}$$

式中 B_0是 $x=0$ 时，即亥姆霍兹线圈公共轴线中点的磁感应强度. 表 3-14-3 列出了 x 取不同值时 $B(x)/B_0$的理论计算结果.

调节传感器磁敏感方向与亥姆霍兹线圈轴线一致，位置调节至亥姆霍兹线圈中心($x=0$)，测量输出电压值. 已知 $R=140$ mm，将传感器盒每次沿轴线平移 $0.1R$，记录测量数据于表 3-14-3 中.

表 3-14-3　亥姆霍兹线圈轴向磁场分布测量

$B_0=4$ Gs

位置 x	$-0.5R$	$-0.4R$	$-0.3R$	$-0.2R$	$-0.1R$	0	$0.1R$	$0.2R$	$0.3R$	$0.4R$	$0.5R$
$B(x)/B_0$	0.946	0.975	0.992	0.998	1.000	1	1.000	0.998	0.992	0.975	0.946
输出电压/V											
$B(x)$/Gs											

将表 3-14-3 数据作图，讨论亥姆霍兹线圈的轴向磁场分布特点.

(2) 亥姆霍兹线圈的空间磁场分布测量

由毕奥-萨伐尔定律，同样可以计算亥姆霍兹线圈空间任意一点的磁场分布，由于亥姆霍兹线圈的轴对称性，只要计算(或测量)过轴线的平面上的两维磁场分布，就可得到空间任意一点的磁场分布.

理论分析表明，在 $x\leqslant 0.2R$，$y\leqslant 0.2R$ 的范围内，$(B_x-B_0)/B_0$ 小于百分之一，B_y/B_x 小于万分之二，故可认为在亥姆霍兹线圈中部较大的区域内，磁场方向沿轴线方向，磁场大小基本不变.

按表 3-14-4 数据改变磁阻传感器的空间位置，记录 x 方向的磁场产生的电压 U_x，测量亥

姆霍兹线圈的空间磁场分布.

表 3-14-4 亥姆霍兹线圈的空间磁场分布测量

$B_0 = 4$ Gs

y	x						
	0	0.05R	0.1R	0.15R	0.2R	0.25R	0.3R
0							
0.05R							
0.1R							
0.15R							
0.2R							
0.25R							
0.3R							

由表 3-14-4 数据讨论亥姆霍兹线圈的空间磁场分布特点.

(3) 地磁场测量

地球本身具有磁性,地表及近地空间存在的磁场称为地磁场. 地磁场的北极、南极分别在地理南极、北极附近,彼此并不重合,可用地磁场强度、磁倾角、磁偏角三个参量表示地磁场的大小和方向. 磁倾角是地磁场强度矢量与水平面的夹角,磁偏角是地磁场强度矢量在水平面的投影与地球经线(地理南北方向)的夹角.

在现代的数字导航仪等系统中,通常用互相垂直的三维磁阻传感器测量地磁场在各个方向的分量,根据矢量合成原理,计算出地磁场的大小和方向. 本实验学习用单个磁阻传感器测量地磁场的方法.

将亥姆霍兹线圈电流调节至零,补偿电流调节至零,传感器的磁敏感方向调节至与亥姆霍兹线圈轴线垂直(以便在垂直面内调节磁敏感方向).

调节传感器盒上平面与仪器底板平行,将水准气泡盒放置在传感器盒正中,调节仪器水平调节螺钉使水准气泡居中,使磁阻传感器水平. 松开线圈水平旋转锁紧螺钉,在水平面内仔细调节传感器方位,使输出最大(如果不能调到最大,则需要将磁阻传感器在水平方向选择 180°后再调节). 此时,传感器磁敏感方向与地理南北方向的夹角就是磁偏角.

松开传感器绕轴旋转锁紧螺钉,在垂直面内调节磁敏感方向,至输出最大时转过的角度就是磁倾角,记录此角度于表 3-14-5. 记录输出最大时的输出电压值 U_1后,松开传感器水平旋转锁紧螺钉,将传感器转动 180°,记录此时的输出电压 U_2,将 $U=(U_1-U_2)/2$ 作为地磁场磁感应强度的测量值(此法可消除电桥偏离对测量的影响).

表 3-14-5 地磁场的测量

磁倾角/度	U_1/V	U_2/V	$U(=(U_1-U_2)/2)$/V	$B(=U/0.25)$/Gs

在实验室内测量地磁场时,建筑物的钢筋分布,同学携带的铁磁物质,都可能影响测量结果,因此,此实验重在掌握测量方法.

六、注意事项

1. 禁止使实验仪处于强磁场中，否则会严重影响实验结果.
2. 为了降低实验仪间磁场的相互干扰，任意两台实验仪之间的距离应大于 3 m.
3. 实验前请先将实验仪调水平.
4. 在操作所有的手动调节螺钉时应用力适度，以免滑丝.
5. 为保证使用安全，三芯电源需可靠接地.

实验十五　指针式电表的改装与校准

一、实验背景

电表在电学测量中有着广泛的应用，因此了解和使用电表就显得十分重要. 电流计（表头）由于其构造，一般只能测量较小的电流和电压，如果要用它来测量较大的电流或电压，就必须进行改装，以扩大其量程. 万用表就是对微安表头进行多量程改装而来，在电路的测量和故障检测中得到了广泛的应用.

二、实验目的

1. 测量表头内阻 R_g 及满度电流 I_g.
2. 掌握将 100 μA 表头改成较大量程的电流表和电压表的方法.
3. 设计一个 $R_中=10\ \text{k}\Omega$ 的欧姆表，要求 $\mathscr{E}$ 在 1.35~1.6 V 范围内使用时能调零.
4. 用电阻器校准欧姆表，画校准曲线，并根据校准曲线用组装好的欧姆表测未知电阻.
5. 学会校准电流表和电压表的方法.

三、实验原理

常见的磁电式电流计主要由放在永久磁场中的由细漆包线绕制的可以转动的线圈、用来产生机械反力矩的游丝、指示用的指针和永久磁铁所组成. 当电流通过线圈时，载流线圈在磁场中产生一磁力矩 $M_磁$，使线圈转动并带动指针偏转. 线圈偏转角度的大小与线圈通过的电流大小成正比，所以可由指针的偏转角度直接得出电流值.

1. 测量电流表的量程 I_g 和内阻 R_g

电流计允许通过的最大电流称为电流计的量程，用 I_g 表示，电流计的线圈有一定内阻，用 R_g 表示，I_g 与 R_g 是两个表示电流计特性的重要参量. 测量内阻 R_g 的常用方法有如下两种.

（1）半值法（又叫中值法）

测量原理图见图 3-15-1. 当被测电流计接在电路中时，使电流计满偏，再用十进位电阻箱与电流计并联作为分流电阻，改变电阻值即改变分流程度，若电流计指针指示到中间值，且总电流仍保持不变，显然，这时分流电阻值就等于电流计的内阻.

(2) 替代法

测量原理图见图 3-15-2. 当被测电流计接在电路中时,用十进位电阻箱替代它,且改变电阻值,当电路中的电压不变,且电路中的电流亦保持不变时,则电阻箱的电阻值即为被测电流计内阻. 替代法是一种运用很广的测量方法,具有较高的测量准确度.

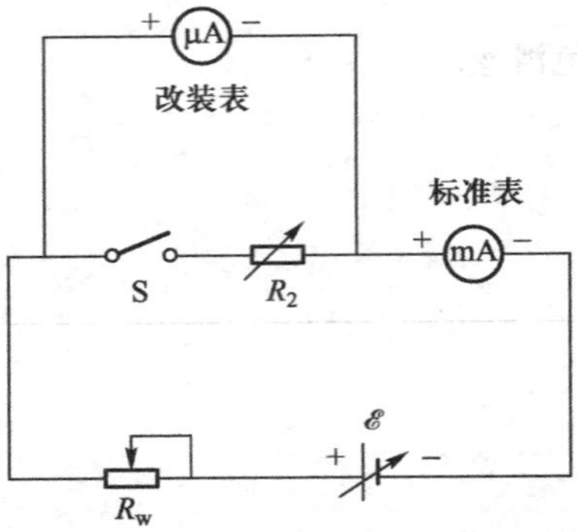

图 3-15-1 半值法测量表头灵敏度和内阻

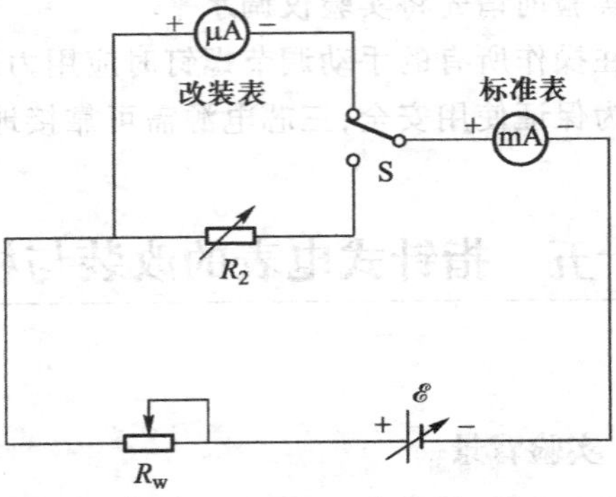

图 3-15-2 替代法测量表头灵敏度和内阻

2. 改装指针式微安表为较大量程电流表

由电阻并联规律可知,在表头两端并联上一个阻值适当的电阻 R_2,如图 3-15-3 所示,可使表头不能承受的那部分电流从 R_2 上分流通过. 这种由表头与并联电阻 R_2 组成的“整体”(图中虚线框住的部分)就是改装后的电流表. 如需将量程扩大 n 倍,则不难得出

$$R_2 = R_g/(n-1) \tag{3-15-1}$$

图 3-15-3 为扩大量程的电流表原理图. 用电流表测量电流时,电流表总是串联在被测电路中,所以要求电流表具有较小的内阻. 只要在表头上并联阻值不同的分流电阻,便可制成多量程的电流表.

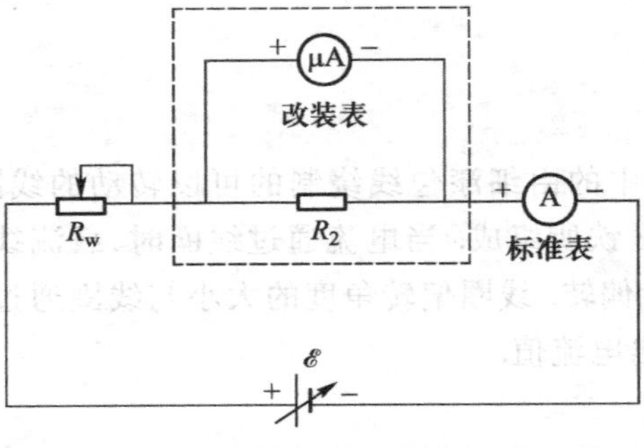

图 3-15-3 改装电流表的实验线路图

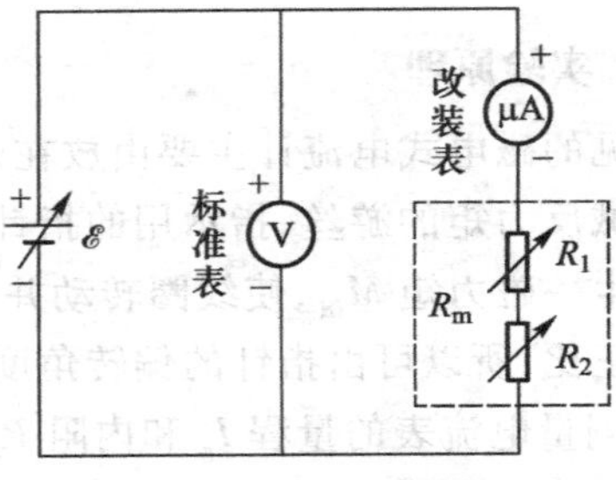

图 3-15-4 改装电压表的实验线路图

3. 改装指针式微安表为电压表

一般表头能承受的电压很小,不能直接用来测量较大的电压. 为了测量较大的电压,可以给表头串联一个阻值适当的电阻 R_m,如图 3-15-4 所示,使表头上不能承受的那部分电压降落在电阻 R_m 上. 这种由表头和串联电阻 R_m 组成的“整体”就是电压表,串联的电阻 R_m 称为扩程电阻. 选取不同大小的 R_m,就可以得到不同量程的电压表. 由图 3-15-4 可求得扩程电阻值为

$$R_m=\frac{U}{I_g}-R_g \tag{3-15-2}$$

实际的扩展量程后的电压表原理见图 3-15-4,用电压表测电压时,电压表总是并联在被测电路上. 为了不致因为并联了电压表而改变电路中的工作状态,要求电压表应有较高的内阻.

4. 改装指针式微安表为欧姆表

用来测量电阻大小的电表称为欧姆表. 根据调零方式的不同,可分为串联分压式和并联分流式两种. 其原理电路如图 3-15-5 所示. 图中 $\mathscr{E}$ 为电源,R_3 为限流电阻,R_w 为调零电位器,R_x 为被测电阻,R_g 为等效表头内阻. 图(b)中,R_G 与 R_w 一起组成分流电阻.

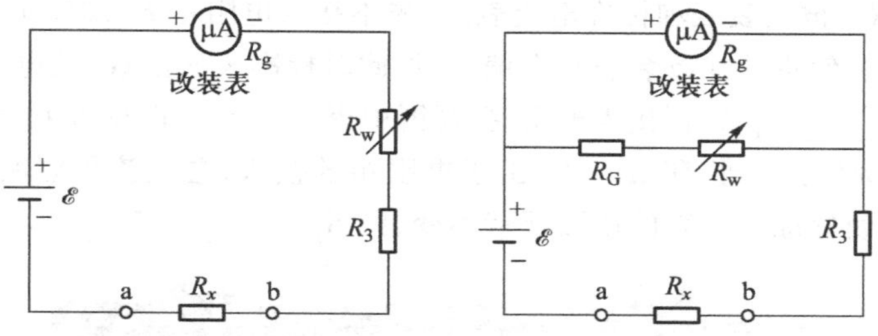

(a) 串联分压式　　(b) 并联分流式

图 3-15-5　磁电式电流表改装欧姆表的原理图

欧姆表使用前先要调零,即 a、b 两点短路(相当于 $R_x=0$),调节 R_w 的阻值,使表头指针正好偏转到满度. 可见,欧姆表的零点在表头标度尺的满刻度(即量限)处,与电流表和电压表的零点正好相反.

在图 3-15-5(a)中,当 a、b 端接入被测电阻 R_x 后,电路中的电流为

$$I=\frac{\mathscr{E}}{R_g+R_w+R_3+R_x} \tag{3-15-3}$$

对于给定的表头和线路来说,R_g、R_w、R_3 都是常量. 由此可见,当电源端电压 $\mathscr{E}$ 保持不变时,被测电阻和电流值有一一对应的关系,即接入不同的电阻,表头就会有不同的偏转读数,R_x 越大,电流 I 越小. 将 a、b 两端短路,即 $R_x=0$ 时,指针满偏,电流为

$$I=\frac{\mathscr{E}}{R_g+R_w+R_3}=I_g \tag{3-15-4}$$

当 $R_x=R_g+R_w+R_3$ 时,电流为

$$I=\frac{\mathscr{E}}{R_g+R_w+R_3+R_x}=\frac{1}{2}I_g \tag{3-15-5}$$

这时指针在表头的中间位置,对应的阻值为中值电阻,显然 $R_{中}=R_g+R_w+R_3$. 当 $R_x=\infty$(相当于 a、b 开路)时,$I=0$,即指针在表头的机械零位. 因此欧姆表的标度尺为反向刻度,且刻度是不均匀的,电阻越大,刻度间隔越密. 如果表头的标度尺预先按已知电阻值设置刻度,就可以用电流表来直接测量电阻了.

并联分流式欧姆表利用对表头分流来进行调零,具体参量可自行设计.

欧姆表在使用过程中电池的端电压会有所改变,而表头的内阻 R_g 及限流电阻 R_3 为常量,故要求 R_w 要跟着 $\mathscr{E}$ 的变化而改变,以满足调零的要求,设计时用可调电源模拟电池电压的变

化，范围取 1.35～1.6 V 即可.

四、实验仪器

FB308A 型电表改装与校准实验仪 1 台、附专用连接线等.

五、实验内容

1. 用中值法(半值法)或替代法测出表头的内阻 R_g

(1) 用中值法测量 R_g 时可参考图 3-15-6 接线. 工作电压量程可设为 2 V 或 10 V，先将 $\mathscr{E}$ 调至 0 V，接通 $\mathscr{E}$、R_w、被改装表和标准电流表后，先不接入电阻箱 R(虚线不连接)，调节电压 $\mathscr{E}$ 或串联限流电阻 R_w，使指针式改装表头满偏，记住此时标准表的读数，该电流值即为改装表头的满度电流，I_g = ________ μA；再接入电阻箱 R(图中虚线所示). 改变 R 数值，使被测表头指针从满度值 100 μA 降低到一半 50 μA 处. 由于电阻箱的接入，总电流可能略有变化，这时候再稍微调节 $\mathscr{E}$ 或 R_w，使标准电流表的读数保持不变，则 $R_g=R=$ ________ Ω.

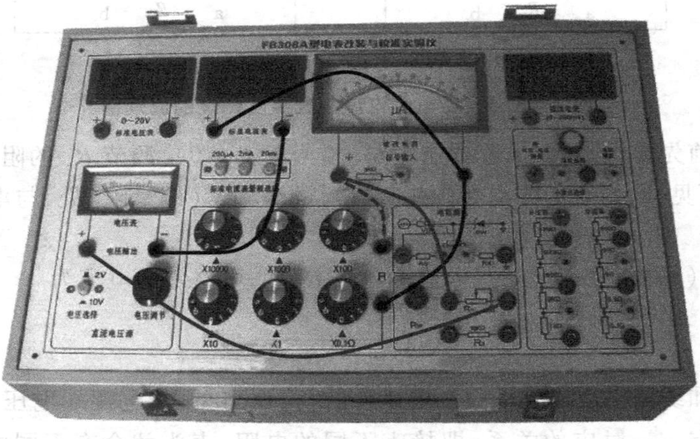

图 3-15-6　用中值法测量指针式表头内阻的实验接线图

(2) 用替代法测量 R_g 时可参考图 3-15-7 接线. 工作电压量程可设为 2 V 或 10 V，先将 $\mathscr{E}$ 调至 0 V，接通 $\mathscr{E}$、R_w、被改装表和标准电流表后，调节 $\mathscr{E}$ 或 R_w 使改装表头满偏，记录标准表的读数，此值即为被改装表头的满度电流，I_g = ________ μA；再断开接到改装表头的接线，转接到电阻箱 R(如图中虚线所示)，调节 R 使标准电流表的电流保持刚才记录的数值. 这时电阻箱 R 的数值即为被测表头内阻，$R_g=R=$ ________ Ω.

2. 将一个量程为 100 μA 的指针式表头改装成量程为 1 mA(或自选)的电流表

(1) 根据电路参量，估计工作电压 $\mathscr{E}$ 值大小，并根据公式(3-15-1)计算出分流电阻的大致数值并把电阻箱 R 调节到该数值.

(2) 参考图 3-15-8 接线，工作电压量程选择 2 V，先将 $\mathscr{E}$ 调至 0 V，标准电流表量程为 2 mA，检查接线正确后，调节 $\mathscr{E}$ 或变阻器 R_w，使改装表指到满量程，标准电流表指示 1 mA，仔细微调 R_w 和 R 的数值，同时满足改装表满度及标准电流表要求. 注意：R_w 作为限流电阻，阻值不应调至最小值(必要时可适当调节工作电压).

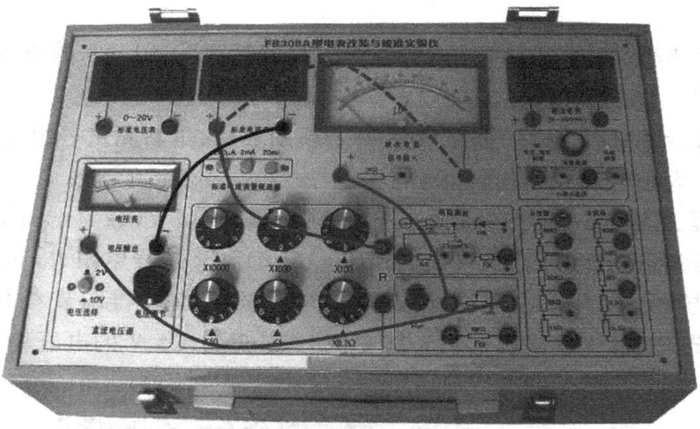

图 3-15-7　用替代法测量指针式表头内阻的实验接线图

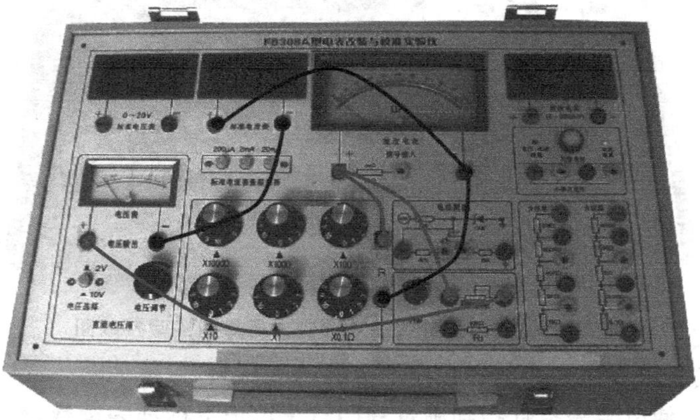

图 3-15-8　用指针式表头改装大量程电流表的实验接线图

(3) 这时可以开始记录标准表和改装表的读数. 先记录满度值,每隔 0.2 mA 逐步递减直至零点,再按原间隔逐步递增到满量程,逐一记入表 3-15-1.

表 3-15-1　将量程为 100 μA 表头改装成量程为 1.00 mA 的电流表数据记录

改装表读数/mA	标准表读数/mA			误差 ΔI/mA
	递减时	递增时	平均值	
0.20				
0.40				
0.60				
0.80				
1.00				

(4) 以改装表读数为横坐标,标准表由大到小及由小到大调节时两次读数的平均值为纵坐标,在直角坐标纸上画出电流表的校正曲线,并根据两表最大误差的数值定出改装表的准确

度等级.

(5) 重复以上步骤,将量程为 100 μA 的表头改成量程为 10 mA 的电流表,可每隔 2 mA 测量一次(可选做).

(6) 将电阻 $R_G=3\ k\Omega$ 和表头串联,构成一个新的表头,重新测量一组数据,并比较串联电阻前后扩流电阻的大小有何异同(可选做).

3. 将一个量程为 100 μA 的指针式表头改装成量程为 1.5 V(或自选)的电压表

(1) 根据电路参量估计 $\mathscr{E}$ 的大小,根据式(3-15-2)计算扩程电阻 R_M 的阻值,可用电阻箱 R 进行实验调节. 按图 3-15-9 进行连线,先调节 R 值至最大值,再调节 $\mathscr{E}$;用标准电压表监测到 1.5 V 时,再调节 R 值,使改装表指示为满度,于是量程为 1.5 V 的电压表就改装好了.

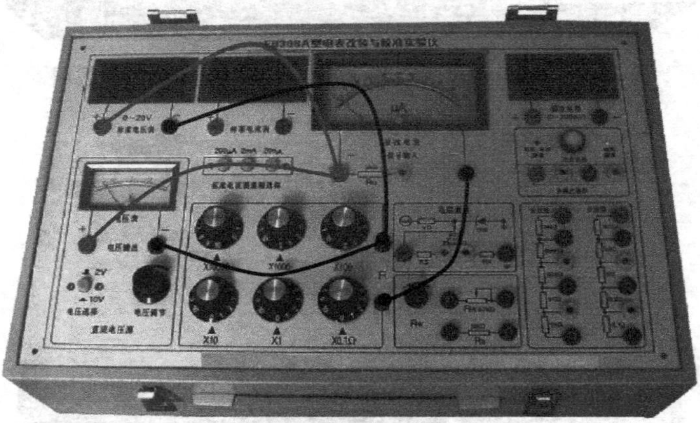

图 3-15-9 用指针式表头改装电压表的实验接线图

(2) 用数显式电压表作为标准表来校准改装的电压表

调节电源电压,使改装表指针指到满量程(1.5 V),记下标准表读数,然后每隔 0.3 V 逐步减小改装读数直至零点,再按原间隔逐步增大到满量程,每次记下标准表相应的读数于表 3-15-2 中.

表 3-15-2 将量程为 100 μA 表头改装成量程为 1.5 V 的电压表数据记录

改装表读数/V	标准表读数/V			示值误差 ΔU/V
	递减时	递增时	平均值	
0.3				
0.6				
0.9				
1.2				
1.5				

(3) 以改装表读数为横坐标,标准表由大到小及由小到大调节时两次读数的平均值为纵坐标,在坐标纸上作出电压表的校正曲线,并根据两表最大误差的数值定出改装表的准确度等级.

（4）重复以上步骤，将量程为 100 μA 的指针式表头改成量程为 10 V 的直流电压表，可每隔 2 V 测量一次（可选做）.

（5）将电阻 R_G 和表头串联，构成一个新的表头，重新测量一组数据，并比较扩程电阻有何异同（可选做）.

4. 将一个量程为 100 μA 的指针式表头改装成欧姆表并标定表面刻度（非线性）

（1）根据表头参量 I_g 和 R_g 以及电源电压 $\mathscr{E}$，参照图 3-15-5 选择 R_w 为 4.7 kΩ，R_3 为 10 kΩ.

（2）按图 3-15-10 进行连线. 调节电源电压至 $\mathscr{E}$= 1.5 V，将 a、b 两接点短路，调节 R_w 使表头指示为零，欧姆表的调零工作即告完成.

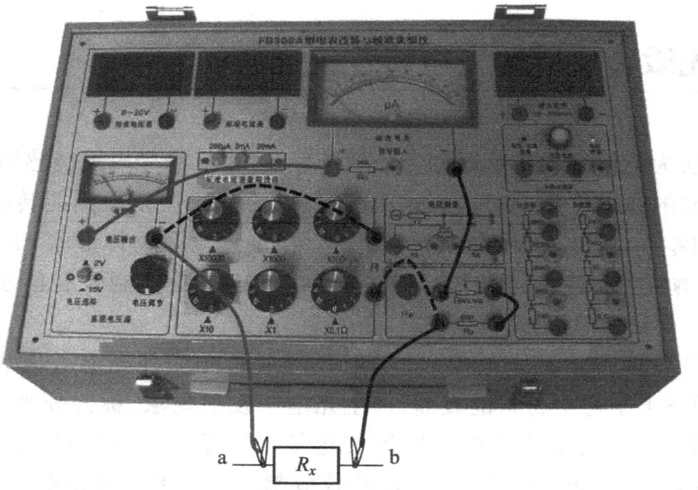

图 3-15-10　用指针式表头改装串联分压式欧姆表的实验接线图

（3）测量改装成的欧姆表的中值电阻. 如图 3-15-10 中的虚线所示，将电阻箱 R（即 R_x）接于欧姆表的 a、b 测量端，调节 R，使表头指示到正中（满度值的一半），这时电阻箱 R 的数值即为该欧姆表的中值电阻，$R_{中}$ = ________Ω.

（4）取电阻箱的电阻为一组特定的数值 R_{xi}，读出相应的偏转格数，记于表 3-15-3 中. 利用所得读数 R_{xi} 和偏转格数绘制出改装欧姆表的标度盘（可选做）.

表 3-15-3

$\mathscr{E}$= ________V，$R_{中}$ = ________Ω

R_{xi}/Ω	$\frac{1}{5}R_{中}$	$\frac{1}{4}R_{中}$	$\frac{1}{3}R_{中}$	$\frac{1}{2}R_{中}$	$R_{中}$	$2R_{中}$	$3R_{中}$	$4R_{中}$	$5R_{中}$
偏转格数/div									

（5）确定改装欧姆表的电源使用范围. 短接 a、b 两测量端，将工作电源放在 0~2 V 挡，调节 $\mathscr{E}$=1 V，先将 R_w 逆时针调到底，调节 $\mathscr{E}$ 直至表头满偏，记录 $\mathscr{E}_1$ 值；接着将 R_w 顺时针调到底，再调节 $\mathscr{E}$ 直至表头满偏，记录 $\mathscr{E}_2$ 值，$\mathscr{E}_1$ ~ $\mathscr{E}_2$ 就是该欧姆表的电源使用范围.

*（6）按图 3-15-5（b）进行连线，设计一个并联分流式欧姆表并进行连线、测量. 试将其与

串联分压式欧姆表比较,比较有何异同(可选做).

六、思考题

1. 测量电流计内阻时应注意什么？是否还有别的办法来测定电流计内阻？能否用欧姆定律来进行测定？能否用电桥来进行测定？

2. 欲设计 $R_{中}=10\ \text{k}\Omega$ 的欧姆表,现有两只量程为 100 μA 的电流表,其内阻分别为 2 500 Ω 和 1 000 Ω,你认为选哪只比较好？

3. 若要求制作一个线性量程的欧姆表,有什么方法可以实现？

实验十六 光敏传感器的光电特性研究

将光信号转换为电信号的传感器称为光敏传感器,也称为光电式传感器,它可用于检测直接由光照变化引起的非电学量,如光强、光照度等;也可间接用来检测能转换成光学量变化的其他非电学量,如零件直径、表面粗糙度、位移、速度、加速度及物体形状、工作状态等. 光敏传感器具有非接触、响应快、性能可靠等特点,因而在工业自动控制及智能机器人中得到广泛应用.

光敏传感器的物理基础是光电效应. 光电效应通常分为外光电效应和内光电效应两大类,在光辐射作用下电子逸出材料的表面,产生光电子发射现象,称为外光电效应或光电子发射效应. 基于这种效应的光电器件有光电管、光电倍增管等. 另一种现象是电子并不逸出材料表面,称为内光电效应. 光电导效应、光生伏特效应都是应用的内光电效应. 很多半导体材料的许多电学特性都因受到光的照射而发生变化,因此也属于内光电效应范畴. 本实验所涉及的光敏电阻、光敏二极管等均是内光电效应传感器.

本设计性实验可以帮助学生了解光敏电阻、光敏二极管的光电传感特性及其在某些领域中的应用.

1. 光电效应

(1) 光电导效应

当光照射到某些半导体材料上时,穿透到材料内部的光子能量足够大,某些电子吸收光子的能量,从原来的束缚态变成导电的自由态,这时在外电场的作用下,流过半导体的电流会增大,即半导体的导电能力增强,这种现象叫光电导效应. 它是一种内光电效应.

光电导效应可分为本征型和杂质型两类. 前者是指能量足够大的光子使电子离开价带跃入导带,价带中由于电子离开而产生空穴,在外电场作用下,电子和空穴参与导电,使半导体的导电能力增强. 杂质型光电导效应则是能量足够大的光子使施主能级中的电子或受主能级中的空穴跃迁到导带或价带,从而使半导体的导电能力增强. 杂质型光电导的长波限比本征型光电导的要长得多.

(2) 光生伏特效应

在无光照时,半导体 pn 结内部有自建电场. 当光照射在 pn 结及其附近时,在能量足够大的光子作用下,在结区及其附近就产生少数载流子(电子、空穴对). 载流子在结区外时,靠扩散进入结区;在结区中时,则因电场 E 的作用,电子漂移到 n 区,空穴漂移到 p 区. 结果使 n 区带负电荷,p 区带正电荷,产生附加电动势,此电动势称为光生电动势,此现象称为光生伏特效应.

2. 光敏传感器的基本特性

光敏传感器的基本特性包括:伏安特性、光照特性等. 掌握光敏传感器基本特性的测量方法,可为合理应用光敏传感器打好基础. 本实验主要研究光敏电阻、光敏二极管的基本特性.

(1) 光敏电阻

利用具有光电导效应的半导体材料制成的光敏传感器称为光敏电阻. 目前光敏电阻的应用极为广泛. 其工作过程为:当光敏电阻受到光照时,发生内光电效应,光敏电阻电导率的改变量为

$$\Delta\sigma=\Delta n_{\mathrm{p}}e\mu_{\mathrm{p}}+\Delta n_{\mathrm{n}}e\mu_{\mathrm{n}} \tag{3-16-1}$$

在式(3-16-1)中,e 为电子电荷量绝对值,Δn_{p} 为空穴浓度的改变量,Δn_{n} 为电子浓度的改变量,μ_{p} 表示空穴迁移率,μ_{n} 表示电子迁移率. 当两端加上电压 U_R 后,光电流为

$$I_{\mathrm{ph}}=\frac{A}{d}\Delta\sigma U_R \tag{3-16-2}$$

式中:A 为与电流垂直的表面积,d 为电极间的间距. 在一定的光照度下,$\Delta\sigma$ 为恒定值,因而光电流和电压成线性关系. 光敏电阻的伏安特性如图 3-16-1 所示,不同的光强条件得到不同的伏安特性,这表明电阻值随光照度发生变化. 光照度不变的情况下,电压越高,光电流也越大,而且没有饱和现象. 当然,与一般电阻一样,光敏电阻的工作电压和电流都不能超过规定的最高额定值.

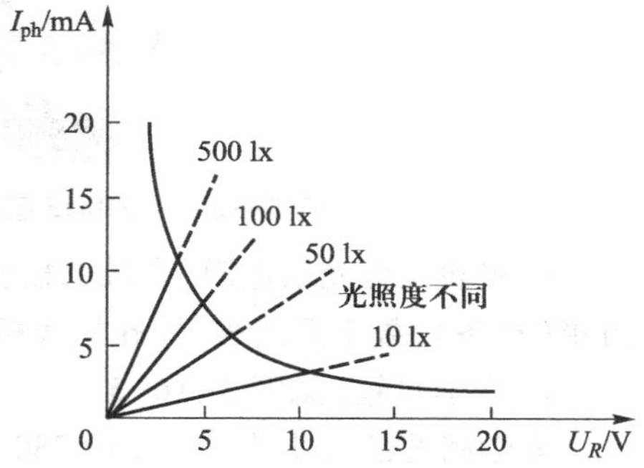

图 3-16-1　光敏电阻的伏安特性曲线

(2) 光敏二极管

光敏二极管的伏安特性曲线相当于向下平移了的普通二极管,如图 3-16-2 所示. 零偏压时,光敏二极管有光电流输出. 光敏二极管的光照特性亦呈良好线性,如图 3-16-3 所示. 光敏二极管的电流灵敏度一般为常量. 一般在做线性检测元件时,选择光敏二极管.

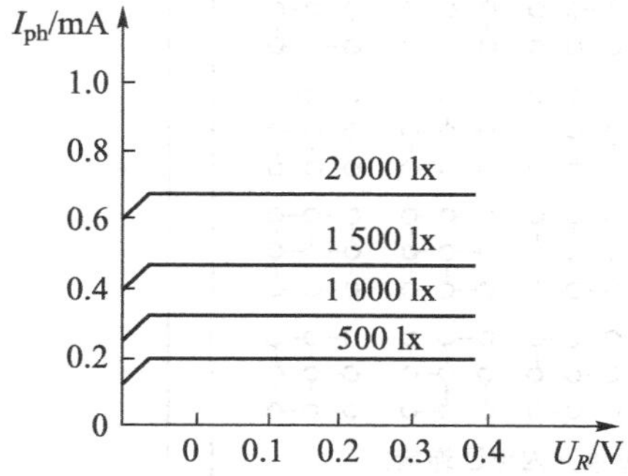

图 3-16-2　光敏二极管的伏安特性曲线

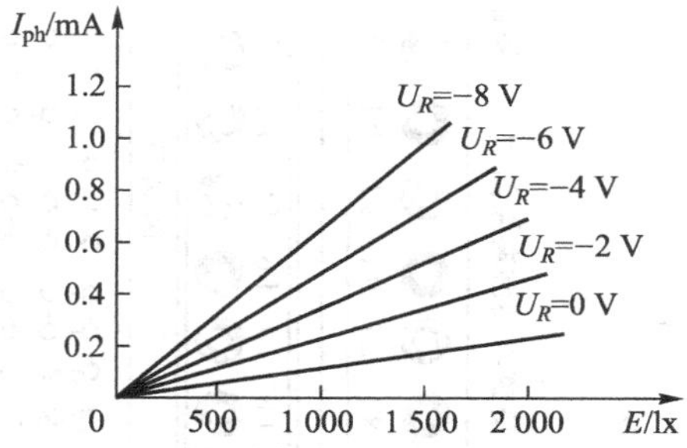

图 3-16-3　光敏二极管的光照特性曲线

Ⅰ. 光敏电阻的伏安特性测试

一、实验目的

1. 了解内光电效应.

2. 通过实验掌握光敏电阻的工作原理.

3. 了解光敏电阻的基本特性,测出它的伏安特性曲线.

二、实验仪器

FB815 型光敏传感器光电特性设计性实验仪、万用表一只,导线若干.

FB815 型光敏传感器光电特性设计性实验仪如图 3-16-4 所示.

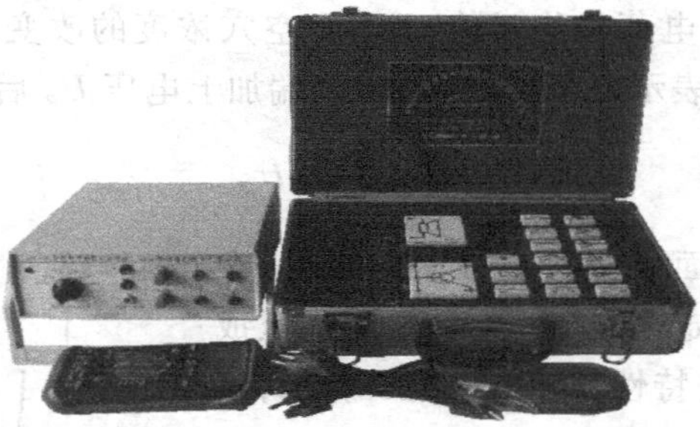

图 3-16-4 FB815 型光敏传感器光电特性设计性实验仪实物照片

该实验仪由光敏电阻、光敏二极管、光敏三极管、硅光电池四种光敏传感器及可调电源、电阻箱(自备)、数字万用表、九孔接线板与光学暗箱组成,具体介绍如下.

1. 光学暗箱(见图 3-16-5)

光学暗箱的大小为 360 mm×280 mm×110 mm,中间位置是九孔实验板,可以在上面按自己的需要搭建实验电路,在箱子的左侧有编号为 L1,L2,…L8 的接线孔,从里面直接连到箱子左侧的外面,实验时将外用电源、测量万用表及变阻箱通过不同的接线口接入箱内的实验电路,当箱子密封以后,里面与外界完全隔绝,工作时照明光路是置于暗箱中的,从而消除了杂散

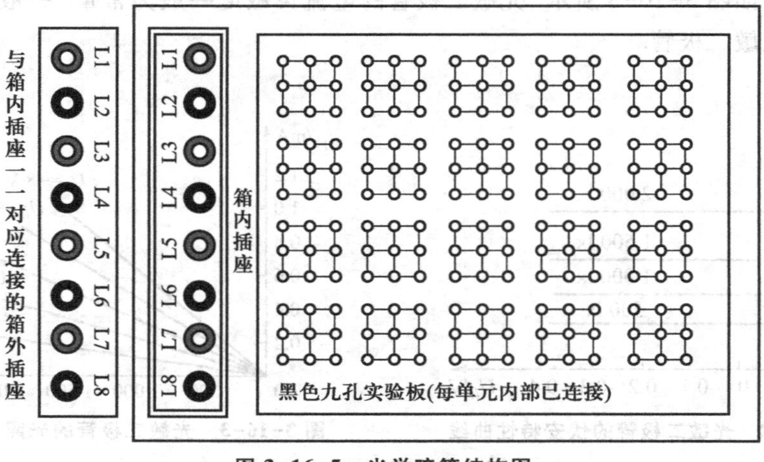

图 3-16-5 光学暗箱结构图

光对实验的影响. 图 3-16-5 是暗箱结构示意图.

2. JK-30 型光电传感器实验电源(见图 3-16-6)

本实验仪配有 JK-30 型光电传感器实验电源,图 3-16-6 为该电源(下称工作电源)面板功能分布图. 因为内部接有一欧姆电阻,所以Ⓐ符号两端测量到的电压值即是输出电流值. 工作电源主要提供两路工作电压,一路用于光电源输出,供白炽灯发光,电压为 0~12 V 可变,另一路用于传感器工作电源,有±2 V、±4 V、±6 V、±8 V、±10 V、±12 V 等量值变化,以保证实验的不同需要. 光敏传感器的照度可以通过调节可调光源的电压或改变光源与传感器之间的距离来调节.

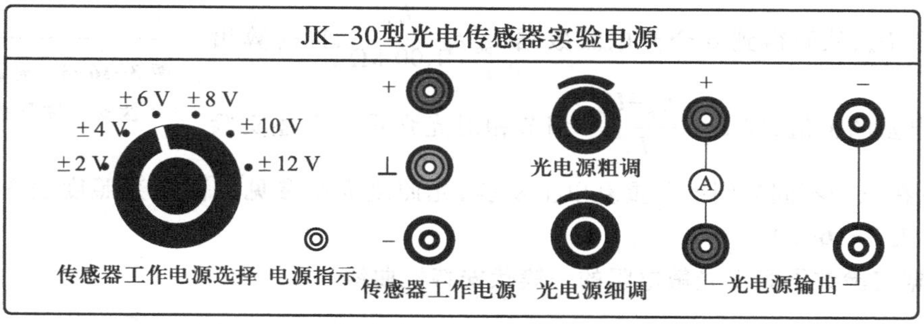

图 3-16-6　实验电源面板

3. 其他实验配件(见图 3-16-7)

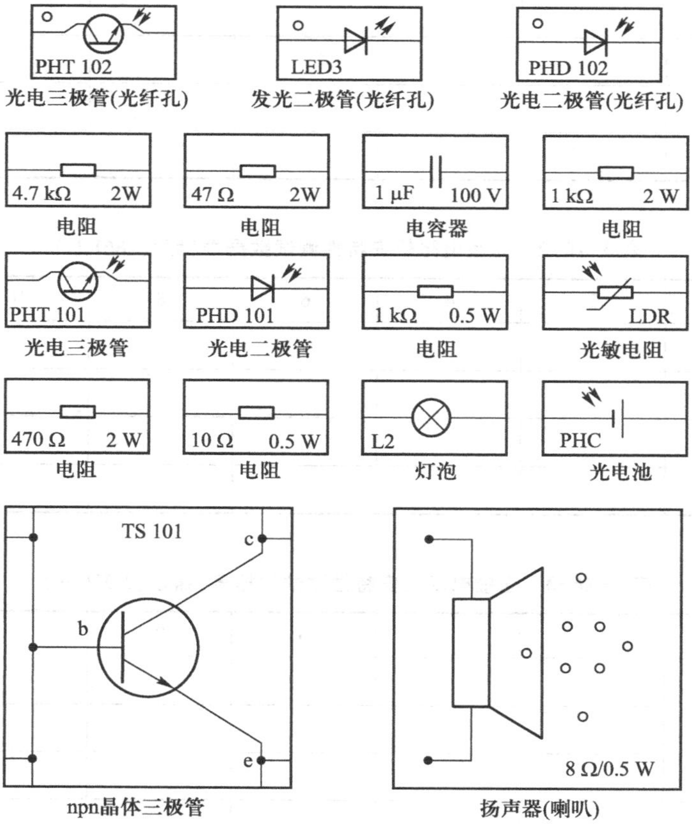

图 3-16-7　FB815 型仪器元件图

三、实验内容

1. 按实验原理图 3-16-8 接好实验电路，光源用标准钨丝灯．将检测用的光敏电阻接入待测点，连接+2 V~+12 V 电源，光源电压为 0~12 V(可调)．

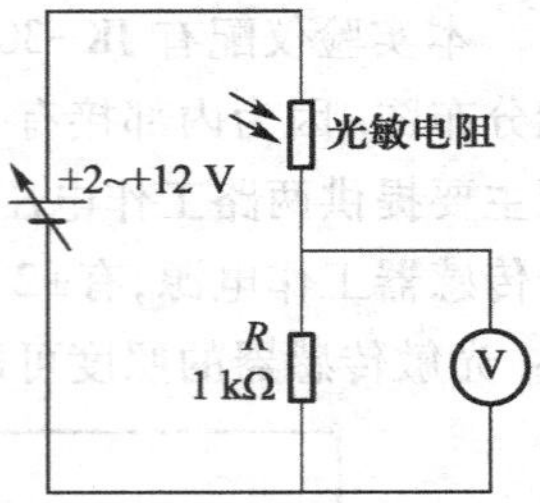

图 3-16-8 光敏电阻的伏安特性测量电路

2. 先将可调光源调至一定的光照度，每次在一定的光照条件下，测出电源电压为+2 V、+4 V、+6 V、+8 V、+10 V、+12 V 时电阻 R 两端的电压 U_R，从而得到 6 个光电流数据 $I_{ph}=\dfrac{U_R}{1.00\ \text{k}\Omega}$，同时算出此时光敏电阻的阻值，即 $R_g=\dfrac{U_S-U_R}{I_{ph}}$．调节相对光强重复上述实验(要求至少在三个不同光照度下重复以上实验，光照度大小参见后面的光照度表 3-16-1、表 3-16-2 和表 3-16-3)．

3. 根据实验数据画出光敏电阻的一簇伏安特性曲线．

表 3-16-1 光敏电阻伏安特性测试数据表(照度:173 lx)

电源电压/V	2	4	6	8	10	12
U_R/V						
光电流 I_{ph}/A						
光敏电压 U_0/V						
光敏电阻 R_g/Ω						

表 3-16-2 光敏电阻伏安特性测试数据表(照度:861 lx)

电源电压/V	2	4	6	8	10	12
U_R/V						
光电流 I_{ph}/A						
光敏电压 U_0/V						
光敏电阻 R_g/Ω						

表 3-16-3 光敏电阻伏安特性测试数据表(照度:2 350 lx)

电源电压/V	2	4	6	8	10	12
U_R/V						
光电流 I_{ph}/A						
光敏电压 U_0/V						
光敏电阻 R_g/Ω						

四、注意事项

1. 确定光照度时，灯泡和光敏电阻间的距离要按表 3-16-4 插孔间的距离计算，参考图见图 3-16-9.

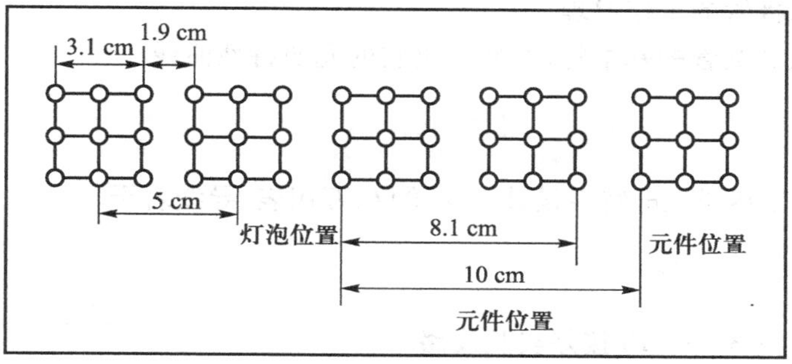

图 3-16-9　九孔接线板插孔距离参考图

2. 为提高测量精确度，R 可以用更大的电阻替换.

3. 注意传感器工作电源下面两个插孔输出电压的差别.

4. 注意避免插孔连线的虚连接.

5. 由于工作电源的实际输出电压与标识电压有较大偏差，注意要用万用表测量实际的输出电压，否则算出的电阻会产生较大的系统误差.

表 3-16-4　九孔接线板插孔距离参考表

电压/V	距离/cm					
	5	6	7	8	9	10
12	2 350	1 950	1 700	1 530	1 400	1 300
11	1 774	1 459	1 280	1 156	1 052	980
10	1 258	1 059	923	825	756	704
9	861	729	632	567	519	480
8	548	469	411	368	338	315
7	328	286	249	224	206	191
6	173	158	138	123	113	105
5	80.2	73.7	64.4	57.8	52.6	48.9
4	30.5	28.2	24.6	22.1	20.2	18.8
3	8.9	7.8	6.8	6.1	5.6	5.3
2.5	3.3	3	2.7	2.4	2.2	2
2	1.1	0.9	0.7	0.6		

Ⅱ. 光敏二极管的光照特性测试

一、实验目的

1. 了解光敏二极管的工作原理.
2. 了解硅光敏二极管的基本特性,并测出它的光照特性曲线.

二、实验仪器

FB815 型光敏传感器光电特性设计性实验仪、万用表、导线若干.

三、实验内容

1. 按实验原理图 3-16-10 接好实验线路.

2. 选择一定的偏压,每次在一定的偏压下测出光敏二极管在光照度由小到大过程中的光电流数据,其中 $I_{ph}=\dfrac{U_R}{1.00\ \text{k}\Omega}$ (1.00 kΩ 为取样电阻). 这里要求至少测出 3 个不同的反偏电压下的数据,反偏电压数据参见表 3-16-5、表 3-16-6 和表 3-16-7.

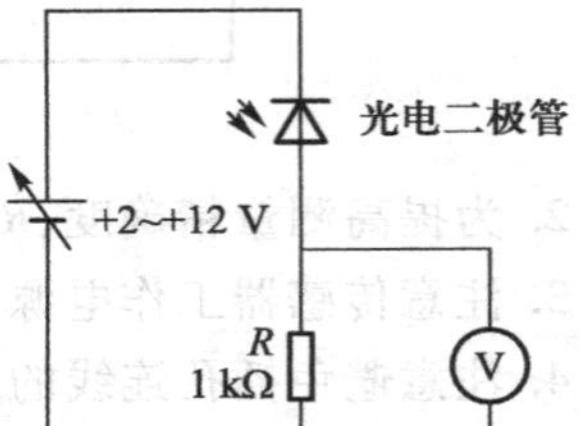

图 3-16-10　光敏二极管伏安特性测试电路图

3. 根据实验数据画出光敏二极管的一簇光照特性曲线.

表 3-16-5　光敏二极管光照特性测试数据表(电压:−4 V)

照度/lx	1.1	30.5	173	328	548	861	1 258	1 774	2 350
U_R/V									
光电流 I_{ph}/A									

表 3-16-6　光敏二极管光照特性测试数据表(电压:−8 V)

照度/lx	1.1	30.5	173	328	548	861	1 258	1 774	2 350
U_R/V									
光电流 I_{ph}/A									

表 3-16-7　光敏二极管光照特性测试数据表(电压:−12 V)

照度/lx	1.1	30.5	173	328	548	861	1 258	1 774	2 350
U_R/V									
光电流 I_{ph}/A									

四、思考题

1. 光敏传感器感应光照有一个滞后时间，即光敏传感器的响应时间，如何来测试光敏传感器的响应时间？

2. 验证光照度与距离的平方成反比（把实验装置近似为点光源）.

第四章

光学实验

实验一　光栅特性研究与光谱波长测定
实验二　光的偏振与波片的作用的探究
实验三　液晶电光效应的探究
实验四　衍射光强分布的测量与研究
实验五　牛顿环干涉与光学显微镜的应用研究
实验六　透镜焦距的测量
实验七　双棱镜光干涉
实验八　迈克耳孙干涉的研究
实验九　使用分光计测量棱镜折射率

实验一　光栅特性研究与光谱波长测定

一、实验目的

通过本实验完成对光栅主要特性的研究，用光栅测定光波波长.

二、实验原理

衍射光栅分为透射光栅和反射光栅两种，实验采用透射光栅，其为一组数目极多排列紧密均匀的平行狭缝. 根据夫琅禾费衍射理论，平行光透射到光栅上，每条狭缝都发生衍射，所有狭缝的衍射光又发生干涉，当衍射角符合下列条件时，

$$d\sin\varphi = k\lambda\ (k=0,\pm1,\pm2,\cdots) \tag{4-1-1}$$

在该衍射方向上的光将会增强，其他方向的光几乎完全被抵消，上式称为光栅方程. 式中 φ 为衍射角，k 为级次，d 为两条狭缝之间的距离，其倒数称为光栅的空间频率.

当一束平行光垂直入射于光栅时，在透镜的后焦面上将出现一系列的谱线，如图 4-1-1 所示. 在 $\varphi=0$ 的方向上出现零级谱线，其他±1，±2，…级谱线出现在零级谱线两侧. 如果光源中包含几种不同波长的光，对不同波长的光，同一级将有不同的衍射角度 φ. 在透镜的焦面上会出现自零级开始左右两侧由短波向长波排列的各种颜色的谱线，即为光栅衍射光谱，图 4-1-2所示为汞灯部分谱线.

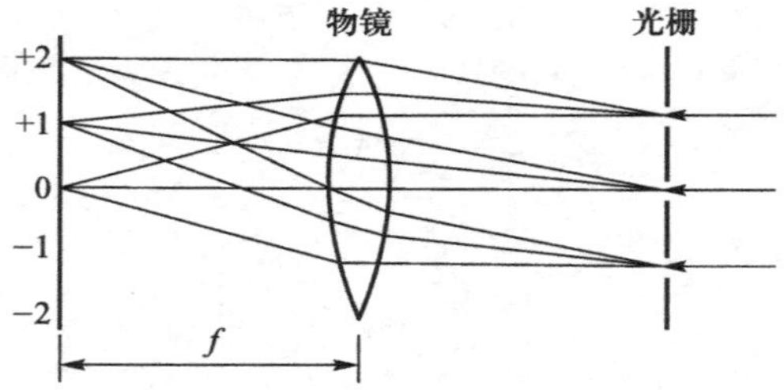

图 4-1-1

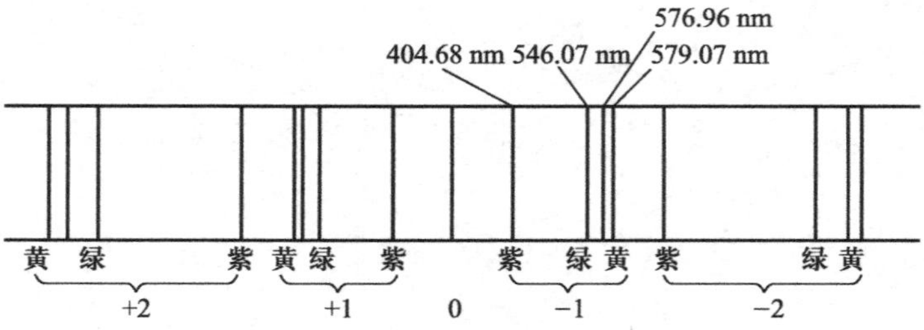

图 4-1-2

光栅特性研究与光谱波长测定仪可以测出各条谱线的衍射角. 若已知波长，则可以测得光栅常量 d；若已知光栅常量 d，则可测得波长.

实验中的主要技术指标如下.

1. 光学系统基本参量

光学望远镜倍率：7×.

物镜焦距 f'：170 mm.

物镜圈直径 Φ：33 mm.

视场：3°22′.

目镜焦距 f'：25 mm.

准直透镜焦距 f'：150 mm.

2. 旋转工作台角度分度值：2′.

3. 衍射光栅：100 线/ mm.

4. 重型光学导轨长：600 mm，分度值：1 mm，平直度：0.2 mm.

5. 钠灯：输入 220 V、输出 15 V、1.3 A.

　汞灯：输入 220 V、输出 15 V、1.3 A.

　氢光谱灯：输入 220 V、输出 3 kV、5 mA.

三、实验仪器

DHGC-1 型光栅特性研究与光谱波长测定仪，如图 4-1-3 所示，它由汞钠灯电源（1）、钠灯光源（2）、可调狭缝（3）、准直透镜（4）、衍射光栅（5）、观察望远镜（6）、望远镜调节平台（7）、旋转工作台（8）、滑块（9）、金属导轨（10）、汞灯光源（11）、氢光谱灯（12）等部件组成，仪器清单如表 4-1-1 所示.

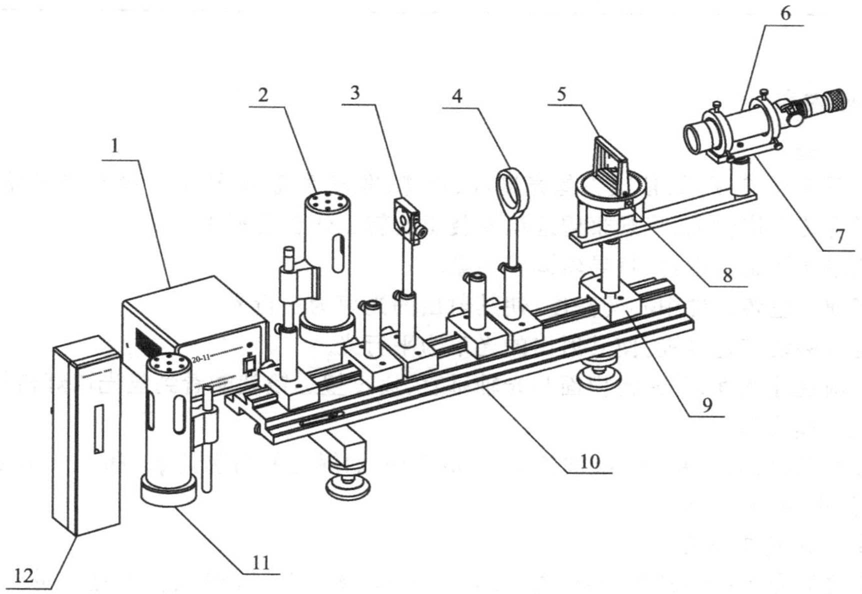

图 4-1-3

表 4-1-1　仪 器 清 单

序号	名称	数量	备注
1	衍射光栅	1 套	
2	观察望远镜	1 套	
3	旋转工作台	1 套	
4	重型光学导轨	1 套	600 mm
5	滑块	4 只	
6	可调狭缝	1 套	
7	准直透镜	1 套	
8	汞灯	1 套	
9	钠灯	1 套	
10	汞钠灯电源	1 套	
11	氢光谱灯	1 套	
12	电源线	1 根	
13	使用说明书	1 份	
14	合格证	1 份	
15	保修卡	1 份	

四、实验内容

1. 仪器调整

(1) 如图 4-1-3 所示，依次将氢光谱灯、狭缝、准直透镜、旋转工作台安装于导轨上，将衍射光栅置于旋转工作台上，将观察望远镜安装于旋转工作台悬臂上.

(2) 利用导轨调平螺钉，将导轨调平锁紧.

(3) 仔细调整各部件中心的高度，使其射出的光束为平行光.

(4) 前后移动准直透镜，使其射出的光束为平行光.

(5) 细调狭缝宽度，并使光栅面与光轴垂直，通过望远镜就能看到氢光谱灯谱线.

2. 测定光栅常量

以汞灯为光源，测出 $k=\pm1$ 级波长为 546.07 nm 的绿光的衍射角 φ_{+1} 和 φ_{-1}，重复测量求平均值，代入公式(4-1-1)求 d.

3. 测定未知光波波长

选择所要的光谱灯的光源，同样方法测出 $k=\pm1$ 级中的 φ_{+1} 和 φ_{-1}，重复测量求平均值，代入公式(4-1-1)求 λ.

五、注意事项

1. 仪器在使用或存放时，应避免灰尘、潮湿、过冷、过热及被酸碱性气体侵蚀.

2. 如果仪器光学零件表面有灰尘，可用镜头刷刷去；如果有脏污或油污，可将干净的脱脂棉花卷在小木棒上，蘸上酒精或航空汽油仔细地擦净，但须注意，切勿用小木棒直接接触光学零件表面，以免擦伤. 光学零件表面切勿用手触摸，以免附着油脂、汗渍.

3. 仪器传动系统和读数装置制造精细，调整精密，必须十分小心操作，安全维护，以免影响精度.

4. 不使用仪器时，应将仪器擦拭干净，放入干燥剂，罩上防护罩或装入箱内.

5. 衍射光栅放置在旋转工作台上，使用时小心坠落.

实验二　光的偏振与波片的作用的探究

一、实验目的

1. 测量棱镜材料的折射率.
2. 验证马吕斯定律.
3. 了解波片的作用.
4. 布儒斯特角的测定.

二、实验原理

1. 用最小偏向角法测量棱镜材料的折射率

当一束光斜入射于棱镜表面时，其光路如图 4-2-1 所示. 根据光的折射定律其折射角 γ 为

$$\sin\gamma=\sin i/n（n \text{ 为材料的折射率}）\quad (4-2-1)$$

同理，出射角 γ' 为

$$\sin i'=\sin\gamma'/n \quad (4-2-2)$$

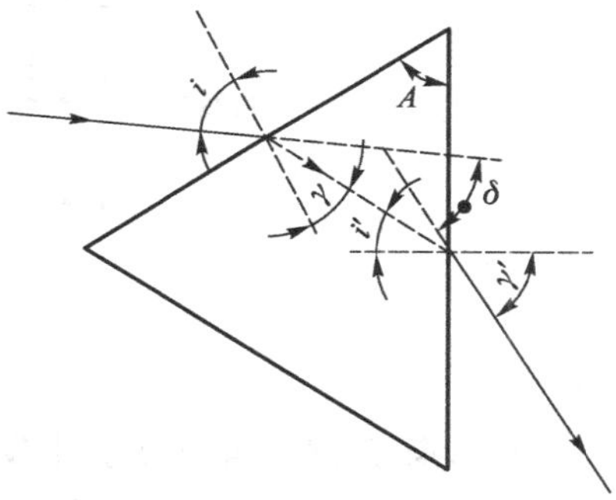

图 4-2-1　棱镜折射率测量

根据几何关系可以证明入射光与出射光之间的夹角为 $\delta=i+\gamma'-A$，而且 δ 有一个极小值 δ_{min}. 可以证明：当光束偏转角为 δ_{min} 时，有 $i=\gamma'$，$\gamma=i'$，此时 $\delta=2i-A$，即 $i=(\delta+A)/2$，而 $A=\gamma+i'=2\gamma$，有 $\gamma=A/2$，代入式(4-2-1)可得

$$n=\sin[(A+\delta_{min})/2]/\sin(A/2)$$

因此，只要我们测量出 δ_{min}，就可得到材料相对于该测量光的折射率 n.

2. 偏振光的基本概念

光波是一种电磁波，它的电矢量 $\boldsymbol{E}$ 和磁矢量 $\boldsymbol{H}$ 相互垂直，并垂直于光的传播方向. 通常人们用电矢量 $\boldsymbol{E}$ 代表光的振动方向，并将电矢量 $\boldsymbol{E}$ 和光的传播方向所构成的平面称为光的振动面. 在传播过程中，电矢量的振动方向始终在某一确定方向的光称为平面偏振光或线偏振光，如图 4-2-2(a)所示. 振动面的取向和光波电矢量的大小随时间做有规律的变化，光波电矢量末端在垂直于传播方向的平面上的轨迹呈椭圆或圆时，称为部分偏振光（椭圆偏振光或圆偏振光），如图 4-2-2(b)所示. 通常光源发出的光波有与光波传播方向相垂直的一切可能的振动方向，没

有一个方向的振动比其他方向更占优势. 这种光源发射的光对外不显现偏振的性质,称为自然光,如图4-2-2(c)所示. 将自然光变成偏振光的器件称为起偏器,用来检验偏振光的器件称为检偏器. 实际上,起偏器和检偏器是通用的.

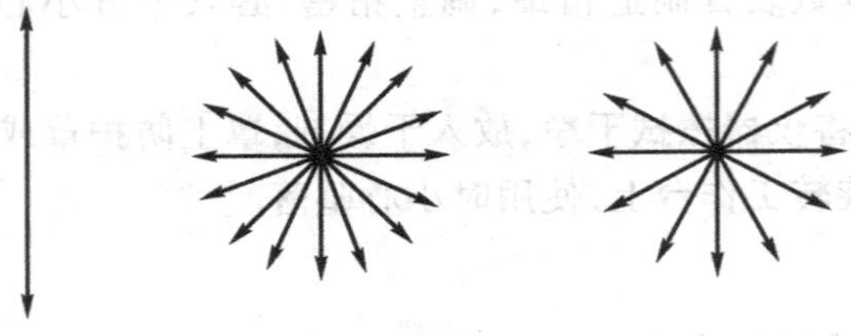

图 4-2-2 平面偏振光、部分偏振光和自然光

3. 利用偏振片验证马吕斯定律

物体对不同方向的光振动具有选择吸收的性质,称为二向色性,如天然的电气石晶体、硫酸碘奎宁晶体等. 它们能吸收某方向的光振动而仅让与此方向垂直的光振动通过. 如将硫酸碘奎宁晶粒涂于透明薄片上并使晶粒定向排列,就可制成偏振片. 当自然光射到偏振片上时,振动方向与偏振化方向垂直的光被吸收,振动方向与偏振化方向平行的光透过偏振片,从而获得偏振光. 自然光透过偏振片后,只剩下沿透光方向的光振动,透射光成为平面偏振光,如图 4-2-3 所示.

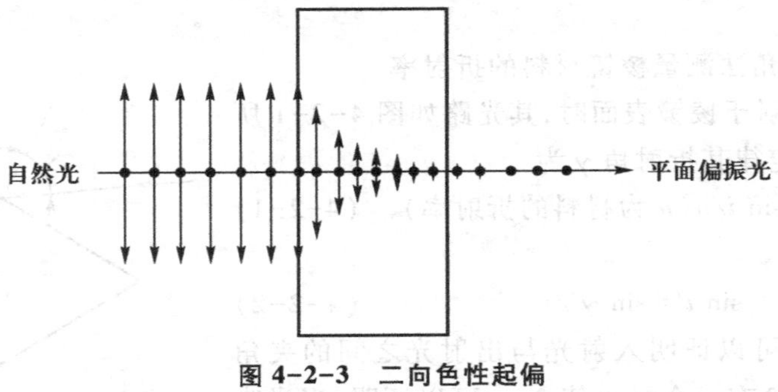

图 4-2-3 二向色性起偏

马吕斯于 1808 年在实验中发现了光的偏振现象,确定了偏振光强度变化的规律(即马吕斯定律). 光具有偏振性和光的横波特性的发现,在科学上具有极其重要的意义,不但丰富了光的波动说的内容,而且具有非常重要的应用价值.

在赛璐珞基片上蒸镀一层硫酸碘奎宁的晶粒,基片的应力可以使晶粒的光轴定向排列起来,使得振动电矢量与光轴平行的光可以通过,而与振动电矢量与光轴垂直的光不能通过. 用偏振片可以做成各种偏振器,如起偏器和检偏器.

当一束激光照在起偏器上时,透射光只在一个平面内偏振. 如果这束偏振光入射到第二个检偏器上,入射光的偏振平面与检偏器光轴垂直,则没有光可以透过检偏器;若起偏器和检偏器成一夹角,则有部分偏振光透过检偏器(如图 4-2-4 所示).

偏振光电场 $\boldsymbol{E}_0$ 的分量 $\boldsymbol{E}$,可由下式得出

$$\boldsymbol{E}=\boldsymbol{E}_0\cos\varphi \tag{4-2-3}$$

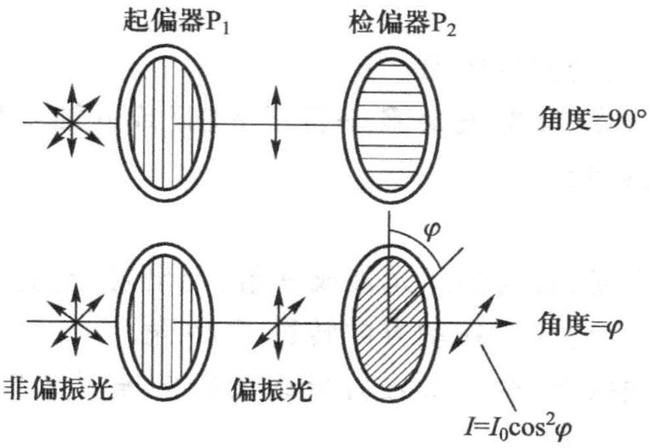

图 4-2-4 偏振光的检测示意图

因为光强随电场的平方而变化，所以透过检偏器的光强就可由下式得出

$$I=I_0\cos^2\varphi \tag{4-2-4}$$

式中，I_0 是透过起偏器的光强，φ 是两个偏振器的光轴之间的夹角. 考虑两种极端的情况：如果 φ 等于零，检偏器与起偏器光轴平行，$\cos^2\varphi$ 的值等于 1，则透过检偏器的光强等于透过起偏器的光强. 这种情况下，透射光的强度达到最大值. 如果 $\varphi=90°$，检偏器与起偏器的光轴垂直，$\cos^2 90°$的值等于 0，则没有光透过第二个偏振器. 这种情况下，透射光的强度达到最小值.

若在偏振片 P_1后面再放一偏振片 P_2，P_2就可以检验经 P_1后的光是否为偏振光，即 P_2起了检偏器的作用. 当起偏器 P_1和检偏器 P_2 的偏振化方向间有一夹角，则通过检偏器 P_2的偏振光强度满足马吕斯定律

$$I=I_0\cos^2\theta \tag{4-2-5}$$

当 $\theta=0$ 时，$I=I_0$，光强最大；当 $\theta=\pi/2$ 时，$I=0$，出现消光现象；当 θ 为其他值时，透射光强介于 $0\sim I_0$之间.

4. 波晶片

波晶片是从单轴晶体中切割下来的平行平板，其表面平行于光轴.

当一束单色平行自然光正入射到波晶片上时，光在晶体内部便分解为 o 光与 e 光. o 光电矢量垂直于光轴，e 光电矢量平行于光轴，而 o 光和 e 光的传播方向不变，仍都与表面垂直. 但 o 光在晶体内的速度为 v_o，e 光的为 v_e，即相应的折射率 n_o、n_e 不同.

设晶片的厚度为 l，则两束光通过晶体后就有相位差

$$\delta=\frac{\pi}{\lambda}(n_o-n_e)l \tag{4-2-6}$$

式中 λ 为光波在真空中的波长. $\delta=2k\pi$ 的晶片，称为全波片；$\delta=2k\pi\pm\pi$ 的晶片称为 $\lambda/2$ 波片（半波片）；$\delta=2k\pi\pm\frac{\pi}{2}$的晶片称为 $\lambda/4$ 波片，k 是任意整数. 全波片、$\lambda/2$ 波片或 $\lambda/4$ 波片都是对一定波长而言的.

以 e 光振动方向为横轴，o 光振动方向为纵轴选择直角坐标系，沿任意方向振动的光，正入射到波晶片的表面，其振动便按此坐标系分解为 e 分量和 o 分量.

平行光垂直入射到波晶片后，分解为 e 分量和 o 分量，透过晶片，二者间产生一附加相位差 δ. 离开晶片时合成光波的偏振性质，取决于 δ 及入射光的性质.

1. 偏振态不变的情形

(1) 自然光通过波晶片,仍为自然光.

(2) 若入射光为线偏振光,其电矢量 $\boldsymbol{E}$ 平行于 e 轴(或 o 轴),则任何波片对它都不起作用,出射光仍为原来的线偏振光.

2. $\lambda/2$ 波片与偏振光

(1) 若入射光为线偏振光,且与晶片光轴成 θ 角,则出射光仍为线偏振光,但与光轴成 $-\theta$ 角,即线偏振光经 $\lambda/2$ 波片后电矢量振动方向转过了 2θ 角.

(2) 若入射光为椭圆偏振光,则 $\lambda/2$ 波片既改变椭圆偏振光长(短)轴的取向,也改变椭圆偏振光(圆偏振光)的旋转方向.

3. $\lambda/4$ 波片与偏振光

(1) 若入射为线偏振光,则出射光为椭圆偏振光.

(2) 若入射为椭圆偏振光,则出射光为线偏振光.

(3) 若入射为椭圆偏振光,则出射光一般仍为椭圆偏振光.

4. 反射光的偏振特性——布儒斯特角

光的反射、折射光路如图 4-2-5 所示.

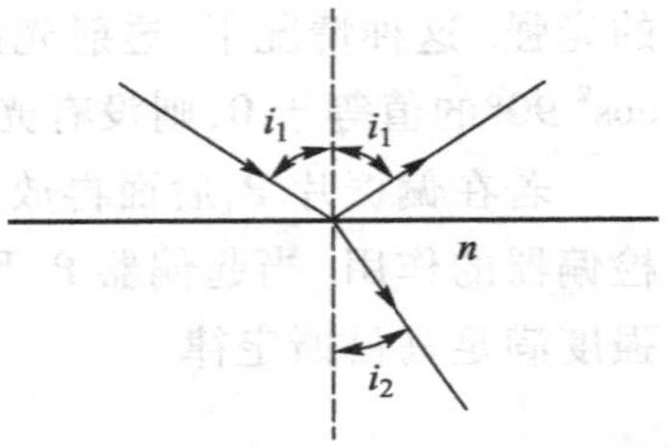

图 4-2-5 光的反射与折射

根据麦克斯韦的电磁理论和边值条件,我们可以推导如下关系

$$E'_P=\tan(i_1-i_2)E_P/\tan(i_1+i_2)$$

$$E'_S=\sin(i_1-i_2)E_S/\sin(i_1+i_2)$$

其中 E'_P 为偏振面平行于入射面的反射光电矢量大小,E_P 为偏振面平行于入射面的入射光电矢量大小,E'_S 为偏振面垂直于入射面的反射光电矢量大小,E_S 为偏振面垂直于入射面的入射光电矢量大小. 分析上式可以发现,由于 $\tan 90°=0$,E'_P 可能为 0,在 $i_1+i_2=90°$ 时,反射光中可能不含平行分量,即不管入射光是什么状态,反射光都是线偏振光. 由折射定律:

$$\sin i_1=n\sin i_2,\quad i_1+i_2=90°$$

当 $\tan i_1=n$ 时,反射光是线偏振光. 这就是布儒斯特定律,我们称此时的入射角 i_1 为布儒斯特角,它是由材料的折射率决定的.

三、实验仪器

光功率计、半导体激光器、起偏器、检偏器、光功率计探头、$\lambda/4$ 波片、$\lambda/2$ 波片、精密旋转台、三棱镜、导轨和光具座等.

四、实验内容

1. 系统的安装与调试

(1) 将半导体激光器、起偏器、检偏器、光功率计探头依次安装在光具座上,接通电源,调节光路,使各器件中轴线一致,如图 4-2-6 所示.

(2) 旋转起偏器,使激光通过起偏器、检偏器后得到最大光强. 调节光功率计探头的竖直位置以及微调半导体激光器上的水平和垂直调节螺钉,使偏振光全部入射到光功率计探头内,

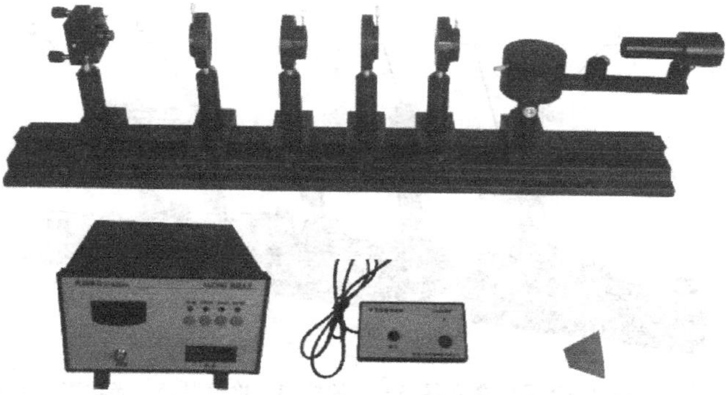

图 4-2-6　光偏振实验仪器

此时光功率计显示值最大.

2. 棱镜材料折射率的测量

（1）按图 4-2-7 摆放实验仪器. 连接激光器与激光电源、光功率计探头与激光功率计.

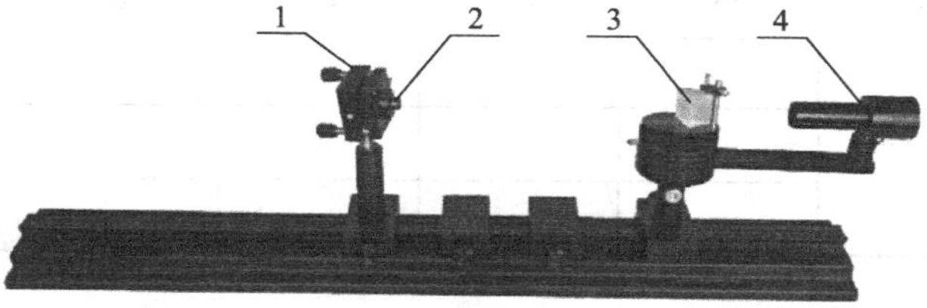

1—激光器架；2—半导体激光器；3—三棱镜；4—光功率计探头.

图 4-2-7　棱镜材料折射率的测量

（2）打开激光电源，点亮半导体激光器并开启激光功率计.

（3）仔细调整棱镜的摆放位置和激光束的方向，使激光束的一半照在棱镜顶端进入棱镜，另一半从空气中穿过. 转动旋转台，观察未进入棱镜的半个光斑的变化，调整棱镜的位置，使直射部分光斑大小的变化尽量小. 在转动旋转台的过程中，从棱镜中出射的光斑的偏转角会发生变化，找到偏转角最小的位置. 通过光功率计探头，找到两个光斑中功率最大的位置，通过旋转台上的刻度，读出两者之间的夹角. 将测量值和 $A=60°$ 代入公式：

$$n=\sin[(A+\delta_{\min})/2]/\sin(A/2)$$

求出棱镜材料的相对折射率.

3. 验证马吕斯定律

（1）按图 4-2-8 将半导体激光器、起偏器、检偏器、光功率计探头安放在光学导轨上，点亮激光器，调节各器件使其等高共轴；将功率计探头与光功率计连接起来.

（2）将起偏器和检偏器均转到 0°位置，旋转激光器（半导体激光器发出的是部分偏振光），使光功率计接收到较大光强（一般选择 2 mW 挡），固定激光器. 将检偏器转至 90°位置，转动起偏器到消光位置，此时光功率计读数最小，固定起偏器（**后续所有实验起偏器均固定不变**）. 实验时，注意杂散光线对实验结果的影响.

（3）将检偏器转到 0°（此时光强为最大值）开始测量，每转 15°测量一次光功率的数值 I，将测量结果记入数据表 4-2-1.

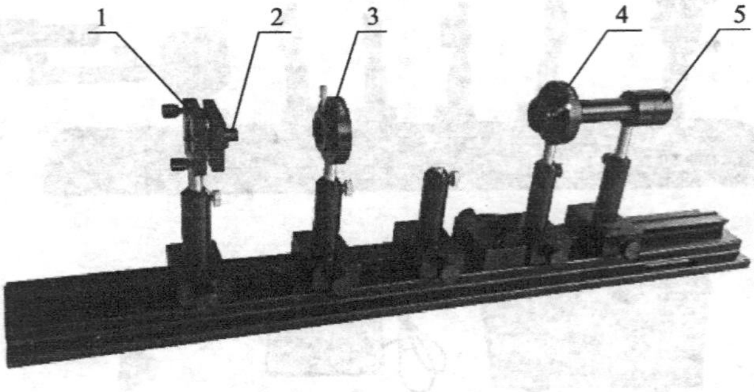

1—激光器架；2—半导体激光器；3—起偏器；4—检偏器；5—光功率计探头.

图 4-2-8　马吕斯定律验证实验

表 4-2-1　马吕斯定律测量数据表

I_{max} = ____ mW，I_{min} = ____ mW

θ	0°	15°	30°	45°	60°	75°	90°
I/mW							
$\cos^2\theta$							
$(I-I_{min})$/mW							

（4）以 $I-I_{min}$ 为纵坐标，$\cos^2\theta$ 为横坐标作图. 如果图线为通过坐标原点的直线，则表明马吕斯定律已被验证.

4. 了解波片的作用

按图 4-2-9 将半导体激光器、起偏器、波片、检偏器、光功率计探头安放在光学导轨上，点亮激光器，调节各器件使其等高共轴；将光功率计探头与光功率计连接起来.

（1）先使起偏器和检偏器正交（仅需转动检偏器），然后进行如下实验.

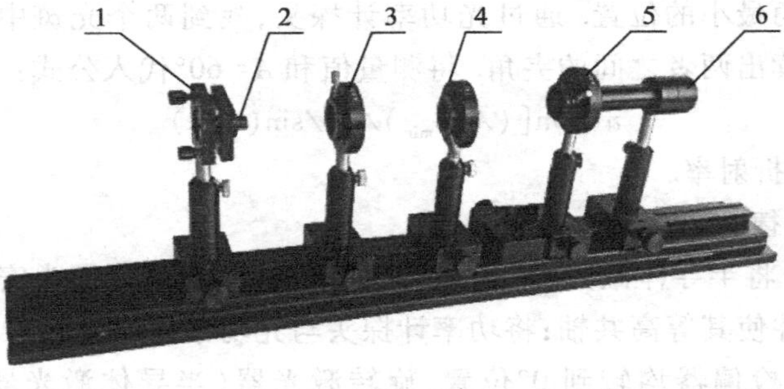

1—激光器架；2—半导体激光器；3—起偏器；4—波片；5—检偏器；6—光功率计探头.

图 4-2-9　波片的作用实验

① 在两偏振片之间插入 $\lambda/2$ 波片，旋转波片 360°，观察消光的次数并解释这种现象.

② 将 $\lambda/2$ 波片旋转任意角度，这时消光现象被破坏. 把检偏器转动 360°，观察发生的现象并做出解释.

③ 仍使起偏器和检偏器处于正交（即出现消光现象时），插入 $\lambda/2$ 波片，旋转波片使其消

光，再旋转波片 15°，破坏其消光. 转动检偏器至消光位置，并记录检偏器所转动的角度. 继续将 $\lambda/2$ 波片旋转 15°（即总转动角为 30°），记录检偏器达到消光所转总角度. 依次使 $\lambda/2$ 波片总转角为 45°、60°、75°、90°，记录检偏器消光时所转总角度，将测量数据记入表 4-2-2 中.

表 4-2-2　考察平面偏振光通过 $\lambda/2$ 波片时的数据记录表

半波片转动角度	检偏器转动角度
15°	
30°	
45°	
60°	
75°	
90°	

（2）用波片产生圆偏振光和椭圆偏振光

① 使起偏器和检偏器正交，用 $\lambda/4$ 波片代替 $\lambda/2$ 波片，转动 $\lambda/4$ 波片使其消光.

② 再将 $\lambda/4$ 波片转动 15°，然后将检偏器缓慢转动 360°，观察现象，并分析这时从 $\lambda/4$ 波片出射光的偏振状态.

③ 依次将波片转动总角度为 30°、45°、60°、75°、90°，每次将检偏器转动一周，记录所观察到的现象，测量的数据记入表 4-2-3 中.

表 4-2-3　用波片产生圆偏振光和椭圆偏振光

$\lambda/4$ 波片转动的角度	检偏器转动 360°观察到的现象	光的偏振性质
15°		
30°		
45°		
60°		
75°		
90°		

④ 在步骤①的基础上，将 $\lambda/4$ 波片转动 15°，旋转检偏器一周，记录检偏器角度盘读数 θ 和对应光功率光强 I 于表 4-2-4 中，绘制椭圆偏振光 $I-\theta$ 曲线并求出椭偏度.

表 4-2-4　将 $\lambda/4$ 波片转动 15°，旋转检偏器得到的 $I-\theta$ 数据

θ	I/mW	θ	I/mW	θ	I/mW	θ	I/mW

⑤ 在步骤①的基础上，将 $\lambda/4$ 波片转动 30°，旋转检偏器一周，记录检偏器角度盘读数和对应光功率计光强于表 4-2-5 中，绘制椭圆偏振光 $I-\theta$ 曲线并求出椭偏度.

表 4-2-5 将 λ/4 波片转动 30°，旋转检偏器得到的 $I-\theta$ 数据

θ	I/mW	θ	I/mW	θ	I/mW	θ	I/mW

5. 布儒斯特角的测定

(1) 按图 4-2-10 所示摆放光学元件，在旋转台上先不摆放三棱镜.

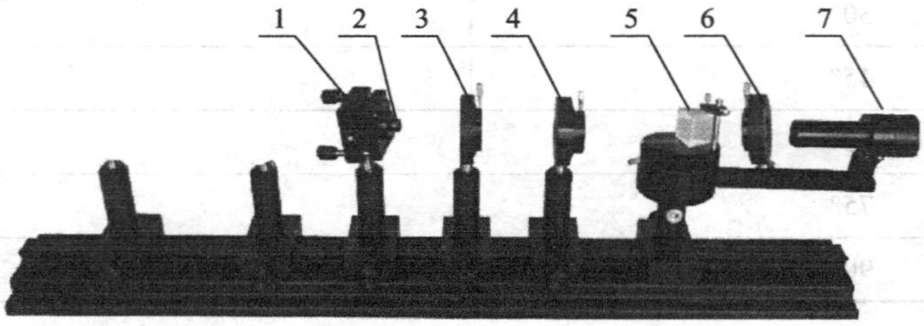

1—激光器架；2—半导体激光器；3—起偏器；4—λ/4 波片；5—三棱镜；6—检偏器；7—光功率计探头.

图 4-2-10 布儒斯特角的测定实验

(2) 开启激光器和光功率计，调节光学器件使其等高共轴，激光从两个偏振器的中心通过，进入功率计探头.

(3) 旋转检偏器使激光完全不能通过，进入消光状态.

(4) 在检偏器与起偏器之间加入 λ/4 波片，这时可能有部分光通过检偏器.

(5) 旋转 λ/4 波片，使系统重新消光.

(6) 记下消光状态时 λ/4 波片方位的度数，并旋转 45°.

(7) 得到圆偏振光以后将三棱镜放在旋转台上，转动旋转台，使反射光束原路返回，记下此时旋转台的位置并以此位置为 0°.

(8) 再次转动旋转台，用旋转臂追踪反射光斑，并观察测量反射光的偏振态，了解入射角与偏振态的关系，找到反射光为完全线偏振光的位置，此时的入射角为布儒斯特角，实验数据记录在表 4-2-6 中.

表 4-2-6 布儒斯特角的测定

测定次数	1	2	3	4	5	均值
布儒斯特角						

实验三 液晶电光效应的探究

一、实验背景

液晶是介于液体与晶体之间的一种物质状态. 一般的液体内部分子排列是无序的，而液

晶既具有液体的流动性，其分子又按一定规律有序排列，使它呈现晶体的各向异性. 当光通过液晶时，会产生偏振面旋转、双折射等效应. 液晶分子是含有极性基团的极性分子，在电场作用下，偶极子会按电场方向取向，导致分子原有的排列方式发生变化，从而液晶的光学性质也随之发生改变，这种因外电场引起的液晶光学性质的改变称为液晶的电光效应.

1888 年，奥地利植物学家莱尼茨尔（Reinitzer）在做有机物溶解实验时，在一定的温度范围内观察到液晶. 1964 年，美国 RCA 公司的海尔迈耶（Heilmeier）发现了液晶的一系列电光效应，并制成了显示器件. 20 世纪 70 年代，液晶已作为物质存在的第四态开始写入各国学生的教科书中. 至今已成为物理学家、化学家、生物学家、工程技术人员和医药工作者共同关心与研究的领域，在物理、化学、电子、生命科学等诸多领域有着广泛应用，如光导液晶光阀、光调制器、液晶显示器件、各种传感器、微量毒气监测、夜视仿生等，尤其液晶显示器件早已广为人知，应用在电子表、手机、笔记本电脑等领域.

二、实验目的

1. 掌握液晶光开关的基本工作原理.

2. 测量液晶光开关的电光特性曲线以及液晶的阈值电压和关断电压.

3. 测量驱动电压周期变化时液晶光开关的时间响应曲线，并由时间响应曲线得到液晶的上升时间和下降时间.

4. 测量液晶光开关在不同视角下的对比度，了解液晶光开关的工作条件.

三、实验原理

1. 液晶光开关的工作原理

液晶的种类很多，仅以常用的 TN（扭曲向列）型液晶为例，说明其工作原理.

TN 型液晶光开关的结构如图 4-3-1 所示. 在两块玻璃板之间夹有正性向列相液晶，液晶分子的形状如同火柴一样，为棍状. 棍的长度在十几埃（$1\ \text{Å}=10^{-10}\ \text{m}$），直径为 $4\sim6\ \text{Å}$，液晶层厚度一般为 $5\sim8\ \mu\text{m}$. 玻璃板的内表面涂有透明电极，电极的表面预先做了定向处理（可用软绒布朝一个方向摩擦，也可在电极表面涂取向剂）. 这样，液晶分子在透明电极表面就会“躺倒”在摩擦所形成的微沟槽里；电极表面的液晶分子按一定方向排列，且上下电极上的定向方向相互垂直. 上下电极之间的液晶分子因范德瓦耳斯力的作用，趋于平行排列. 然而由于上下电极上液晶的定向方向相互垂直，所以从俯视方向看，液晶分子的排列从上电极的 $-45°$ 方向排列逐步地、均匀地扭曲到下电极的 $+45°$ 方向排列，整个液晶分子的排列扭曲了 90°，如图 4-3-1 左图所示.

理论和实验都证明，上述均匀扭曲排列起来的结构具有光波导的性质，即偏振光从上电极表面透过扭曲排列起来的液晶传播到下电极表面时，偏振方向会旋转 90°.

取两张偏振片贴在玻璃的两面，P_1 的透光轴与上电极的定向方向相同，P_2 的透光轴与下电极的定向方向相同，于是 P_1 和 P_2 的透光轴相互正交. 在未加驱动电压的情况下，入射的自然光经过偏振片 P_1 后只剩下平行于透光轴的线偏振光，该线偏振光到达输出面时，其偏振面旋转了 90°. 这时光的偏振面与 P_2 的透光轴平行，因而有光通过. 在施加足够电压的情况下（一般为 $1\sim3$ V），在静电场的作用下，除了基片附近的液晶分子被基片“锚定”以外，其他液晶分子趋于平行电场方向排列. 于是原来的扭曲结构被破坏，成了均匀结构，如图 4-3-1 右图所

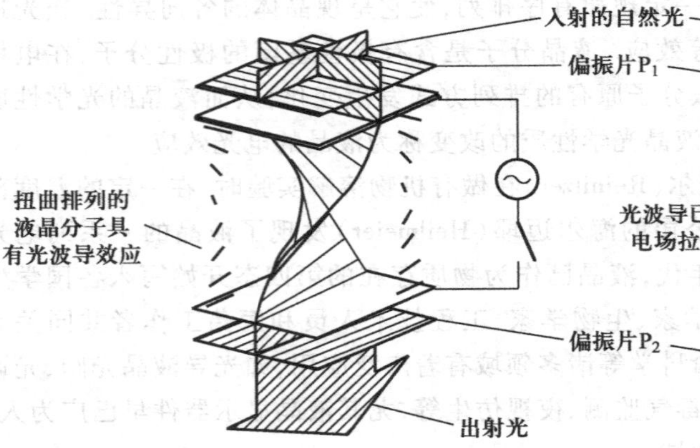

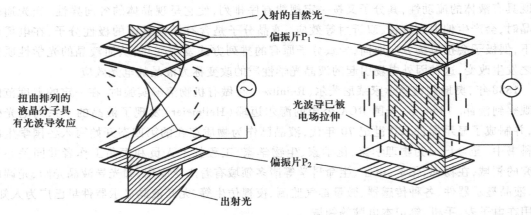

图 4-3-1 液晶光开关的工作原理

示. 从 P_1 透射出来的偏振光在液晶中传播时其偏振方向不再旋转,保持原来的偏振方向到达下电极. 这时光的偏振方向与 P_2 正交,因而光被关断.

由于上述光开关在没有电场的情况下让光透过,加上电场的时候光被关断,因此称为常通型光开关,又称为常白模式. 若 P_1 和 P_2 的透光轴相互平行,则构成常黑模式.

液晶可分为热致液晶与溶致液晶. 热致液晶在一定的温度范围内呈现液晶的光学各向异性,溶致液晶是溶质溶于溶剂中形成的液晶. 目前用于显示器件的都是热致液晶,它的特性随温度的改变而有一定变化.

2. 液晶光开关的电光特性

图 4-3-2 为光线垂直液晶面入射时本实验所用液晶相对透射率(以不加电场时的透射率为 100%)与外加电压的关系.

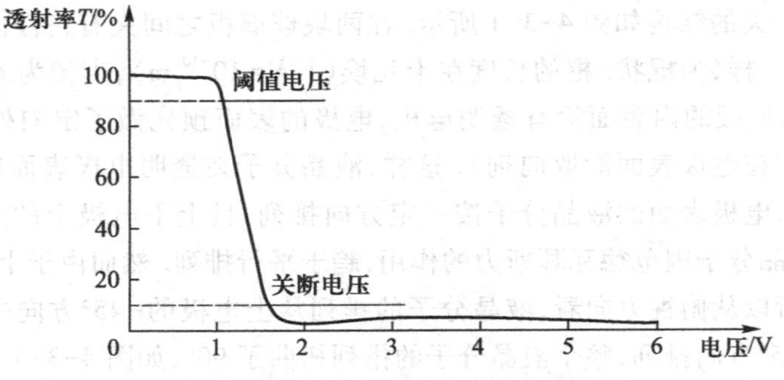

图 4-3-2 液晶光开关的电光特性曲线

由图 4-3-2 可见,对于常白模式的液晶,其透射率随外加电压的升高而逐渐降低,在一定电压下达到最低点,此后略有变化,可以根据此电光特性曲线图得出液晶的阈值电压和关断电压,阈值电压:透射率为 90%时的驱动电压;关断电压:透射率为 10%时的驱动电压.

液晶的电光特性曲线越陡,即阈值电压与关断电压的差值越小,由液晶开关单元构成的显示器件允许的驱动路数就越多. TN 型液晶最多允许 16 路驱动,故常用于数码显示. 在计算机、电视等需要高分辨率的显示器件中,常采用 STN(超扭曲向列)型液晶,以改善电光特性曲线的陡度,增加驱动路数.

3. 液晶光开关的时间响应特性

加上(或去掉)驱动电压能使液晶的开关状态发生改变,是因为液晶的分子排序发生了改变,这种重新排序需要一定的时间,反映在时间响应曲线上,用上升时间 τ_r 和下降时间 τ_d 描述. 给液晶开关加上一个如图 4-3-3 上图所示的周期性变化的电压,就可以得到液晶的时间响应曲线,如图 4-3-3 下图所示,上升时间:透射率由 10%升到 90%所需的时间;下降时间:透射率由 90%降到 10%所需的时间.

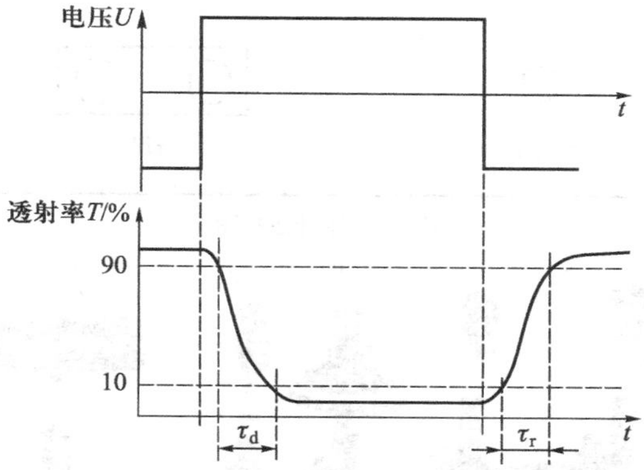

图 4-3-3　液晶驱动电压和时间响应图

液晶的响应时间越短,显示动态图像的效果越好,这是液晶显示器的重要指标. 早期的液晶显示器在这方面逊色于其他显示器,现在通过结构方面的技术改进,已达到很好的效果.

4. 液晶光开关的视角特性

液晶光开关的视角特性表示对比度与视角的关系. 对比度定义为光开关打开和关断时透射光强度之比,对比度大于 5 时,可以获得满意的图像,对比度小于 2,图像就模糊不清了.

四、实验仪器

如图 4-3-4 所示,实验仪器主要由液晶电光效应实验仪信号源、光功率计、导轨、滑块、半导体激光器、起偏器、液晶样品、检偏器及光功率计探头组成. 其中液晶电光效应实验仪信号源包括静态方波发生器、静态方波有效值电压表、动态方波发生器、信号幅度调节电位器、频率计、频率调节旋钮、激光器电源.

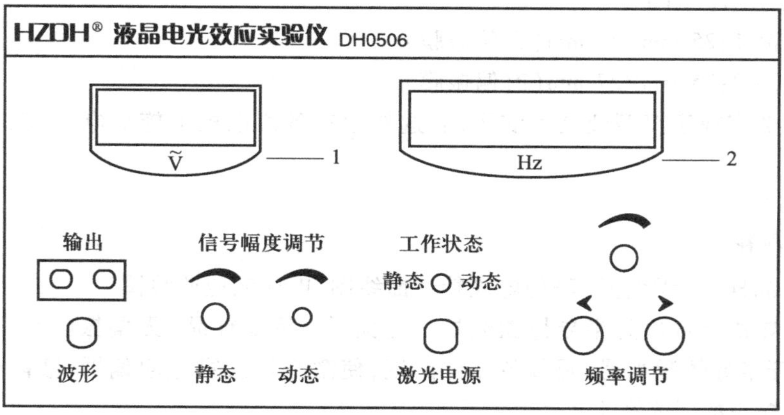

(a) 液晶电光效应实验仪面板

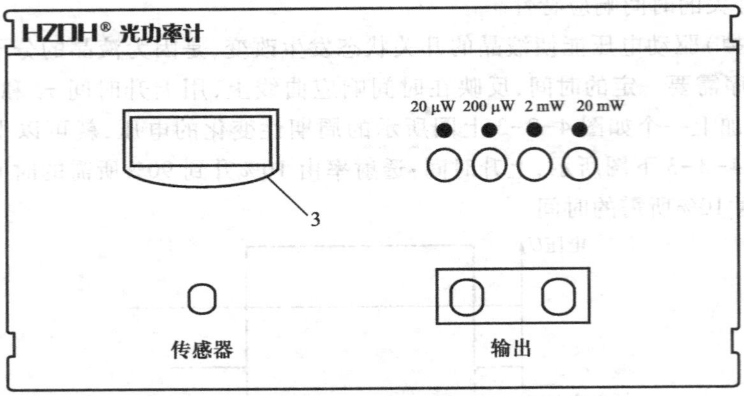

(b) 光功率计面板图

(c) 测试架图

1—静态模式下显示的输出信号有效值;2—静态模式下显示的输出信号频率;3—显示光功率;
4—半导体激光器;5—起偏器;6—液晶样品及旋转盘;7—检偏器;8—光功率计探头.

图 4-3-4 实验仪器

实验仪的技术指标如下.

1. 半导体激光器:DC,5 V 电源,输出 650 nm 红光,功率 2 mW 左右
2. 方波电压(静态实验):0~10 V(有效值)连续可调;频率范围:100.000~999.999 Hz
3. 方波电压(动态实验):2~8 V;频率:2 Hz
4. 光功率计:量程为 0~20 μW、0~200 μW、0~2 mW、0~20 mW 四挡
5. 光具座:长 75.0 cm
6. 液晶样品 1:25 mm×27 mm(无偏振膜)
7. 液晶样品 2:25 mm×27 mm(有偏振膜)
8. 可选配数字或字符型液晶片演示,有选择地在各段电极上施加电压,就可以显示出不同的图案

五、实验内容

1. 绘制液晶样品(无偏振膜)的电光特性曲线图、电光响应曲线图

(1) 光学导轨上依次为半导体激光器—起偏器—液晶样品(无偏振膜)—检偏器—光功率计探头. 打开半导体激光器,调节各元件高度,使激光依次穿过起偏器、液晶样品、检偏器,打在光功率计探头的通光孔上.

（2）光功率计选择 2 mW 挡，此时光功率计显示的数值为透过检偏器的光强大小. 取下检偏器，旋转起偏器，使光功率计读数达到最大，把检偏器放回原位，旋转检偏器，使检偏器和起偏器透光轴相差 90°.

（3）将液晶样品（无偏振膜）用红、黑导线连接至实验仪输出端，工作状态选择为静态，频率设为 100 Hz，调节静态信号幅度调节电位器，从 0 开始逐渐增大电压，观察光功率计读数变化，电压调至最大值后归零.

（4）从 0 开始逐渐增加电压，0~1.6 V 每隔 0.2 V 或 0.3 V 记一次电压及透射光强值，1.6 V 后每隔 0.1 V 左右记一次数据，4 V 后再每隔 0.2 V 或 0.3 V 记一次数据，在关键点附近宜多测几组数据，数据记录在表 4-3-1 中.

表 4-3-1　实验数据表

U/V	0.3	0.6	0.9	1.2	1.5	1.8	…	8
I/mW								

（5）作电光特性曲线图，纵坐标为透射光强值，横坐标为外加电压值.

（6）根据作好的电光特性曲线，求出样品的阈值电压、关断电压.

（7）工作状态选择为动态，实验仪波形连接至波器通道 1，调节动态信号幅度调节电位器使得波形峰值为 5 V，光功率计选择 200 μW 挡，将光功率计的输出连接至示波器的通道 2，记录电光响应曲线，求得样品的上升时间和下降时间.

2. 绘制液晶样品（有偏振膜）即完整的液晶光开关的电光特性曲线图、电光响应曲线图、测量液晶光开关的垂直视角响应特性

（1）将液晶样品换为液晶样品（有偏振膜），移除起偏器、检偏器，重复上述实验.

（2）工作状态调至静态，信号电压调至 5 V，按表 4-3-2 所列举的角度（调节液晶屏法线与入射光线的夹角），测量每一角度下光强的最大值（断开液晶供电）I_{max}，测量每一角度下的最小值（接通液晶供电）I_{min}，计算对比度.

表 4-3-2

角度	-45°	-40°	-30°	-20°	-10°	0°	10°	20°	30°	40°	45°
I_{max}/mW											
I_{min}/mW											
I_{max}/I_{min}											

六、数据记录与处理（注：以下数据不作为仪器验收标准，仅供实验时参考）

1. 电光特性曲线（液晶样品不含偏振膜，光功率计为 2 mW 挡）.

实验参考数据见表 4-3-3，从电光特性曲线图（图 4-3-5）上可得液晶样品的阈值电压为 2.1 V，关断电压为 3.4 V.

表 4-3-3

U/V	I/mW	U/V	I/mW	U/V	I/mW	U/V	I/mW
0.3	0.5	2.1	0.493	2.9	0.128	4.3	0.032
0.6	0.5	2.2	0.451	3.0	0.100	4.6	0.031
0.9	0.5	2.3	0.404	3.1	0.079	4.9	0.032
1.2	0.5	2.4	0.358	3.2	0.066	5.2	0.032
1.5	0.499	2.5	0.308	3.3	0.056	5.5	0.033
1.8	0.532	2.6	0.261	3.4	0.048	5.8	0.033
1.9	0.534	2.7	0.208	3.7	0.037	6.0	0.033
2.0	0.520	2.8	0.162	4.0	0.033		

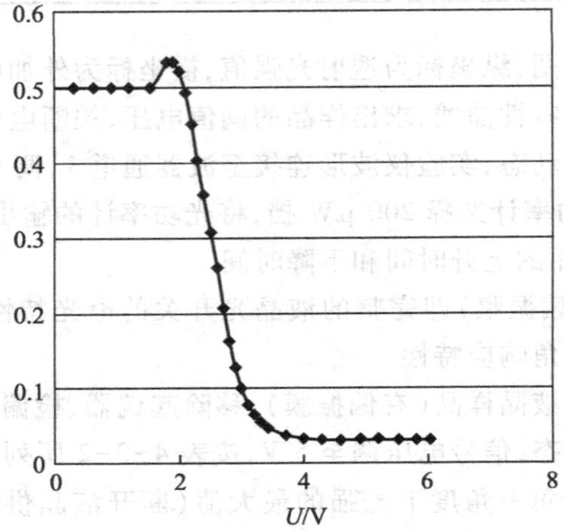

图 4-3-5

2. 电光响应曲线(液晶样品不含偏振膜),略.

3. 电光特性曲线、电光响应曲线(液晶样品含偏振膜),略.

4. 液晶光开关的垂直视角响应特性(液晶样品含偏振膜).

表 4-3-4

角度	-45°	-40°	-30°	-20°	-10°	0°	10°	20°	30°	40°	45°
I_{max}	0.512	1.205	0.761	1.575	0.807	0.708	0.703	1.271	0.984	1.095	0.511
I_{min}	0.109	0.168	0.027	0.011	0.009	0.010	0.008	0.010	0.028	0.124	0.086
I_{max}/I_{min}	4.69	7.17	28.18	143.18	89.66	70.8	87.87	127.1	35.14	8.83	5.94

从表 4-3-4 的数据可知该液晶样品在 20°左右观察时有最好的清晰度.

注:液晶样品受温度等环境因素的影响较大,因此每次实验结果有一定出入为正常情况.

实验四　衍射光强分布的测量与研究

光学是一门古老的学科，在人们探索光的本质的过程中，光学得到了不断的发展．光学的发展大体上可划分为几何光学、波动光学和量子光学三个阶段．1801 年，托马斯·杨的双缝干涉实验获得了光具有波动性的有力证据，从此光学由几何光学时代进入到波动光学时代，1864 年，麦克斯韦建立了光的电磁理论，电、磁、光实现了大统一．1905 年，爱因斯坦提出光子假设，很好地解释了光电效应现象，从此光学进入到量子光学时代．1960 年，第一台激光器在美国诞生，从此光学进入到飞速发展的时代．激光测量、激光制导、非线性光学、全息光学、光信息处理、光计算机等与光相联系的学科不断涌现，光学继电子学之后成为又一个引人瞩目的科学分支．

一、预备问题

1. 衍射现象出现的必要条件是什么？简要描述产生衍射的物理机制．
2. 改变单缝衍射缝宽时（增加或减小），衍射花样如何变化？
3. 双缝和多缝衍射的特点与单缝有何不同？导致衍射花样发生变化的机理是什么？
4. 光栅常量如何确定？它与光谱仪器色分辨率有何关系？
5. 在本实验中，测量圆孔衍射的光强分布时要注意哪些问题？

二、引言

波动是自然界中非常普遍的一类运动形式，在力、热、电、光各个领域无处不在．尽管各种波动的具体形态各异，其间却有着惊人的相似性，无论从基本概念、基本原理、还是从数学语言或计算方法等各方面都十分相似．

衍射和干涉都是波动特有的现象，水波、声波和各种波长的电磁波在一定的条件下都会出现衍射现象．通常干涉是指两束波或多束波的叠加，从而在空间形成波的不同强度的分布．衍射是将每束波的波前分成若干个级次子波源，这些子波源发出的波在空间叠加，从而会形成波强度的空间分布图样．

本实验设置了几个基础内容：单缝衍射、双缝衍射、圆孔衍射以及光栅等，以期实验者在实验之后对光的干涉、衍射现象及其规律和测量方法有所了解，丰富自己的实践经验，提高科学思维能力和实验的动手能力．

衍射系统主要由光源、衍射屏和接收屏构成，一般用它们相互之间距离的远近将衍射分为两类：一类是衍射屏距光源和接收屏均为有限远的衍射，称为菲涅耳衍射；另一类是衍射屏距光源和接收屏均为无限远或者相当于无限远的衍射，称为夫琅禾费衍射．这里研究的是夫琅禾费衍射实验．

三、实验仪器

1. DHSO-5 光强分布实验仪如图 4-4-1 所示，其仪器清单如表 4-4-1 所示.

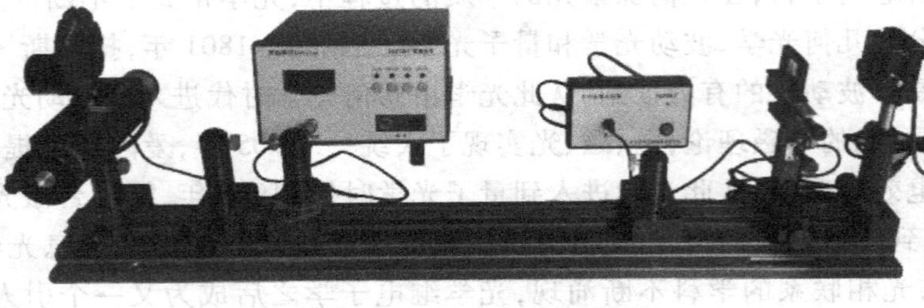

图 4-4-1 光强分布实验仪

表 4-4-1

光功率计	1套
半导体激光器电源	1套
半导体激光器	1只
分划板	2片
半导体激光器调节架	1套
光强移动台	1台
光功率计探头	1只
二维调节架	1只
白屏	1只
光具座滑块	4只
导轨 1 m	1根
卷尺 2 m	1只
说明书	1份
专用连接线	1根

2. 分划板参量

分划板参量如图 4-4-2 和图 4-4-3 所示.

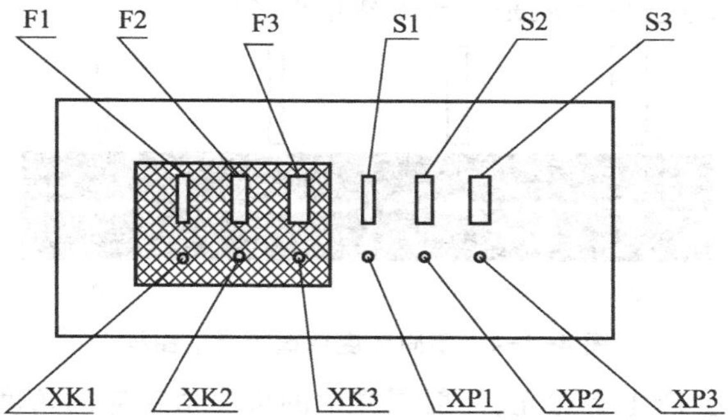

单缝：F1：$a=0.1$ mm；F2：$a=0.2$ mm；F3：$a=0.3$ mm；

单丝：S1：$a=0.1$ mm；S2：$a=0.2$ mm；S3：$a=0.3$ mm；

小孔：XK1：$\varphi=0.2$ mm；XK2：$\varphi=0.3$ mm；XK3：$\varphi=0.4$ mm；

小屏：XP1：$\varphi=0.2$ mm；XP2：$\varphi=0.3$ mm；XP3：$\varphi=0.4$ mm.

图 4-4-2　分划板 1

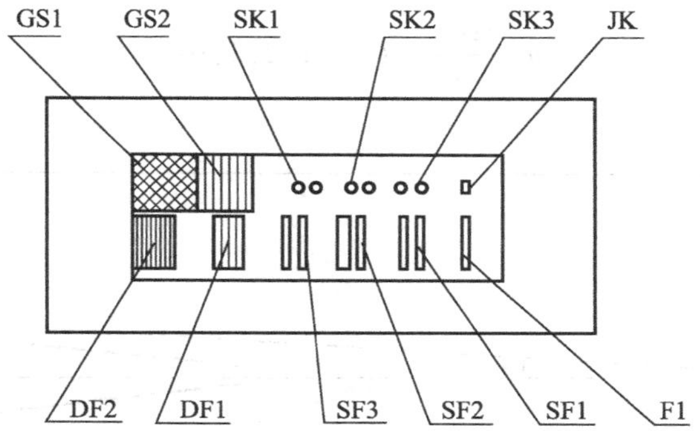

光栅：GS1：纵横均为 50 条/mm；GS2：纵向 50 条/mm；

双孔（$\varphi=0.2$）：SK1：$d=0.25$ mm，SK2：$d=0.32$ mm，SK3：$d=0.4$ mm；

矩孔：JK：$a=0.12$ mm，$b=0.2$ mm；

单缝：F1：$a=0.08$ mm（右下 1）；

双缝：SF1：$a=0.08$ mm，$d=0.16$ mm；SF2：$a=0.08$ mm，$d=0.20$ mm；SF3：$a=0.06$ mm，$d=0.10$ mm；

多缝：DF1：4 缝，$a=0.06$ mm，$d=0.1\times4$ mm；DF2：9 缝，$a=0.06$ mm，$d=0.1\times9$ mm.

图 4-4-3　分划板 2

Ⅰ. 单缝衍射的实验观测和研究

一、实验目的

观测单缝衍射现象，研究激光通过单缝形成的衍射图样的光强分布和规律.

二、实验原理

用散射角极小、准直性很好的激光做光源，照在一个宽度可调的竖直单缝上，在离狭缝较远的位置放一接收屏，转动手轮收缩缝宽可以在屏上观察到一组衍射图样，从图 4-4-4(a)到(d)对应狭缝的宽度由大到小收缩变化，中央明条纹由小到大向左右两侧水平展开，同时出现一系列明暗相间的结构，这实际上就是夫琅禾费衍射条纹.

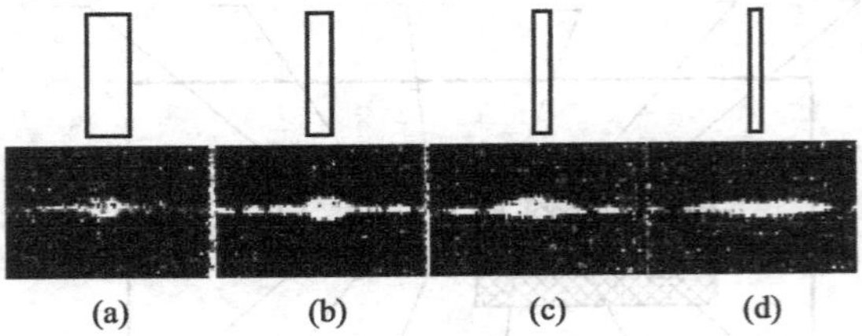

图 4-4-4　不同宽度单缝的衍射图样

当光通过一狭缝时会产生衍射光，衍射图样中的极小值对应的角度由下式给出

$$a\sin\theta=m\lambda\quad(m=1,2,3,\cdots)\tag{4-4-1}$$

这里 a 表示缝宽，θ 表示狭缝中心到第 m 级极小间的夹角，λ 表示光的波长，m 表示衍射级次，如图 4-4-5 所示. 通常因为衍射角度较小，可以假设：$\sin\theta\approx\tan\theta$，根据三角关系有

$$\tan\theta=\frac{y}{D}\tag{4-4-2}$$

$$a=\frac{m\lambda D}{y}\quad(m=1,2,3,\cdots)\tag{4-4-3}$$

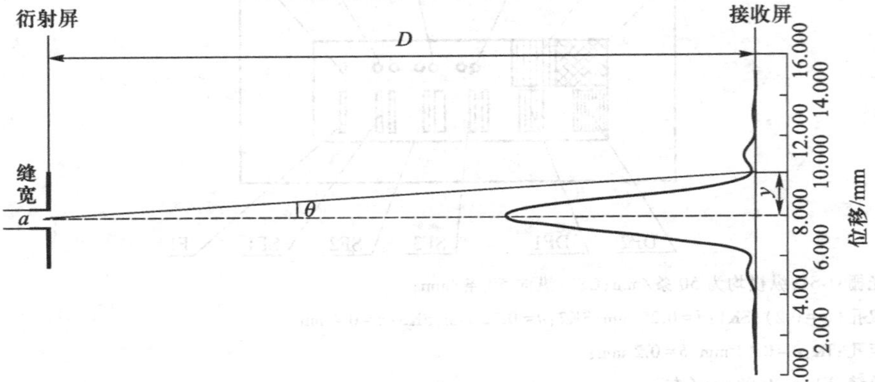

图 4-4-5　实验观察到的单缝衍射的光强分布图

y 表示衍射中心到第 m 级极小间的距离，D 表示从狭缝到光电传感器的距离. 单缝衍射的光强分布的理论公式为

$$I=I_0\frac{\sin^2u}{u^2}\tag{4-4-4}$$

其中，$u=\dfrac{\pi a\sin\theta}{\lambda}$，$I_0$ 为正入射（即 $\theta=0$）时的入射光强，$\dfrac{\sin^2u}{u^2}$ 称为单缝衍射因子，表征衍射光场内任一点相对光强$\left(\text{即}\dfrac{I}{I_0}\right)$的强弱.

三、实验内容

1. 夫琅禾费单缝衍射的观察与测量

(1) 选用半导体激光器、分划板（单缝单元）或者可调狭缝、二维调节架（用于放置分划板)、光强移动台、白屏、光功率计和光功率计探头(**狭缝滤光**)及光具座组装测量装置. 将光功率计探头放置于光强移动台上,调节半导体激光器、分划板(单缝单元)或者可调狭缝、光功率计探头之间的位置,接通激光器电源,调节光路,使测量系统等高和共轴. 选择分划板上某一狭缝(比如 0.2 mm),从接收白屏上观测到清晰的单缝衍射图样后,从光学导轨上取下白屏,调节光强移动台和激光器架,使衍射光斑照在光功率计探头前的入射狭缝上(通光旋转盘选择 0.35 mm狭缝滤光孔). 实验装置如图 4-4-6 所示.

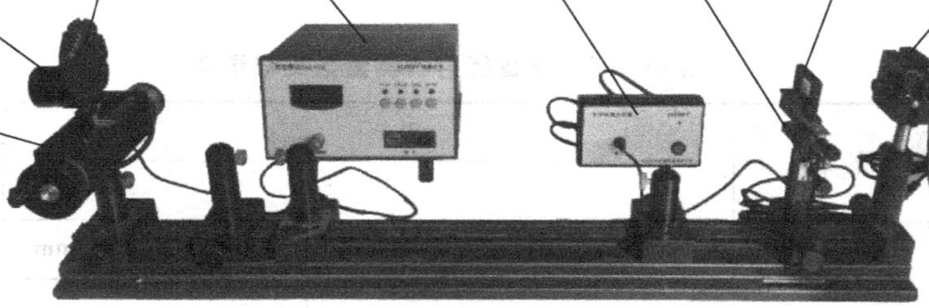

图 4-4-6　单缝衍射实验装置

(2) 将光功率计探头与光功率计连接起来,开启电源并选择合适挡位.

(3) 用卷尺多次测量狭缝到光功率计探头的距离,计算其平均值 $\overline{D}$.

(4) 调节光强移动台,使光功率计探头处于适当的位置(一般在衍射级次 $m \geqslant 5$),然后通过光强移动台手轮缓慢调节光功率计探头的水平位置,接收不同位置的光强信号,进行实时测量,使衍射斑光强的极大值依次通过光功率探头(光电传感器),测量的相对光强从光功率计中读出,每移动 0.05 mm 或 0.1 mm 记录一次数据,数据记录在表 4-4-2 中.

2. 改变缝宽,测量光强随位置变化的曲线图

(1) 观测不同缝宽时,衍射光强分布的特点与规律.

(2) 计算各种缝宽时,各衍射级次的相对光强.

(3) 比较理论计算值和实际测量值,分析误差的主要来源.

四、数据记录与处理

1. 用表 4-4-2 的数据,以横坐标值为 x 轴,相对光强值为 y 轴,作出单缝衍射图像. **建议把测得的实验数据输入 Excel,然后自动生成曲线图.**

2. 从表 4-4-2 中或者从表 4-4-2 所描绘的曲线中找出衍射一级极小填入表 4-4-3 中,分别记下衍射中心左侧[横坐标值(x_L)]和右侧[横坐标值(x_R)]一级极小的横坐标绝对值和光强值(衍射中心为坐标 0 点).

3. 用同级次条纹间的距离除以 2,求得从图样中心到第一级极小的距离$\dfrac{x_L+x_R}{2}$.

4. 计算激光波长、误差大小以及分析误差来源.

表 4-4-2 单缝衍射的测量数据记录 1

数据编号	横坐标值/mm	相对光强值
1	40.05	
2	40.1	
3	40.15	
…	…	…

表 4-4-3 单缝衍射的测量数据记录 2

<table>
<tr><td rowspan="2">缝到光功率计探头的距离</td><td>1</td><td>2</td><td>3</td><td>平均值 $\overline{D}$/cm</td></tr>
<tr><td></td><td></td><td></td><td></td></tr>
<tr><td rowspan="5">一级极小</td><td colspan="2" rowspan="2">衍射中心左侧</td><td>横坐标值(x_L)/mm</td><td>光强值</td></tr>
<tr><td></td><td></td></tr>
<tr><td colspan="2" rowspan="2">衍射中心右侧</td><td>横坐标值(x_R)/mm</td><td>光强值</td></tr>
<tr><td></td><td></td></tr>
<tr><td colspan="2">角宽度 θ</td><td colspan="2"></td></tr>
<tr><td>单缝缝宽 a/mm</td><td colspan="4"></td></tr>
<tr><td>计算激光的波长 λ/nm</td><td colspan="4"></td></tr>
</table>

五、思考题

1. 根据上述实验，把激光波长 λ 当成定值，通过衍射图像对未知缝宽进行测量，记录实验数据并做误差分析.

2. 思考如何对细丝的直径进行测量.

Ⅱ. 夫琅禾费双缝衍射

一、实验目的

观测双缝衍射的实验现象，研究激光通过双缝形成的干涉图样的光强分布规律，讨论该现象和实验规律蕴含的物理意义和可能的应用领域.

二、实验原理

激光通过双缝衍射屏时，每一条狭缝都会各自产生一套单缝衍射的图样，单缝衍射的图样如图 4-4-7 所示，其单缝衍射的光强分布满足公式(4-4-4)函数形式. 由于两条狭缝宽度相同，且相互平行，故两条狭缝衍射的光强分布完全相同. 因为狭缝都是同一单色光源照明，所以从两条狭缝射出的光波的叠加是相干叠加，它们之间还要产生干涉(如图 4-4-8 所示). 由

杨氏双缝干涉公式可知，双缝干涉的强度分布为

$$I=2I_1(1+\cos\delta)=4I_1\cos^2\frac{\delta}{2} \tag{4-4-5}$$

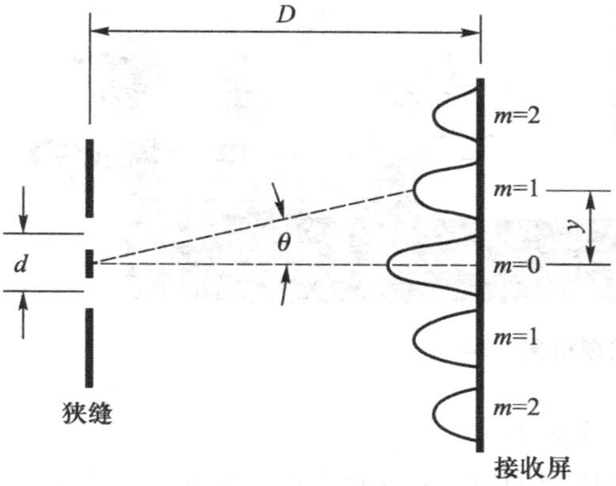

图 4-4-7 单缝衍射图样

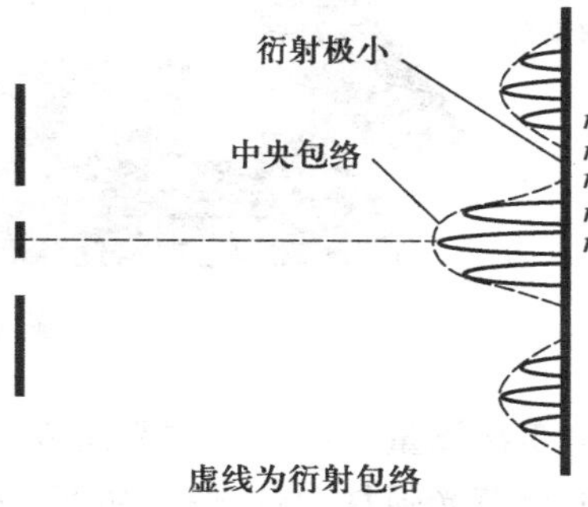

图 4-4-8 双缝衍射光强分布图

式中 I_1 是单独一条狭缝在接收屏上某一点的光强，δ 是从两个狭缝的中心分别到接收屏上的相位差，相位差 δ 可表示为

$$\delta=\frac{2\pi}{\lambda}d\sin\theta$$

d 表示狭缝中心间距（$d=a+b$，a 是狭缝的宽度，b 是两狭缝最近邻边的距离）.

干涉条纹中的极大（亮条纹）对应的角度可由下式给出

$$d\sin\theta=\frac{\delta\lambda}{2\pi}=m\lambda \quad (m=1,2,3,\dots) \tag{4-4-6}$$

式中 θ 表示从干涉图样中心到第 m 级极大之间的夹角，λ 表示光的波长，m 表示级次（从中心向外计数，0 对应中央极大，1 对应第一级极大，2 对应第二级极大，……），见图 4-4-7 和图 4-4-8. 通常因为角度较小，可以假设：$\sin\theta\approx\tan\theta$. 根据三角关系，有

$$\tan\theta=\frac{y}{D}$$

y 表示在屏上从图样中心到第 m 级极大间的距离，D 表示从狭缝到屏的距离，如图 4-4-7 所示. 因此可得缝间距为

$$d=\frac{m\lambda D}{y} \quad (m=1,2,3,\dots) \tag{4-4-7}$$

将单缝衍射的强度公式（4-4-4）代入公式（4-4-5）中，可得到双缝衍射的光强分布为

$$I=4I_0\frac{\sin^2 u}{u^2}\cos^2\frac{\delta}{2} \tag{4-4-8}$$

三、实验内容

1. 观测双缝干涉的光强分布

（1）将单缝实验上的分划板（单缝单元）换成分划板（双缝单元），并调整位置，使各组件

等高和共轴，选择分划板上某一缝距和缝宽的双缝，实验装置如图 4-4-9 所示.

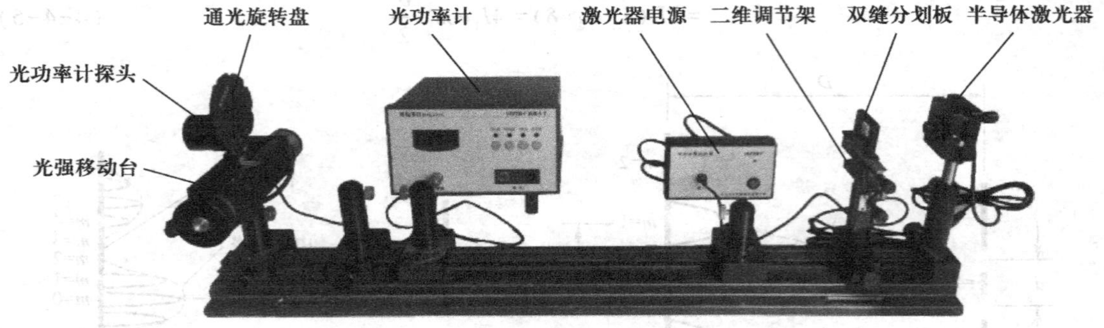

图 4-4-9 双缝衍射实验

（2）多次测量狭缝到屏的距离 D，计算其平均值 $\overline{D}$.

（3）调节光强移动台，使光功率计探头处于适当的位置（一般在衍射级次 $m \geqslant 5$ 处），然后通过光强移动台上的手轮缓慢调节光功率计探头的水平位置，进行实时测量，使衍射斑光强的极大值依次通过光功率计探头（通光旋转盘选择 0.35 mm 狭缝滤光孔），测量的相对光强从光功率计中读出，每移动 0.05 mm 或 0.1 mm 记录一次数据，数据记录在表 4-4-4 中.

（4）把水平位置作为 x 轴，相对光强作为 y 轴，作出光强随位置变化的曲线图.

2. 实验数据处理

（1）用表 4-4-4 中的数据，以横坐标值为 x 轴，相对光强值为 y 轴，作出单缝衍射图像. **建议把测得的实验数据输入 Excel，然后自动生成曲线图.**

（2）从表 4-4-4 中或者从表 4-4-4 所描绘的曲线中找出衍射一级极大、二级极大填入表 4-4-5 中，分别记下衍射中心左侧［横坐标值（x_L）］和右侧［横坐标值（x_R）］一级极大与二级极大的横坐标绝对值和光强值（衍射中心为坐标零点）.

（3）从表 4-4-5 中，用同级次条纹间的距离除以 2，即$\dfrac{x_L+x_R}{2}$，求得从图样中心到第一级和第二级极大的距离.

（4）利用激光波长、一级极大和二级极大计算两次实验缝距，记录于表 4-4-5 中.

（5）将计算所得的缝距与所选的缝距标称值进行比较，计算相对不确定度.

表 4-4-4 双缝衍射的测量数据记录 1

数据编号	横坐标值/mm	相对光强值
1	40.05	
2	40.1	
3	40.15	
…	…	…

表 4-4-5　双缝衍射测量数据记录 2

缝到传感器接收头的距离	1	2	3	平均值 $\overline{D}$/cm
选择缝距/mm				
一级极大	衍射中心左侧		横坐标值(x_L)/mm	光强值
	衍射中心右侧		横坐标值(x_R)/mm	光强值
	角宽度 θ			
	计算所得缝距/mm			
二级极大	衍射中心左侧		横坐标值(x_L)/mm	光强值
	衍射中心右侧		横坐标值(x_R)/mm	光强值
	角宽度 θ			
	计算所得缝距/mm			

注：实验图片仅作参考，请以实物为准.

Ⅲ. 光栅衍射(夫琅禾费多缝衍射)

一、实验目的

观察光栅衍射现象，研究光栅衍射规律以及探究光栅的应用.

二、实验原理

光栅衍射即为夫琅禾费多缝衍射，与双缝衍射类似，它包含了单缝衍射和多缝干涉两个方面，体现了典型的分波阵面多光束干涉的特性(如图 4-4-10 所示). 相邻两缝的中心距离为 d,

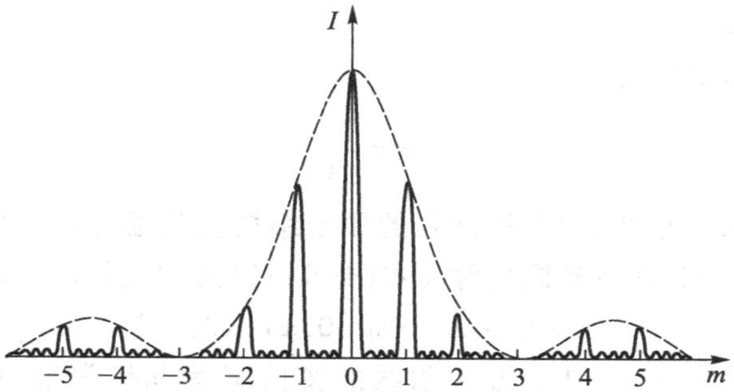

图 4-4-10　多缝衍射图样的光强分布

相邻两狭缝中心到接收屏 P 点的相位差 δ 为

$$\delta=\frac{2\pi}{\lambda}d\sin\theta$$

因入射波面被多缝分割，每条狭缝成为一子波源，P 点的光振幅应为多条狭缝在 P 点振幅的叠加，设每条狭缝对 P 点的贡献均相同，记为 C，但各狭缝在 P 点产生的振动依次有相位差 δ，N 个相位差 δ 的小矢量 $\boldsymbol{a}$ 相加，可得 P 点的合振幅为

$$A=a\frac{\sin\frac{N\delta}{2}}{\sin\frac{\delta}{2}} \tag{4-4-9}$$

需要强调的是，此时 δ 并非小量，故 $\sin\frac{\delta}{2}$ 不能近似为 $\frac{\delta}{2}$，式(4-4-9)是多缝干涉的结果，考虑到单缝衍射因子的调制作用，多缝的远场衍射光强分布为

$$I=I_0\frac{\sin^2 u^2}{u^2}\left(\frac{\sin\frac{N\delta}{2}}{\sin\frac{\delta}{2}}\right)^2 \tag{4-4-10}$$

其中 $u=\frac{\pi a\sin\theta}{\lambda}$，$\delta=\frac{2\pi}{\lambda}d\sin\theta$. 当狭缝数 N(为 $10^2\sim10^3$ 条)非常大时，主极大非常细，这是多光束干涉的重要特征. 当 $\delta=2k\pi$ 时，干涉为主极大，此时有

$$d\sin\theta=m\lambda\quad(m=0,\pm1,\pm2,\cdots) \tag{4-4-11}$$

公式(4-4-11)称为光栅方程，其中 d 为光栅常量，λ 为光的波长，θ 为衍射角. 光栅作为光栅光谱仪的关键元件，直接影响到光谱的分辨率，光谱线的角半宽 $\delta\theta$(如图 4-4-11 所示)为

$$\delta\theta=\frac{\lambda}{Nd\cos\theta_k} \tag{4-4-12}$$

能分辨的最小角度差为

$$\Delta\theta=\frac{m}{d\cos\theta_k}\Delta\lambda \tag{4-4-13}$$

仪器能分辨最小波长差 $\Delta\lambda$ 的能力，决定了仪器的分辨率，这种分辨率称为色分辨率.

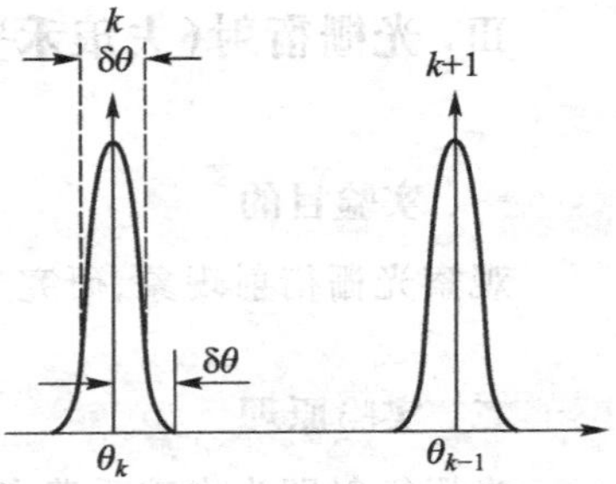

图 4-4-11 谱线的角半宽

光谱仪器的色分辨率定义为

$$R=\frac{\lambda}{\Delta\lambda} \tag{4-4-14}$$

将光的波段推广到 X 射线，周期性排列的原子结构就是很好的三维光栅，布拉格对晶体的 X 射线做了深入的研究，并将光栅衍射公式(4-4-11)运用到晶体的微观结构分析之中，有

$$d\sin\theta=m\lambda\quad(m=0,\pm1,\pm2,\cdots)$$

此式又称为布拉格衍射公式，式中 λ 为 X 射线的波长，d 为晶格常量. 由此可知，只要知道 X 射线的波长，由 X 射线衍射的强度分布就可以得出晶体的晶格常量，或者说就可得知晶体微

观结构的相关信息.

三、实验内容

1. 将半导体激光器、分划板(光栅单元)、接收屏安放在光学导轨上,调节它们的高低和方向,使它们同轴.

2. 调节半导体激光器、光栅、接收屏的位置.

3. 接通半导体激光器的电源,通过调节半导体激光器后面的调节螺钉使光束通过光栅中心.

4. 通过接收屏观测光栅衍射图样,并记录相关图像.

5. 通过图像测量相关光栅常量.

Ⅳ. 夫琅禾费圆孔衍射

一、实验目的

观察圆孔衍射现象,研究圆孔衍射规律.

二、实验原理

大多数光学仪器中所用的透镜或光阑都是圆形的,而且大多数都是通过平行光或近似的平行光成像的,因此夫琅禾费圆孔衍射与光学仪器的像分辨有着密切的关系.

由于圆孔衍射是个二维问题,需要用惠更斯-菲涅耳积分式来计算衍射屏上的光强分布.夫琅禾费圆孔衍射的光强分布的计算公式为

$$I=I_0\left[1-\frac{1}{2}k^2+\frac{1}{3}\left(\frac{k^2}{2!}\right)^2+\frac{1}{4}\left(\frac{k^3}{3!}\right)^2+\cdots\right]=I_0\frac{J_1^2(2k)}{k^2} \tag{4-4-15}$$

式中 $k=\frac{\pi r\sin\theta}{\lambda}$,$r$ 为衍射圆孔半径,θ 为衍射角,$J_1(2k)$ 为贝赛耳函数,贝赛耳函数对任意 k 值是均匀收敛的. 图 4-4-12 给出了夫琅禾费圆孔衍射的光强分布,由此图可知,衍射中央极大值的位置是 $\theta_0=0$;次级大的位置分别为 $\theta_1=0.819\frac{\lambda}{r}$;……主极大与次级大的相对光强分别为 1.000 0;0.017 5;0.004 2;……第一级小位置为 $\sin\theta=0.61\frac{\lambda}{r}$,衍射图样是一组明暗相间的同心圆环,中央亮斑被称为艾里斑,其光强占整个入射光强的 84%,艾里斑的角宽度为

$$\Delta\theta\approx\sin\theta=0.61\frac{\lambda}{r}=1.22\frac{\lambda}{d} \tag{4-4-16}$$

式中 d 为圆孔的直径,与单缝衍射中央极大的角半

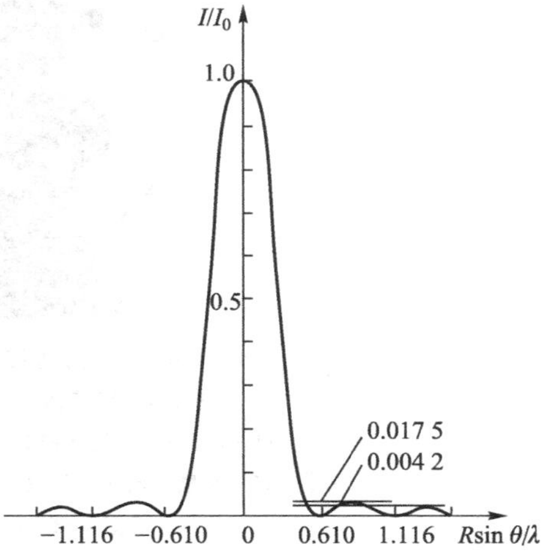

图 4-4-12　夫琅禾费圆孔衍射的光强分布

宽相比,除了反映几何形状的因子 1.22 外,其物理实质是一致的,孔径 d 越小,衍射效应就越大.

三、实验内容

1. 将半导体激光器、分划板(圆孔单元)、接收屏安放在光学导轨上,调节它们的高低和方向,使它们同轴.

2. 选择圆孔模板上的一圆孔做圆孔衍射实验.

3. 接通半导体激光器的电源,通过调节半导体激光器后面的调节螺钉使光束通过圆孔.

4. 通过接收屏观测圆孔衍射图样,并记录相关图像.

5. 改变圆孔大小,观测衍射现象,并分析其衍射的图样变化的原因.

实验五　牛顿环干涉与光学显微镜的应用研究

一、实验仪器

KF-JCD3 型读数显微镜(图 4-5-1)充分考虑到用户的使用要求及综合读数显微镜的生产经验,采用了精密轴承转动的设计,结构更合理,性能更趋完美,它可用于目前高等院校的基础物理实验. 它操作方便,用途广泛,可根据用户的不同需要,完成下列功能:

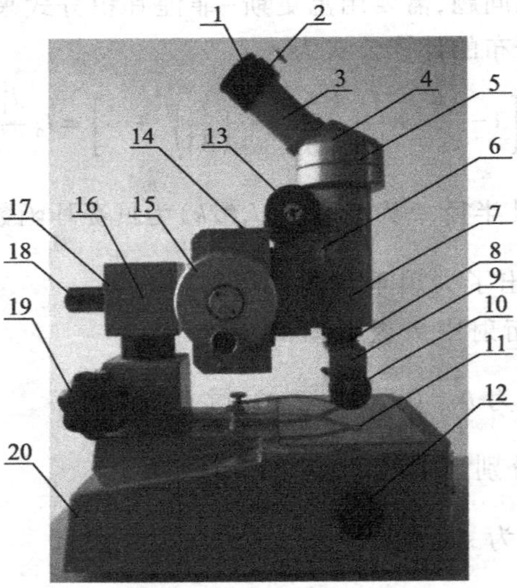

1—目镜;2—锁紧螺钉;3—目镜镜筒;4—棱镜室;5—锁紧螺钉;
6—刻尺;7—镜筒;8—物镜组;9—45°反射镜组;10—反射镜旋轮;
11—压片;12—反光镜旋轮;13—调焦手轮;14—标尺;15—测微鼓轮;
16—锁紧手轮Ⅰ;17—接头轴;18—方轴;19—锁紧手轮Ⅱ;20—底座.

图 4-5-1　KF-JCD3 型读数显微镜

(1) 可用于长度测量,也可用于观察,如测孔距、直径、直线距离及刻线宽度等. 配用牛顿环还可以测定光的波长及透明介质的曲率半径等.

(2) 扩大一般读数显微镜的使用范围,可根据不同使用要求在不同方向上测量及观察.

(3) 显微镜可置于水平和垂直位置,能搭成各种测试装置.

(4) 配备测微目镜,可测量显微镜的放大率.

它的主要技术性能及规格如下:

(1) 光学系统性能(表 4-5-1).

表 4-5-1

物镜		目镜	
放大倍数	焦距/mm	放大倍数	焦距/mm
3×	41.47	10×	24.99
显微镜放大倍数		工作距离/mm	视场直径/mm
30×		54.06	4.8

(2) 机械结构:主轴通过滚动轴承固定,直线油性轴承转动.

(3) 测量范围:纵向 50 mm,分度值为 0.01 mm;升降方向 40 mm,分度值为 0.1 mm.

(4) 测量精度:纵向测量精度为 0.02 mm.

(5) 观察方式:45°斜视.

(6) 仪器外形尺寸:205 mm×175 mm×(290~340) mm.

结构原理如图 4-5-1 所示. 目镜(1)可用锁紧螺钉(2)固定于任一位置,棱镜室(4)可在 360°方向上旋转,物镜组(8)用丝扣拧入镜筒(7)内,可调式 45°反射镜组(9)拧入物镜组上,镜筒用调焦手轮(13)完成调焦. 转动测微鼓轮(15),显微镜沿导轨做纵向移动,利用锁紧手轮Ⅰ(16),将方轴(18)固定于接头轴十字孔中. 接头轴(17)可在底座(20)中旋转、升降,用锁紧手轮Ⅱ(19)紧固. 根据不同的使用要求方轴可插入接头轴另一个十字孔中,使镜筒处于水平位置. 压片(11)用来固定被测件. 旋转反光镜旋轮(12)调节反光镜方位.

下面介绍仪器的调整及应用实例. 将被测件放在工作台面上,用压片固定. 旋转棱镜室(4)至最舒适位置,用锁紧螺钉(5)止紧,调节目镜(1)进行视度调整,使分划板清晰,转动调焦手轮(13),从目镜中观察,直到被测件成像清晰为止,调整被测件,使其被测部分的横面和显微镜移动方向平行. 转动测微鼓轮(15),使十字分划板的纵丝对准被测件的起点,记下此值 A [**在标尺(14)上读取整数,在测微鼓轮上读取小数,此两数之和即是此点的读数**],沿同方向转动测微鼓轮,使十字分划板的纵丝恰好停止于被测件的终点,记下此值 A',则被测件长度可得 $L=A'-A$,为提高测量精度,可采用多次测量,取其平均值.

二、实验内容

1. 用牛顿环测定透镜的曲率半径

把一块曲率半径很大的平凸透镜的凸面放在一块平面玻璃板上[图 4-5-2(a)],保持点接触,此时若以垂直的单色光照射,在接触点外的空气层上下两表面会产生干涉,而且是以接触点为圆心的明暗相间的光环,物理学上人们称其为牛顿环[图 4-5-2(b)],由于明(或暗)环处的空气层的厚度相等,故这种干涉为等厚干涉.

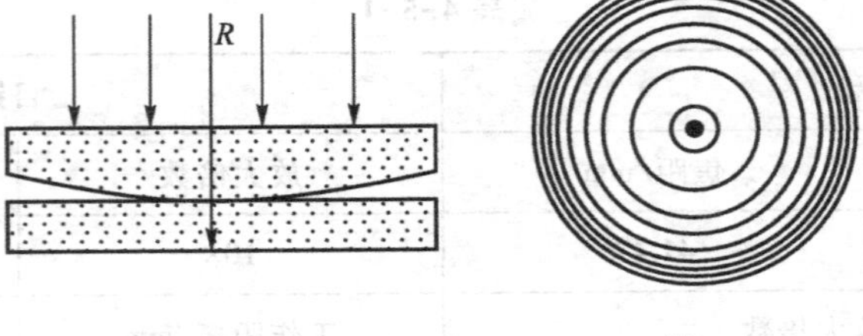

(a) (b)

图 4-5-2

波长为 λ 的单色光,由等厚干涉相关理论,可以推断

$$R=\frac{D_m^2-D_n^2}{4(m-n)\lambda}$$

式中,R 为凸透镜的曲率半径,λ 为单色光波长,D_m、D_n 为第 m 环和第 n 环的直径,由读数显微镜测量取得. 实验中,一般 $|m-n|\geqslant 5$,并选取 5~10 组不同的 D_m 和 D_n 组合,求取 $\overline{R}$,以消除系统误差.

2. 用劈尖测薄片厚度

把两片很平的玻璃上下叠合,其中一端放一薄片,则两玻璃片之间形成一楔形空气层[图 4-5-3(a)],此时在垂直的单色光照射下,也可见间隔相等的等厚干涉直条纹[图 4-5-3(b)].

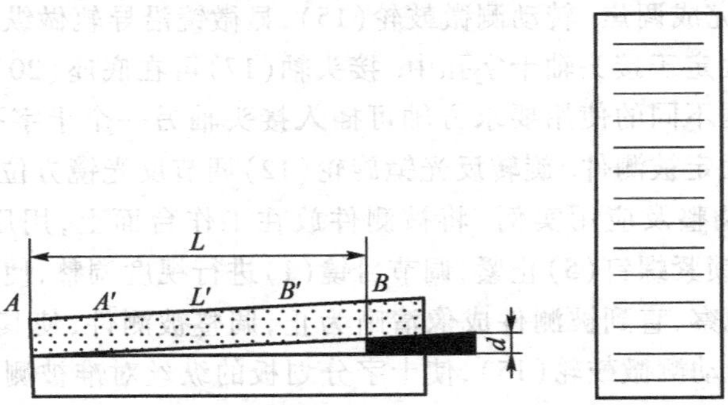

(a) (b)

图 4-5-3

由相关理论,可以推断出

$$d=nL\frac{\lambda}{2}$$

式中,d 为薄片厚度,L 为玻璃片 A 端至薄片 B 处的距离并由读数显微镜读取,λ 为单色光波长,n 为距离 L 内明条纹或暗条纹的数量. 实验中,由于劈尖两端被夹座遮盖,无法数出 L 全长

内的条纹数，所以一般在 L 内测取某一段距离 L' 内的 n' 和 d'，由式 $d=\frac{L}{L'}d'$ 计算出 d.

3. 实验中读数显微镜的使用

（1）把牛顿环放在工作台面上，中心接触点（肉眼可见）对准镜筒中央.

（2）使钠光灯发出的光水平照射在45°反射镜上，转动调焦手轮，即可见清晰的牛顿干涉环，转动可调式45°反射镜，使光线垂直入射牛顿环.

（3）用读数显微镜目镜中的叉丝依次与待测圆环相切，从左向右（或从右向左，不可中途反向）读取各环的直径，注意移动方向应是沿着各环的直径方向，否则测取的是弦长而非圆环直径.

（4）同理可做劈尖实验，由于劈尖的特性，所以显微镜中看到的直条纹较虚，这是正常现象. 如果观察到的条纹倾斜，可通过调节劈尖夹座的四颗固定螺钉来纠正.

（5）实验中应注意调整显微镜本身和镜筒高度，如测出的 D 或 L 较大时，应不断调节光源位置，使其尽量靠近读数显微镜，保证有足够的光强，以得到较清晰明亮的干涉图像.

（6）实验中，读数显微镜底座中的大反光镜不用时，应反转向内，避免有反射光反射向上至牛顿环内，影响观察的背景.

附录1　仪器维护

1. 读数显微镜是较精密的测量仪器，在使用和搬运中应谨慎小心，避免震动及碰撞. 仪器应保持清洁、润滑.

2. 被测件应压紧，并无灰尘、污物.

3. 松开各锁紧手轮时必须用手托住相应部分，以免其坠落和受到冲击，旋转目镜系统时，应先松开棱镜室锁紧螺钉.

4. 若仪器光学零件表面有灰尘、污物等影响观察时，可用擦镜纸擦拭.

附录2　常见故障及检修方法

1. 纵向读数空位大于0.03 mm

原因：（1）传动螺母与丝杆的配合过松.

（2）尾部轴承压紧螺母过松.

（3）传动螺母与拖板连接弹簧片部件螺钉有松动.

检修方法：

首先检查精密丝杆的轴向窜动量，如手感有窜动，可调整尾部轴承压紧螺母，使转动丝杆时舒适又无窜动，如仍未消除，先拆去中间两块遮板，拆下连接弹簧片的两只固紧螺钉，取下弹簧片，推开拖板部件，旋紧传动螺母上的螺钉. 调节传动螺母上的两只螺钉，使传动螺母与丝杆之间间隙较小，又无卡滞现象，最后依次装配拆下的零件.

2. 镜筒自行下滑

原因：偏心套松动.

检修方法：

旋松偏心套的两固紧螺钉，调整偏心套的偏心量，使齿轮轴与显微镜镜筒适配，锁紧可靠，然后旋紧偏心套的两固紧螺钉，检查调焦手轮的压紧程度，使镜筒在调焦时有适当的阻力.

3. 毫米刻度尺零位不准

原因：刻度轮压紧螺母松动.

检修方法：

旋紧刻度轮的压紧螺母，然后松开毫米刻度尺的两个固定螺丝，先将刻度轮对准零位，再左右略微移动毫米刻度尺，使指标对准某一整刻度线即可.

4. 长度测量值累积误差大于 0.02 mm

原因：(1) 丝杆与导轨不平行.

(2) 基准圆柱导轨与拖板的孔配合过松.

(3) 圆柱导轨螺钉过松.

检修方法：

拆下拖板边上的两块遮板，调节基准圆柱导轨的位置，一般情况测量累积误差会小于 0.02 mm，但亦有少数虽经以上调整仍不能小于 0.02 mm，应检查拖板与基准圆柱导轨的配合情况. 可用眼睛通过目镜观察标准尺，左手握住测量架部件，右手握住拖板轻轻转动，观察目镜中的十字线是否移动，如果移动，等右手离开拖板时又不回到原来位置，这说明基准圆柱导轨、拖板圆柱导轨与拖板圆孔配合过松，产生了测量误差. 它是一个放大的误差，需要调换一支直径稍大一点的圆柱导轨，然后研磨、清洗、烘干、涂油、重新装配.

实验六　透镜焦距的测量

一、实验目的

掌握透镜焦距的测量原理，利用不同的方法测量透镜的焦距（本实验主要学习凸透镜焦距的测量）.

二、实验原理

1. 薄透镜成像公式

通过透镜中心并垂直于镜面的几何直线称为透镜的主光轴. 平行于主光轴的平行光经凸透镜折射后会聚于主光轴上的一点 F，该点就是该透镜的焦点，如图 4-6-1 所示. 一束平行于凹透镜主光轴的平行光，经凹透镜折射后成为发散光，将发散光反向延长交于主光轴上的一点 F，称为凹透镜的焦点，如图 4-6-2 所示. 从焦点到透镜光心 O 的距离称为该透镜的焦距 f.

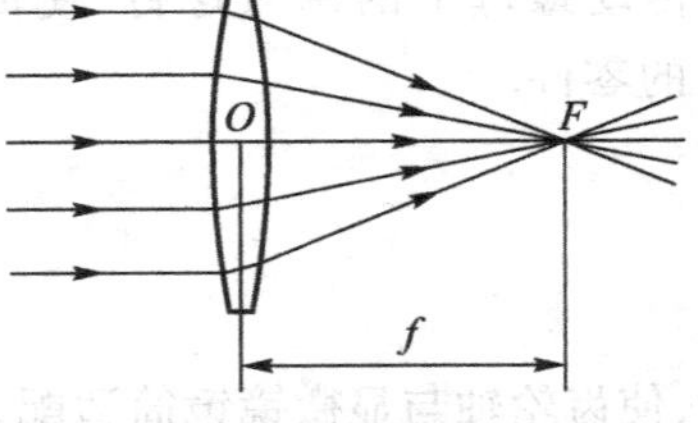

图 4-6-1　凸透镜的焦点和焦距

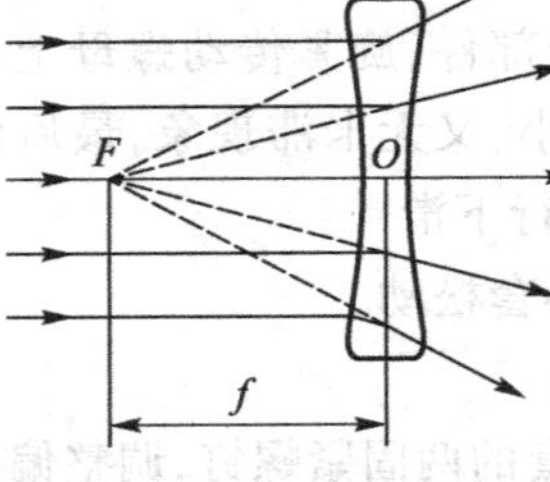

图 4-6-2　凹透镜的焦点和焦距

当透镜的厚度与其焦距相比甚小时，这类透镜称为薄透镜. 在近轴光线的条件下，其成像规律为透镜成像的高斯公式，即

$$\frac{1}{s'}-\frac{1}{s}=\frac{1}{f} \tag{4-6-1}$$

式中，f 是薄透镜焦距，s'是像距，s 是物距，如图 4-6-3 所示，故

$$f=\frac{ss'}{s-s'} \tag{4-6-2}$$

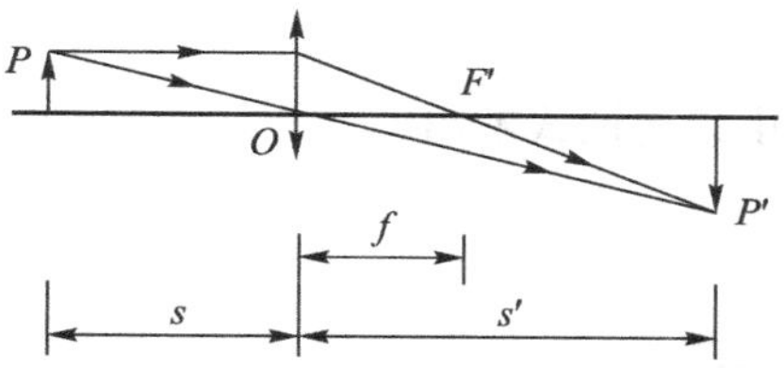

图 4-6-3　薄透镜成像原理

应用上式时，必须注意各物理量所使用的符号定则，一般规定：光线自左向右传播，距离自参考点（透镜光心）量起，向左为负，向右为正，即距离与光线传播方向一致时为正，反之为负. 运算时，已知量须添加符号，未知量则根据求得结果中的符号判断其物理意义.

2. 凸透镜焦距的测量原理

测量凸透镜焦距常用的方法有物距像距法，还有自准法和共轭法. 本实验主要采用物距像距法测量，其他方法可自主设计.

（1）物距像距法

如前所述的透镜成像公式，可以作为凸透镜焦距测量的一种简单方法.

（2）自准法

它是光学仪器调节中的一个重要方法，也是一些光学仪器进行测量的依据. 当发光点（物）处在凸透镜的焦平面上时，它发出的光线通过透镜后将成为一束平行光. 若用与主光轴垂直的平面镜将此平行光反射回去，反射光再次通过透镜后仍会聚于透镜的焦平面上，其会聚像将在光点相对于光轴的对称位置上，如图 4-6-4 所示.

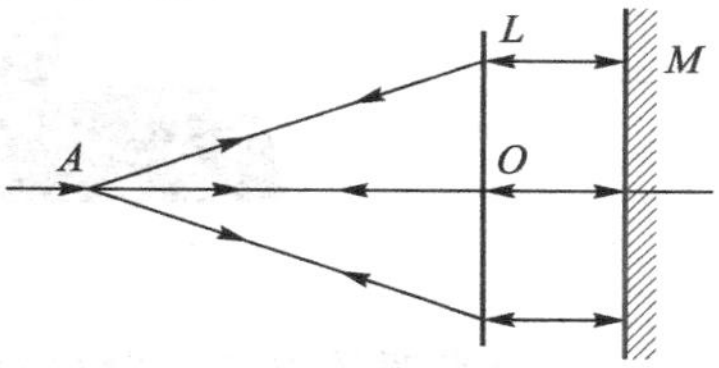

图 4-6-4　自准法测凸透镜焦距

（3）共轭法（二次成像法或贝塞尔法）

如图 4-6-5 所示，设物和像屏之间的距离绝对值为 L（要求 $L>4f$），并保持不变. 移动透镜，当它在位置 Ⅰ 处时，屏上将出现一个放大的倒立的实像. 当透镜在位置 Ⅱ 处时，在屏上又得到一个缩小的倒立的实像. 位置 Ⅰ 与 Ⅱ 之间的距离绝对值为 d，位置 Ⅱ 与白屏之间的距离为 s_2'. 对于位置 Ⅰ 而言，有 $s=-(L-d-s_2')$ 及 $s'=d+s_2'$，代入式（4-4-18）得

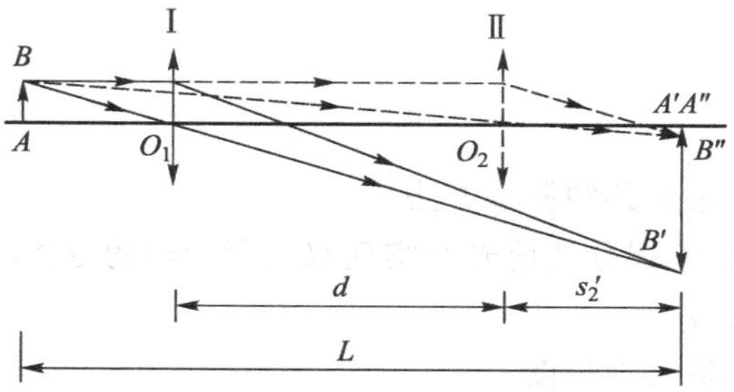

图 4-6-5　共轭法测凸透镜焦距

$$f=\frac{(L-d-s_2')(d+s_2')}{L}$$

对于位置Ⅱ而言，有 $s=-(L-s_2')$ 及 $s'=s_2'$，代入式(4-6-2)得

$$f=\frac{(L-s_2')s_2'}{L}$$

由以上两式解出

$$s_2'=\frac{L-d}{2}$$

因此

$$f=\frac{L^2-d^2}{4L} \tag{4-6-3}$$

三、实验内容

1. 将平行白光光源、成像物、凸透镜、接收屏依次安放在光具座上，并调整它们，使之中心在同一水平线上. 实验装置如图 4-6-6 所示.

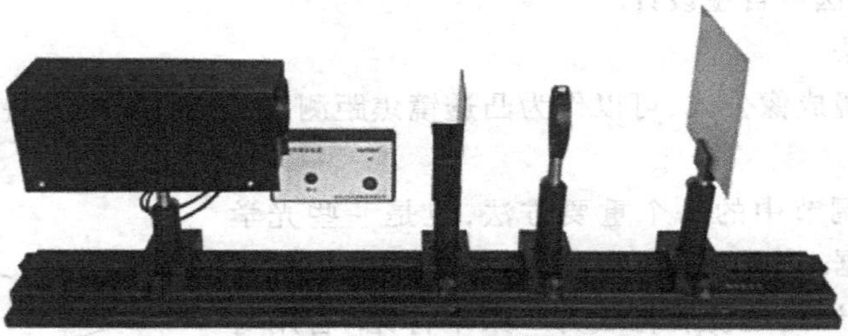

图 4-6-6　透镜焦距测量实验

2. 接通光源的电源，调整成像物与凸透镜的距离，使它们的距离大于透镜的焦距.
3. 移动接收屏，直至在接收屏上出现和成像物等大倒立的物像，测出此时的物距和像距.
4. 代入公式(4-6-2)计算透镜的焦距，并求其误差，分析产生误差的原因.
5. 自行设计其他方法测量凸透镜的焦距.

实验七　双棱镜光干涉

一、实验目的

1. 学习双棱镜干涉光路的共轴调节方法.
2. 观察光的干涉现象，掌握分波前光路实现双光束干涉的方法.
3. 用双棱镜测量光波波长.
4. 学会用测微目镜测量微小长度.

二、实验原理

菲涅耳双棱镜(简称双棱镜)是一个等腰三棱镜,有一个很大的钝角和两个很小的小棱角,故称双棱镜.如图4-7-1所示,当一个单色点光源S从它的BC面入射时,通过上半个棱镜ABD的光束向下偏折,通过下半个棱镜ACD的光束向上偏折,相当于光源S形成的虚光源S_1'、S_2'发射出的两束相干光.在两光束的交叠区域发生干涉,因此在观察屏上就可看到等间距明暗交替的干涉条纹.条纹间距为

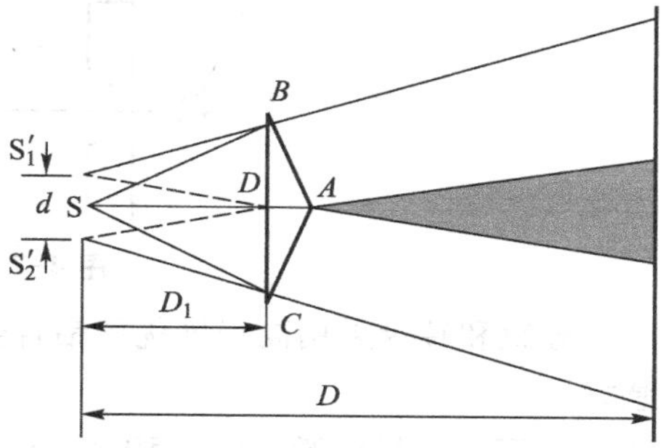

图4-7-1　点光源发出的光通过双棱镜时的折射

$$x=\frac{D}{d}\lambda$$

其中,d是两虚光源的间距,D是光源到观察屏的距离,λ是光的波长.用测微目镜的分划板作为观察屏,就可直接从该测微目镜中读出条纹间距x值,D为几十厘米,可直接量出,因而只要设法测出d,即可从上式算出光的波长λ.

测量d的方法很多,其中之一是二次成像法,如图4-7-2所示,即在双棱镜与测微目镜之间加入焦距为f的凸透镜L,当$D>4f$时,可移动凸透镜L而在测微目镜中看到两虚光源的缩小像或放大像,分别读出两虚光源像的间距d_1和d_2,则由几何光学可知

$$d=\sqrt{d_1d_2}$$

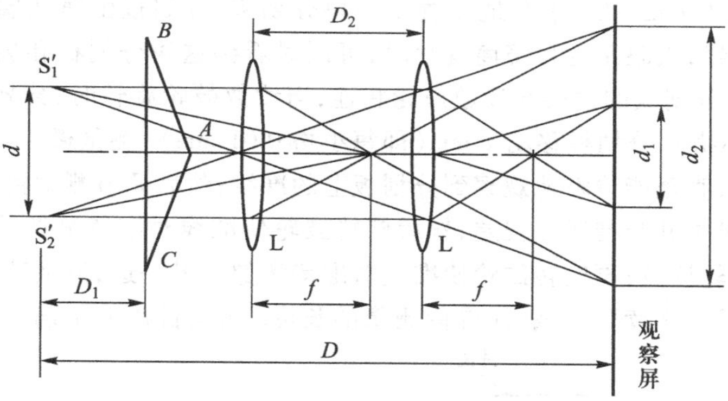

图4-7-2　二次成像光路

正如杨氏实验可把双孔改为双缝一样,为了增加干涉条纹的亮度,可把上述实验中的点光源改为线光源,只要线光源的方向与双棱镜的棱边方向平行即可.当然,若线光源与棱边不平行或线光源的宽度太大变成了面光源,则干涉条纹会相互重叠而模糊直至消失,这是光源的空间相干性问题.

三、实验仪器

实验装置简图如图4-7-3所示,仪器主要包括以下内容.

1. 导轨(长为0.8 m,分度值为1 mm),滑块5个.

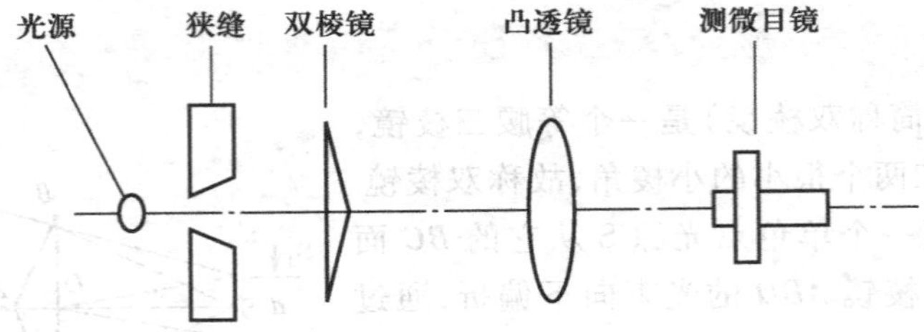

图 4-7-3　双棱镜光干涉实验简图

导轨和转盘采用高强度优质铝合金材料、燕尾槽结构,转盘灵活,不会生锈,经久耐用,手感好.

2. 配有半导体激光器(650.0 nm)和钠光灯(589.3 nm),其中钠光灯为选配.

半导体激光经大幅度降低光强处理,用作光源具有相干性好且不伤害眼睛的优点,可很方便地调出清晰的干涉条纹,这也为钠光干涉条纹调节带来方便. 测量两种光的波长并进行比较.

3. 转盘带狭缝,缝宽可调.

4. 双棱镜及支架各 1 个.

5. 凸透镜 1 个(焦距 f 约为 10 cm).

6. 测微目镜和支架. 测微目镜量程为 0~8 mm,分度值为 0.01 mm.

测微目镜是用来测量微小实像线度的仪器,其结构如图 4-7-4 所示,在目镜焦平面附近,有一个量程为 8 mm 的带刻线的玻璃标尺,其分度值为 1 mm[如图 4-7-4(b)中的 9 条短线所示]. 在该尺后面的 0.1 mm 处,平行地放置了一块分划板,分划板由薄玻璃片制成,其上刻有十字准线和一对双线,人眼贴近目镜筒观察时,可同时看到这块分划板和玻璃标尺的刻线,如图 4-7-4(b)所示,分划板的框架与读数鼓轮相连,当读数鼓轮旋转时,分划板会左右移动:鼓轮每转一圈(100 小格),分划板移动 1 mm(即每小格 0.01 mm). 测量微小实像时,先调节目镜与分划板间的距离,直至能清晰地观察到分划板上的准线;然后调节测微目镜与待测实像的距离,使实像也清晰可见并与准线无视差;然后旋转鼓轮使准线对准待测像的一边,读下此时玻璃标尺的读数和鼓轮读数;再旋转鼓轮使准线对准待测像的另一边,读下玻璃标尺的读数和鼓轮读数;最后把前后两次读数相减,即得待测像的长度. 测微目镜的不确定度值为 0.004 mm,

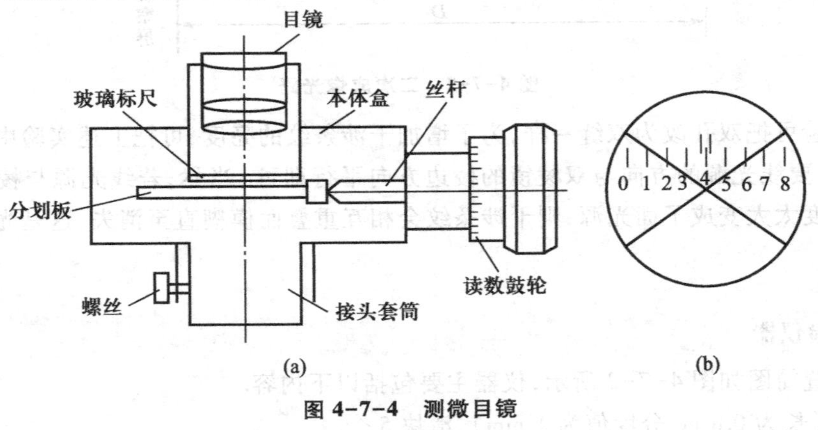

图 4-7-4　测微目镜

测量时应注意鼓轮必须沿同一方向旋转,中途不要倒退,以避免引入螺距误差.

四、实验内容

1. 双棱镜干涉装置的共轴调节与干涉现象的观察

为了获得清晰的干涉条纹,保证测量准确度,实验装置的调节必须达到下述状态.

(1) 光具座上各元件等高共轴.

① 调节光源和狭缝的位置,使半导体激光器或钠光灯对准并均匀照亮狭缝(半导体激光器端口经工艺处理,出射的是柱形光斑,应使光斑中心对准狭缝),使狭缝靠近光源,调节二者中心等高.

② 光具座上放置凸透镜和白屏,使屏与狭缝的距离略大于 $4f$. 移动透镜,在屏上二次成像,用大像追小像法,调节透镜高低及左右位置,使狭缝中心与透镜主光轴共轴,并使主光轴平行于光具座. 此时狭缝的大、小像均处于白屏的中心位置.

(2) 狭缝平行于双棱镜的棱脊.

① 在靠近狭缝处放置双棱镜,并使棱脊位于光轴上,微调狭缝的位置,使狭缝与棱脊平行,移动透镜,在屏上可见两条强度相同、等高并列的狭缝像.

② 取下白屏,放上测微目镜,并使它与透镜等高共轴,移动透镜,可依次见到大像和小像. 再取下透镜,则应在测微目镜中看到干涉条纹. 若此时看不清条纹,但可见一明亮的红光带(或黄光带),这时双棱镜棱脊未与狭缝平行. 可以先使测微目镜距双棱镜近一些,微调狭缝方向和左右位置并观察干涉条纹,直到调出清晰等距的干涉条纹后,再把测微目镜移到原先位置.

2. 测量单色光波长

(1) 用测微目镜测量干涉条纹间距 Δx. 依次测出第 1 至第 6 和第 11 至第 16 各条条纹的位置(依据实验情况或要求等可做适当改变),用逐差法处理数据,求出 $\overline{\Delta x}$.

(2) 测量两虚光源的间距 d. 放入透镜并移动透镜,可在测微目镜叉丝平面上分别观察到大像和小像,依次测量大像和小像的像宽,重复测量五次,得到 $\overline{d_1}$ 和 $\overline{d_2}$(测量时可在透镜上加小孔光阑以提高成像质量),代入公式 $d=\sqrt{d_1 d_2}$,得 d 值.

(3) 分别记录光具座上狭缝和测微目镜的位置读数 l_1、l_2,则两虚光源与测微目镜叉丝平面的距离 $D=|l_1-l_2|-\Delta D_1+\Delta D_2$,$\Delta D_1$ 为测微目镜位置与叉丝平面的距离,ΔD_2 为镀膜缝与滑块刻线的间距.

(4) 将 $\overline{\Delta x}$、d 和 D 代入公式 $\lambda=\frac{d}{D}\overline{\Delta x}$,可得光源的光波长.

五、注意事项

1. 尽可能把激光输出强度调到最低;除了在测微目镜中观察干涉条纹或大、小像外,眼睛不要直视半导体激光器发出的激光,寻找干涉光带或大、小像,可借助于白屏,且小像不宜太小.

2. 由于透镜光具座的滑槽较宽,移动透镜时,应始终贴住光具座的一侧,以保证透镜光心位置横向不变.

3. 测量前应先消除视差. 仔细调节测微目镜,应使干涉条或大、小像成像在测微目镜叉丝平面上,与叉丝平面的刻度线无视差.

4. 测量时要避免间隙误差,测微目镜的鼓轮只能单向旋转,不能中途倒转.

5. 测量时如果测量标记线到达零刻度处,应立即返回,以免损坏测微目镜.

6. 不能用手指触摸光学透镜和棱镜,以免灰或汗水将光学元件污染.

六、思考题

1. 为什么狭缝宽度较大时干涉条纹消失?

2. 为什么狭缝方向必须与双棱镜的棱边平行才能看到干涉条纹?

3. 如果双棱镜反面(即让光从 A 处入射)安放,这对实验结果有何影响?

4. 本实验认为虚光源和真正的光源(狭缝)与观察屏的距离是相同的,这是一种近似. 请证明,虚光源与观察屏的距离应为 $D=\dfrac{\sqrt{d_2}+\sqrt{d_1}}{\sqrt{d_2}-\sqrt{d_1}}D_2$,其中 D_2 是两次成像时透镜移动的距离. 但本实验中,为什么不用此法求 D?(提示:从不确定度的大小考虑)

参考资料

5. 若要求光波波长测量误差在 1%左右,请考虑测量 x、d、D 时各量允许误差的分配方案.

附录 实验数据举例

以激光作为光源,用双棱镜干涉实验测激光波长. 干涉条纹宽度 x 的测量结果见表 4-7-1.

表 4-7-1

序数	读数 1/mm	序数	读数 2/mm	10 条干涉条纹宽度/mm
k_1	0.200	k_1+10	5.445	5.245
k_2	0.723	k_2+10	6.014	5.291
k_3	1.250	k_3+10	6.500	5.250
k_4	1.784	k_4+10	7.018	5.234
k_5	2.311	k_5+10	7.542	5.231

最后求得 $10\,\overline{x}=5.250\ 2$ mm,$\overline{x}=0.525\ 0$ mm.

狭缝的光具座上示数与测微目镜光具座上示数差值 $L_1=43.35$ cm,实际上测微目镜内测量准线位置与测微目镜光具座上刻线差值为−3.50 cm(修正量),所以 $D=43.35$ cm+3.50 cm=46.85 cm. 镀膜缝层正好与滑块刻线对齐,修正量为零时,用二次成像法测量虚光源的像的结果见表 4-7-2.

表 4-7-2

序数	放大像/mm			缩小像/mm		
	读数 1/mm	读数 2/mm	$\overline{d_1}$/mm	读数 1/mm	读数 2/mm	$\overline{d_2}$/mm
1	4.031	5.474		4.098	4.330	
2	4.035	5.476		4.100	4.333	
3	4.033	5.473		4.102	4.332	
4	4.036	5.475		4.101	4.335	
5	4.033	5.475		4.100	4.336	
平均	4.034	5.475	1.441	4.100	4.333	0.233

$$d=\sqrt{\overline{d_1}\,\overline{d_2}}=\sqrt{1.441\times0.233}\ \text{mm}=0.579\ 4\ \text{mm}$$

将上述结果代入公式 $\lambda=\dfrac{xd}{D}=\dfrac{0.525\ 0\times0.579\ 4\times10^{-6}\text{m}^2}{46.85\times10^{-2}\text{m}}=649.3\ \text{nm}$

激光波长理论值为 650.0 nm. 两者百分误差 $=\left|\dfrac{649.3-650.0}{650.0}\right|=0.11\%$

实验八　迈克耳孙干涉的研究

一、实验仪器

KF-WSM-200 干涉仪(图 4-8-1)主要用于高等院校物理实验中观察光的干涉现象(等厚条纹、等倾条纹、白光彩色条纹),测定单色光波长、光源和滤光片相干长度、配合法布里-珀罗系统观察多光束干涉现象. 附加适当装置,还可以扩大实验范围(如测薄片厚度和折射率、空气折射率等). 因此,它是一种用途很广的验证有关基础理论的教学实验仪器.

1. 主要技术性能及规格

(1) 移动镜行程:WSM-100 型　100 mm

WSM-200 型　200 mm

(2) 微调手轮分度值:0.000 1 mm

(3) 波长测量精度:当条纹计数为 100 时,测定单色光波长的相对误差<2%

(4) 观察望远镜光学特性:放大率、3×

出瞳直径　5.3 mm

视场角　8°

(5) 导轨直线性误差:WSM-100 型　±16″

WSM-200 型　±24″

(6) 分光板、补偿板平面度:$\lambda/20$

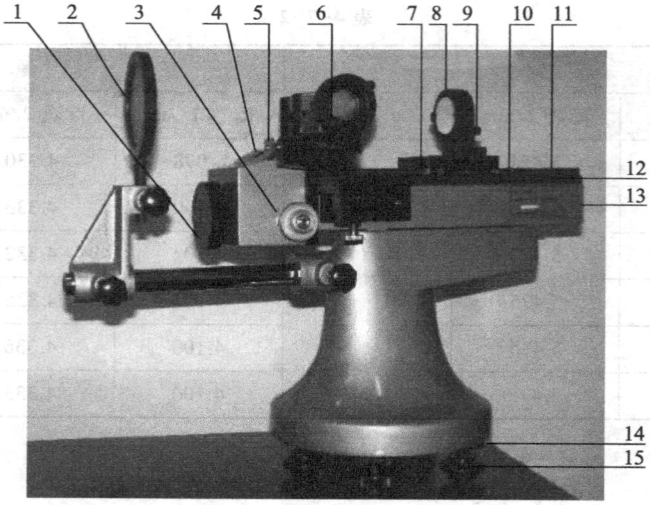

1—粗调手轮;2—投影屏;3—微调手轮;4—刻度盘;5—微调螺钉;
6—固定镜;7—可调螺母;8—移动镜;9—滚花螺钉;10—刻度尺(侧面);
11—丝杆(内侧);12—导轨;13—滚花螺帽;14—锁紧圈;15—调平螺钉.

图 4-8-1 KF-WSM-200 干涉仪示意图

(7) 移动镜参考镜平面度:λ/10

(8) 仪器外形尺寸:

WSM-100 型 430 mm×180 mm×320 mm

WSM-200 型 500 mm×210 mm×360 mm

(9) 仪器净重:WSM-100 型 11 公斤

WSM-200 型 15 公斤

2. 结构原理

如图 4-8-2 所示,从光源 S 发出的一束光,射向分光镜 G_1,因分光镜的后表面镀了半透膜,光束在半透膜上反射和透射分成互相垂直的两束光. 这两束光分别射向相互垂直的镜 M_1 和镜 M_2,经 M_1、M_2反射后,又会聚于分光镜 G_1,最后光线朝着 E 的方向射出,则在 E 处我们就能观察到清晰的干涉条纹. 图中 M_2'是 M_2为半透膜表面 G_1所成的虚像. 因此,在光学上,这里的干涉就相当于 M_2'和 M_2之间的空气板的干涉. 设置补偿板 G_2是为了使用白光光源时,补偿 G_1的色散.

图 4-8-2

3. 仪器的调整及使用

开箱后,检查装箱清单和实物是否相符,产品合格证及说明书是否齐全,然后清洗导轨,丝杆面上的防锈油脂,加上 T_5精密仪表油.

仪器主体如图 4-8-1 所示,导轨(12)固定在稳定的底座上,由三只调平螺钉(15)支承调平后可以拧紧锁紧圈(14)以保持底座稳定. 丝杆(11)螺距为 1 mm,转动粗调手轮(1),经一对传动比大约为 2 : 1 的齿轮带动丝杆

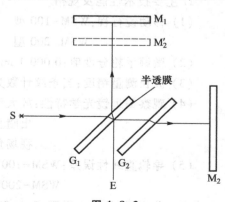

旋转.可调螺母(7)与丝杆啮合,通过防转挡块及顶块带动移动镜(8)在导轨面上滑动,实现粗调,移动的距离可在机体侧面的毫米刻度尺(10)上读得. 通过读数窗口,在刻度盘(4)上读到的最小读数值为 0.01 mm,转动微调手轮(3),经 1∶100 蜗轮传动,可实现微动,微调手轮的最小读数值为 0.000 1 mm,移动镜(8)和固定镜(6)的倾角可分别用镜背后的两颗滚花螺钉(9)来调节. 在固定镜(6)附近有两个微调螺钉(5),垂直的螺钉使镜面干涉图像上下微动,水平螺钉则使干涉图像水平移动,丝杆顶进力可通过滚花螺帽(13)来调整,仪器各部活动环节要求转动轻便,弹性元件接触力适宜. 为此,使用时各活动件须定期加薄油(如钟油). 当使用完毕,需存放一段时间时,导轨、丝杆面应涂防锈油,由于结构上的原因,微调手轮正反空回,出厂时允许在 0.03 mm 范围内,这对测试是无影响的.

迈克耳孙干涉仪光路暴露在外面,适用于教学演示,其条纹质量出厂时已经检验,如果出现不圆整、不规则现象,应检查分光板和补偿镜之间是否平行,照明光轴是否在视场中居中,是否与分光面成 45°等.

二、实验内容

实验仪器 KF-WSM200 干涉仪需配适当的光源,如激光器、钠灯、加滤色片的汞灯、白光光源等. 在实验前应将仪器调整至水平.

1. 观察非定域干涉条纹

(1) 光源垂直调整:建议使用 KF-JGQ He-Ne 激光源,使用 He-Ne 激光源作为光源时,调节干涉仪底座的三颗调平螺钉,使入射光与 M_2 反射光完全重合,然后拧紧锁紧圈.

(2) 转动粗调手轮,将 M_1 置于机体侧面刻度尺约 32 mm 刻度处,此位置约为 M_2 和 M_1 相对于分光板的等光程位置. 通过投影屏观察,可看到由 M_1 和 M_2 各自反射的两排光点像,仔细调整 M_1 和 M_2 后的两颗滚花螺钉,使两排光点像严格重合,这样 M_1 和 M_2 就基本垂直,即 M_1 和 M_2' 就互相平行. 加扩束镜,并将扩束的激光斑照在干涉仪分光镜上,光轴基本与固定镜垂直,即可在屏上观察到非定域干涉条纹,再轻轻调节 M_2 后的滚花螺钉,使出现的圆条纹中心处于投影屏中心.

(3) 转动粗调手轮和微调手轮,使 M_1 在导轨上移动,并观察干涉条纹的形状、疏密及中心"吞""吐"条纹随距离的改变而变化的情况.

(4) 测量 He-Ne 激光的波长.

利用非定域的干涉条纹测定波长. 按上述方法调出干涉圆条纹,单向缓慢转动微调手轮移动 M_1,将干涉环中心调至最暗(或最亮),记下此时 M_1 的位置,继续转动微调手轮,当条纹"吞进"或"吐出"变化数为 m 时,再记下 M_1 的位置,设 M_1 位置的变化数为 ΔL,则根据双光束干涉原理,测得 He-Ne 激光的波长为

$$\lambda = 2\Delta L/m$$

测量时,m 的总数要不少于 500 条,可每累进 50 条时读取一次数据,连续取 10 个数据,应用逐差法加以处理.

2. 观察定域干涉条纹

(1) 扩展光源:建议采用可升降式低压钠灯($KF-GP_{20}Na$),He-Ne 激光器作为调整仪器,辅助光源.

(2) 等倾干涉.

先用 He-Ne 激光器调整仪器,在激光器前放一小孔光栅,使扩束的激光束通过光栅,并经分光板 G_1 反射到移动镜 M_1 上(此时应将固定镜的反射面遮住),再反射经分光板返回至小孔光栅上,仔细调整 M_1 后的两个螺钉使最后的反射光点像与光栅的小孔严格重合. 转动粗调手轮移动 M_1,要求反射光点像不随 M_1 的移动而产生漂移. 此后的实验过程中,不可再旋动 M_1 后的两颗螺钉.

换上钠灯,出光口装有毛玻璃,以使光源成为面光源,用聚焦到无穷远的眼睛代替屏,仔细调节 M_2 后的螺钉,可看到圆条纹,进一步调节 M_2 后的螺钉,使眼睛上下左右观察时,各圆的大小不变,仅是圆心随眼睛移动,这时我们看到的就是严格的等倾条纹. 移动 M_1 观察条纹的变化情况.

(3) 等厚干涉.

移动 M_1 使其和 M_2' 大致重合,调节 M_2 后的螺钉使 M_1 和 M_2' 有一个很小的夹角,这时视场中出现直线干涉条纹,这就是等厚干涉条纹. 仔细调节 M_2 后的螺钉和微调螺钉,即改变夹角的大小,观察条纹的疏密变化.

(4) 测量钠光的相干长度.

可利用等厚条纹的观察方式,用等厚干涉条纹来测出钠光的相干长度. 首先把干涉仪两臂调到接近相等,此时干涉条纹的对比度最佳,然后移动 M_1,直至干涉条纹由模糊变为几乎消失,这时的光程差即为相干长度. 钠灯的相干长度为 2 cm 左右.

可观察 He-Ne 激光的相干情况,因为激光的单色性很好,相干长度在几米到几十米的范围内,故不必在干涉仪上测出.

3. 测钠黄光波长及钠黄光双线的波长差

(1) 按上述等倾干涉的调节方法将仪器调整好,并调出干涉圆条纹,再按测量 He-Ne 激光波长的方法进行测量.

(2) 调整仪器方法同上. 如果使用绝对单色光源,当干涉光的光程差连续改变时,条纹的可见度一直是不变的. 若使用的光源包含两种波长 λ_1 及 λ_2,且 λ_1 及 λ_2 相差很小,当光程差为

$$L=m\lambda_1=(m+1/2)\lambda_2 \text{(其中 } m \text{ 为正整数)}$$

时,两种光的条纹为重叠的亮纹和暗纹,使得视野中条纹的可见度降低,若 λ_1 及 λ_2 的光的亮度相同,则条纹的可见度为零,即看不清条纹了. 再逐渐移动 M_1 以增加(或减少)光程差,可见度又逐渐提高,直到 λ_1 的亮条纹与 λ_2 的亮条纹重合,暗条纹和暗条纹重合,此时可看到清晰的干涉条纹,再继续移动 M_1,可见度又下降,当光程差为

$$L+\Delta L=(m+\Delta m)\lambda_1=(m+\Delta m+3/2)\lambda_2$$

时,可见度最小(或为零). 因此,可测出从某一可见度为零的位置到下一个可见度为零的位置,位置差为 ΔL,其间光程差变化应为

$$\Delta\lambda=\frac{\lambda_1\lambda_2}{\Delta L}=\frac{\lambda^2}{\Delta L}$$

$\Delta\lambda$ 即为欲测的钠黄光双线的波长差,λ 为 λ_1 及 λ_2 的平均值,可将步骤(1)中测出的波长值代入.

4. 观察白光干涉条纹

按上述等倾干涉的调节方法将仪器调整好，并调出干涉圆条纹，转动粗调手轮，使圆条纹变宽，当出现 1~2 条条纹时，用微调手轮再仔细地调到条纹消失，即零光程位置. 此时，将光源换成平行的白光光源，在 E 处可观察到中央为直线黑纹，两旁有对称分布的彩色条纹的白光干涉条纹.

用该方法可以测量固体透明薄片的折射率 n 或厚度. 当调出中央条纹后，在 M_1 和 G_1 之间放入一透明薄片，中央条纹移出视场，将 M_1 向 G_1 前移，会重新观察到中央条纹，测出放入薄片前后均可观察到彩色条纹的位置差 ΔL，由

$$\Delta L = 2l(n-1)$$

可求出 l 或 n，一般以 l 小于 0.5 mm 为宜.

5. 多光束干涉

将干涉仪上的分光板部件和移动镜拆除，换上法布里-珀罗系统. 转动粗调手轮，使法布里-珀罗系统的移动镜和固定镜保持一定的距离(2~3 mm). 用扩束的 He-Ne 激光(或前置有毛玻璃的钠灯)从移动镜的后面射入，仔细调整两镜后面的螺钉，使两镜平行，此时可在 E 处观察到(或利用观察望远镜)干涉圆条纹.

例：以钠灯为光源时，先在毛玻璃上用“+”字做标记，在 E 处先用肉眼观察到重叠的“+”字像，通过调节移动镜和固定镜的螺钉，使像重合为一个“+”字，此时即可观察到干涉圆条纹；在 E 处放置观察望远镜，通过仔细调节移动镜和固定镜下的微调螺钉，可观察到两圈一组(分别由 589.0 nm 和 589.6 nm 构成)的干涉环；此时连续同向转动微调手轮，可发现 589.0 nm 和 589.6 nm 的两个环慢慢重叠为一个环，然后又分开为两个环，周而复始；通过测量微调手轮的移动镜移动距离，即可计算出钠的波长差.

由于法布里-珀罗系统具有较高的分辨本领，理论上固定间隔的法布里-珀罗标准具的分辨本领可达 1/100 Å 的数量级. 对本仪器而言，无论换用钠光或白光，其实验现象或测量结果均大大优于平板式单光束干涉，而干涉滤光片就是应用此法制作的具有较好波长半宽度的选光元件.

附录 1　仪器的保养

1. 仪器应妥善地放在干燥、清洁的房间内，防止震动，仪器搬动时，应托住底座，以防导轨变形.

2. 光学零件不用时，应存放在清洁的干燥盆内，以防止发霉. 反光镜、分光镜一般不允许擦拭，必须要擦拭时，须先用备件毛刷小心掸去灰尘，再用脱脂清洁棉花球滴上酒精和乙醚混合液轻拭.

3. 传动部件应有良好的润滑. 特别是导轨、丝杆、螺母与轴孔部分，应用 T_5 精密仪表油润滑.

4. 使用时，各调整部位用力要适当，不要强旋、硬扳.

5. 导轨、丝杆应防止划伤、锈蚀，使用完毕后，仍保持不失油状态.

6. 经过精密调整的仪器部件上的螺丝，都涂有红漆，不要擅自转动.

附录 2　常见故障及检修方法

1. 干涉环不圆正

原因：(1) 分光板膜层面反向.

（2）两组出射光瞳错位.

（3）分光镜、补偿镜、移动镜及固定镜有压应力.

检修方法：分光镜膜层应是入射光的第二面，如装在第一面，则调出的等倾干涉圆环是直的椭圆形干涉环，可旋松分光镜的三只宽头螺钉，取出分光板，翻转 180°重新装入金属框内，把三只宽头螺钉旋紧. 分光镜调整请参考故障 6 的检修方法.

2. 读数空位大于 0.03 mm

原因：（1）传动螺母和丝杆的配合间隙大.

（2）拖板体下面的顶块间隙偏大.

（3）挡板与导轨配合过松.

检修方法：可先调整顶块间隙，在拖板体工作状态下旋松顶块螺钉，左手大拇指将拖板体向读数头方向轻推，中指压紧顶块，然后锁紧顶块螺钉. 如果仍未达到要求，调整挡板与导轨的间隙达 0.02 mm，再调节传动螺母上的两只螺钉.

3. 转动粗调手轮时拖板不走

原因：（1）仪器受强烈冲击后，丝杆向尾架方向脱出，造成读数头啮合齿轮错位.

（2）传动小齿轮固紧螺母松动，造成传动小齿轮与丝杆打滑.

（3）大齿轮及粗调手轮的压紧螺母松动.

检修方法：首先检查粗调手轮压紧螺母，然后检查精密丝杆是否向尾架方向脱出，如已脱出，可松动尾架三只螺钉，一面将丝杆推向读数头，一面慢慢转动粗调手轮，最后旋紧尾架三只螺钉，如果是小齿轮固紧螺母和大齿轮固紧螺母松动，先拆去传动盒盖，再拆下门字架，固紧螺母，重新依次装配即可.

4. 转动微调手轮时拖板不走

原因：（1）传动小齿轮压紧螺母松动，使盆形弹簧片无压紧力，造成蜗轮空转.

（2）蜗杆压紧弹簧片失灵.

（3）微调手轮压紧螺母过松.

检修方法：先检查微调手轮的压紧螺母. 然后打开传动盒盖，取下门字架，旋紧传动小齿轮压紧螺母，使盆形弹簧片压紧蜗轮，此时转动蜗轮应带动精密丝杆，依次装好拆下的零件.

5. 转动粗调手轮时，等倾干涉环从中心向外漂移

原因：入射的光源不垂直于移动镜.

检修方法：此种现象，并非由仪器故障导致，主要是入射的光源不垂直于移动镜，因多数易误解为导轨直线性不好所致，故亦在此说明. 首先调整干涉仪三只底脚调平螺钉，使仪器基本安放水平，然后调整光源，使扩束激光充满固定镜，将移动镜调至零光程附近，转动粗调手轮调出等倾直条纹，说明扩束激光基本垂直于移动镜，此时转动粗调手轮出现的干涉圆环就不会漂移.

6. 白光干涉条纹不对称

原因：受运输冲击，或使用过程中碰过分光镜和补偿镜，两镜间的平行已被破坏.

检修方法：调整分光镜与补偿镜的平行性，在没有自准直仪时，可用两镜同时观察室内目标物，如日光灯，调节两镜上的宽头螺钉，使双像基本重合，这时调出的白光的彩色条纹可达到基本对称，如仍有不对称现象，可调节补偿镜的三只宽头螺钉达到完全对称.

7. 波长测定值偏长

原因:(1) 拖板体侧面弹簧片压力太紧.

(2) 挡板与导轨配合过紧.

(3) 导轨面润滑油脂太厚.

(4) 蜗轮稍有打滑.

(5) 丝杆尾架压紧力偏小.

检修方法:先检查拖板体侧面的弹簧片是否太紧,如太紧可用将弹簧变形减少压力的办法解决. 然后,取下拖板体,检查开合螺母上的挡板与导轨面的配合是否过紧,如过紧可调整挡板,旋松两只螺钉,提高挡板与导轨接触处垫入 0.02 mm 厚的锡片,放下挡板,固紧螺钉,拿掉锡片. 接下来,导轨如加上厚的油脂,会使拖板增加阻尼或厚的油脂上带有杂质,会使拖板不按导轨直线移动,应清洗后重新上油. 最后,检查尾架内的弹簧,如压紧力偏小,可把滚花螺套旋出,将弹簧拉长即可.

如蜗轮稍有打滑,检修时必须小心拆装,先拆下传动盒盖,拆下门字架,取下小钢球,旋下小齿轮压紧螺母,用专用夹具取下读数盘、平面轴承、盆形弹簧片、蜗轮等. 在汽油中清洗、烘干,重新涂硬性润滑油脂,重新装配时可在平面轴承与读数盘之间加 0.2 mm 的金属垫片,手感摩擦力有所增加后,依次重新装配,再进行测量检查.

附录 3　仪器的装箱清单(表 4-8-1)

表 4-8-1

序号	名称	个数
1	迈克耳孙干涉仪主机(包括水平拉杆和滑架)	1 台
2	分光镜部件	1 套
3	移动镜部件	1 套
4	投影屏	1 只
5	镜头毛刷	1 支
6	检验合格证	1 份
7	使用说明书	1 份
8	干燥剂(硅胶)	2 袋
9	法布里-珀罗固定镜	1 套
10	法布里-珀罗移动镜	1 套
11	望远镜(包括垂直插杆)	1 套

注:其中 9-11 仅在 A 型仪器中附有,购买时请注意报价单.

实验九 使用分光计测量棱镜折射率

一、实验仪器

KF-JJY1′型分光计(图 4-9-1)是一种分光测角光学实验仪器,在利用光的反射、折射、衍射、干涉和偏振原理的各项实验中用于角度测量. 例如可用于:利用光的反射原理测量棱镜的角度;利用光的折射原理测量棱镜的最小偏向角,从而计算棱镜玻璃的折射率和色散率;和光栅配合,做光的衍射实验,测量光波波长.

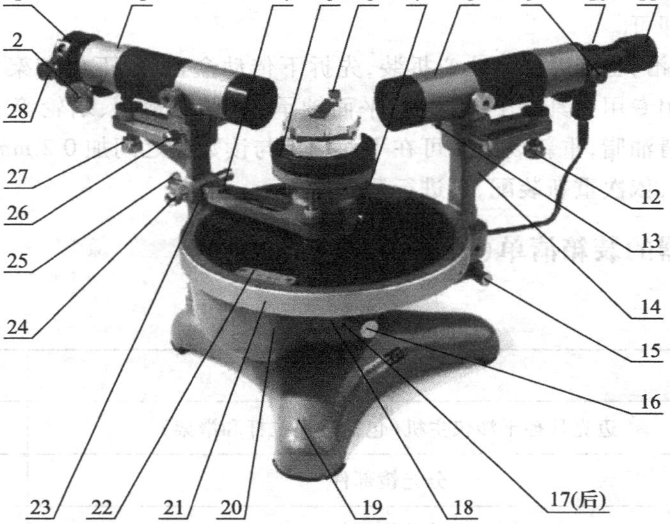

1—狭缝装置;2—调焦手轮;3—平行光管;4—制动架(二);5—载物台;
6—载物台锁紧螺钉;7—载物台调平螺钉(三颗);8—望远镜;9—目镜锁紧螺钉;
10—阿贝式自准直目镜;11—目镜视度调节手轮;12—望远镜光轴高低调节螺钉;
13—望远镜光轴水平调节螺钉;14—支臂;15—望远镜微调螺钉;16—转座与度盘止动螺钉;
17—望远镜止动螺钉;18—制动架(一);19—底座;20—转座;21—度盘;22—游标盘;
23—立柱;24—游标盘微调螺钉;25—游标盘止动螺钉;26—平行光管光轴水平调节螺钉;
27—平行光管光轴高低调节螺钉;28—狭缝宽度调节手轮.

图 4-9-1 KF-JJY1′型分光计示意图

1. 主要技术性能及规格

(1) 仪器的测角精度:1′

(2) 光学参量:

平行光管、望远镜系统物镜焦距:170 mm,通光口径:30 mm,视场:3°22′

望远镜系统目镜焦距:24.3 mm

(3) 平行光管、望远镜物镜间的最大距离:120 mm

(4) 狭缝宽度调节范围:0.02~2 mm

(5) 目镜视度调节范围:不小于±5 屈光度

(6) 载物台

直径:70 mm;旋转角度:360°;载物台升降范围:22 mm

(7) 度盘规格:采用激光刻划工艺制成

刻度圆直径:178 mm;刻度范围:0°~360°;分度值:0.5°;游标读数示值:1′

(8) 仪器外形尺寸

长×宽×高:518 mm×251 mm×250 mm

(9) 仪器净重:11.3 kg

(10) 附件

① 三棱镜:棱角 60°±5′、材料 ZF2($n_D=1.672\ 68$, $n_F-n_C=0.020\ 87$)

② 变压器 3 V/220 V 和 3 V 电池盒(7 号电池)

③ 光学平行平板及底座

④ 手持照明放大镜

⑤ 带 2 mm 槽的光栅座

⑥ 平面全息光栅:600 条/mm 或 300 条/mm

2. 结构原理

分光计的外形如图 4-9-1 所示. 在底座(19)的中央固定一中心轴,度盘(21)和游标盘(22)套在中心轴上,可以绕中心轴旋转,度盘下端有一推力轴承支撑,使旋转轻便灵活. 度盘上刻有 720 等分的刻线,每一格的格值为 30′,在对径方向设有两个游标读数装置. 测量时,读出两个读数值,然后取平均值,这样可以消除偏心引起的误差.

立柱(23)固定在底座上,平行光管(3)安装在立杆上,平行光管的光轴位置可以通过立柱上的调节螺钉(26)(27)来进行微调,平行光管带有一个狭缝装置(1),可沿光轴移动和转动,狭缝的宽度在 0.02~2 mm 内可以调节.

阿贝式自准直望远镜(8)安装在支臂(14)上,支臂与转座(20)固定在一起,并套在度盘上,当松开止动螺钉(16)时,转座与度盘一起旋转,当旋紧止动螺钉时,转座与度盘可以相对转动. 旋紧制动架(一)(18)与底座上的止动螺钉(17)时,借助制动架(一)末端上的调节螺钉(15)可以对望远镜进行微调(旋转),同平行光管一样,望远镜系统的光轴位置,也可以通过调节螺钉(12)(13)进行微调. 望远镜系统的目镜(10)可以沿光轴移动和转动,目镜的视度可以调节.

分划板视场如图 4-9-2 所示. 载物台(5)套在游标盘上,可以绕中心轴旋转,旋紧载物台锁紧螺钉(7)和制动架(二)(4)与游标盘的止动螺钉(25)时,借助立柱上的调节螺钉(24)可以对载物台进行微调(旋转). 旋松载物台的锁紧螺钉时,载物台可根据需要升高或降低. 调到所需位置后,再把锁紧螺钉旋紧,载物台有三个调平螺钉(6)用来调节使载物台面与旋转中心线垂直.

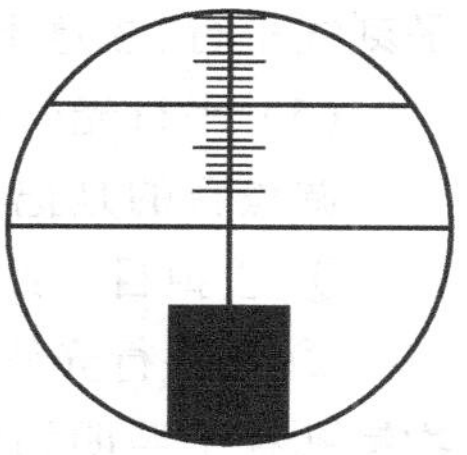

图 4-9-2

望远镜系统的照明器外接 3 V 电源插头,在断电情况下可用自备 3 V 电池电源,电源选用灵活方便.

3. 仪器的调整

(1) 目镜的调焦

目镜调焦的目的是使眼睛通过目镜能很清楚地看到目镜中分划板上的刻线.

调焦方法:先把目镜视度调节手轮(11)旋出,然后一边旋进,一边从目镜中观察,直到分划板刻线成像清晰,再慢慢地旋出手轮,至目镜中的像的清晰度将被破坏而未破坏时为止.

(2) 望远镜的调焦

望远镜调焦的目的是将目镜分划板上的十字线调整到物镜的焦平面上,也就是望远镜对无穷远调焦. 其方法如下:

① 接上光源.

② 把望远镜光轴位置的调节螺钉(12)(13)调到适中的位置.

③ 在载物台的中央放上附件光学平行平板. 其反射面对着望远镜物镜,且与望远镜光轴大致垂直.

④ 通过调节载物台的调平螺钉(6)和转动载物台,使望远镜的反射像和望远镜在一直线上.

⑤ 从目镜中观察,此时可以看到一亮十字,通过调焦手轮前后移动目镜,对望远镜进行调焦,使亮十字线成清晰像,然后,利用载物台的调平螺钉和载物台微调机构,把这个亮十字调节到与分划板上方的十字线重合,往复移动目镜,使亮十字和十字线无视差地重合.

(3) 调整望远镜的光轴垂直旋转主轴

① 调整望远镜光轴上下位置的调节螺钉(12),使反射回来的亮十字精确地成像在十字线上.

② 把游标盘连同载物台平行平板旋转 180°时观察到亮十字可能与十字线有一个垂直方向的位移,就是说,亮十字可能偏高或偏低.

③ 调节载物台调平螺钉,使位移减少一半.

④ 调整望远镜光轴上下位置的调节螺钉(12),使垂直方向的位移完全消除.

⑤ 把游标盘连同载物台、平行平板再转过 180°检查其重合程序. 重复步骤③和④使偏差得到完全校正.

(4) 将分划板十字线调成水平和垂直

当载物台连同光学平行平板相对于望远镜旋转时,观察亮十字是否水平地移动,如果分划板的水平刻线与亮十字的移动方向不平行,就要转动目镜,使亮十字的移动方向与分划板的水平刻线平行,注意不要破坏望远镜的调焦,然后将目镜锁紧螺钉旋紧.

(5) 平行光管的调焦

调焦目的是把狭缝调整到物镜的焦平面上,也就是平行光管对无穷远调焦. 方法如下:

① 去掉目镜照明器上的光源,打开狭缝,用漫射光照明狭缝.

② 在平行光管物镜前放一张白纸,检查在纸上形成的光斑,调节光源的位置,使得在整个物镜孔径上照明均匀.

③ 除去白纸,把平行光管光轴左右位置的调节螺钉(26)调到适中的位置,将望远镜镜筒正对平行光管,从望远镜目镜中观察,调节望远镜微调机构和平行光管上下位置的调节螺钉(27),使狭缝位于视场中心.

④ 通过调焦手轮前后移动狭缝机构，使狭缝清晰地成像在望远镜分划板平面上.

(6) 调整平行光管的光轴垂直于旋转主轴

调整平行光管光轴上下位置调节螺钉(27)，升高或降低狭缝像的位置，使得狭缝对目镜视场的中心对称.

(7) 将平行狭缝调成垂直

旋转狭缝装置，使狭缝与目镜分划板的垂直刻线平行，注意不要破坏平行光管的调焦，然后将狭缝装置锁紧螺钉旋紧.

二、实验内容

1. 用测量棱镜最小偏向角的方法，求棱镜材料的折射率.

原理如图 4-9-3 所示，ABC 为一块三棱镜，AB 和 AC 面经过仔细抛光，光线沿 PD 在 AB 面上入射，经过棱镜在 AC 面上沿 EP'方向出射，PD 和 EP' 之间的夹角 δ 称为偏向角. 当 α 一定时，偏向角 δ 的大小是随 i_1 角的改变而改变的. 当$i_1=i_2'$时，δ 为最小(证明略)，这个时候的偏向角自称为最小偏向角，记作 δ_{min}.

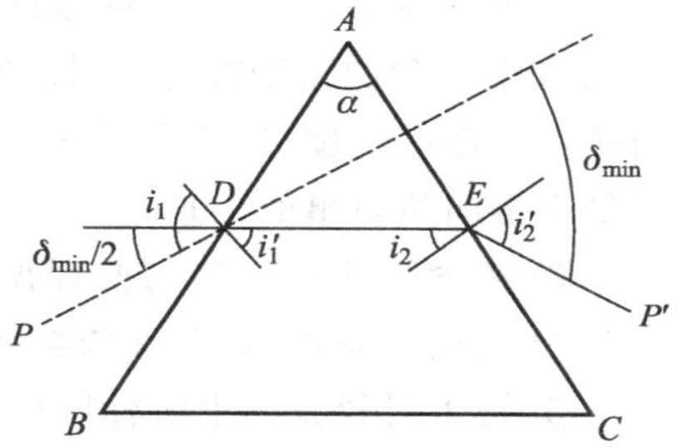

图 4-9-3

由图中可以看出，这时 $i_1'=\dfrac{\alpha}{2}$，则有

$$\delta_{min}/2=i_1-i_1'=i_1-\frac{\alpha}{2}$$

$$i_1=\frac{1}{2}(\delta_{min}+\alpha)$$

设棱镜材料折射率为 n，则

$$\sin\ i_1=n\sin\ i_1'=n\sin\ \frac{\alpha}{2}$$

$$n=\frac{\sin\ i_1}{\sin\ \dfrac{\alpha}{2}}=\frac{\sin\ \dfrac{\alpha+\delta_{min}}{2}}{\sin\ \dfrac{\alpha}{2}}$$

由此可知，要求得材料的折射率 n，必须：

① 测出顶角 α.

② 测出最小偏向角 δ_{min}.

2. 测量前的调整

将仪器完全按照仪器的调整中所述的方法调整好.

3. 测量顶角

① 取下平行平板，放上被测棱镜，适当调整载物台高度，用自准法观察，使 AB 面和 AC 面都垂直于望远镜光轴.

② 调好游标盘的位置，使游标在测量过程中不被平行光管或望远镜挡住，锁紧制动架(二)和游标盘，载物台和游标盘的止动螺钉.

③ 使望远镜对准 AB 面，锁紧转座与度盘、制动架（一）和底座的止动螺钉.

④ 旋转制动架（一）末端上的调节螺钉，对望远镜进行微调（旋转），使亮十字与十字线完全重合.

⑤ 记下对径方向上游标所指标的度盘的两个读数，取其平均值 A_m.

⑥ 放松制动架（一）与底座上的止动螺钉，旋转望远镜，使对准 AC 面，锁紧制动架（一）与底座上的止动螺钉.

⑦ 重复步骤⑤、⑥得到的平均值 B_m.

⑧ 计算顶角：$\alpha = 180° - (B_m - A_m)$，最好重复测量三次，求得平均值.

4. 测量最小偏向角

① 用所要求谱线的单色光（如钠灯）照平行光管的狭缝，从平行光管发出的平行光束经过棱镜的折射而偏折一个角度.

② 放松制动架（一）和底座的止动螺钉，转动望远镜，找到平行光管的狭缝像，放松制动架（二）和游标盘的止动螺钉，慢慢转动载物台，开始时从望远镜看到的狭缝像沿某一方向移动，当转到这样一个位置，即看到的狭缝像，刚刚开始要反向移动，此时的棱镜位置，就是平行光束以最小偏向角射出的位置.

③ 锁紧制动架（二）与游标盘的止动螺钉.

④ 利用微调机构，精确调整，使分划板的十字线精确地对准狭缝（在狭缝中央）.

⑤ 记下对径方向上游标所指示的度盘的读数，取其平均值 C_m.

⑥ 取下棱镜，放松制动架（一）与底座的止动螺钉. 转动望远镜，使望远镜直接对准平行光管，然后旋紧制动架（一）与底座上的止动螺钉，对望远镜进行微调，使分划板十字线精确地对准狭缝.

⑦ 记下对径方向上游标所指示的度盘的两个读数，取平均值 D_m.

⑧ 计算最小偏向角 $\delta_{min} = D_m - C_m$，最好重复测量三次，求得平均值.

⑨ 利用公式

$$n = \frac{\sin \dfrac{\alpha + \delta_{min}}{2}}{\sin \dfrac{\alpha}{2}}$$

求出折射率.

附录 1　仪器的保养

1. 为了保持仪器的精度，延长使用寿命，减少故障，必须对仪器进行维护保养.

2. 分光计不论在使用或存放时，应避免灰尘、潮湿、过冷、过热及含有酸碱性等气体的侵蚀. 使用间隙，可用有机玻璃罩或清爽绒布遮盖.

3. 在不使用仪器时，须将仪器擦拭干净，装入木箱内，放入干燥剂.

4. 如果光学零件表面有灰尘，可用镜头刷刷去，如果光学零件表面有污物或油斑，可将干净的脱脂棉花卷在小木棒上，蘸上酒精或航空汽油仔细地擦去，但须注意，切勿使小木棒直接接触光学零件表面，以免擦伤，光学零件表面切勿用手触碰，以免油脂、汗渍附着.

5. 狭缝机构制造精细、调整精密，没有必要时，不宜拆卸调节，以免由于调节不当而影响精度.

附录 2　仪器的装箱清单

KF-JJY1′型分光计包括表 4-9-1 中的各项：

表 4-9-1

序号	名称	数量
1	KF-JJY1′分光计	1 台
2	三棱镜	1 只
3	光学平行平板及座	1 套
4	光栅(300 线/mm)及座	1 套
5	手持照明放大镜	1 套
6	3 V 变压器和 3 V 电池盒(两节 7 号电池)	1 组
7	干燥剂	1 袋
8	产品说明书	1 本
9	出厂合格证	1 张

参考资料

读者意见反馈

为收集对教材的意见建议，进一步完善教材编写并做好服务工作，读者可将对本教材的意见建议通过如下渠道反馈至我社。

咨询电话　400-810-0598

反馈邮箱　hepsci@ pub.hep.cn

通信地址　北京市朝阳区惠新东街 4 号富盛大厦 1 座
高等教育出版社理科事业部

邮政编码　100029